度量空间与函数空间的拓扑

(第二版)

林 寿 著

科学出版社

北京

内 容 简 介

本书的主要内容是函数空间的广义度量性质及基数函数性质. 全书由两部分组成, 第一部分介绍紧空间、仿紧空间、度量空间及度量空间的连续映像, 第二部分介绍连续函数空间的拓扑结构、基数函数及某些重要的广义度量性质. 本书展示了度量空间映像的核心内容及函数空间优美的对偶理论, 突出了完全性在探索函数空间收敛性中的作用, 把集论拓扑的研究应用于函数空间.

本书可供高等院校数学系高年级本科生、研究生以及数学工作者参考, 也可供相关科研人员使用.

图书在版编目 (CIP) 数据

度量空间与函数空间的拓扑/林寿著. —2 版. —北京: 科学出版社, 2018.3
ISBN 978-7-03-056654-6

Ⅰ. ①度… Ⅱ. ①林… Ⅲ. ①度量空间–拓扑 ②函数空间–拓扑
Ⅳ. ①O189 ②O177.3

中国版本图书馆 CIP 数据核字(2018) 第 036581 号

责任编辑: 王丽平 / 责任校对: 张凤琴
责任印制: 张 伟 / 封面设计: 黄华斌

科学出版社 出版
北京东黄城根北街 16 号
邮政编码: 100717
http://www.sciencep.com
北京虎彩文化传播有限公司 印刷
科学出版社发行 各地新华书店经销
*
2004 年 5 月第 一 版 开本: 720×1000 B5
2018 年 3 月第 二 版 印张: 15 3/4
2019 年 11 月第四次印刷 字数: 307 000
定价: 118.00 元
(如有印装质量问题, 我社负责调换)

第二版前言

谨以本书的再版祝贺苏州大学吴利生教授 80 寿辰.

本书第一版出版于 2004 年, 其主要目的在于使世纪之交活跃的 "度量空间的连续映射" 与 "连续函数空间的拓扑性质" 这两个研究方向融为一体, 有更多的青年数学工作者投身于该方向的研究[161]. 近年来, 一般拓扑学的一个活跃的研究领域是 A.V. Arhangel'skiĭ 等学者致力于具有更丰富代数结构的拓扑空间的研究, 从而发展了拓扑代数的研究方向[30]. 拓扑代数的研究可谓"殊途同归". 一方面, 20 世纪 70 年代至 90 年代, 一些俄罗斯学者从函数空间的研究逐步进入拓扑代数的研究, 函数空间作为具有良好性质的拓扑群在拓扑代数的研究中具有特别的意义; 另一方面, 21 世纪初国内一些青年人从拓扑空间论的研究逐步进入拓扑代数的研究, 从而形成了拓扑代数中广义度量空间理论的研究方向[146, 148]. 这表明关于度量空间与函数空间拓扑的研究具有深厚底蕴与巨大潜力. 近年来, 关于广义度量空间、函数空间、选择理论、描述集论、拓扑代数与泛函分析的研究更强化了这一观点[40, 56]. 本书第一版出版后, 度量空间与函数空间拓扑的研究均有不少新的进展, 为更好地反映学科研究趋势、展示国内学者贡献, 特出版经修订后的第二版.

本书的修订和出版得到国家自然科学基金资助项目 "仿拓扑群中的三空间问题" (编号: 11471153) 和福建省省级重点学科 (数学) 建设经费的支持. 修订稿的录入和编辑得到作者在四川大学、闽南师范大学的研究生的帮助, 其中郑春燕同学绘制了全书的插图. 借此机会, 向所有关心、支持和帮助第二版出版的同行们表示衷心的感谢.

作　者
2017 年 8 月

第一版前言

从 K. Weierstrass 以来, 人们十分关心闭区间上的连续函数列以及它们的收敛性. 在泛函分析、微分方程、代数拓扑、微分几何和概率论及数学许多分支的应用中常出现寻求函数集的极限问题. 这是数学中最常见的现象之一. 通过在函数集上定义一些自然的拓扑, 借助一般拓扑的方法, 这类问题可转化为函数空间的拓扑. 拓扑化从一个拓扑空间到另一个拓扑空间的连续函数集的思想正是来自函数序列的点式收敛和一致收敛的概念. 19 世纪末, C. Arzelà, G. Ascoli, U. Dini 和 J. Hadamard 等一些学者就开始从事函数空间理论的研究. 1906 年 M. Fréchet[81] 在研究连续函数集的收敛问题时引入度量空间的概念, 并探讨了上确界度量拓扑. 在一般拓扑学发展早期, 拓扑学家讨论的函数空间拓扑首先是以分析为背景的点式收敛拓扑和一致收敛拓扑. 1945 年 R. Fox[79] 定义了连续实值函数集合上的紧开拓扑, 引导人们关注函数空间的拓扑性质. 1976 年 A. Arhangel'skiĭ 的论文[15] *On some topological spaces that arise in functional analysis* 是一般拓扑学对于函数空间系统研究的标志. 1988 年 R.A. McCoy 和 I. Ntantu[191] 的著作 *Topological Properties of Spaces of Continuous Functions* 和 1992 年 A. Arhangel'skiĭ[22] 的著作 *Topological Function Spaces* 进一步推动了函数空间理论的研究.

1991 年作者与广西大学刘川在四川大学数学研究所访问期间, 与四川大学滕辉一同研读了 A. Arhangel'skiĭ, W.W. Comfort, R.A. McCoy 和 I. Ntantu 等关于函数空间和拓扑群的论著, 开始在国内外刊物发表论文. 1994 年项目 "点集拓扑" (编号: 19476010) 和 "函数空间的拓扑性质" (编号: 19501023) 获得了国家自然科学基金资助, 从而有力地支持了作者从事函数空间的研究. 本书的部分内容还来自国家自然科学基金资助项目 "集论拓扑在广义度量理论和覆盖理论的应用" (编号: 19971048) 的部分研究成果.

函数空间讨论的中心问题之一是寻求拓扑性质 P 和 Q 使得拓扑空间 X 具有性质 P 当且仅当连续函数空间 $C(X, \mathbb{R})$ 具有性质 Q[21]. 度量空间是数学研究的主要对象之一, 连续函数空间理论最基本的内容是它的可度量性. 20 世纪 70 年代以来, 广义度量空间理论和集论拓扑中的基数函数理论取得了巨大成就, 所以函数空间的广义度量性质及基数函数性质是我们探索的重点之一. 本书由两部分共 6 章组成. 第一部分介绍紧空间、仿紧空间、度量空间及度量空间的连续映像. 第二部分介绍连续函数空间的拓扑结构、基数函数及某些重要的广义度量性质. 由于函数空间具有较丰富的结构, 同时与泛函分析、概率论等分支有密切的联系, 限于作者的水平, 在此只能介绍一些最基本的内容, 包括作者近年来在度量空间映像及函数空间理论的部分研究成果. 只要读者了解点集拓扑学的一些初步知识, 如学习了熊金城的《点集拓扑讲义》[286] 或蒲保明、蒋继光和胡淑礼的《拓扑学》[235], 就可顺利地阅读本书.

近 10 年来, 围绕 J. van Mill 和 G.M. Reed[206] 主编的 *Open Problems in Topology* 中的相关问题, 函数空间理论获得了很大的发展. 2001 年 J. van Mill[205] 的力作 *The Infinite-Dimensional Topology of Function Spaces* 表明函数空间的研究是一般拓扑学中很有活力的研究方向. 本书的出版将使近年来活跃的 "度量空间的连续映射" 及 "连续函数空间的拓扑性质" 这两个研究方向融为一体, 希望国内有更多的年青数学工作者投身于该方向的研究, 不断提升拓扑学的研究水平, 为继续扩大我国一般拓扑学的国际影响作出更大的贡献. 本书的部分书稿曾在福建师范大学数学系 2000 级研究生及宁德师范高等专科学校的青年教师讨论班中讲授过. 感谢美国电子杂志 *Topological Commentary* 主编 M. Henriksen 教授提供部分拓扑学家的史料, 感谢福建师范大学聘请作者为基础数学学科特聘教授并提供宽松的工作条件. 本书的出版应特别感谢戴牧民教授、吴利生教授的热情推荐.

谨以本书献给我的导师高国士教授 85 岁寿辰.

作 者

2003 年 5 月 23 日于福建师范大学

目　　录

第1章 紧空间与仿紧空间

拓扑空间 X 称为紧空间, 若 X 的每一开覆盖有有限的子覆盖. 紧空间是拓扑空间理论中极其重要的空间类, 分析学中的许多性质与紧性有关. 但是像人们所熟知的实数空间却不是紧空间, 所以紧性限制了人们进一步探索更广泛的数学对象. 从本质上说, 紧性所反映的 "有限子覆盖" 是一种 "有限" 性质. 突破对空间中集族有限性限制的关键是在拓扑空间论的研究中采用局部有限集族. 这导致 1944 年法国 Bourbaki 学派的领导人之一 J. Dieudonné (1906–1992) 引入仿紧空间的概念. 紧空间和度量空间都是仿紧空间, 而 T_2 的仿紧空间是正规空间. 虽然仿紧空间的定义迟于紧空间和度量空间, 但它的出现引起拓扑学、几何学和分析学等数学分支工作者的极大兴趣, 因为这些分支中的一些定理或定理的证明得到深化或简化, 而局部有限集族及相关的 "闭包保持集族" 等概念也发展成为研究一般拓扑学的有效和自然的工具.

仿紧空间的理论是非常丰富的. 为了本书讨论度量空间及函数空间的需要, 本章在叙述紧空间的基本性质之后, 主要介绍 1953 年和 1957 年 E. Michael (美, 1925–2013) 关于仿紧性的刻画及相关的完备映射、局部紧空间和 Čech 完全空间的部分结果.

本书中如未特别说明, 以 $\mathbb{R}$ 表示实直线, $\omega, \mathbb{N}, \mathbb{I}, \mathbb{Q}$ 和 $\mathbb{P}$ 分别表示 $\mathbb{R}$ 的自然数集、正整数集、单位闭区间、有理数集和无理数集. ω 也表示最小的无限序数. 记 $\mathbb{S}_1 = \{0\} \cup \{1/n : n \in \mathbb{N}\}$. 对于集 X, 以 $|X|$ 表示集 X 的基数. 对于拓扑空间 X, $\tau(X)$ 表示 X 上的一个拓扑. 拓扑空间简称为空间, 在不引起混淆时记 $\tau(X)$ 为 τ.

对于空间 X 的子集族 $\mathscr{P}$, 记

$$\bigcup \mathscr{P} = \bigcup\{P : P \in \mathscr{P}\}, \ \mathscr{P} \text{ 的并};$$

$$\bigcap \mathscr{P} = \bigcap\{P : P \in \mathscr{P}\}, \ \mathscr{P} \text{ 的交};$$

$$\overline{\mathscr{P}} = \{\overline{P} : P \in \mathscr{P}\}, \ \mathscr{P} \text{ 的闭包}.$$

以符号 □ 表示命题论证结束或命题是不证自明的.

本书的结果都是在 ZFC 系统中讨论, 使用了选择公理的一些等价形式, 如 Tukey 引理 (引理 1.1.11)、Zermelo 良序定理 (引理 1.5.5) 和 Zorn 引理 (引理 3.3.6). 个别章节讨论一些 ZF 的命题及选择公理的作用. 特别提醒读者注意, 为了不同的需要, 本书的部分章节预先假定拓扑空间满足适当的分离性质, 如在 2.3 节设 T_1 分

离性质, 第 3 章设 T_2 分离性质, 第 5, 6 章设完全正则且 T_1 分离性质.

1.1　紧　空　间

设 X 是拓扑空间, A 是 X 的子集, $\mathscr{U}$ 是 X 的子集族. $\mathscr{U}$ 称为 A 的覆盖, 若 $A \subseteq \bigcup \mathscr{U}$. 若 $\mathscr{U}$ 和 $\mathscr{V}$ 都是 A 的覆盖且 $\mathscr{V} \subseteq \mathscr{U}$, 则称 $\mathscr{V}$ 是 $\mathscr{U}$ 的子覆盖. 若覆盖的元是 X 的开 (闭) 子集, 则称该覆盖是开 (闭) 覆盖. 若覆盖由有限 (可数) 个元组成, 则称该覆盖是有限 (可数) 覆盖.

1894 年, É. Borel (法, 1871–1956) 证明了实数集中闭区间的每一可数的开覆盖具有有限的子覆盖. 1903 年, H. Lebesgue (法, 1875–1941) 进一步证明实数集中闭区间的每一开覆盖具有有限的子覆盖. 1923 年, P. Alexandroff (苏, 1896–1982) 和 P. Urysohn (苏, 1898–1924) 给出紧空间的概念[74].

定义 1.1.1　拓扑空间 X 称为紧空间, 若 X 的每一开覆盖有有限的子覆盖.

紧空间有许多的等价刻画. 一种直接而简明的方式是借助有限交性质. 集 X 的子集族 $\mathscr{F} = \{F_\alpha\}_{\alpha \in A}$ 称为具有有限交性质, 若 $\mathscr{F}$ 的每一有限子集的交不空, 即如果 Λ 是 A 的有限子集, 则 $\bigcap_{\alpha \in \Lambda} F_\alpha \neq \varnothing$.

定理 1.1.2　拓扑空间 X 是紧空间当且仅当 X 的每一具有有限交性质的闭集族的交不空.

证明　设 X 是紧空间且 $\mathscr{F} = \{F_\alpha\}_{\alpha \in A}$ 是 X 的具有有限交性质的闭集族. 若 $\bigcap_{\alpha \in A} F_\alpha = \varnothing$, 则 $\{X \setminus F_\alpha\}_{\alpha \in A}$ 是 X 的开覆盖, 于是存在 A 的有限子集 Λ 使得 $\{X \setminus F_\alpha\}_{\alpha \in \Lambda}$ 是 X 的覆盖, 即 $X = \bigcup_{\alpha \in \Lambda}(X \setminus F_\alpha)$, 所以 $\bigcap_{\alpha \in \Lambda} F_\alpha = \varnothing$, 从而 $\mathscr{F}$ 不具有有限交性质, 矛盾. 故 $\bigcap_{\alpha \in A} F_\alpha \neq \varnothing$.

反之, 设空间 X 的每一具有有限交性质的闭集族的交不空且 $\mathscr{U} = \{U_\alpha\}_{\alpha \in A}$ 是 X 的开覆盖, 则 $\bigcap_{\alpha \in A}(X \setminus U_\alpha) = \varnothing$. 由于每一 $X \setminus U_\alpha$ 是 X 的闭集, 于是存在 A 的有限子集 Λ 使得 $\bigcap_{\alpha \in \Lambda}(X \setminus U_\alpha) = \varnothing$, 即 $X = \bigcup_{\alpha \in \Lambda} U_\alpha$, 所以 $\mathscr{U}$ 有有限子覆盖. 因此, X 是紧空间. □

推论 1.1.3　紧空间的闭子集是紧的.

证明　设 X 是紧空间, F 是 X 的闭子集. 设 $\mathscr{F}$ 是子空间 F 的具有有限交性质的闭集族, 则 $\mathscr{F}$ 也是 X 的具有有限交性质的闭集族, 由定理 1.1.2, $\mathscr{F}$ 的交不空, 所以 F 是 X 的紧子空间. □

紧空间的重要性之一反映在它可获得较好的分离性质. 空间 X 称为 T_2 空间或 Hausdorff 空间①, 若 X 中不同的两点存在不相交的邻域. 对于拓扑空间 X 的子集 A 和 U, 若 $A \subseteq U^\circ$, 则 U 称为集 A (在 X 中) 的邻域.

---

① F. Hausdorff (德, 1868–1942) 是一般拓扑学的主要奠基人之一.

定理 1.1.4 设 X 是 T_2 空间. 若 A 和 B 是 X 的不相交的紧子集, 则 A 和 B 在 X 中存在不相交的开邻域.

证明 固定 $x \in A$. 对于每一 $y \in B$, 由于 X 是 T_2 空间, 分别存在 X 中点 x 和 y 的不相交的开邻域 U_y 和 V_y. 于是 $\{V_y\}_{y \in B}$ 是 X 的紧子集 B 的覆盖, 所以存在有限子集 $\{V_{y_i}\}_{i \leqslant n}$ 使其覆盖 B. 令 $U_x = \bigcap_{i \leqslant n} U_{y_i}$, $V_x = \bigcup_{i \leqslant n} V_{y_i}$, 则 U_x 和 V_x 分别是 x 和 B 在 X 中不相交的开邻域. 这时 $\{U_x\}_{x \in A}$ 是 X 的紧子集 A 的覆盖, 存在有限子集 $\{U_{x_k}\}_{k \leqslant m}$ 使其覆盖 A. 令 $U = \bigcup_{k \leqslant m} U_{x_k}$, $V = \bigcap_{k \leqslant m} V_{x_k}$, 则 U 和 V 分别是 A 和 B 在 X 中不相交的开邻域. $\square$

空间 X 称为**正规空间**[1], 若 X 中不相交的闭集存在不相交的邻域.

推论 1.1.5 紧的 T_2 空间是正规空间.

证明 设 X 是紧的 T_2 空间. 若 A 和 B 是 X 中不相交的闭集, 由推论 1.1.3, A 和 B 都是 X 的紧子集. 再由定理 1.1.4, 存在 A 和 B 在 X 中不相交的开邻域. 故 X 是正规空间. $\square$

推论 1.1.6 T_2 空间的紧子集是闭集.

证明 设 X 是 T_2 空间且 K 是 X 的紧子集. 若 $x \in X \setminus K$, 由定理 1.1.4, 存在 X 中不相交的开集 U 和 V 使得 $K \subseteq U$ 且 $x \in V$, 于是 $V \cap K = \varnothing$. 故 K 是 X 的闭集. $\square$

上述几个结果都是在 T_2 空间中得到的. 例 1.1.7 表明紧的 T_1 空间未必是 T_2 空间. 空间 X 称为 T_1 **空间**[2], 若 x 和 y 是 X 中不同的点, 则分别存在 x 和 y 在 X 中的邻域 U 和 V 使得 $x \notin V$ 且 $y \notin U$. 空间 X 是 T_1 空间等价于 X 的每一单点集是 X 的闭集. T_2 空间是 T_1 空间.

例 1.1.7 有限补空间[252]: 紧的 T_1 空间.

设 X 是一无限集. 令 $\tau = \{\varnothing\} \bigcup \{U \subseteq X : X \setminus U$ 是有限集$\}$, 则 τ 是 X 上的一个拓扑. 拓扑空间 (X, τ) 称为**有限补空间**, τ 称为 X 上的**有限补拓扑**. 设 $\mathscr{U}$ 是空间 X 的开覆盖. 让 U 是 $\mathscr{U}$ 中的非空元, 则 $X \setminus U$ 是有限集, 于是存在 $\mathscr{U}$ 的有限子集 $\mathscr{U}'$ 使其覆盖 $X \setminus U$, 那么 $\mathscr{U}' \bigcup \{U\}$ 是 $\mathscr{U}$ 的有限子覆盖. 故 X 是紧空间. 显然, X 的每一单点集是 X 的闭集, 所以 X 是 T_1 空间. 由于 X 中任两个非空开集必定相交, 所以 X 不是 T_2 空间. $\square$

紧空间的重要性之二在于它具有很好的映射性质. 在叙述紧空间的映射性质之前, 先说明几个有关函数的术语与记号. 本书中的函数与映射是不同的概念. 映射指连续的满函数. 设 $\varPhi$ 是一函数类, P 是一拓扑性质, 称 $\varPhi$ **保持** P, 若 $f: X \to Y$ 是类 $\varPhi$ 中的满函数, 且空间 X 具有性质 P, 则空间 Y 也具有性质 P. 设函数 $f: X$

---

[1] 1923 年 H. Tietze (奥地利, 1880–1964) 定义了正规空间.
[2] 1907 年 F. Riesz (匈牙利, 1880–1956) 定义了 T_1 空间.

$\to Y$. 若 $\mathscr{P}$ 和 $\mathscr{F}$ 分别是集 X 和 Y 的子集族, 记

$$f(\mathscr{P}) = \{f(P) : P \in \mathscr{P}\},$$
$$f^{-1}(\mathscr{F}) = \{f^{-1}(F) : F \in \mathscr{F}\},$$

分别称为 $\mathscr{P}$ 在 f 的像和 $\mathscr{F}$ 在 f 的逆像或原像.

定理 1.1.8　映射保持紧性.

证明　设 X 是紧空间且 $f : X \to Y$ 是连续的满函数. 让 $\mathscr{U}$ 是空间 Y 的开覆盖, 则 $f^{-1}(\mathscr{U})$ 是空间 X 的开覆盖, 于是 $f^{-1}(\mathscr{U})$ 存在有限子覆盖 $\mathscr{V}$, 那么 $f(\mathscr{V})$ 是 $\mathscr{U}$ 的有限子覆盖. 故 Y 是紧空间. $\qquad\square$

回忆闭映射和同胚的概念. 设映射 $f : X \to Y$. f 称为闭映射, 若 F 是 X 的闭集, 则 $f(F)$ 是 Y 的闭集. f 称为同胚或同胚映射, 若 f 是单 (或一对一) 的映射且 $f^{-1} : Y \to X$ 也是映射. 同胚是闭映射. 映射未必是闭映射 (练习 1.1.3). 开映射是与闭映射相对的映射. 映射 $f : X \to Y$ 称为开映射, 若 U 是 X 的开集, 则 $f(U)$ 是 Y 的开集. 为了叙述的简明起见, 称函数 $f : X \to Y$ 是相对闭 (相对开) 映射, 若 F 是 X 的闭集 (开集), 则 $f(F)$ 是 $f(X)$ 的闭集 (开集).

推论 1.1.9　紧空间到 T_2 空间的映射是闭映射.

证明　设 X 是紧空间, Y 是 T_2 空间且 $f : X \to Y$ 是连续的满函数. 若 F 是 X 的闭集, 由推论 1.1.3, F 是 X 的紧集; 又由定理 1.1.8, $f(F)$ 是 Y 的紧集; 再由推论 1.1.6, $f(F)$ 是 Y 的闭集. 故 f 是闭映射. $\qquad\square$

推论 1.1.10　紧空间到 T_2 空间的连续双射是同胚.

证明　设 X 是紧空间, Y 是 T_2 空间且映射 $f : X \to Y$ 是单射. 由推论 1.1.9, f 是闭映射, 于是 $f^{-1} : Y \to X$ 是映射. 故 f 是同胚. $\qquad\square$

紧空间的重要性之三是紧空间具有优美的积空间性质, 即 Tychonoff 定理. 回忆 1930 年 A. Tychonoff (苏, 1906–1993) 定义的积空间的概念. 设 $\{(X_\alpha, \tau_\alpha)\}_{\alpha \in A}$ 是一族拓扑空间. 让 $X = \prod_{\alpha \in A} X_\alpha$ 是笛卡儿积集 (或直积集), 每一 $p_\alpha : X \to X_\alpha$ 是投影函数, 即对于 $x = (x_\alpha) \in X$, $p_\alpha(x) = x_\alpha$. 记 $\mathscr{S} = \{p_\alpha^{-1}(U_\alpha) : U_\alpha \in \tau_\alpha, \alpha \in A\}$, 则 $\mathscr{S}$ 是集 X 上某拓扑 τ 的一个子基, 即 $\mathscr{S}$ 中任意有限个元交的全体构成的集族 $\mathscr{B}$ 是 X 上某拓扑 τ 的一个基. 记

$$\mathscr{B} = \left\{ \prod_{\alpha \in A} U_\alpha : U_\alpha \in \tau_\alpha, \text{ 且除有限个 } \alpha \text{ 外 } U_\alpha = X_\alpha \right\}.$$

$\mathscr{S}$ 称为 X 的基本子基, $\mathscr{B}$ 中的元称为 X 的基本开集. 拓扑空间 (X, τ) 称为拓扑空间族 $\{(X_\alpha, \tau_\alpha)\}_{\alpha \in A}$ 的积空间或 Tychonoff 积空间, 拓扑 τ 称为积拓扑或 Tychonoff 拓扑. 这时每一投影函数 $p_\alpha : X \to X_\alpha$ 是开映射. 上述积拓扑简称以投影方式产生的拓扑.

Tychonoff 定理的证明依赖 E. Zermelo (德, 1871–1953) 提出的选择公理[293]. 下面介绍的 Tukey 引理是选择公理的一种等价形式. 称集族 $\mathscr{F}$ 具有有限特征, 如果 $F \in \mathscr{F}$ 当且仅当若 G 是 F 的有限子集, 则 $G \in \mathscr{F}$.

引理 1.1.11 (Tukey 引理[272]) 若集族 $\mathscr{F}$ 具有有限特征, 则 $\mathscr{F}$ 存在极大元, 即存在 $F_0 \in \mathscr{F}$ 满足: 对于每一 $F \in \mathscr{F}$, 如果 $F_0 \subseteq F$, 那么 $F = F_0$. □

定理 1.1.12 (Tychonoff 定理[273]) 一族紧空间的积空间是紧空间.

证明 设 $\{(X_\alpha, \tau_\alpha)\}_{\alpha \in A}$ 是紧空间族. 让 $X = \prod_{\alpha \in A} X_\alpha$ 是积空间. 记

$$\Phi = \{\mathscr{P} \text{ 是 } X \text{ 的子集族} : \mathscr{P} \text{ 具有有限交性质}\},$$

则 Φ 具有有限特征. 若 $\mathscr{F}$ 是空间 X 的具有有限交性质的闭集族, 则 $\mathscr{F} \in \Phi$, 且由 Tukey 引理, 存在 Φ 的极大元 $\mathscr{F}_0 \supseteq \mathscr{F}$. 为了证明 $\bigcap \mathscr{F} \neq \varnothing$, 只需证明 $\bigcap \overline{\mathscr{F}_0} \neq \varnothing$.

由 $\mathscr{F}_0$ 的极大性, 有

(12.1) 若 X 的子集 G 使得对于每一 $F \in \mathscr{F}_0$ 有 $F \cap G \neq \varnothing$, 则 $G \in \mathscr{F}_0$.

(12.2) $\mathscr{F}_0$ 具有有限交性质.

因 $\mathscr{F}_0$ 具有有限交性质, 对于每一 $\alpha \in A$, X_α 的子集族 $\{p_\alpha(F) : F \in \mathscr{F}_0\}$ 具有有限交性质, 于是 X_α 的闭集族 $\{\overline{p_\alpha(F)} : F \in \mathscr{F}_0\}$ 也具有有限交性质. 由定理 1.1.2, 存在 $x_\alpha \in \bigcap \{\overline{p_\alpha(F)} : F \in \mathscr{F}_0\}$. 设 U_α 是 x_α 在空间 X_α 中的任一开邻域, 则对于每一 $F \in \mathscr{F}_0$, $U_\alpha \cap p_\alpha(F) \neq \varnothing$, 即 $p_\alpha^{-1}(U_\alpha) \cap F \neq \varnothing$. 由 (12.1), $p_\alpha^{-1}(U_\alpha) \in \mathscr{F}_0$. 又由 (12.2), 对于 A 的任何有限子集 Λ 有 $\bigcap_{\alpha \in \Lambda} p_\alpha^{-1}(U_\alpha) \in \mathscr{F}_0$, 从而 $\bigcap_{\alpha \in \Lambda} p_\alpha^{-1}(U_\alpha)$ 与 $\mathscr{F}_0$ 中的每一元相交. 令 $x = (x_\alpha)$. 由于

$$\left\{ \bigcap_{\alpha \in \Lambda} p_\alpha^{-1}(U_\alpha) : \Lambda \text{ 是 } A \text{ 的有限子集, 且对于每一 } \alpha \in \Lambda, \right.$$

$$\left. U_\alpha \text{ 是 } x_\alpha \text{ 在 } X_\alpha \text{ 中的开邻域} \right\}$$

是点 x 在 X 中的邻域基, 所以 x 的任何邻域与 $\mathscr{F}_0$ 中的每一元相交, 即对于每一 $F \in \mathscr{F}_0$ 有 $x \in \overline{F}$. 故 X 是紧空间. □

Tychonoff 定理的证明使用了选择公理, 而 J.L. Kelley (美, 1917–1999)[129] 证明了 Tychonoff 定理也蕴含选择公理.

对于空间 X 及非空集 A, 定义积空间 $X^A = \prod_{\alpha \in A} X_\alpha$, 其中每一 $X_\alpha = X$, $\alpha \in A$. 若 λ 是非零基数, 定义空间 X 的 λ 次积空间 $X^\lambda = X^A$, 其中 $|A| = \lambda$. 在同胚意义下, X^λ 是良好定义的. 积空间 $\mathbb{I}^A$ 称为 Tychonoff 方体. Tychonoff 方体是紧空间.

练 习

1.1.1 空间 X 称为**正则空间**[①], 若 F 是 X 的闭集且 X 中的点 x 不属于 F, 则 x 和

---

① 1921 年 L. Vietoris (奥地利, 1891–2002) 定义了正则空间.

F 在 X 中存在不相交的邻域. 设 X 是正则空间, A 和 B 分别是 X 的不相交的紧集和闭集, 则 A 和 B 在 X 中存在不相交的开邻域.

1.1.2   设 U 是空间 X 的开集, $\{F_\alpha\}_{\alpha \in A}$ 是 X 的闭集族, 其中至少有一个 F_α 是紧的. 如果 $\bigcap_{\alpha \in A} F_\alpha \subseteq U$, 则存在 A 的有限子集 Λ 使得 $\bigcap_{\alpha \in \Lambda} F_\alpha \subseteq U$.

1.1.3   设 $f(x) = \sin x$. 证明: $f : \mathbb{R} \to [-1, 1]$ 是开映射, 但不是闭映射.

1.1.4   利用有限补空间说明: (1) 每一 T_1 空间是紧 T_1 空间在连续单射下的逆像; (2) 紧空间到 T_1 空间上的连续单射未必是闭映射.

1.1.5   证明: n 维欧几里得空间 $\mathbb{R}^n$ 的子集 K 是紧的当且仅当 K 是 $\mathbb{R}^n$ 的有界闭集.

1.1.6   设 A_1 和 A_2 分别是空间 X_1 和 X_2 的紧子集. 若 W 是 $A_1 \times A_2$ 在积空间 $X_1 \times X_2$ 中的邻域, 则分别存在 A_1 和 A_2 在 X_1 和 X_2 中的邻域 U_1 和 U_2 使得 $U_1 \times U_2 \subseteq W$.

1.1.7   设 $\{X_i\}_{i \in \mathbb{N}}$ 是非空的有限集列. 若对于每一正整数 $n < m$, 存在函数 $p_n^m : X_m \to X_n$ 满足每一 $p_n^m = p_n^k \circ p_k^m$ $(n < k < m)$, 则存在 $(x_i) \in \prod_{i \in \mathbb{N}} X_i$ 使得每一 $p_n^m(x_m) = x_n$[①].

1.2   可数紧空间

本节介绍紧性的推广 —— 可数紧性, 以及在分析学中广泛应用的与序列的聚点和有界函数相关的几种拓扑性质之间的关系.

定义 1.2.1   空间 X 称为可数紧空间或列紧空间, 若 X 的每一可数开覆盖具有有限的子覆盖.

显然, 紧空间是可数紧空间. 但是可数紧空间未必是紧空间 (例 1.2.7). 利用定理 1.1.2 同样的方法可知, 空间 X 是可数紧空间当且仅当 X 的每一具有有限交性质的可数闭集族的交不空.

紧空间和可数紧空间都是通过覆盖定义的. 历史上对于紧性起源贡献最大的是 1877 年 K. Weierstrass (德, 1815–1897) 在柏林大学讲学时提到的数学分析中的 Bolzano-Weierstrass 定理[②]: 有界数列含有收敛的子数列. 可数紧性与序列的聚点或集的聚点密切相关. 设 $\{x_n\}$ 是空间 X 的序列, X 中的点 x 称为序列 $\{x_n\}$ 的聚点, 若 x 在 X 中的任意邻域含有序列 $\{x_n\}$ 的无限项; x 称为序列 $\{x_n\}$ 的极限点或序列 $\{x_n\}$ 收敛于 x, 若 U 是 x 在 X 中的邻域, 则 $X \setminus U$ 仅含有序列 $\{x_n\}$ 的有限项. 设 A 是 X 的子集, X 中的点 x 称为 A 在 X 中的聚点 (ω 聚点), 若 x 在 X 中的每一邻域含有 A 的不同于 x 的点 (含有 A 的无限个点). 对于 X 的序列 $\{x_n\}$, 应注意区别序列 $\{x_n\}$ 的聚点与集 $\{x_n : n \in \mathbb{N}\}$ 的聚点.

定理 1.2.2   对于空间 X, 下述条件相互等价:

(1) X 是可数紧空间.

---

① 这结果称为 G. König 引理[134]. G. König (匈牙利, 1849–1913) 的儿子 D. König (匈牙利, 1884–1944) 也是数学家.

② 1817 年 B. Bolzano (捷克, 1781–1848) 最早提出这定理 (常称聚点定理), 但未引起人们的重视.

(2) X 的每一序列有聚点.

(3) X 的每一无限子集有 ω 聚点.

证明 (1) $\Rightarrow$ (2). 设 $\{x_n\}$ 是可数紧空间 X 的序列. 对于每一 $n \in \mathbb{N}$, 令 $F_n = \overline{\{x_i : i \geqslant n\}}$. 则 $\{F_n\}_{n\in\mathbb{N}}$ 是 X 的具有有限交性质的闭集列, 于是存在 $x \in \bigcap_{n\in\mathbb{N}} F_n$. 若 U 是 x 在 X 中的邻域, 那么对于每一 $n \in \mathbb{N}$, 存在 $i \geqslant n$ 使得 $x_i \in U$, 所以 U 中含有序列 $\{x_n\}$ 的无限项. 从而 x 是序列 $\{x_n\}$ 的聚点.

(2) $\Rightarrow$ (3). 设 X 的每一序列有聚点. 若 A 是 X 的无限子集, 选取 A 中互不相同点组成的序列 $\{x_n\}$, 那么序列 $\{x_n\}$ 的聚点也是集 A 的 ω 聚点.

(3) $\Rightarrow$ (1). 设 X 的每一无限子集有 ω 聚点. 若 X 存在可数的开覆盖 $\{U_n\}_{n\in\mathbb{N}}$ 使其没有有限的子覆盖, 对于每一 $n \in \mathbb{N}$, 令 $V_n = \bigcup_{i\leqslant n} U_i$, 则 X 的递增的开覆盖 $\{V_n\}_{n\in\mathbb{N}}$ 没有有限的子覆盖. 不妨设每一 $V_{n+1} \setminus V_n \neq \varnothing$, 取定 $x_n \in V_{n+1} \setminus V_n$, 则 $\{x_n : n \in \mathbb{N}\}$ 是无限集. 设 x 是 $\{x_n : n \in \mathbb{N}\}$ 的 ω 聚点, 于是存在 $m \in \mathbb{N}$ 使得 $x \in V_m$ 且 V_m 中含有无限项 x_n. 然而, 当 $n \geqslant m$ 时 $x_n \notin V_m$, 矛盾. □

P. Alexandroff[1] 引入了局部有限集族的概念. 通过局部有限集族可刻画可数紧性.

定义 1.2.3 设 $\mathscr{P}$ 是空间 X 的子集族. $\mathscr{P}$ 称为 X 的*局部有限集族*, 若对于每一 $x \in X$, 存在 x 在 X 中的邻域 U 使得 U 仅与 $\mathscr{P}$ 中有限个元相交.

显然, 空间 X 的有限集族是局部有限集族, 但是 X 的局部有限集族未必是有限集族. 如实数空间 $\mathbb{R}$ 的无限集族 $\mathscr{P} = \{(n, n+2) : n \in \mathbb{N}\}$ 是局部有限集族, 因为对于每一 $x \in X$, 存在 x 在 $\mathbb{R}$ 中的邻域 U 使得 U 至多与 $\mathscr{P}$ 中的 3 个元相交, 见图 1.2.1.

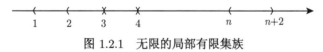

图 1.2.1 无限的局部有限集族

定理 1.2.4 空间 X 是可数紧空间当且仅当 X 的每一局部有限集族是有限的.

证明 若可数紧空间 X 存在无限的局部有限集族, 则 X 有由非空集组成的局部有限集族 $\{A_n\}_{n\in\mathbb{N}}$. 对于每一 $n \in \mathbb{N}$, 取定 $x_n \in A_n$. 由定理 1.2.2, 序列 $\{x_n\}$ 在 X 中有聚点 x. 由于 $\{A_n\}_{n\in\mathbb{N}}$ 是局部有限的, 存在 x 在 X 中的邻域 U 使得 U 仅与有限个 A_n 相交, 从而 U 中仅含有序列 $\{x_n\}$ 的有限项, 矛盾.

反之, 设空间 X 的每一局部有限集族是有限的. 若 A 是 X 的无限子集, 令 $\mathscr{A} = \{\{x\} : x \in A\}$, 则 $\mathscr{A}$ 不是 X 的局部有限集族, 于是存在 X 的点 z 使得 z 在 X 中的任意邻域必与 $\mathscr{A}$ 中的无限个元相交, 即 z 是集 A 的 ω 聚点. 由定理 1.2.2, X 是可数紧空间. □

定义 1.2.5　空间 X 称为序列紧空间或序列式紧空间, 若 X 中的每一序列存在收敛的子序列.

显然, 序列紧空间是可数紧空间. 在适当的附加条件下, 可数紧空间可以是序列紧空间. 空间 X 称为**第一可数空间**或满足**第一可数公理**, 若 X 的每一点具有可数的邻域基.

定理 1.2.6　第一可数的可数紧空间是序列紧空间.

证明　设 X 是第一可数的可数紧空间. 若 $\{x_n\}$ 是 X 中的序列, 由定理 1.2.2, 设 x 是序列 $\{x_n\}$ 在 X 中的聚点. 由于 X 是第一可数空间, 存在 x 在 X 中的邻域基 $\{V_k\}_{k\in\mathbb{N}}$ 使得每一 $V_{k+1} \subseteq V_k$. 这时每一 V_k 中含有序列 $\{x_n\}$ 中的无限项, 于是存在序列 $\{x_n\}$ 的子序列 $\{x_{n_k}\}$ 使得每一 $x_{n_k} \in V_k$, 则子序列 $\{x_{n_k}\}$ 收敛于 x (练习 1.2.5). 故 X 是序列紧空间.　　□

下述两个例子说明紧性与序列紧性互不蕴含.

回忆序拓扑的定义. 设 $(X, <)$ 是至少含有 2 个元素的线性序集. 记

$$\mathscr{S} = \{\{x \in X : y < x\} : y \in X\}\bigcup\{\{x \in X : x < z\} : z \in X\}.$$

X 上的序拓扑是以 $\mathscr{S}$ 作为子基生成的拓扑. 对于 $y, z \in X$, 区间 $(y, z) = \{x \in X : y < x < z\}$ 是序拓扑空间 X 的开集.

例 1.2.7　序数空间 $[0, \omega_1)$[252]: 非紧的序列紧空间.

ω_1 是第一个不可数序数. 对于每一 $\beta < \alpha < \omega_1$, 由于 $(\beta, \alpha] = (\beta, \alpha + 1)$, 所以在小于 ω_1 的序数所成集 $[0, \omega_1)$ 上, 以 $\{(\beta, \alpha] : \beta < \alpha < \omega_1\} \cup \{\{0\}\}$ 为基生成 $[0, \omega_1)$ 的拓扑就是序拓扑. $[0, \omega_1)$ 赋予序拓扑称为序数空间. $[0, \omega_1)$ 是第一可数空间. 由于 $[0, \omega_1)$ 的开覆盖 $\{[0, \alpha] : \alpha < \omega_1\}$ 没有有限子覆盖, 所以 $[0, \omega_1)$ 不是紧空间. 对于 $[0, \omega_1)$ 中的任意序列 $\{x_n\}$, 由于每一 $x_n < \omega_1$, 存在 $\beta < \omega_1$ 使得所有的 $x_n \leqslant \beta$. 因为 $[0, \beta]$ 是第一可数的紧空间, 由定理 1.2.6, 序列 $\{x_n\}$ 存在收敛的子序列. 故 $[0, \omega_1)$ 是序列紧空间.　　□

在集论中, 集 $[0, \omega_1)$, $[0, \omega_1]$ 常分别记为 ω_1, $\omega_1 + 1$.

例 1.2.8　Čech-Stone 紧化 $\beta\mathbb{N}$[58]: 非序列紧的紧空间.

考虑正整数空间 $\mathbb{N}$ 的 Čech-Stone 紧化 $\beta\mathbb{N}$①. 关于紧化的一些基本概念及性质见 1.3 节. 本书要用到的 $\beta\mathbb{N}$ 的知识仅如下两点:

(8.1) $\beta\mathbb{N}$ 是 T_2 的紧空间, $\mathbb{N}$ 是 $\beta\mathbb{N}$ 的稠密的开子空间.

(8.2) $\beta\mathbb{N}$ 中不存在非平凡的收敛序列, 即 $\beta\mathbb{N}$ 中的收敛序列仅构成有限集.

由 (8.2), $\beta\mathbb{N}$ 的序列 $\{n\}$ 不存在收敛的子序列 (这事实的一个证明见例 1.3.14), 所以 $\beta\mathbb{N}$ 不是序列紧空间.　　□

---

① $\beta\mathbb{N}$ 的构造较复杂, 较详细的性质可参考 R. Engelking[74] 的 §3.6.

定义 1.2.9 空间 X 称为伪紧空间, 若 X 上的每一实值连续函数是有界函数.

定理 1.2.10 可数紧空间是伪紧空间.

证明 设 X 是可数紧空间, $f: X \to \mathbb{R}$ 是连续函数. 若 f 无界, 则存在 X 的序列 $\{x_n\}$ 使得每一 $|f(x_{n+1})| > |f(x_n)| + 1$, 于是序列 $\{f(x_n)\}$ 在 $\mathbb{R}$ 中无聚点. 由于 f 连续, 所以序列 $\{x_n\}$ 在 X 中无聚点, 矛盾. 因而 f 是有界的. 故 X 是伪紧空间. □

Tietze-Urysohn 扩张定理[①] 表明正规空间的每一闭集上的有界实值连续函数可以扩张为整个空间上的有界实值连续函数. 它与 Urysohn 引理[274] 是等价的, 即若 A, B 是正规空间 X 的不相交闭集, 则存在连续函数 $f: X \to [0, 1]$ 使得 $f(A) \subseteq \{0\}$ 且 $f(B) \subseteq \{1\}$. 下述引理说明 Tietze-Urysohn 扩张定理也适用于无界的实值连续函数. 本书提到的连续函数的扩张均指连续扩张.

引入函数限制的记号. 设 X, Y 都是拓扑空间, 函数 $f: X \to Y$. 对于 $A \subseteq X$, f 在 A 的限制 $f|_A: A \to f(A)$ 定义为对于每一 $x \in A$, $f|_A(x) = f(x)$. 对于 $B \subseteq Y$, f 在 B 的限制 $f|_{f^{-1}(B)}: f^{-1}(B) \to B$.

引理 1.2.11 (Tietze-Urysohn 扩张定理) 设 F 是正规空间 X 的闭集. 若函数 $f: F \to \mathbb{R}$ 连续, 则存在 f 到 X 上的扩张.

证明 复合函数 $\arctan \circ f: F \to \mathbb{R}$ 是连续函数且满足 $|\arctan \circ f| < \pi/2$. 由有界形式的 Tietze-Urysohn 扩张定理, 存在连续函数 $g: X \to \mathbb{R}$ 使得 $g|_F = \arctan \circ f$ 且 $|g| \leqslant \pi/2$. 置 $G = \{x \in X : |g(x)| = \pi/2\}$, 则 F 与 G 是 X 的不相交的闭集. 由 Urysohn 引理, 存在连续函数 $h: X \to [0, 1]$ 使得 $h(F) \subseteq \{1\}$ 且 $h(G) \subseteq \{0\}$. 令 $\tilde{g} = h \cdot g$, $\tilde{f} = \tan \circ \tilde{g}$, 则 $\tilde{g}: X \to \mathbb{R}$ 连续, $|\tilde{g}| < \pi/2$, 所以 $\tilde{f}: X \to \mathbb{R}$ 连续, 且 $\tilde{f}|_F = f$. □

空间 Y 称为**离散空间**, 若 Y 的每一子集是 Y 的开集. 这一拓扑称为**离散拓扑**. 空间 X 的子集 F 在 X 中没有聚点当且仅当 F 是 X 的闭离散子空间.

定理 1.2.12 T_1 正规的伪紧空间是可数紧空间.

证明 设空间 X 是 T_1 正规的伪紧空间. 若 X 不是可数紧空间, 由定理 1.2.2, 存在 X 的可数无限子集 $F = \{x_n : n \in \mathbb{N}\}$ 使得 F 在 X 中没有 ω 聚点. 因为 X 是 T_1 空间, 所以 F 在 X 中没有聚点 (练习 1.2.1), 于是 F 是 X 的闭离散子空间. 定义函数 $f: F \to \mathbb{R}$ 使得每一 $f(x_n) = n$, 则 f 是连续函数. 由引理 1.2.11, 存在连续函数 $g: X \to \mathbb{R}$ 使得 $g|_F = f$, 则 g 是 X 上的无界实值连续函数, 矛盾. 故 X 是可数紧空间. □

例 1.2.13 右序拓扑空间[252]: 非可数紧的正规伪紧空间.

---

① 国内书籍常称为 Tietze 扩张定理. 其实, 1915 年 H. Tietze[266] 对度量空间证明了他的扩张定理, 而后在发表于 1925 年的一篇论文中, P. Urysohn[274] 对正规空间证明了他的扩张定理, 所以这定理本书称为 Tietze-Urysohn 扩张定理.

以实数集 $\mathbb{R}$ 的子集族 $\{(a, +\infty) : a \in \mathbb{R}\}$ 作为基生成 $\mathbb{R}$ 上的拓扑称为实数集 $\mathbb{R}$ 的**右序拓扑**. $\mathbb{R}$ 赋予右序拓扑称为**右序拓扑空间**, 记为 $\mathbb{R}_r$. 显然, $\mathbb{R}_r$ 不是 T_1 空间. 由于 $\mathbb{R}_r$ 中不相交的闭集对必有一为空集, 所以 $\mathbb{R}_r$ 是正规空间. 又由于 $\mathbb{R}_r$ 中每一对不空的开集都相交, 所以 $\mathbb{R}_r$ 上的任一实值连续函数是常值函数, 从而 $\mathbb{R}_r$ 是伪紧空间. 因为 $\mathbb{R}_r$ 的可数开覆盖 $\{(-n, +\infty)\}_{n \in \mathbb{N}}$ 没有有限子覆盖, 所以 $\mathbb{R}_r$ 不是可数紧空间.   □

练　　习

1.2.1　证明: T_1 空间的聚点是 ω 聚点. 因而 T_1 空间是可数紧空间当且仅当它的每一无限子集有聚点.

1.2.2　设 $f : X \to Y$ 是闭映射. 若 X 的子集 A 和 Y 的子集 B 使得 $f|_A : A \to B$ 是单射, 则 A 在 X 中有聚点当且仅当 B 在 Y 中有聚点.

1.2.3　设 $\mathscr{P}$ 是空间 X 的局部有限集族, 则 $\overline{\mathscr{P}}$ 也是 X 的局部有限集族.

1.2.4　设 $\mathscr{P}$ 和 $\mathscr{Q}$ 都是空间 X 的局部有限集族, 则 $\mathscr{P} \cup \mathscr{Q}$ 和 $\mathscr{P} \wedge \mathscr{Q} = \{P \cap Q : P \in \mathscr{P}, Q \in \mathscr{Q}\}$ 都是 X 的局部有限集族.

1.2.5　证明:对于空间 X, 下述条件相互等价: (1) X 是第一可数空间; (2) 对于每一 $x \in X$, 存在 x 在 X 中的邻域列 $\{U_n(x)\}$ 使得任取 $x_n \in U_n(x)$, 序列 $\{x_n\}$ 以 x 为聚点; (3) 对于每一 $x \in X$, 存在 x 在 X 中递减的邻域列 $\{V_n(x)\}$ 使得任取 $x_n \in V_n(x)$, 序列 $\{x_n\}$ 收敛于 x.

1.2.6　设 X 是 T_2 的紧空间. 证明: X 是第一可数空间当且仅当 X 的每一单点集是 G_δ 集, 即可数个开集的交集.

1.2.7　若空间 X 的每一局部有限的开覆盖有有限的子覆盖, 则 X 是伪紧空间.

1.2.8　映射是否保持可数紧性、序列紧性或伪紧性?

1.3　完备映射与紧化

拓扑学的主要任务是研究拓扑不变量, 所以同胚是一种理想的函数. 不少的拓扑性质能被比同胚弱的映射所保持, 如映射保持紧空间性质 (定理 1.1.8). 但映射所具有的一般性使得大部分的拓扑性质不为连续函数所保持. 本节介绍的完备映射在映射理论中的作用类似于紧性在拓扑空间论中所起的作用.

先介绍闭映射的一个等价刻画.

引理 1.3.1　设函数 $f : X \to Y$. 对于 $A \subseteq X$, $B \subseteq Y$, 那么 $f^{-1}(B) \subseteq A$ 当且仅当 $B \subseteq Y \setminus f(X \setminus A)$.

证明　易验证, $B \cap f(X \setminus A) \neq \varnothing$ 当且仅当 $f^{-1}(B) \cap (X \setminus A) \neq \varnothing$. 于是 $f^{-1}(B) \subseteq A$ 当且仅当 $f^{-1}(B) \cap (X \setminus A) = \varnothing$, 当且仅当 $B \cap f(X \setminus A) = \varnothing$, 当且仅

当 $B \subseteq Y \setminus f(X \setminus A)$. □

定理 1.3.2 设映射 $f: X \to Y$. f 是闭映射当且仅当若 U 是 X 的开集且 $f^{-1}(y) \subseteq U$, 则存在 Y 的开集 V 使得 $y \in V$ 且 $f^{-1}(V) \subseteq U$.

证明 设 f 是闭映射. 对于每一 $f^{-1}(y)$ 在 X 中的开邻域 U, 让 $V = Y \setminus f(X \setminus U)$, 由引理 1.3.1, V 是 y 的开邻域且 $f^{-1}(V) \subseteq U$. 反之, 设 F 是 X 的闭集, 对于每一 $y \in Y \setminus f(F)$, $f^{-1}(y) \subseteq X \setminus F$, 于是存在 y 的开邻域 V 使得 $f^{-1}(V) \subseteq X \setminus F$, 从而 $V \cap f(F) = \varnothing$, 所以 $f(F)$ 是 Y 的闭集. 故 f 是闭映射. □

积空间到坐标空间的投影映射是开映射, 但是一些特殊的投影映射还是闭映射.

定理 1.3.3 设 X 是紧空间, 则对于任意空间 Y, 投影映射 $p: X \times Y \to Y$ 是闭映射.

证明 对于每一 $y \in Y$ 及 $p^{-1}(y)$ 在积空间 $X \times Y$ 中的开邻域 U, 由于 $p^{-1}(y) = X \times \{y\} \subseteq U$, 对于每一 $x \in X$, 分别存在 x, y 在 X, Y 中的开邻域 U_x 和 V_x 使得 $U_x \times V_x \subseteq U$. 因为 X 是紧空间, X 的开覆盖 $\{U_x\}_{x \in X}$ 存在有限子覆盖 $\{U_{x_i}\}_{i \leqslant n}$. 令 $V = \bigcap_{i \leqslant n} V_{x_i}$, 那么 V 是 y 在 Y 中的开邻域且 $X \times V \subseteq U$, 即 $p^{-1}(V) \subseteq U$. 由定理 1.3.2, p 是闭映射. □

上述定理的论证本质上证明了下述结果 (管形引理, 对照练习 1.1.6): 设 X 是紧空间, y 是空间 Y 中的一点. 若 U 是积空间 $X \times Y$ 中的开集且 $X \times \{y\} \subseteq U$, 则存在 y 的邻域 V 使得 $X \times V \subseteq U$.

设 X 是一拓扑空间, Y 是单点集构成的空间, 则把 X 的所有点映为 Y 中点的映射 f 是闭映射. 这时, X 是任意的拓扑空间, Y 具有很好的性质且 $f^{-1}(Y) = X$. 在映射理论中为了从像空间的性质来研究原像空间的性质时常需要对映射的纤维, 即 $f^{-1}(y)$, 附加适当的条件. 如在定理 1.3.3 中每一 $p^{-1}(y)$ 是 $X \times Y$ 的紧子集.

定义 1.3.4 设映射 $f: X \to Y$. f 称为**紧映射**, 若每一 $f^{-1}(y)$ 是 X 的紧子集. f 称为**完备映射**[①], 若 f 是闭且紧的映射.

定理 1.3.3 中的投影映射是完备映射. I.V. Vaĭnšteĭn[276] 首先引进度量空间上的完备映射, 而 N. Bourbaki[48] 研究了局部紧空间上的完备映射. 完备映射能保持或逆保持许多拓扑性质.

定理 1.3.5 完备映射保持 T_2 空间性质.

证明 设 $f: X \to Y$ 是完备映射且 X 是 T_2 空间. 对于 Y 中不同的两点 y_1 和 y_2, 因为 f 是紧映射, $f^{-1}(y_1)$ 和 $f^{-1}(y_2)$ 是 X 中不相交的紧子集. 由于 X 是 T_2 空间, 由定理 1.1.4, 存在 X 中不相交的开集 U_1 和 U_2 使得 $f^{-1}(y_1) \subseteq U_1$ 且 $f^{-1}(y_2) \subseteq U_2$. 因为 f 是闭映射, 由定理 1.3.2, 分别存在 Y 中点 y_1 和 y_2 的开邻域

---

① 全国自然科学名词审定委员会公布的《数学名词》(科学出版社, 1993) 把 perfect mapping 译为逆紧映射. 本书仍称其为完备映射.

V_1 和 V_2 使得 $f^{-1}(V_1) \subseteq U_1$ 且 $f^{-1}(V_2) \subseteq U_2$, 从而 V_1 和 V_2 是 Y 中不相交的开集. 故 Y 是 T_2 空间. □

映射 $f: X \to Y$ 称为 k 映射, 若空间 Y 的每一紧子集关于 f 的原像是 X 的紧子集. 完备映射不仅是紧映射, 而且具有 "逆紧" 性质.

定理 1.3.6　完备映射是 k 映射.

证明　设 $f: X \to Y$ 是完备映射且 K 是 Y 的紧子集. 设 $\mathscr{U}$ 是空间 X 的开集族且覆盖 $f^{-1}(K)$. 对于每一 $y \in K$, $f^{-1}(y)$ 是 X 的紧子集且 $\mathscr{U}$ 覆盖 $f^{-1}(y)$, 于是存在 $\mathscr{U}$ 的有限子集 $\mathscr{U}_y$ 使其覆盖 $f^{-1}(y)$. 由定理 1.3.2, 存在 y 在 Y 中的开邻域 V_y 使得 $f^{-1}(V_y) \subseteq \bigcup \mathscr{U}_y$. 这时 $\{V_y\}_{y \in K}$ 是紧子集 K 的覆盖, 所以存在有限子集 $\{V_{y_i}\}_{i \leqslant n}$ 使其覆盖 K, 于是 $\mathscr{U}$ 的有限子集 $\{U \in \mathscr{U}_{y_i}\}_{i \leqslant n}$ 覆盖 $f^{-1}(K)$. 因而 $f^{-1}(K)$ 是 X 的紧子集. 故 f 是 k 映射. □

由于紧空间的重要性质, 1913 年 C. Carathéodory (德, 1873–1950) 首先研究把平面的开集嵌入紧空间的问题. 设 X 和 Y 都是拓扑空间, 如果 $f: X \to Y$ 是函数且 $f|_X$ 是同胚, 则称 f 是一个嵌入函数或拓扑嵌入, 且空间 X 可嵌入空间 Y. 若更设 $f(X)$ 是 Y 的闭集, 则称 f 是闭嵌入, 且 X 可闭嵌入 Y. 紧空间 Y 称为空间 X 的紧化, 如果存在嵌入函数 $c: X \to Y$ 使得 $c(X)$ 是 Y 的稠密子集, 记 cX 为 X 的紧化, 即 $cX = \overline{c(X)}$, 且把 X 视为 cX 的子空间. 显然, 空间 X 存在紧化当且仅当 X 可嵌入紧空间. 单位闭区间 $\mathbb{I}$ 是无理数空间的紧化. 单位圆是实直线 $\mathbb{R}$ 的紧化.

P. Alexandroff[2] 第一个建立一般拓扑空间的紧化定理.

定理 1.3.7　设 X 是非紧的空间, 则存在 X 的紧化 ωX 使得 $\omega X \setminus X$ 是单点集.

证明　取定 $\infty \notin X$, 让 $\omega X = X \cup \{\infty\}$. 集 ωX 赋予下述拓扑: ωX 的子集 U 是 ωX 的开集当且仅当或者 U 是 X 的开集, 或者 $\omega X \setminus U$ 是 X 的闭紧子集. 易验证, 满足上述条件的子集族构成 ωX 的一个拓扑. 若 $\mathscr{U}$ 是空间 ωX 的任意开覆盖, 则存在 $U \in \mathscr{U}$ 使得 $\infty \in U$, 那么 $\omega X \setminus U$ 是 X 的紧子集, 于是存在 $\mathscr{U}$ 的有限子集使其覆盖 $\omega X \setminus U$, 从而存在 $\mathscr{U}$ 的有限子集覆盖 ωX. 故 ωX 是紧空间. 定义 $\omega: X \to \omega X$ 使得每一 $\omega(x) = x$, 则 ω 是嵌入且 $\omega(X)$ 是 ωX 的稠密子集. 从而 ωX 是 X 的紧化. □

ωX 称为空间 X 的一点紧化或 Alexandroff 紧化. 收敛序列 $\mathbb{S}_1$ 是正整数集 $\mathbb{N}$ 的一点紧化. 若空间 X 的紧化 cX 是 T_2 空间, 则称 X 存在 T_2 紧化. 一点紧化未必是 T_2 紧化, 见定理 1.6.2. 下面介绍空间存在 T_2 紧化的充要条件. 为此, 先介绍一般的嵌入引理. 设 $F = \{f_s\}_{s \in S}$ 是连续函数族, 其中每一 $f_s: X \to Y_s$. 对角函数 $\Delta_F: X \to \prod_{s \in S} Y_s$ 定义为对于每一 $x \in X$ 和 $s \in S$ 有 $p_s \circ \Delta_F(x) = f_s(x)$. 当

$\prod_{s\in S} Y_s$ 具有积拓扑时, 由于 $p_s \circ \Delta_F = f_s$ 是连续的, 于是 Δ_F 是连续的. 何时 Δ_F 是嵌入函数? 为此目的, 对于空间 X 上的函数族 $F = \{f_s\}_{s\in S}$, 称 F 分离 X 的点, 如果对于 X 中任意不同的两点 x 和 y, 存在 $f \in F$ 使得 $f(x) \neq f(y)$; 称 F 分离 X 的点与闭集, 如果 A 是 X 的闭集且 $x \in X \setminus A$, 存在 $f \in F$ 使得 $f(x) \notin \overline{f(A)}$.

引理 1.3.8(对角引理) 设连续函数族 $F = \{f_s\}_{s\in S}$ 分离 T_1 空间 X 的点与闭集, 其中每一 $f_s : X \to Y_s$, 则对角函数 $\Delta_F : X \to \prod_{s\in S} Y_s$ 是一个嵌入.

证明 由于 F 分离空间 X 的点与闭集, 易验证 Δ_F 是连续的单射 (练习 1.3.8). 下面证明 Δ_F 是相对闭的, 即若 H 是空间 X 的闭集, 则 $\Delta_F(H)$ 闭于 $\Delta_F(X)$. 若 $x \in X$ 且 $\Delta_F(x) \in \overline{\Delta_F(H)}$, 则对于每一 $s \in S$,

$$f_s(x) = p_s \circ \Delta_F(x) \in p_s(\overline{\Delta_F(H)}) \subseteq \overline{p_s \circ \Delta_F(H)} = \overline{f_s(H)}.$$

因为 F 分离 X 的点与闭集, 所以 $x \in H$. 这表明 $\Delta_F(H) = \overline{\Delta_F(H)} \bigcap \Delta_F(X)$. 故 $\Delta_F(H)$ 闭于 $\Delta_F(X)$. □

空间 X 称为**完全正则空间**[274], 若对于 X 中的点 z 及其开邻域 U, 存在连续函数 $f : X \to \mathbb{I}$ 使得 $f(z) = 0$, $f(X \setminus U) \subseteq \{1\}$. 由 Urysohn 引理或 Tietze-Urysohn 扩张定理 (引理 1.2.11), 正规的 T_1 空间是完全正则空间.

定理 1.3.9(Tychonoff 紧扩张定理[273]) 空间 X 存在 T_2 紧化当且仅当 X 是 T_1 的完全正则空间.

证明 设空间 X 存在 T_2 紧化, 则存在 T_2 的紧空间 Y 和嵌入函数 $f : X \to Y$ 使得 $f(X)$ 是 Y 的稠密子集. 由推论 1.1.5, Y 是正规空间, 于是 Y 是 T_1 的完全正则空间, 从而 $f(X)$ 是 T_1 的完全正则空间. 故 X 是 T_1 的完全正则空间.

反之, 设 X 是 T_1 的完全正则空间. 让 $F = \{f_s\}_{s\in S}$ 是所有从 X 到单位闭区间 $\mathbb{I}$ 的连续函数之集. 因为 X 是完全正则空间, 所以 F 分离 X 中的点与闭集. 由引理 1.3.8, 对角函数 $\Delta_F : X \to \mathbb{I}^S$ (Tychonoff 方体) 是嵌入. 再由 Tychonoff 定理, $\mathbb{I}^S$ 是 T_2 的紧空间, 所以 X 存在 T_2 紧化. □

设空间 X 存在 T_2 紧化. 让 $\mathscr{C}(X)$ 是 X 的所有 T_2 紧化的族. 在 $\mathscr{C}(X)$ 上可定义偏序关系如下: $c_2 X \leqslant c_1 X$ 当且仅当存在连续函数 $f : c_1 X \to c_2 X$ 使得 $f \circ c_1 = c_2$. 在此偏序关系中, 相互同胚的空间认为是相等的.

定理 1.3.10 设 $c_1 X, c_2 X$ 都是空间 X 的 T_2 紧化. 如果存在连续函数 $f : c_1 X \to c_2 X$ 使得 $f \circ c_1 = c_2$, 则 $f(c_1 X) = c_2 X$ 且 $f(c_1 X \setminus c_1(X)) = c_2 X \setminus c_2(X)$.

证明 由于 $f \circ c_1 = c_2$, 所以 $f(c_1(X)) = c_2(X)$. 又由于推论 1.1.9, $f(c_1 X) = f(\overline{c_1(X)}) = \overline{f(c_1(X))} = \overline{c_2(X)} = c_2 X$, 所以 $c_2 X \setminus c_2(X) \subseteq f(c_1 X \setminus c_1(X))$. 下面证明 $f(c_1 X \setminus c_1(X)) \subseteq c_2 X \setminus c_2(X)$, 即 $f(c_1 X \setminus c_1(X)) \bigcap c_2(X) = \varnothing$. 若存在 $z \in c_1 X \setminus c_1(X)$ 使得 $f(z) \in c_2(X)$, 则存在 $x \in X$ 使得 $f(z) = c_2(x)$, 从而 $c_1(x) \neq z$, 于是存在 $c_1 X$ 中 $c_1(x)$ 的开邻域 V 使得 $z \notin \overline{V}$. 令 $Z = c_1(X) \cup \{z\}$,

则 $f(Z) = c_2(X) = f(c_1(X))$. 因为 c_1, c_2 都是嵌入函数, 所以 $f|_{c_1(X)}$ 是同胚, 于是 $f(c_1(X) \setminus V)$ 是 $c_2(X)$ 的闭集. 令 $g = f|_Z$, 则 $g^{-1}(f(c_1(X) \setminus V)) = c_1(X) \setminus V$ 是 Z 的闭集. 因此 $z \notin \overline{V} \cup \mathrm{cl}_Z(c_1(X) \setminus V) \supseteq \mathrm{cl}_Z(c_1(X)) = Z$, 矛盾. $\qquad\square$

引理 1.3.11　设 X 是完全正则的 T_1 空间, 则偏序集 $(\mathscr{C}(X), \leqslant)$ 的任一非空子集存在上确界.

证明　对于 $\mathscr{C}(X)$ 的非空子集 $\{c_s X\}_{s \in S}$, 让 $C = \{c_s\}_{s \in S}$, 则 C 分离 X 的点与闭集. 由引理 1.3.8, 对角函数 $\Delta_C : X \to \prod_{s \in S} c_s X$ 是嵌入. 下面证明 X 的紧化 $\Delta_C X = \overline{\Delta_C(X)} \subseteq \prod_{s \in S} c_s X$ 是 $\{c_s X\}_{s \in S}$ 的上确界. 对于每一 $s \in S$, 投影映射 $p_s : \prod_{s \in S} c_s X \to c_s X$ 满足 $p_s \circ \Delta_C = c_s$, 所以 $c_s X \leqslant \Delta_C X$. 如果 X 的 T_2 紧化 cX 是 $\{c_s X\}_{s \in S}$ 的一个上界, 那么对于每一 $s \in S$, 存在连续函数 $f_s : cX \to c_s X$ 使得 $f_s \circ c = c_s$. 令 $F = \{f_s\}_{s \in S}$, 则对角函数 $\Delta_F : cX \to \prod_{s \in S} c_s X$ 满足 $\Delta_F \circ c = \Delta_C$, 所以 $\Delta_C X \leqslant cX$. 故 $\Delta_C X$ 是 $\{c_s\}$ 的上确界. $\qquad\square$

偏序集 $(\mathscr{C}(X), \leqslant)$ 的最大元称为完全正则 T_1 空间 X 的 Čech-Stone 紧化、Stone-Čech 紧化或最大紧化, 记为 βX. E. Čech[58] (捷克, 1893–1960) 和 M.H. Stone[256] (美, 1903–1998) 独立提出了这一紧化的概念, 其记号来自 E. Čech[58], 而命名则属于 J. Dieudonné[68].

引理 1.3.12　设 X 是 T_1 的完全正则空间. 若 Z 是 T_2 紧空间, 则每一连续函数 $f : X \to Z$ 存在扩张 $h : \beta X \to Z$, 即 $h \circ \beta = f$.

证明　定义函数 $c : X \to \beta X \times Z$ 使得每一 $c(x) = (\beta(x), f(x))$. 因为 $\{\beta\}$ 分离空间 X 的点与闭集, 由对角引理, c 是嵌入函数, 于是 $cX = \overline{c(X)} \subseteq \beta X \times Z$ 是 X 的 T_2 紧化. 由 βX 的最大性, 存在连续函数 $g : \beta X \to cX$ 使得 $g \circ \beta = c$. 令 $h = p_2 \circ g : \beta X \to Z$, 则 h 连续且 $h \circ \beta = p_2 \circ g \circ \beta = p_2 \circ c = f$, 所以 h 是 f 的扩张. $\qquad\square$

下述结果说明完备映射与紧化的一种关系.

定理 1.3.13　对于 T_1 的完全正则空间 X, Y 及映射 $f : X \to Y$, 下述条件相互等价:

(1) f 是完备映射.

(2) 对于 Y 的每一 T_2 紧化 αY, 存在 f 的扩张 $f_\alpha : \beta X \to \alpha Y$ 满足 $f_\alpha(\beta X \setminus X) = \alpha Y \setminus Y$.

(3) 存在 f 的扩张 $f_\beta : \beta X \to \beta Y$ 满足 $f_\beta(\beta X \setminus X) = \beta Y \setminus Y$.

(4) 存在 Y 的 T_2 紧化 αY 使得 f 有扩张 $f_\alpha : \beta X \to \alpha Y$ 满足 $f_\alpha(\beta X \setminus X) = \alpha Y \setminus Y$.

证明　(1) $\Rightarrow$ (2). 设 $f : X \to Y$ 是完备映射. 对于空间 Y 的每一 T_2 紧化 αY, 由引理 1.3.12, 存在 f 的扩张 $f_\alpha : \beta X \to \alpha Y$, 则 $\alpha Y \setminus Y \subseteq f_\alpha(\beta X \setminus X)$ 且 $X \subseteq f_\alpha^{-1}(Y) \subseteq \beta X$. 若 $X \neq f_\alpha^{-1}(Y)$, 则存在 $z \in f_\alpha^{-1}(Y) \setminus X$. 令 $Z = X \cup \{z\}$, 于

是 z 不属于紧集 $f^{-1}(f_\alpha(z))$, 从而存在子空间 Z 的不相交开集 U, V 使得 $z \in U$ 且 $f^{-1}(f_\alpha(z)) \subseteq V$. 让 $g = f_\alpha|_Z$. 由于 $f(X \setminus V)$ 是 Y 的闭集, 所以 $g^{-1}(f(X \setminus V))$ 是 Z 的闭集, 于是 $\mathrm{cl}_Z(X \setminus V) \subseteq g^{-1}(f(X \setminus V)) = f^{-1}(f(X \setminus V)) \subseteq X$. 因为 $z \notin \overline{V}$, 所以 X 是 Z 的闭集, 矛盾. 因此 $X = f_\alpha^{-1}(Y)$, 从而 $f_\alpha(\beta X \setminus X) \subseteq \alpha Y \setminus Y$. 故 $f_\alpha(\beta X \setminus X) \subseteq \alpha Y \setminus Y$.

$(2) \Rightarrow (3) \Rightarrow (4)$ 是显然的.

$(4) \Rightarrow (1)$. 设存在 Y 的 T_2 紧化 αY 使得 f 有扩张 $f_\alpha : \beta X \to \alpha Y$ 满足 $f_\alpha(\beta X \setminus X) = \alpha Y \setminus Y$, 易验证 $f = f_\alpha|_{f_\alpha^{-1}(Y)} : f_\alpha^{-1}(Y) \to Y$ 是完备映射 (练习 1.3.1). $\square$

例 1.3.14 Michael 空间: 非第一可数的可数空间.

取定 $p \in \beta\mathbb{N} \setminus \mathbb{N}$, 其中 $\beta\mathbb{N}$ 是 $\mathbb{N}$ 的最大紧化. 令 $X = \mathbb{N} \cup \{p\}$. 集 X 赋予 $\beta\mathbb{N}$ 的子空间拓扑称为 Michael 空间[193]. 显然, X 是非离散的可数空间. 若 X 是第一可数空间, 则存在 $\mathbb{N}$ 中的非平凡序列 $\{x_n\}$ 使其收敛于 p. 令 $E = \{x_{2n-1} : n \in \mathbb{N}\}$, $F = \{x_{2n} : n \in \mathbb{N}\}$. 定义 $f : \mathbb{N} \to \mathbb{I}$ 使得 $f(E) = \{0\}$, $f(F) = \{1\}$. 由于 $\mathbb{N}$ 是离散空间, 于是 f 是连续函数. 由引理 1.3.12, 存在连续函数 $h : \beta\mathbb{N} \to \mathbb{I}$ 使得 $h \circ \beta = f$. 因为在 $\beta\mathbb{N}$ 中序列 $\{x_n\}$ 收敛于 p, 所以 $0 = \lim\limits_{n\to\infty} h(x_{2n-1}) = h(p) = \lim\limits_{n\to\infty} h(x_{2n}) = 1$, 矛盾. 故 X 不是第一可数空间. $\square$

练　习

1.3.1 设 $f : X \to Y$ 是闭映射, 那么对于 Y 的非空子集 B, $f|_{f^{-1}(B)} : f^{-1}(B) \to B$ 是闭映射.

1.3.2 若 A 是空间 X 的非空闭集, 则商映射 $q : X \to X/A$ 是闭映射.

1.3.3 闭映射保持 (T_1) 正规性.

1.3.4 完备映射保持正则性.

1.3.5 证明: 完备映射保持局部有限集族, 即设 $f : X \to Y$ 是完备映射, 若 $\mathscr{P}$ 是空间 X 的局部有限集族, 则 $f(\mathscr{P})$ 是空间 Y 的局部有限集族.

1.3.6 设函数 $f : X \to Y$. 若 $A \subseteq X$, 则 $f(X \setminus A) = Y \setminus \{y \in Y : f^{-1}(y) \subseteq A\}$.

1.3.7 证明: 空间 X 的任两个一点紧化是同胚的.

1.3.8 证明: 引理 1.3.8 中的对角函数是单射.

1.4　仿紧空间

本节介绍紧空间的重要推广 —— 仿紧空间. 紧性到仿紧性的推广从两方面入手, 一是 "子覆盖", 二是 "有限集族".

定义 1.4.1　设 $\mathscr{U}$ 和 $\mathscr{V}$ 是空间 X 的覆盖, 称 $\mathscr{U}$ *加细* $\mathscr{V}$ 或 $\mathscr{U}$ 是 $\mathscr{V}$ 的*加细*, 若对于每一 $U \in \mathscr{U}$ 存在 $V \in \mathscr{V}$ 使得 $U \subseteq V$. 若 $\mathscr{U}$ 加细 $\mathscr{V}$ 且 $\mathscr{U}$ 的每一元是 X 的开 (闭) 子集, 则称 $\mathscr{U}$ 是 $\mathscr{V}$ 的*开 (闭) 加细*.

在空间 X 中, 若 $\mathscr{U}$ 是 $\mathscr{V}$ 的子覆盖, 则 $\mathscr{U}$ 加细 $\mathscr{V}$. 若 $\mathscr{U}$ 是空间 X 的覆盖, 则 $\{\{x\} : x \in X\}$ 是 $\mathscr{U}$ 的加细.

利用加细和局部有限集族 (定义 1.2.3) 的概念, J. Dieudonné[67] 引入了仿紧空间的概念.

定义 1.4.2　空间 X 称为*仿紧空间*, 若 X 的每一开覆盖有局部有限的开加细.

显然, 紧空间是仿紧空间; 离散空间是仿紧空间. 下面介绍仿紧空间的简单刻画和初步性质. 为此, 引入 E. Michael[193] 定义的一个重要集族性质.

定义 1.4.3　设 $\mathscr{P}$ 是空间 X 的子集族. $\mathscr{P}$ 称为*闭包保持集族*, 若对于每一 $\mathscr{F} \subseteq \mathscr{P}$, 有 $\overline{\bigcup \mathscr{F}} = \bigcup \overline{\mathscr{F}}$.

若 $\mathscr{P}$ 是空间 X 的闭包保持集族, 则 $\bigcup \mathscr{P}$ 是 X 的闭集.

引理 1.4.4　局部有限集族是闭包保持集族.

证明　设 $\mathscr{P}$ 是空间 X 的局部有限集族. 由于 $\mathscr{P}$ 的子集仍是 X 的局部有限集族, 所以只需证明 $\overline{\bigcup \mathscr{P}} = \bigcup \overline{\mathscr{P}}$. 显然, $\bigcup \overline{\mathscr{P}} \subseteq \overline{\bigcup \mathscr{P}}$. 设 $x \in \overline{\bigcup \mathscr{P}}$, 由 $\mathscr{P}$ 的局部有限性, 存在 x 在 X 中的邻域 U 使得 U 仅与 $\mathscr{P}$ 中的有限个元相交, 于是存在 $\mathscr{P}$ 的有限子集 $\mathscr{F}$ 使得当 $P \in \mathscr{P} \setminus \mathscr{F}$ 时有 $U \cap P = \varnothing$, 从而 $U \cap \bigcup(\mathscr{P} \setminus \mathscr{F}) = \varnothing$, 于是 $x \notin \overline{\bigcup(\mathscr{P} \setminus \mathscr{F})}$. 因为 $\overline{\bigcup \mathscr{P}} = \overline{\bigcup \mathscr{F}} \cup \overline{\bigcup(\mathscr{P} \setminus \mathscr{F})}$, 所以 $x \in \overline{\bigcup \mathscr{F}}$, 故存在 $F \in \mathscr{F}$ 使得 $x \in \overline{F}$, 因此 $\overline{\bigcup \mathscr{P}} \subseteq \bigcup \overline{\mathscr{P}}$. 从而 $\overline{\bigcup \mathscr{P}} = \bigcup \overline{\mathscr{P}}$.　□

对于实数空间 $\mathbb{R}$, $\{\{0, 1/n\} : n \in \mathbb{N}\}$ 是 $\mathbb{R}$ 的闭包保持集族, 但它不是 $\mathbb{R}$ 的局部有限集族. 若空间 X 的子集族 $\mathscr{P}$ 是 X 的可数个局部有限族的并, 则称 $\mathscr{P}$ 是 X 的 σ *局部有限集族*. X 的可数集族是 X 的 σ 局部有限集族.

定理 1.4.5[192]　对于正则空间 X, 下述条件相互等价:

(1) X 是仿紧空间.

(2) X 的每一开覆盖有 σ 局部有限的开加细.

(3) X 的每一开覆盖有局部有限的加细.

(4) X 的每一开覆盖有局部有限的闭加细.

证明　(1) $\Rightarrow$ (2) 是显然的.

(2) $\Rightarrow$ (3). 设 $\mathscr{U}$ 是空间 X 的开覆盖, 则 $\mathscr{U}$ 有 σ 局部有限的开加细 $\mathscr{V} = \bigcup_{n \in \mathbb{N}} \mathscr{V}_n$, 其中每一 $\mathscr{V}_n$ 是 X 的局部有限集族. 对于每一 $n \in \mathbb{N}$, 令 $V_n = \bigcup \mathscr{V}_n$. 再令 $\mathscr{W} = \bigcup_{n \in \mathbb{N}} \mathscr{W}_n$, 其中 $\mathscr{W}_1 = \mathscr{V}_1$, $\mathscr{W}_{n+1} = \{V \setminus \bigcup_{i \leqslant n} V_i : V \in \mathscr{V}_{n+1}\}$. 显然, $\mathscr{W}$ 是 X 的覆盖且加细 $\mathscr{U}$. 下面证明 $\mathscr{W}$ 是局部有限的. 对于每一 $x \in X$, 存在 $n \in \mathbb{N}$ 使得 $x \in V_n$. 对于每一 $i \leqslant n$, 由于 $\mathscr{V}_i$ 是 X 的局部有限集族, 存在 x 在 X 中的邻域 W_i

使得 W_i 仅与 $\mathscr{V}_i$ 中的有限个元相交. 令 $G = V_n \cap \bigcap_{i \leqslant n} W_i$, 则 x 的邻域 G 仅与 $\mathscr{W}$ 中的有限个元相交. 故 $\mathscr{W}$ 是 $\mathscr{U}$ 的局部有限加细.

(3) $\Rightarrow$ (4). 设 $\mathscr{U}$ 是空间 X 的开覆盖. 对于每一 $x \in X$, 存在 $U_x \in \mathscr{U}$ 使得 $x \in U_x$. 由正则性, 存在 x 的开邻域 V_x 使得 $x \in V_x \subseteq \overline{V}_x \subseteq U_x$. 则 X 的开覆盖 $\{V_x\}_{x \in X}$ 有局部有限的加细 $\{W_\alpha\}_{\alpha \in A}$, 于是 $\{\overline{W}_\alpha\}_{\alpha \in A}$ 是 $\mathscr{U}$ 的局部有限的闭加细 (练习 1.2.3).

(4) $\Rightarrow$ (1). 设 $\mathscr{U}$ 是空间 X 的开覆盖. $\mathscr{F} = \{F_\alpha\}_{\alpha \in A}$ 是 $\mathscr{U}$ 的局部有限的闭加细. 对于每一 $x \in X$, 选取 x 的开邻域 V_x 仅与 $\mathscr{F}$ 中的有限个元相交. 于是 X 的开覆盖 $\{V_x\}_{x \in X}$ 也有局部有限的闭加细 $\mathscr{H}$. 对于每一 $\alpha \in A$, 让 $W_\alpha = X \setminus \bigcup \{H \in \mathscr{H} : H \cap F_\alpha = \varnothing\}$. 显然, $F_\alpha \subseteq W_\alpha$. 因为 $\mathscr{F}$ 加细 $\mathscr{U}$, 由引理 1.4.4, W_α 是 X 的开集, 且对于每一 $H \in \mathscr{H}$ 有下述性质, 记为 (*): $H \cap W_\alpha \neq \varnothing \Leftrightarrow H \cap F_\alpha \neq \varnothing$. 取 $U_\alpha \in \mathscr{U}$ 使得 $F_\alpha \subseteq U_\alpha$ 且令 $G_\alpha = W_\alpha \cap U_\alpha$. 则 $\{G_\alpha\}_{\alpha \in A}$ 是 $\mathscr{U}$ 的开加细. 由于每一 $x \in X$ 有邻域 O 仅与覆盖 $\mathscr{H}$ 的有限个元 H_i $(i \leqslant n)$ 相交, 于是 $O \subseteq \bigcup_{i \leqslant n} H_i$, 而每一 H_i 仅与有限个 F_α 相交, 由性质 (*), H_i 仅与有限个 W_α 相交, 从而 O 仅与有限个 G_α 相交, 故 $\{G_\alpha\}_{\alpha \in A}$ 是局部有限的. 因而 $\mathscr{U}$ 有局部有限的开加细, 故 X 是仿紧空间. $\qquad\square$

空间 X 称为 Lindelöf 空间, 若 X 的每一开覆盖有可数子覆盖. 显然, 紧空间是 Lindelöf 空间.

推论 1.4.6 正则的 Lindelöf 空间是仿紧空间. $\qquad\square$

由于实数空间 $\mathbb{R}$ 是正则的 Lindelöf 空间, 所以 $\mathbb{R}$ 是仿紧空间.

设 $\mathscr{F}$ 是空间 X 的子集族. 对于 $A \subseteq X$, 记 $\mathscr{F}|_A = \{F \cap A : F \in \mathscr{F}\}$, 称为 $\mathscr{F}$ 在 A 的限制.

定理 1.4.7 仿紧空间的闭子集是仿紧空间.

证明 设 F 是仿紧空间 X 的闭子集. 让 $\mathscr{V}$ 是子空间 F 的开覆盖. 记 $\mathscr{V} = \{V_\alpha\}_{\alpha \in A}$. 对于每一 $\alpha \in A$, 存在 X 的开集 U_α 使得 $V_\alpha = U_\alpha \cap F$. 置 $\mathscr{U} = \{X \setminus F\} \bigcup \{U_\alpha\}_{\alpha \in A}$, 则 $\mathscr{U}$ 是仿紧空间 X 的开覆盖, 于是 $\mathscr{U}$ 存在局部有限的开加细 $\mathscr{W}$. 从而在 F 中 $\mathscr{W}|_F$ 是 $\mathscr{V}$ 的局部有限开加细, 所以 F 是仿紧空间. $\qquad\square$

定义 1.4.8 设 $\{X_\alpha\}_{\alpha \in A}$ 是互不相交的空间族. 在集 $X = \bigcup_{\alpha \in A} X_\alpha$ 上定义如下拓扑: X 的子集 O 是 X 的开集当且仅当对于每一 $\alpha \in A$, $O \cap X_\alpha$ 是 X_α 的开集. 集 X 赋予上述拓扑称为空间族 $\{X_\alpha\}_{\alpha \in A}$ 的拓扑和, 记为 $\bigoplus_{\alpha \in A} X_\alpha$.

易验证, 空间 $\bigoplus_{\alpha \in A} X_\alpha$ 的子集 F 是闭集当且仅当对于每一 $\alpha \in A$, $F \cap X_\alpha$ 是 X_α 的闭集. 于是, 每一 X_α 是 $\bigoplus_{\alpha \in A} X_\alpha$ 的既开且闭的子集, 简称开闭子集.

定理 1.4.9 仿紧空间族的拓扑和是仿紧空间.

证明 设 $\{X_\alpha\}_{\alpha \in A}$ 是互不相交的仿紧空间族. 让 $\mathscr{U}$ 是拓扑和 $\bigoplus_{\alpha \in A} X_\alpha$ 的开覆盖. 对于每一 $\alpha \in A$, $\mathscr{U}|_{X_\alpha}$ 是仿紧子空间 X_α 的开覆盖, 于是存在 X_α 的局部

有限的开覆盖 $\mathscr{V}_\alpha$ 加细 $\mathscr{U}|_{X_\alpha}$. 令 $\mathscr{V} = \bigcup_{\alpha \in A} \mathscr{V}_\alpha$, 则 $\mathscr{V}$ 是 $\mathscr{U}$ 的局部有限的开加细. 故 $\bigoplus_{\alpha \in A} X_\alpha$ 是仿紧空间. □

定理 1.4.10 T_2 仿紧空间是正规空间.

证明   先证明仿紧空间 X 满足下述性质, 记为 (∗):

设 F 和 G 是 X 的不相交闭集. 如果对于每一 $x \in F$, 存在 X 的分别包含 $\{x\}$ 和 G 的不相交开集 U_x 和 V_x, 则存在 X 的分别包含 F 和 G 的不相交开集.

事实上, 由于 $\{U_x\}_{x \in F} \bigcup \{X \setminus F\}$ 是仿紧空间 X 的开覆盖, 于是存在局部有限的开加细 $\{W_\alpha\}_{\alpha \in A}$. 置 $\Lambda = \{\alpha \in A : \text{存在 } x \in F \text{ 使得 } W_\alpha \subseteq U_x\}$, 则 $F \subseteq \bigcup_{\alpha \in \Lambda} W_\alpha$ 且对于每一 $\alpha \in \Lambda$ 有 $G \cap \overline{W}_\alpha = \varnothing$. 由引理 1.4.4, $\bigcup_{\alpha \in \Lambda} \overline{W}_\alpha$ 是 X 的闭集. 让 $U = \bigcup_{\alpha \in \Lambda} W_\alpha$, $V = X \setminus \bigcup_{\alpha \in \Lambda} \overline{W}_\alpha$, 则 U 和 V 是 X 的分别包含 F 和 G 的不相交的开集.

现在, 设 X 是 T_2 仿紧空间. 由 T_2 性及性质 (∗), X 是正则空间; 再由正则性及性质 (∗), X 是正规空间. □

定理 1.4.10 中的 T_2 条件是重要的. 含无限个点的有限补空间 (例 1.1.7) 是非 T_2 的 T_1 仿紧空间. 为了进一步的需要, 下面再构造另一非 T_2 的 T_1 仿紧空间.

例 1.4.11 T_1 仿紧空间[149].

取 $X = (\mathbb{N} \cup \{0\})^2 \setminus \{(0,0)\}$. 对于每一 $n, m \in \mathbb{N}$, 置 $V(n,m) = \{(n,k) \in \mathbb{N}^2 : k \geqslant m\}$. 在 X 上导入如下拓扑, 见图 1.4.1:

(1) $\mathbb{N}^2$ 中的点是 X 的孤立点;

(2) 点 $(n, 0)$ 在 X 中的邻域基元形如 $V_1(n, m) = \{(n, 0)\} \cup V(n, m)$, $m \in \mathbb{N}$;

(3) 点 $(0, n)$ 在 X 中的邻域基元形如 $V_2(n, m) = \{(0, n)\} \cup V(n, m)$, $m \geqslant n$.

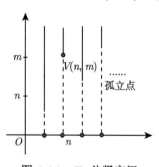

图 1.4.1 T_1 仿紧空间

易验证, X 是 T_1 空间. 设 $\mathscr{U}$ 是 X 的开覆盖. 对于每一 $n \in \mathbb{N}$, 由于 $(n, 0)$, $(0, n) \in X$, 存在 $m_n, k_n \in \mathbb{N}$ 和 $U_{1n}, U_{2n} \in \mathscr{U}$ 使得 $V_1(n, m_n) \subseteq U_{1n}$, $V_2(n, k_n) \subseteq U_{2n}$ 且 $k_n \geqslant n$. 让 $C = X \setminus \bigcup_{n \in \mathbb{N}} (V_1(n, m_n) \cup V_2(n, k_n))$. 置

$$\mathscr{V} = \{V_1(n, m_n)\}_{n \in \mathbb{N}} \bigcup \{V_2(n, k_n)\}_{n \in \mathbb{N}} \bigcup \{\{x\}\}_{x \in C}.$$

由于 $\mathscr{V}$ 中每一形如 $V_1(n, m_n)$ 的元仅与 $\mathscr{V}$ 中一个形如 $V_2(n, k_n)$ 的元相交, 且 $\mathscr{V}$ 中每一形如 $V_2(n, k_n)$ 的元仅与 $\mathscr{V}$ 中一个形如 $V_1(n, m_n)$ 的元相交, 所以 $\mathscr{V}$ 是 $\mathscr{U}$ 的局部有限开加细. 故 X 是仿紧空间.

对于每一 $n \in \mathbb{N}$, 由于点 $(n, 0)$ 和 $(0, n)$ 在 X 中的任意邻域都相交, 所以 X 不是 T_2 空间. □

定理 1.4.12 空间 X 是紧空间当且仅当 X 是可数紧的仿紧空间.

证明 显然, 紧空间是可数紧的仿紧空间. 反之, 设空间 X 是可数紧的仿紧空间. 若 $\mathscr{U}$ 是空间 X 的开覆盖, 则存在 $\mathscr{U}$ 的局部有限的开加细 $\mathscr{V}$. 由定理 1.2.4, $\mathscr{V}$ 是有限的, 所以 $\mathscr{U}$ 有有限子覆盖. 故 X 是紧空间. □

定理 1.4.13 设 $f : X \to Y$ 是完备映射. 若 Y 是仿紧空间, 则 X 也是仿紧空间.

证明 设 $\mathscr{U}$ 是空间 X 的开覆盖. 对于每一 $y \in Y$, 由于 $f^{-1}(y)$ 是 X 的紧子集, 所以存在 $\mathscr{U}$ 的有限子集 $\mathscr{U}_y$ 覆盖 $f^{-1}(y)$. 因为 f 是闭映射, 由定理 1.3.2, 存在 y 在 Y 中的开邻域 V_y 使得 $f^{-1}(V_y) \subseteq \bigcup \mathscr{U}_y$. 这时 $\{V_y\}_{y \in Y}$ 是仿紧空间 Y 的开覆盖, 所以存在局部有限的开加细 $\{W_\alpha\}_{\alpha \in A}$. 于是 $\{f^{-1}(W_\alpha)\}_{\alpha \in A}$ 是 X 的局部有限的开覆盖. 对于每一 $\alpha \in A$, 存在 $y_\alpha \in Y$ 使得 $W_\alpha \subseteq V_{y_\alpha}$, 那么 $f^{-1}(W_\alpha) \subseteq \bigcup \mathscr{U}_{y_\alpha}$. 从而 $\{f^{-1}(W_\alpha) \cap U : \alpha \in A, U \in \mathscr{U}_{y_\alpha}\}$ 是 $\mathscr{U}$ 的局部有限的开加细. 故 X 是仿紧空间. □

本节最后给出 1953 年 Michael 证明的关于仿紧空间的单位分解定理. 它不仅在拓扑学, 而且在分析学与几何学中都有一些应用.

定义 1.4.14 从空间 X 到单位闭区间 $\mathbb{I}$ 的连续函数族 $\Phi = \{\varphi_\alpha\}_{\alpha \in A}$ 称为 X 的单位分解, 如果对于每一 $x \in X$ 有 $\sum_{\alpha \in A} \varphi_\alpha(x) = 1$, 即对于每一 $x \in X$, 仅有可数个 $\alpha \in A$ 使得 $\varphi_\alpha(x) \neq 0$, 且级数 $\sum_{\alpha \in A} \varphi_\alpha(x)$ 收敛于 1. 单位分解 Φ 称为局部有限的, 如果 $\{\varphi_\alpha^{-1}((0,1])\}_{\alpha \in A}$ 是 X 的局部有限覆盖. 单位分解 Φ 称为从属于 X 的覆盖 $\mathscr{U}$, 如果 $\{\varphi_\alpha^{-1}((0,1])\}_{\alpha \in A}$ 是 $\mathscr{U}$ 的加细.

设 $\mathscr{U}$ 和 $\mathscr{V}$ 都是空间 X 的覆盖, 称 $\mathscr{U}$ 精确加细 $\mathscr{V}$, 若 $\mathscr{U} = \{U_\alpha\}_{\alpha \in A}, \mathscr{V} = \{V_\alpha\}_{\alpha \in A}$ 且每一 $U_\alpha \subseteq V_\alpha$. 精确加细有时也称为一一加细.

定理 1.4.15(单位分解定理[192]) 对于 T_2 空间 X, 下述条件相互等价:

(1) X 是仿紧空间.

(2) X 的每一开覆盖 $\mathscr{U}$ 具有局部有限的单位分解从属于 $\mathscr{U}$.

(3) X 的每一开覆盖 $\mathscr{U}$ 具有单位分解从属于 $\mathscr{U}$.

证明 (1) $\Rightarrow$ (2). 设 X 是 T_2 的仿紧空间并且 $\mathscr{U}$ 是 X 的开覆盖. 由 X 的仿紧性, 不妨设 $\mathscr{U}$ 是局部有限的, 记 $\mathscr{U} = \{U_\alpha\}_{\alpha \in A}$.

(15.1) $\{U_\alpha\}_{\alpha \in A}$ 具有局部有限的精确闭加细 $\{F_\alpha\}_{\alpha \in A}$.

由正则性, 存在 X 的开覆盖 $\mathscr{V}$ 使得 $\overline{\mathscr{V}}$ 加细 $\mathscr{U}$. 再由 X 的仿紧性, $\mathscr{V}$ 具有局部有限的开加细 $\mathscr{W}$, 则 $\overline{\mathscr{W}}$ 是 $\mathscr{U}$ 的局部有限的闭加细 (练习 1.2.3). 记 $\mathscr{W} = \{W_\beta\}_{\beta \in B}$. 对于每一 $\beta \in B$ 存在 $p(\beta) \in A$ 使得 $\overline{W}_\beta \subseteq U_{p(\beta)}$. 对于每一 $\alpha \in A$, 令 $F_\alpha = \bigcup\{\overline{W}_\beta : \beta \in B, p(\beta) = \alpha\}$ (可能某些 $F_\alpha = \varnothing$). 那么 $\{F_\alpha\}_{\alpha \in A}$ 是 $\{U_\alpha\}_{\alpha \in A}$ 的局部有限的精确闭加细.

对于每一 $\alpha \in A$, 由 Urysohn 引理或 Tietze-Urysohn 扩张定理 (引理 1.2.11), 存在连续函数 $f_\alpha : X \to \mathbb{I}$ 使得 $f_\alpha(F_\alpha) \subseteq \{1\}$ 且 $f_\alpha(X \setminus U_\alpha) \subseteq \{0\}$. 置 $f(x) = \sum_{\alpha \in A} f_\alpha(x), x \in X$. 由于 $\mathscr{U}$ 的局部有限性及 f_α 的定义, $f : X \to \mathbb{R}$ 是连续函数 (注意到, 若 X 的子集 $V \cap U_\alpha = \varnothing$, 则 $f_\alpha|_V \equiv 0$). 又由于 $\{F_\alpha\}_{\alpha \in A}$ 是 X 的覆盖, 所以 $f(x) \geq 1, x \in X$. 对于每一 $\alpha \in A$, 令 $\varphi_\alpha = f_\alpha/f$, 则 $\varphi_\alpha : X \to \mathbb{I}$ 连续且 $\varphi_\alpha^{-1}((0,1]) \subseteq U_\alpha$. 从而 $\Phi = \{\varphi_\alpha\}_{\alpha \in A}$ 是 X 的从属于 $\mathscr{U}$ 的局部有限的单位分解.

(2) $\Rightarrow$ (3) 是显然的. 下面证明 (3) $\Rightarrow$ (1). 设 T_1 空间 X 的每一开覆盖具有从属于它的单位分解.

(15.2) X 是完全正则空间.

对于 X 的闭集 F 及 $z \in X \setminus F$, 则 X 的开覆盖 $\{X \setminus F, X \setminus \{z\}\}$ 具有单位分解 $\Phi = \{\varphi_\alpha\}_{\alpha \in A}$ 从属于它. 取定 $\alpha \in A$ 使得 $\varphi_\alpha(z) = r > 0$, 则 $\varphi_\alpha^{-1}((0,1]) \subseteq X \setminus F$, 从而 $\varphi_\alpha(F) \subseteq \{0\}$. 置 $f(x) = 1 - \min\{1, \varphi_\alpha(x)/r\}, x \in X$. 则 $f : X \to \mathbb{I}$ 连续, $f(z) = 0$ 且 $f(F) \subseteq \{1\}$. 故 X 是完全正则空间.

(15.3) X 的每一开覆盖有 σ 局部有限的开加细.

设 $\mathscr{U}$ 是空间 X 的开覆盖, 则存在 X 的单位分解 $\Phi = \{\varphi_\alpha\}_{\alpha \in A}$ 从属于 $\mathscr{U}$. 对于每一 $\alpha \in A, i \in \mathbb{N}$, 置 $V_{\alpha,i} = \varphi_\alpha^{-1}((1/(i+1), 1])$, 则 $V_{\alpha,i}$ 是 X 的开集且 $\varphi_\alpha^{-1}((0,1]) = \bigcup_{i \in \mathbb{N}} V_{\alpha,i}$. 对于每一 $i \in \mathbb{N}$, 令 $\mathscr{V}_i = \{V_{\alpha,i}\}_{\alpha \in A}$, 则 $\mathscr{V}_i$ 是局部有限的. 事实上, 设 $z \in X$, 则 $\sum_{\alpha \in A} \varphi_\alpha(z) = 1$, 于是存在 A 的有限子集 A' 使得 $\sum_{\alpha \in A'} \varphi_\alpha(z) > 1 - 1/(i+1)$. 令 $f = \sum_{\alpha \in A'} \varphi_\alpha$, 则 f 连续. 再令 $U = f^{-1}((1 - 1/(i+1), 1])$, 则 U 是 z 的开邻域. 对于每一 $\beta \in A \setminus A'$, 如果存在 $x \in U \cap V_{\beta,i}$, 那么 $1 = \sum_{\alpha \in A} \varphi_\alpha(x) \geq f(x) + \varphi_\beta(x) > 1$, 矛盾. 这表明 $U \cap V_{\beta,i} = \varnothing$, 所以 U 仅与 $\mathscr{V}_i$ 中有限个元相交. 因此 $\mathscr{V}_i$ 是局部有限的. 易见, $\bigcup_{i \in \mathbb{N}} \mathscr{V}_i$ 是 $\mathscr{U}$ 的开加细.

由 (15.2), (15.3) 及定理 1.4.5, X 是仿紧空间. □

练　习

1.4.1 证明: 任一空间 X 的每一可数开覆盖有局部有限的加细.

1.4.2 设 $\mathscr{P}$ 是空间 X 的闭包保持集族, 则 $\overline{\mathscr{P}}$ 也是 X 的闭包保持集族.

1.4.3 设 $\mathscr{P}$ 和 $\mathscr{Q}$ 都是空间 X 的闭包保持集族, 则 $\mathscr{P} \bigcup \mathscr{Q}$ 是 X 的闭包保持集族.

1.4.4 设 $\mathscr{P}$ 是空间 X 的闭包保持的闭集族. (1) 若 F 是 X 的闭集, 则 $\mathscr{P}|_F$ 也是 X 的

的闭包保持集族; (2) 若 F 是 X 的开集, 那么 $\mathscr{P}|_F$ 是否是 X 的闭包保持集族?

1.4.5 证明: 闭映射保持闭包保持集族.

1.4.6 仿紧空间与紧空间的积空间是仿紧空间.

1.4.7 设 $f : X \to Y$ 是闭映射且每一 $f^{-1}(y)$ 是 X 的 Lindelöf 子空间. 证明: (1) 若 L 是 Y 的 Lindelöf 子集, 则 $f^{-1}(L)$ 是 X 的 Lindelöf 子集; (2) 若 X 是正则空间, Y 是仿紧空间, 则 X 也是仿紧空间.

1.4.8 设 $\mathscr{P}$ 是空间 X 的子集族. $\mathscr{P}$ 称为 X 的点有限集族, 若 X 的每一点仅属于 $\mathscr{P}$ 中的有限个元. 证明: $\mathscr{P}$ 是 X 的局部有限的闭集族当且仅当 $\mathscr{P}$ 是 X 的点有限且闭包保持的闭集族.

1.5 Michael 定理

从仿紧性的局部有限加细刻画 (定理 1.4.5) 及完备映射保持局部有限集族 (练习 1.3.5) 易知, 完备映射保持 T_2 仿紧空间性质. 1957 年 E. Michael 证明闭映射保持 T_2 仿紧性. 这一重要结果的证明依赖 E. Michael 关于仿紧性的闭包保持加细刻画的著名定理. 为了第 2 章研究度量空间拓扑性质的需要, 本节一并介绍 1940 年 J.W. Tukey (美, 1915–2000), 1948 年 A.H. Stone (美, 1916–2000) 关于仿紧性的点星加细刻画和星加细刻画.

对于空间 X 的子集族 $\mathscr{P}$, $x \in X$ 和 $A \subseteq X$, 记

$$\mathrm{st}(x, \mathscr{P}) = \bigcup \{P \in \mathscr{P} : x \in P\},$$
$$\mathrm{st}(A, \mathscr{P}) = \bigcup \{P \in \mathscr{P} : A \cap P \neq \varnothing\},$$

分别称为 $\mathscr{P}$ 在点 x 的星, $\mathscr{P}$ 在集 A 的星, 见图 1.5.1.

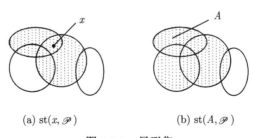

(a) $\mathrm{st}(x, \mathscr{P})$ (b) $\mathrm{st}(A, \mathscr{P})$

图 1.5.1 星形集

定义 1.5.1 设 $\mathscr{U}$ 和 $\mathscr{V}$ 都是空间 X 的覆盖. 称 $\mathscr{U}$ 点星加细 $\mathscr{V}$, 如果 $\{\mathrm{st}(x, \mathscr{U}) : x \in X\}$ 加细 $\mathscr{V}$; 称 $\mathscr{U}$ 星加细 $\mathscr{V}$, 如果 $\{\mathrm{st}(U, \mathscr{U}) : U \in \mathscr{U}\}$ 加细 $\mathscr{V}$.

点星加细、星加细有时分别称为点星形加细和星形加细. 在证明 Michael 定理之前, 先介绍局部有限加细、点星加细和星加细之间的一些关系.

引理 1.5.2　若空间 X 的开覆盖 $\mathscr{U}$ 有局部有限的闭加细, 则 $\mathscr{U}$ 也有点星开加细.

证明　记 $\mathscr{U} = \{U_\alpha\}_{\alpha \in A}$. 设 $\{F_\beta\}_{\beta \in B}$ 是 $\mathscr{U}$ 的局部有限的闭加细. 对于每一 $\beta \in B$, 存在 $\alpha(\beta) \in A$ 使得 $F_\beta \subseteq U_{\alpha(\beta)}$. 对于每一 $x \in X$, 置

$$V_x = \Big(\bigcap_{\beta \in B_x} U_{\alpha(\beta)}\Big) \cap \Big(X \setminus \bigcup_{\beta \notin B_x} F_\beta\Big), \text{ 其中 } B_x = \{\beta \in B : x \in F_\beta\}.$$

由 $\{F_\beta\}_{\beta \in B}$ 的局部有限性和引理 1.4.4, B_x 是 B 的有限子集且 V_x 是 x 的开邻域, 于是 $\mathscr{V} = \{V_x\}_{x \in X}$ 是 X 的开覆盖. 下证 $\mathscr{V}$ 点星加细 $\mathscr{U}$. 对于 $x_0 \in X$, 取定 $\beta \in B_{x_0}$, 如 $x_0 \in V_x$, 而 $x_0 \in F_\beta$, 则 $\beta \in B_x$, 从而 $V_x \subseteq U_{\alpha(\beta)}$, 所以 $\mathrm{st}(x_0, \mathscr{V}) = \bigcup\{V_x \in \mathscr{V} : x_0 \in V_x\} \subseteq U_{\alpha(\beta)}$.　□

引理 1.5.3　设 $\mathscr{U}, \mathscr{V}$ 和 $\mathscr{W}$ 都是空间 X 的覆盖. 若 $\mathscr{U}$ 点星加细 $\mathscr{V}$, 且 $\mathscr{V}$ 点星加细 $\mathscr{W}$, 则 $\mathscr{U}$ 星加细 $\mathscr{W}$.

证明　记 $\mathscr{U} = \{U_\alpha\}_{\alpha \in A}, \mathscr{V} = \{V_\beta\}_{\beta \in B}$. 对于任意的 $\alpha \in A$, 若 $x \in U_\alpha$, 则存在 $\beta_x \in B$ 使得 $U_\alpha \subseteq \mathrm{st}(x, \mathscr{U}) \subseteq V_{\beta_x}$. 取定 $x_0 \in U_\alpha$, 则存在 $W \in \mathscr{W}$ 使得 $\mathrm{st}(x_0, \mathscr{V}) \subseteq W$. 对于每一 $x \in U_\alpha$ 有 $x_0 \in V_{\beta_x}$, 从而 $\mathrm{st}(U_\alpha, \mathscr{U}) = \bigcup_{x \in U_\alpha} \mathrm{st}(x, \mathscr{U}) \subseteq \bigcup_{x \in U_\alpha} V_{\beta_x} \subseteq \mathrm{st}(x_0, \mathscr{V}) \subseteq W$. 故 $\mathscr{U}$ 星加细 $\mathscr{W}$.　□

定义 1.5.4[43]　设 $\mathscr{P}$ 是空间 X 的子集族. $\mathscr{P}$ 称为**离散集族**, 若对于每一 $x \in X$, 存在 x 在 X 中的邻域 U 使得 U 仅与 $\mathscr{P}$ 中至多一个元相交. 若空间 X 的子集族 $\mathscr{P}$ 是 X 的可数个离散集族的并, 则称 $\mathscr{P}$ 是 X 的 σ **离散集族**.

显然, 空间 X 的离散集族是局部有限集族和互不相交集族. 实数空间 $\mathbb{R}$ 的集族 $\{(n, n+1) : n \in \mathbb{N}\}$ 既是局部有限集族又是互不相交集族, 但它不是离散集族.

仿紧性的星加细刻画依赖选择公理. 下面介绍的 Zermelo 良序定理是选择公理的一种等价形式.

引理 1.5.5 (Zermelo 良序定理[293])　任何集可按某个线性序使其成为一个良序集.　□

定理 1.5.6　对于正则空间 X, 下述条件相互等价:

(1) X 是仿紧空间.

(2) X 的每一开覆盖有点星开加细.

(3) X 的每一开覆盖有星开加细.

(4) X 的每一开覆盖有 σ 离散开加细.

证明　由定理 1.4.5 和引理 1.5.2 得 (1) $\Rightarrow$ (2). 由引理 1.5.3 得 (2) $\Rightarrow$ (3). 由定理 1.4.5 得 (4) $\Rightarrow$ (1). 下面证明 (3) $\Rightarrow$ (4).

设空间 X 的每一开覆盖有星开加细. 让 $\mathscr{U} = \{U_\alpha\}_{\alpha \in A}$ 是空间 X 的开覆盖. 置 $\mathscr{U}_0 = \mathscr{U}$, 则存在 X 的开覆盖序列 $\{\mathscr{U}_n\}$ 满足

(6.1) 每一 $\mathscr{U}_{n+1}$ 星加细 $\mathscr{U}_n$.

对于每一 $\alpha \in A$ 及 $n \in \mathbb{N}$, 置

(6.2) $U_{\alpha,n} = \{x \in X : 存在 x 的开邻域 V 使得 \mathrm{st}(V, \mathscr{U}_n) \subseteq U_\alpha\}$.

显然, 对于每一 $n \in \mathbb{N}$, $\{U_{\alpha,n}\}_{\alpha \in A}$ 是 $\mathscr{U}$ 的开加细. 从而有 $\mathrm{st}(U_{\alpha,n}, \mathscr{U}_{n+1}) \subseteq U_{\alpha,n+1}$. 事实上, 对于每一 $U \in \mathscr{U}_{n+1}$, 存在 $W \in \mathscr{U}_n$ 使得 $\mathrm{st}(U, \mathscr{U}_{n+1}) \subseteq W$. 如果 $x \in U \cap U_{\alpha,n}$, 则 $W \subseteq \mathrm{st}(x, \mathscr{U}_n) \subseteq U_\alpha$, 所以 $\mathrm{st}(U, \mathscr{U}_{n+1}) \subseteq U_\alpha$. 由 (6.2), $U \subseteq U_{\alpha,n+1}$. 因此 $\mathrm{st}(U_{\alpha,n}, \mathscr{U}_{n+1}) \subseteq U_{\alpha,n+1}$. 由上述断言知

(6.3) 若 $x \in U_{\alpha,n}$ 且 $y \notin U_{\alpha,n+1}$, 则不存在 $U \in \mathscr{U}_{n+1}$ 使得 $x, y \in U$.

由 Zermelo 良序定理, 把指标集 A 良序化, 置

(6.4) $V_{\alpha,n} = U_{\alpha,n} \setminus \overline{\bigcup_{\gamma < \alpha} U_{\gamma,n+1}}$.

对于 A 中任意不同的 α, β, 按 $\alpha < \beta$ 或 $\beta < \alpha$, 由 (6.4) 分别得 $V_{\beta,n} \subseteq X \setminus U_{\alpha,n+1}$ 或 $V_{\alpha,n} \subseteq X \setminus U_{\beta,n+1}$. 对于任意的 $x \in X$, 存在 $U \in \mathscr{U}_{n+1}$ 使得 $x \in U$, 若 $U \cap V_{\alpha,n} \neq \varnothing$, 如果存在 $\beta \in A \setminus \{\alpha\}$ 使得 $U \cap V_{\beta,n} \neq \varnothing$, 设 $a \in U \cap V_{\alpha,n}$, $b \in U \cap V_{\beta,n}$, 则 $a, b \in U \in \mathscr{U}_{n+1}$ 且当 $\alpha < \beta$ 时 $a \in U_{\alpha,n}$, $b \notin U_{\alpha,n+1}$; 当 $\beta < \alpha$ 时 $b \in U_{\beta,n}$, $a \notin U_{\beta,n+1}$, 这与 (6.3) 相矛盾. 因而对于任意的 $\beta \in A \setminus \{\alpha\}$ 总有 $U \cap V_{\beta,n} = \varnothing$. 这表明 x 的开邻域 U 仅与 $\{V_{\alpha,n}\}_{\alpha \in A}$ 中至多一个元相交. 故 $\{V_{\alpha,n}\}_{\alpha \in A}$ 是 X 的离散开集族.

下证 $\{V_{\alpha,n}\}_{\alpha \in A, n \in \mathbb{N}}$ 是 X 的覆盖. 设 $y \in X$. 对于每一 $n \in \mathbb{N}$, 因为 $\{U_{\alpha,n}\}_{\alpha \in A}$ 是 X 的覆盖, 令 $\alpha_n(y) = \min\{\alpha \in A : y \in U_{\alpha,n}\}$. 再令 $\alpha(y) = \min\{\alpha_n(y) : n \in \mathbb{N}\}$, 则存在 $n \in \mathbb{N}$ 使得 $\alpha(y) = \alpha_n(y)$, 即 $\alpha(y)$ 是 A 中使得 $y \in U_{\alpha,n}$ 的最小者, 从而 $y \in U_{\alpha(y),n} \setminus \bigcup_{\gamma < \alpha(y)} U_{\gamma,n+2}$. 对于每一 $\gamma < \alpha(y)$, 若存在 $x \in \mathrm{st}(y, \mathscr{U}_{n+2}) \cap U_{\gamma,n+1}$, 则存在 $U \in \mathscr{U}_{n+2}$ 使得 $x, y \in U$, 由 (6.3) 有 $y \in U_{\gamma,n+2}$, 矛盾, 于是 $\mathrm{st}(y, \mathscr{U}_{n+2}) \cap U_{\gamma,n+1} = \varnothing$. 这表明 $\mathrm{st}(y, \mathscr{U}_{n+2}) \cap \bigcup_{\gamma < \alpha(y)} U_{\gamma,n+1} = \varnothing$. 故 $y \notin \overline{\bigcup_{\gamma < \alpha(y)} U_{\gamma,n+1}}$. 由 (6.4), $y \in V_{\alpha(y),n}$. 因而 $\mathscr{U}$ 有 σ 离散开加细 $\{V_{\alpha,n}\}_{\alpha \in A, n \in \mathbb{N}}$. $\qquad\square$

J.W. Tukey[272] 称具有定理 1.5.6(3) 性质的空间是全正规空间 (fully normal space), 证明了度量空间是全正规空间, 且定理 1.5.6 的 (2) 等价于 (3). A.H. Stone[253] 证明了定理 1.5.6 的 (1) 等价于 (3). E. Michael[192] 证明了定理 1.5.6 的 (1) 等价于 (4).

下面进一步介绍 1957 年 E. Michael 关于仿紧性的闭包保持加细刻画. 若空间 X 的子集族 $\mathscr{P}$ 是 X 的可数个闭包保持集族的并, 则称 $\mathscr{P}$ 是 X 的 σ 闭包保持集族.

定理 1.5.7[193] 对于正则空间 X, 下述条件相互等价:

(1) X 是仿紧空间.

(2) X 的每一开覆盖有 σ 闭包保持的开加细.

(3) X 的每一开覆盖有闭包保持的闭加细.

(4) X 的每一开覆盖有闭包保持的加细.

证明　由定理 1.4.5 知 (1) $\Rightarrow$ (2).

(2) $\Rightarrow$ (3). 设空间 X 的每一开覆盖有 σ 闭包保持的开加细. 设 $\mathscr{U} = \{U_\alpha\}_{\alpha \in A}$ 是 X 的开覆盖. 因为 X 是正则空间, X 有开覆盖 $\mathscr{V} = \bigcup_{i \in \mathbb{N}} \mathscr{V}_i$, 其中每一 $\mathscr{V}_i$ 是闭包保持的, 且 $\overline{\mathscr{V}}$ 加细 $\mathscr{U}$. 对于每一 $i \in \mathbb{N}$, 置

$$V_i = \bigcup \mathscr{V}_i, \quad \mathscr{W}_i = \left\{ \overline{V} \setminus \bigcup_{n < i} V_n : V \in \mathscr{V}_i \right\}.$$

由于 $\overline{V} \setminus \bigcup_{n<i} V_n = \overline{V} \cap (X \setminus \bigcup_{n<i} V_n)$, $X \setminus \bigcup_{n<i} V_n$ 是 X 的闭集, 而 $\overline{\mathscr{V}_i}$ 是 X 的闭包保持集族 (练习 1.4.2), 所以 $\mathscr{W}_i$ 也是 X 的闭包保持集族 (练习 1.4.4). 从而对于每一 $m \in \mathbb{N}$, $\bigcup_{i \leqslant m} \mathscr{W}_i$ 是 X 的闭包保持集族 (练习 1.4.3). 设 $\mathscr{W} = \bigcup_{i \in \mathbb{N}} \mathscr{W}_i$, 则 $\mathscr{W}$ 是 $\mathscr{U}$ 的闭加细. 现在要证 $\mathscr{W}$ 是 X 的闭包保持集族. 设 $\mathscr{W}' \subseteq \mathscr{W}$, $x \in \overline{\bigcup \mathscr{W}'}$. 由于 $\{V_i\}_{i \in \mathbb{N}}$ 是 X 的开覆盖, 存在 $m \in \mathbb{N}$ 使得 $x \in V_m$. 对于每一 $i > m$ 和 $W \in \mathscr{W}' \bigcap \mathscr{W}_i$, $W \cap V_m = \varnothing$, 所以 $x \in \overline{\bigcup(\mathscr{W}' \cap \bigcup_{i \leqslant m} \mathscr{W}_i)}$. 由于 $\bigcup_{i \leqslant m} \mathscr{W}_i$ 是闭包保持的, 所以存在 $W \in \mathscr{W}' \cap \bigcup_{i \leqslant m} \mathscr{W}_i \subseteq \mathscr{W}'$ 使得 $x \in \overline{W} = W$. 故 $\mathscr{W}$ 是 $\mathscr{U}$ 的闭包保持的闭加细.

(3) $\Rightarrow$ (4) 是显然的. 下面证明 (4) $\Rightarrow$ (1). 设空间 X 的每一开覆盖有闭包保持的加细.

(7.1) X 的每一开覆盖有闭包保持的精确闭加细.

设 $\mathscr{U} = \{U_\alpha\}_{\alpha \in A}$ 是空间 X 的开覆盖. 由正则性, $\mathscr{U}$ 有闭包保持的闭加细 $\{F_\beta\}_{\beta \in B}$. 对于每一 $\beta \in B$ 存在 $\alpha(\beta) \in A$ 使得 $F_\beta \subseteq U_{\alpha(\beta)}$. 对于每一 $\alpha \in A$, 令 $C_\alpha = \bigcup\{F_\beta : \beta \in B, \alpha(\beta) = \alpha\}$ (可能某些 $C_\alpha = \varnothing$), 那么 $\{C_\alpha\}_{\alpha \in A}$ 是 $\{U_\alpha\}_{\alpha \in A}$ 的闭包保持的精确闭加细.

(7.2) X 是正规空间.

设 D 和 E 是 X 的不相交的闭集, 则 $\{X \setminus D, X \setminus E\}$ 是 X 的开覆盖. 由 (7.1), 存在 X 的闭覆盖 $\{C_1, C_2\}$ 使得 $C_1 \subseteq X \setminus D$ 且 $C_2 \subseteq X \setminus E$, 于是 $X \setminus C_1$ 和 $X \setminus C_2$ 是 X 的分别包含 D 和 E 的不相交的开集. 故 X 是正规空间.

(7.3) X 的每一开覆盖有 σ 离散的开加细.

设 $\mathscr{U} = \{U_\alpha\}_{\alpha \in A}$ 是空间 X 的开覆盖. 由 Zermelo 良序定理, 把指标集 A 良序化. 对于每一 $i \in \mathbb{N}$, 归纳构造 $\mathscr{U}$ 的闭包保持的精确闭加细 $\{C_{\alpha,i}\}_{\alpha \in A}$ 满足

(*) $C_{\alpha,i} \cap \bigcup_{\beta > \alpha} C_{\beta, i+1} = \varnothing$, $\alpha \in A$.

由 (7.1), 取 $\{C_{\alpha,1}\}_{\alpha \in A}$ 是 $\{U_\alpha\}_{\alpha \in A}$ 的闭包保持的精确闭加细. 设对于每一 $i \leqslant n$ 已构造 $\{U_\alpha\}_{\alpha \in A}$ 的闭包保持的精确闭加细 $\{C_{\alpha,i}\}_{\alpha \in A}$ 满足 (*), 下面构造 $\{C_{\alpha,n+1}\}_{\alpha \in A}$. 对于每一 $\alpha \in A$, 置 $U_{\alpha,n+1} = U_\alpha \setminus \bigcup_{\beta < \alpha} C_{\beta,n}$. 则 $\{U_{\alpha,n+1}\}_{\alpha \in A}$ 是 X 的开覆盖. 这是因为对于每一 $x \in X$, 记 $\mathscr{U}$ 中含有 x 的第一个元是 U_γ, 由归纳

假设, $\{C_{\alpha,n}\}_{\alpha \in A}$ 精确加细 $\{U_\alpha\}_{\alpha \in A}$, 于是 $\bigcup_{\beta<\gamma} C_{\beta,n} \subseteq \bigcup_{\beta<\gamma} U_\beta$, 所以 $x \in U_{\gamma,n+1}$. 由 (7.1), X 的开覆盖 $\{U_{\alpha,n+1}\}_{\alpha \in A}$ 存在闭包保持的精确闭加细 $\{C_{\alpha,n+1}\}_{\alpha \in A}$, 则 $C_{\alpha,n} \cap \bigcup_{\beta>\alpha} C_{\beta,n+1} = \varnothing$.

对于每一 $\alpha \in A$ 及 $i \in \mathbb{N}$, 置 $V_{\alpha,i} = X \setminus \bigcup_{\beta \neq \alpha} C_{\beta,i}$. 则 $V_{\alpha,i}$ 是 X 的开集且对于每一 $\alpha \neq \beta$, $V_{\alpha,i} \cap V_{\beta,i} = \varnothing$, 于是 $\{V_{\alpha,i}\}_{\alpha \in A}$ 是 X 的互不相交的开集族. 由于 $\{C_{\alpha,i}\}_{\alpha \in A}$ 是 $\mathscr{U}$ 的精确加细, $V_{\alpha,i} \subseteq C_{\alpha,i} \subseteq U_\alpha$. 下面要证明 $\{V_{\alpha,i}\}_{\alpha \in A, i \in \mathbb{N}}$ 是 X 的覆盖. 设 $x \in X$. 对于每一 $i \in \mathbb{N}$, 因为 $\{C_{\alpha,i}\}_{\alpha \in A}$ 是 X 的覆盖, 置 $\alpha_i(x) = \min\{\alpha \in A : x \in C_{\alpha,i}\}$. 取 $k \in \mathbb{N}$ 使得 $\alpha_k = \min\{\alpha_i(x) : i \in \mathbb{N}\}$, 则 $x \in C_{\alpha_k,k}$. 当 $\alpha < \alpha_k$ 时, $x \notin C_{\alpha,k+1}$; 当 $\alpha > \alpha_k$ 时, 由 $(*)$, $x \notin C_{\alpha_k,k+1}$. 这表明 $x \in V_{\alpha_k,k+1}$. 故 $\{V_{\alpha,i}\}_{\alpha \in A, i \in \mathbb{N}}$ 是 $\mathscr{U}$ 的 σ 互不相交的开加细.

由 (7.1), X 的开覆盖 $\{V_{\alpha,i}\}_{\alpha \in A, i \in \mathbb{N}}$ 存在闭包保持的精确闭加细 $\{D_{\alpha,i}\}_{\alpha \in A, i \in \mathbb{N}}$. 对于每一 $i \in \mathbb{N}$, 因为 X 是正规空间, 存在开集 G_i 使得

$$\bigcup_{\alpha \in A} D_{\alpha,i} \subseteq G_i \subseteq \overline{G}_i \subseteq \bigcup_{\alpha \in A} V_{\alpha,i}.$$

置 $\mathscr{W}_i = \{V_{\alpha,i} \cap G_i : \alpha \in A\}$. 对于 $x \in X$, 若 $x \notin \overline{G}_i$, 那么 x 的开邻域 $X \setminus \overline{G}_i$ 与 $\mathscr{W}_i$ 中的每一元不相交; 若 $x \in \overline{G}_i$, 那么存在唯一的 $\alpha \in A$ 使得 $x \in V_{\alpha,i}$, 于是 x 的开邻域 $V_{\alpha,i}$ 仅与 $\mathscr{W}_i$ 中的一个元 $V_{\alpha,i} \cap G_i$ 相交. 从而 $\mathscr{W}_i$ 是离散的开集族. 故 $\bigcup_{i \in \mathbb{N}} \mathscr{W}_i$ 是 $\mathscr{U}$ 的 σ 离散的开加细. 由定理 1.5.6, X 是仿紧空间. □

定理 1.5.8 (Michael 定理[193]) 闭映射保持 T_2 仿紧性.

证明 设 $f : X \to Y$ 是闭映射, 其中 X 是 T_2 的仿紧空间. 由定理 1.4.10, X 是正规空间. 由于 f 是闭映射, 所以 Y 是 T_1 的正规空间 (练习 1.3.3), 于是 Y 是 T_2 的正则空间. 对于空间 Y 的任一开覆盖 $\mathscr{U}$, $f^{-1}(\mathscr{U})$ 是 X 的开覆盖, 由定理 1.5.7, $f^{-1}(\mathscr{U})$ 存在闭包保持的加细 $\mathscr{V}$, 从而 $f(\mathscr{V})$ 是 $\mathscr{U}$ 的闭包保持的加细 (练习 1.4.5). 故 Y 是仿紧空间. □

定理 1.5.8 和定理 1.4.13 说明仿紧性有很好的映射性质. 但是闭映射未必保持 T_1 仿紧性.

回忆商映射的定义. 设映射 $f : X \to Y$. f 称为商映射, 若 $f^{-1}(U)$ 是 X 的开集, 则 U 是 Y 的开集. 这时空间 Y 称为 X 的商空间. f 是商映射等价于若 $f^{-1}(F)$ 是 X 的闭集, 则 F 是 Y 的闭集. Y 是商空间等价于 Y 赋予关于 f 的商拓扑, 即 $\{U \subseteq Y : f^{-1}(U)$ 是 X 的开集$\}$ 是 Y 的拓扑. 特殊的商空间是粘合空间. 设 X 是拓扑空间, A 是 X 的非空闭集, 对于商集 X/A, 让 $q : X \to X/A$ 是自然对应, 即对于 $x \in X$, $q(x)$ 是 x 的等价类 $[x]$. 集 X/A 赋予关于 q 的商拓扑称为粘合空间, q 是自然商映射. 这时 q 是闭映射 (练习 1.3.2).

显然, 开映射和闭映射都是商映射.

例 1.5.9　闭映射不保持 T_1 仿紧性[149].

设 $X = (\mathbb{N} \cup \{0\})^2 \setminus \{(0,0)\}$ 是例 1.4.11 的 T_1 仿紧空间. 把 X 的闭子空间 $\mathbb{N} \times \{0\}$ 粘合成一点 o^* 所得到的商空间 $X/(\mathbb{N} \times \{0\})$ 记为 $Y = ((\mathbb{N} \cup \{0\}) \times \mathbb{N}) \cup \{o^*\}$, 见图 1.5.2. 设 $q : X \to Y$ 是自然商映射, 则 q 是闭映射.

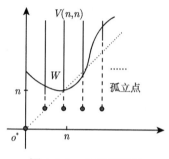

图 1.5.2　非仿紧空间

沿用例 1.4.11 的记号. 由商拓扑的定义, $(\mathbb{N} \cup \{0\}) \times \mathbb{N}$ 中的点在空间 Y 中的邻域基取为 X 中相应点的邻域基, 点 o^* 在 Y 中的邻域基元形如 $\{o^*\} \cup \bigcup_{n \in \mathbb{N}} V(n, m_n)$, 其中每一 $m_n \geqslant n$. 让

$$\mathscr{V} = \{V\} \bigcup \{\{(n,0)\} \cup V(n,n) : n \in \mathbb{N}\} \bigcup \{\{(n,m)\} : n > m\},$$

其中 $V = \{o^*\} \cup \bigcup_{n \in \mathbb{N}} V(n,n)$, 则 $\mathscr{V}$ 是 Y 的可数开覆盖. 但是 $\mathscr{V}$ 的任何开加细都不可能在点 o^* 是局部有限的. 事实上, o^* 的任一邻域 W 与每一个 $\{(n,0)\} \cup V(n,m)$ 相交. 因而 $\mathscr{V}$ 不存在局部有限的开加细. 故 Y 不是仿紧空间.　　　　□

由 Tychonoff 定理 (定理 1.1.12), 一族紧空间的积空间是紧空间. 由定理 1.3.3 和定理 1.4.13, 仿紧空间与紧空间的积空间是仿紧空间 (练习 1.4.6). 然而, 两个仿紧空间的积空间可以不是仿紧空间.

例 1.5.10[195]　存在 T_2 的仿紧空间与无理数空间的闭子空间之积空间不是正规空间.

记单位闭区间 $\mathbb{I}$ 中的全体有理点之集为 $\mathbb{Q}_1$, 全体无理点之集为 $\mathbb{P}_1$. 集 $\mathbb{I}$ 赋予如下拓扑: V 是 $\mathbb{I}$ 的开集当且仅当存在 $\mathbb{I}$ 中的欧几里得开集 G 和 $\mathbb{P}_1$ 的子集 B 使得 $V = G \cup B$. 这样得到的拓扑空间记作 X, 称为 Michael 直线. 显然, X 是 T_2 空间. 利用 $\mathbb{I}$ 关于欧几里得拓扑的正则性及 $\mathbb{P}_1$ 中点是 X 的孤立点知 X 是正则空间.

设 $\mathscr{U}$ 是空间 X 的开覆盖. 因为 $\mathbb{Q}_1$ 是可数集, 存在 $\mathscr{U}$ 的可数子集 $\mathscr{U}'$ 覆盖 $\mathbb{Q}_1$. 由于 $\mathbb{P}_1$ 中的点是 X 的孤立点, $X \setminus \bigcup \mathscr{U}'$ 是 X 的闭集, 所以 $\mathscr{U}' \bigcup \{\{x\} : x \in X \setminus \bigcup \mathscr{U}'\}$ 是 $\mathscr{U}$ 的 σ 离散的开加细. 由定理 1.5.6, X 是仿紧空间.

$\mathbb{P}_1$ 赋予实数空间的子空间拓扑, 则 $\mathbb{P}_1$ 是正则的 Lindelöf 空间. 由推论 1.4.6, $\mathbb{P}_1$ 是仿紧空间. 下证 $X \times \mathbb{P}_1$ 不是正规空间.

令 $A = \mathbb{Q}_1 \times \mathbb{P}_1$, $B = \{(x,x) : x \in \mathbb{P}_1\}$, 则 A 与 B 是 $X \times \mathbb{P}_1$ 中不相交的闭集. 为证明 $X \times \mathbb{P}_1$ 不是正规空间, 只需证明对于 $X \times \mathbb{P}_1$ 中包含 B 的任何开集 U 有 $A \cap \overline{U} \neq \varnothing$. 对于每一 $n \in \mathbb{N}$, 置 $P_n = \{x \in \mathbb{P}_1 : \{x\} \times B(x, 1/n) \subseteq U\}$, 其中对于每一 $x, y \in \mathbb{R}$, 让 $d(x,y) = |x - y|$, 且 $B(x, 1/n) = \{y \in \mathbb{P}_1 : d(x,y) < 1/n\}$. 显然, $\mathbb{P}_1 = \bigcup_{n \in \mathbb{N}} P_n$. 以 τ 表示实数空间 $\mathbb{R}$ 的欧几里得拓扑. 因为无理数集 $\mathbb{P}_1$ 不能表示为实数空间 $\mathbb{R}$ 中的 F_σ 集, 即可数个闭集之并 (见定理 1.7.6 或练习 1.7.4), 那么 $\mathbb{P}_1 \neq \bigcup_{n \in \mathbb{N}} \mathrm{cl}_\tau(P_n)$, 于是存在 $n \in \mathbb{N}$, $x \in \mathbb{Q}_1 \cap \mathrm{cl}_\tau(P_n)$ 及 $y \in \mathbb{P}_1$ 使得 $d(x,y) < 1/2n$, 见图 1.5.3. 由于 $(x,y) \in A$, 为了证明 $A \cap \overline{U} \neq \varnothing$, 只要证明 $(x,y) \in \overline{U}$, 即对于 x 在 X 中的任一开邻域 V 及 y 在 $\mathbb{P}_1$ 中的任一开邻域 W 有 $(V \times W) \cap U \neq \varnothing$. 记 $V = G \cup B$, 其中 G 是 $\mathbb{I}$ 中的欧几里得开集, $B \subseteq \mathbb{P}_1$. 于是 $x \in G \cap \mathrm{cl}_\tau(P_n)$, 所以存在 $z \in G \cap P_n$ 使得 $d(z,x) < 1/2n$, 从而 $(z,y) \in V \times W$ 且 $d(z,y) \leqslant d(z,x) + d(x,y) < 1/n$. 由 P_n 的定义, $(z,y) \in U$, 所以 $(V \times W) \cap U \neq \varnothing$. 因此 $X \times \mathbb{P}_1$ 不是正规空间. □

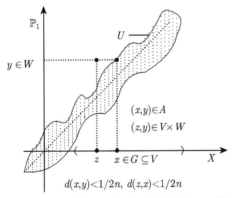

图 1.5.3　Michael 直线 X 与无理数子空间 $\mathbb{P}_1$ 的积空间

寻求适当的仿紧空间类使其有限积或可数积是仿紧空间诱发了一般拓扑中许多深刻的研究, 进一步的结果可参考 D.K. Burke[52] 的综述论文 *Covering properties*.

练　习

1.5.1　设 A 是空间 X 的闭离散子集. 证明: $\{\{x\} : x \in A\}$ 是 X 的离散集族. 反之是否成立?

1.5.2　设 X 是 T_1 空间, A 是 X 的子集. 证明下述条件相互等价: (1) A 是 X 的闭离散子空间; (2) $\{\{x\} : x \in A\}$ 是 X 的闭包保持集族; (3) $\{\{x\} : x \in A\}$ 是 X 的离散集族.

1.5.3　设 $\mathscr{P}$ 是空间 X 的闭集族. 证明: $\mathscr{P}$ 是 X 的离散集族当且仅当 $\mathscr{P}$ 是 X 的闭包保持且互不相交的集族.

1.5.4　若空间 X 的每一开覆盖有点星开加细, 则 X 是正规空间.

1.5.5　若空间 X 的覆盖 $\mathscr{U}$ 存在局部有限 (点有限) 的开加细, 则 $\mathscr{U}$ 也存在局部有限

(点有限) 的精确开加细.

1.5.6   证明: T_2 仿紧空间的 F_σ 子集是仿紧子空间.

1.5.7   利用例 1.5.9 的空间 Y 的一点紧化证明: T_1 仿紧空间的 F_σ 子集未必是仿紧子空间[90].

1.5.8   设 $\mathscr{P}$ 是空间 X 的闭包保持的闭集族, 令 $E = \{x \in X : \bigcap\{P \in \mathscr{P} : x \in P\} = \{x\}\}$. 证明: E 是 X 的闭离散子空间.

1.5.9   设 $\{x_n : n \in \mathbb{N}\}$ 是正规空间 X 的闭离散子集, 则存在 X 的离散开集列 $\{V_n\}$ 使得每一 $x_n \in V_n$.

1.6   局部紧空间

本节有两部分内容, 一是介绍局部紧空间的等价刻画和映射性质, 二是介绍局部紧空间的商映像 —— k 空间的性质. 回忆局部紧空间的定义. 空间 X 称为局部紧空间①, 若 X 的每一点具有一个紧的邻域.

引理 1.6.1 T_2 的局部紧空间是完全正则空间.

证明   设 X 是 T_2 的局部紧空间. 对于 X 中的点 z 及其开邻域 U, 由局部紧性, 存在 z 在 X 中的紧邻域 Z. 置 $V = U \cap Z^\circ$, 则 $z \in V$. 因为 X 是 T_2 空间, 由推论 1.1.6 和推论 1.1.5, 紧集 Z 是 X 的正规的闭子空间, 故存在连续函数 $g : Z \to \mathbb{I}$ 使得 $g(z) = 0$, $g(Z \setminus V) \subseteq \{1\}$. 定义 $f : X \to \mathbb{I}$ 使得当 $x \in Z$ 时 $f(x) = g(x)$, 当 $x \in X \setminus Z$ 时 $f(x) = 1$. 下面验证 f 在 X 上连续. 设 F 是 $\mathbb{I}$ 中的闭集, 若 $1 \notin F$, 则 $f^{-1}(F) = g^{-1}(F)$ 是 X 的闭集; 若 $1 \in F$, 则 $f^{-1}(F) = g^{-1}(F) \cup (X \setminus V)$ 也是 X 的闭集. 因而 f 是 X 上的连续函数, 且满足 $f(z) = 0$, $f(X \setminus U) \subseteq \{1\}$. 故 X 是完全正则空间. □

定理 1.6.2   对于空间 X, 下述条件相互等价:

(1) X 是 T_2 的局部紧空间.

(2) X 存在 T_2 紧化, 且对于 X 的每一 T_2 紧化 cX, $cX \setminus c(X)$ 是 cX 的闭集.

(3) 一点紧化 ωX 是 T_2 空间.

(4) 存在 X 的 T_2 紧化 cX 使得 $cX \setminus c(X)$ 是 cX 的闭集.

证明   (1) $\Rightarrow$ (2). 设 X 是 T_2 的局部紧空间. 由引理 1.6.1 和定理 1.3.9, X 具有 T_2 紧化. 设 cX 是 X 的任一 T_2 紧化, 则 $c(X)$ 是 cX 的局部紧子集. 对于每一 $z \in c(X)$, 存在 z 在 $c(X)$ 中的紧邻域 V, 则 V 是 cX 的闭集. 令 $W = \mathrm{int}_{c(X)}(V)$, 则存在 cX 的开集 U 使得 $W = U \cap c(X)$. 由于 $c(X)$ 是 cX 的稠密子集, 所以 $U = U \cap \overline{c(X)} \subseteq \overline{U \cap c(X)} = \overline{W} \subseteq V$, 因而 V 是 z 在 cX 中的邻域. 故 $c(X)$ 是 cX 的开集.

---

① 1923 年由 P. Alexandroff 定义.

(1) $\Rightarrow$ (3). 设 X 是 T_2 的局部紧空间. 对于 ωX 中不同的两点 x, z, 不妨设 $z = \infty$, 于是存在 x 在 X 中的闭紧邻域 U, 则 U 与 $\omega X \setminus U$ 分别是 x, z 在 ωX 中不相交的邻域. 故 ωX 是 T_2 空间.

(2) $\Rightarrow$ (4) 和 (3) $\Rightarrow$ (4) 都是显然的. 下面证明 (4) $\Rightarrow$ (1). 设存在 X 的 T_2 紧化 cX 使得 $cX \setminus c(X)$ 是 cX 的闭集. 由于 cX 是正则空间, 于是 cX 的开子空间 $c(X)$ 是 T_2 的局部紧空间. 从而 X 是 T_2 的局部紧空间. $\qquad\square$

定理 1.6.3 设 $f: X \to Y$ 是完备映射, 则 X 是局部紧空间当且仅当 Y 是局部紧空间.

证明 设 X 是局部紧空间. 对于每一 $y \in Y$ 及 $x \in f^{-1}(y)$, 因为 X 是局部紧空间, 存在 x 在 X 中的紧邻域 C_x, 于是 X 的开集族 $\{(C_x)^\circ : x \in f^{-1}(y)\}$ 覆盖了 $f^{-1}(y)$. 由于 $f^{-1}(y)$ 是 X 的紧子集, 存在有限集 $\{(C_{x_i})^\circ\}_{i \leqslant n}$ 使其覆盖 $f^{-1}(y)$. 令 $U_y = \bigcup_{i \leqslant n}(C_{x_i})^\circ$, $C_y = \bigcup_{i \leqslant n}C_{x_i}$. 这时 U_y, C_y 分别是 X 的开子集和紧子集且 $f^{-1}(y) \subseteq U_y \subseteq C_y$. 因为 f 是闭映射, 由定理 1.3.2, 存在 y 在 Y 中的开邻域 V_y 使得 $f^{-1}(V_y) \subseteq U_y$, 因此 $y \in V_y \subseteq f(C_y)$. 由 f 的连续性, $f(C_y)$ 是 Y 的紧子集, 所以 $f(C_y)$ 是 y 在 Y 中的紧邻域. 故 Y 是局部紧空间.

反之, 设 Y 是局部紧空间. 对于每一 $x \in X$, $f(x)$ 在 Y 中有紧邻域 K_x. 因为 f 是完备映射, 所以, 由定理 1.3.6, $f^{-1}(K_x)$ 是 x 在 X 中的紧邻域. 故 X 是局部紧空间. $\qquad\square$

定义 1.6.4 设 $\mathscr{P}$ 是空间 X 的覆盖. 空间 X 称为关于 $\mathscr{P}$ 具有弱拓扑, 若 $A \subseteq X$ 使得对于每一 $P \in \mathscr{P}$, $P \cap A$ 是 P 的闭集, 则 A 是 X 的闭集.

若空间 X 关于 $\mathscr{P}$ 具有弱拓扑, 那么 X 的子集 U 是 X 的开集当且仅当对于每一 $P \in \mathscr{P}$, $P \cap U$ 是 P 的开集.

空间 X 称为 k 空间[82], 若 X 关于全体紧子集组成的覆盖具有弱拓扑. 即, 空间 X 是 k 空间, 若 $A \subseteq X$ 使得对于 X 的每一紧子集 K, $K \cap A$ 是 K 的闭集, 则 A 是 X 的闭集.

定理 1.6.5 局部紧空间是 k 空间.

证明 设 X 是局部紧空间. 若 X 的子集 A 不是 X 的闭集, 则存在 $x \in \overline{A} \setminus A$. 因为 X 是局部紧空间, 存在 x 的紧邻域 C, 那么 $x \in \mathrm{cl}_C(A \cap C) \setminus (A \cap C)$, 所以 $A \cap C$ 不是 X 的紧子空间 C 的闭集. 故 X 是 k 空间. $\qquad\square$

引理 1.6.6 商映射保持 k 空间性质.

证明 设 $f: X \to Y$ 是商映射, 其中 X 是 k 空间. 设 Y 的子集 A 满足: 对于 Y 的每一紧子集 K, $K \cap A$ 是 K 的闭集. 如果 L 是 X 的紧子集, 那么 $f(L)$ 是 Y 的紧子集, 于是 $f(L) \cap A$ 是 $f(L)$ 的闭集. 由于 $f|_L: L \to f(L)$ 是映射, 所以 $(f|_L)^{-1}(f(L) \cap A) = L \cap f^{-1}(A)$ 是 L 的闭集. 因为 X 是 k 空间, 所以 $f^{-1}(A)$ 是 X 的闭集. 又因为 f 是商映射, 于是 A 是 Y 的闭集. 故 Y 是 k 空间. $\qquad\square$

接着将证明 k 空间是局部紧空间的商映像 (定理 1.6.8). 为此, 先对定义 1.4.8 中的拓扑和概念作补充说明. 设 $\{X_\alpha\}_{\alpha \in A}$ 是空间 X 的覆盖. 对于每一 $\alpha \in A$, 让 Z_α 是积空间 $X_\alpha \times \{\alpha\}$. 由于 $\{Z_\alpha\}_{\alpha \in A}$ 是一族互不相交的拓扑空间族, 定义拓扑和 $\bigoplus_{\alpha \in A} Z_\alpha$, 称 $\bigoplus_{\alpha \in A} Z_\alpha$ 是覆盖或子空间族 $\{X_\alpha\}_{\alpha \in A}$ 的拓扑和. 对于每一 $\alpha \in A$, 定义 $h_\alpha : Z_\alpha \to X_\alpha$ 使得 $h_\alpha(x, \alpha) = x$, 则 h_α 是同胚, 见图 1.6.1. 令 $Z = \bigoplus_{\alpha \in A} Z_\alpha$. 映射 $f : Z \to X$ 称为自然映射, 若 $f|_{Z_\alpha} = h_\alpha$, $\alpha \in A$.

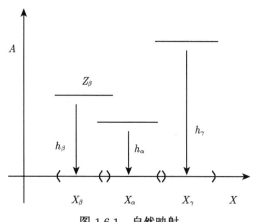

图 1.6.1　自然映射

引理 1.6.7　设 Z 是空间 X 的覆盖 $\mathscr{F}$ 的拓扑和. 若 $f : Z \to X$ 是自然映射, 则 f 是商映射当且仅当 X 关于 $\mathscr{F}$ 具有弱拓扑.

证明　记 $\mathscr{F} = \{F_\alpha\}_{\alpha \in A}$, $Z = \bigoplus_{\alpha \in A} Z_\alpha$ 并且对于每一 $\alpha \in A$ 存在同胚 $h_\alpha : Z_\alpha \to F_\alpha$. 由于 f 是自然映射, 所以每一 $f|_{Z_\alpha} = h_\alpha$.

设 f 是商映射. 对于 X 的子集 A, 若每一 $A \cap F_\alpha$ 是 F_α 的闭集, 那么 $f^{-1}(A) = \bigoplus_{\alpha \in A} h_\alpha^{-1}(A \cap F_\alpha)$ 是 Z 的闭集, 于是 A 是 X 的闭集. 故 X 关于 $\mathscr{F}$ 具有弱拓扑.

反之, 设 X 关于 $\mathscr{F}$ 具有弱拓扑. 如果 X 的子集 A 使得 $f^{-1}(A)$ 是 Z 的闭集, 那么对于每一 $\alpha \in A$, $Z_\alpha \cap f^{-1}(A) = h_\alpha^{-1}(A \cap F_\alpha)$ 是 Z_α 的闭集, 所以 $A \cap F_\alpha$ 是 F_α 的闭集, 从而 A 是 X 的闭集. 故 f 是商映射.　□

定理 1.6.8[82]　对于空间 X, 下述条件相互等价:

(1) X 是 k 空间.

(2) X 是仿紧局部紧空间的商空间.

(3) X 是局部紧空间的商空间.

证明　(1) $\Rightarrow$ (2). 设 X 是 k 空间, 则 X 关于全体紧子集所组成的覆盖 $\mathscr{K}$ 具有弱拓扑. 让 Z 是 $\mathscr{K}$ 的拓扑和, 则 Z 是仿紧的局部紧空间. 由引理 1.6.7, X 是仿紧局部紧空间 Z 的商映像.

(2) $\Rightarrow$ (3) 是显然的. 由定理 1.6.5 和引理 1.6.6 得 (3) $\Rightarrow$ (1).　□

函数 $f: Z \to Y$ 与 $h: X \to W$ 的**积函数** $f \times h: Z \times X \to Y \times W$ 定义为 $(f \times h)(z, x) = (f(z), h(x))$. 对于空间 X, 以 $\mathrm{id}_X : X \to X$ 表示**恒等映射**, 即 $\mathrm{id}_X(x) = x$, $x \in X$.

两个闭映射的积映射未必是商映射.

例 1.6.9　让 $X = \mathbb{R} \setminus \{1/2, 1/3, \cdots\}$ 赋予实数空间 $\mathbb{R}$ 的子空间拓扑. 让 $Y = \mathbb{R}/\mathbb{N}$ 赋予商拓扑且 $f: \mathbb{R} \to Y$ 是自然商映射. 显然, 恒等映射 id_X 和商映射 f 都是闭映射. 下面证明积映射 $g = \mathrm{id}_X \times f : X \times \mathbb{R} \to X \times Y$ 不是商映射. 让 $F = \{(1/i + \pi/j,\ i + 1/j) : i, j = 2, 3, \cdots\}$. 因为 $(0, f(1)) \in \overline{g(F)} \setminus g(F)$, 所以 $g(F)$ 不是 $X \times Y$ 的闭集. 又因为 $g^{-1}(g(F)) = F$ 是 $X \times \mathbb{R}$ 的闭集, 于是 g 不是商映射.　□

引理 1.6.10 (J.H.C. Whitehead 定理[283])　设 $g = \mathrm{id}_X \times f : X \times Z \to X \times Y$ 是积映射. 若 X 是 T_2 的局部紧空间且 f 是商映射, 则 g 也是商映射.

证明　由引理 1.6.1, X 是正则空间. 对于 $X \times Y$ 的子集 W, 设 $g^{-1}(W)$ 是 $X \times Z$ 的开集. 任取点 $(x_0, y_0) \in W$ 及 $z_0 \in f^{-1}(y_0)$, 则 $(x_0, z_0) \in g^{-1}(W)$, 于是存在 x_0 在 X 中的邻域 U 使得 $\overline{U}$ 是 X 的紧子集且 $\overline{U} \times \{z_0\} \subseteq g^{-1}(W)$, 那么 $\overline{U} \times \{y_0\} \subseteq W$. 令 $V = \{y \in Y : \overline{U} \times \{y\} \subseteq W\}$. 显然 $y_0 \in V$ 且 $\overline{U} \times V \subseteq W$. 往证 V 是 Y 的开集. 这只需说明 $f^{-1}(V)$ 是 Z 的开集. 若 $z \in f^{-1}(V)$, 则 $\overline{U} \times \{f(z)\} \subseteq W$, 于是 $\overline{U} \times \{z\} \subseteq g^{-1}(W)$. 由管形引理 (见定理 1.3.3), 存在 z 的邻域 G 使得 $\overline{U} \times G \subseteq g^{-1}(W)$, 于是 $G \subseteq f^{-1}(V)$. 从而 $f^{-1}(V)$ 是开集. 因此 W 是 $X \times Y$ 的开集. 故 g 是商映射.　□

定理 1.6.11 (D.E. Cohen 定理[61])　T_2 局部紧空间与 k 空间之积空间是 k 空间.

证明　设 X 是 T_2 局部紧空间, Y 是 k 空间. 由定理 1.6.8, 存在局部紧空间 Z 和商映射 $f: Z \to Y$. 让 $g = \mathrm{id}_X \times f : X \times Z \to X \times Y$. 由引理 1.6.10, g 是商映射. 因为 $X \times Z$ 是局部紧空间, 由定理 1.6.8, $X \times Y$ 是 k 空间.　□

C.H. Dowker (加, 1912–1982)[65] 首次构造两个 k 空间, 其积空间不是 k 空间. 例 1.6.9 中的积空间 $X \times Y$ 不是 k 空间. 事实上, 仍采用例 1.6.9 中的记号. 一方面, $g(F)$ 不是 $X \times Y$ 的闭集. 另一方面, 对于 $X \times Y$ 的任意非空紧子集 K, $p_2(K)$ 可视为 $\mathbb{R}$ 中的有界闭集, 于是 $g(F) \cap K$ 是有限集, 所以 $g(F) \cap K$ 是 $X \times Y$ 的闭集. 这说明 $X \times Y$ 不是 k 空间.

练　习

1.6.1　证明: 开映射保持局部紧空间性质.

1.6.2　设 $\{X_\alpha\}_{\alpha \in A}$ 是一族非空的 T_2 局部紧空间. 证明: 积空间 $\prod_{\alpha \in A} X_\alpha$ 是局部紧

空间当且仅当存在 A 的有限子集 B 使得当 $\alpha \in A \setminus B$ 时 X_α 是紧空间.

1.6.3　设 X 是 k 空间. 证明: $f : X \to Y$ 是连续函数当且仅当对于 X 的任一非空紧子集 $K, f|_K : K \to f(K)$ 是连续函数.

1.6.4　设 $f : X \to Y$ 是 k 映射. 若 Y 是 T_2 的 k 空间, 则 f 是闭映射.

1.6.5　设 $\mathscr{F}$ 是空间 X 的覆盖, Z 是覆盖 $\mathscr{F}$ 的拓扑和, f 是从 Z 到 X 上的自然映射. 证明: (1) 若 $\mathscr{F}$ 是 X 的开覆盖, 则 f 是开映射; (2) 若 $\mathscr{F}$ 是 X 的局部有限的闭覆盖, 则 f 是完备映射.

1.6.6　设 $f : X \to Y$ 是商映射. 若空间 X 关于覆盖 $\mathscr{P}$ 具有弱拓扑, 则空间 Y 关于覆盖 $f(\mathscr{P})$ 具有弱拓扑.

1.6.7　证明: Michael 空间 (例 1.3.14) 的所有紧子集都是有限集, 所以 Michael 空间不是 k 空间.

1.7　Čech 完全空间

为了讨论度量空间和函数空间的完全性作准备, 本节介绍 T_2 局部紧空间的重要推广: Čech 完全空间及 Baire 空间. 先看定理 1.6.2 的推广.

引理 1.7.1　对于 T_1 的完全正则空间 X, 下述条件相互等价:

(1) 对于 X 的每一 T_2 紧化 cX, $cX \setminus c(X)$ 是 cX 的 F_σ 集.

(2) $\beta X \setminus \beta(X)$ 是 βX 的 F_σ 集.

(3) 存在 X 的 T_2 紧化 cX 使得 $cX \setminus c(X)$ 是 cX 的 F_σ 集.

证明　只需证明 $(3) \Rightarrow (1)$. 设存在 X 的 T_2 紧化 cX 使得 $cX \setminus c(X)$ 是 cX 的 F_σ 集. 由 βX 的最大性, 存在连续函数 $f : \beta X \to cX$ 使得 $f \circ \beta = c$. 又由定理 1.3.10, $f^{-1}(cX \setminus c(X)) = \beta X \setminus \beta(X)$, 所以 $\beta X \setminus \beta(X)$ 是 βX 的 F_σ 集. 令 $\beta X \setminus \beta(X) = \bigcup_{n \in \mathbb{N}} F_n$, 其中每一 F_n 是 βX 的闭集. 对于 X 的任一 T_2 紧化 $c_1 X$, 存在连续函数 $f_1 : \beta X \to c_1 X$ 使得 $f_1 \circ \beta = c_1$. 再由定理 1.3.10, $f_1(\beta X \setminus \beta(X)) = c_1 X \setminus c_1(X)$, 所以 $c_1 X \setminus c_1(X) = \bigcup_{n \in \mathbb{N}} f_1(F_n)$ 且每一 $f_1(F_n)$ 是 $c_1 X$ 的闭集, 即 $c_1 X \setminus c_1(X)$ 是 $c_1 X$ 的 F_σ 集.　　　　　　　□

1937 年 E. Čech 定义了引理 1.7.1 所刻画的拓扑性质.

定义 1.7.2　空间 X 称为 Čech 完全空间[①], 如果 X 是 T_1 的完全正则空间且满足引理 1.7.1 中的条件之一, 即 X 是某一 (或任一) T_2 紧化 cX 中的 G_δ 集.

由定理 1.6.2, T_2 局部紧空间是 Čech 完全空间. 无理数空间是非局部紧的 Čech 完全空间. 下面建立 Čech 完全空间的内在刻画. 设 $\mathscr{A}$ 是空间 X 的覆盖, 称 X 的子集 B 的直径小于 $\mathscr{A}$, 如果存在 $A \in \mathscr{A}$ 使得 $B \subseteq A$, 记为 $\delta(B) < \mathscr{A}$.

---

① 本书按《数学名词》(科学出版社, 1993) 译 Čech-complete space 为 Čech 完全空间.

定理 1.7.3　　T_1 的完全正则空间 X 是 Čech 完全空间当且仅当存在 X 的开覆盖列 $\{\mathscr{A}_i\}$ 满足: 对于 X 的每一具有有限交性质的闭集族 $\mathscr{F}$, 如果对于每一 $i \in \mathbb{N}$, 存在 $\mathscr{F}$ 中的元直径小于 $\mathscr{A}_i$, 则 $\bigcap \mathscr{F} \neq \varnothing$.

证明　　不妨设 $X \subseteq \beta X$.

必要性. 设 X 是 Čech 完全空间. 存在 βX 的开集列 $\{G_i\}$ 使得 $X = \bigcap_{i \in \mathbb{N}} G_i$. 对于每一 $x \in X$ 和 $i \in \mathbb{N}$, 存在 βX 中的开集 $V_{x,i}$ 使得 $x \in V_{x,i} \subseteq \overline{V_{x,i}} \subseteq G_i$ (关于 βX 的闭包, 下同). 令 $\mathscr{A}_i = \{X \cap V_{x,i}\}_{x \in X}$. 显然, $\mathscr{A}_i$ 是 X 的开覆盖. 下面证明 $\{\mathscr{A}_i\}$ 具有所要求的性质.

设 $\{F_s\}_{s \in S}$ 是 X 的具有有限交性质的闭集族且对于每一 $i \in \mathbb{N}$, 存在 $\{F_s\}_{s \in S}$ 中的元直径小于 $\mathscr{A}_i$. 因为 $\{\overline{F_s}\}_{s \in S}$ 是紧空间 βX 的具有有限交性质的闭集族, 存在 $x \in \bigcap_{s \in S} \overline{F_s}$. 对于每一 $i \in \mathbb{N}$, 存在 $s_i \in S$ 和 $x_i \in X$ 使得 $F_{s_i} \subseteq X \cap V_{x_i,i}$, 那么 $x \in \overline{F_{s_i}} \subseteq \overline{X \cap V_{x_i,i}} \subseteq \overline{V_{x_i,i}} \subseteq G_i$, 于是 $x \in \bigcap_{i \in \mathbb{N}} G_i = X$. 故 $x \in X \cap \bigcap_{s \in S} \overline{F_s} = \bigcap_{s \in S} F_s$, 即 $\bigcap_{s \in S} F_s \neq \varnothing$.

充分性. 设 T_1 的完全正则空间 X 具有开覆盖列 $\{\mathscr{A}_i\}$ 满足所列条件. 对于每一 $i \in \mathbb{N}$, 置 $\mathscr{A}_i = \{U_{s,i}\}_{s \in S_i}$, 则存在 βX 的开集 $V_{s,i}$ 使得 $U_{s,i} = X \cap V_{s,i}$. 令 $G_i = \bigcup_{s \in S_i} V_{s,i}$, 则 G_i 是 βX 的开集且 $X \subseteq G_i$. 设 $x \in \bigcap_{i \in \mathbb{N}} G_i$. 让 $\mathscr{B}_x$ 是 x 在 βX 中的邻域基, $\mathscr{F} = \{X \cap \overline{V} : V \in \mathscr{B}_x\}$. 显然, $\mathscr{F}$ 是 X 的具有有限交性质的闭集族. 对于每一 $i \in \mathbb{N}$, 存在 $s \in S_i$ 使得 $x \in V_{s,i}$. 由 βX 的正则性, 存在 $V \in \mathscr{B}_x$ 使得 $\overline{V} \subseteq V_{s,i}$, 于是 $\delta(X \cap \overline{V}) < \mathscr{A}_i$. 由假设, $\bigcap \mathscr{F} \neq \varnothing$. 因为 $\bigcap\{\overline{V} : V \in \mathscr{B}_x\} = \{x\}$, 所以 $x \in X$. 故 $X = \bigcap_{i \in \mathbb{N}} G_i$, 即 X 是 Čech 完全空间.　　□

定理 1.7.4　　设 X, Y 都是 T_1 的完全正则空间. 如果存在完备映射 $f : X \to Y$, 则 X 是 Čech 完全空间当且仅当 Y 是 Čech 完全空间.

证明　　由定理 1.3.13, f 的扩张 $f_\beta : \beta X \to \beta Y$ 满足 $f_\beta(\beta X \setminus X) = \beta Y \setminus Y$. 这说明 $\beta X \setminus X$ 是 βX 的 F_σ 集当且仅当 $\beta Y \setminus Y$ 是 βY 的 F_σ 集, 即 X 是 Čech 完全空间当且仅当 Y 是 Čech 完全空间.　　□

Čech 完全空间的重要应用是它具有 1899 年 R. Baire (法, 1874–1932) 就实直线建立的一种拓扑性质. 回忆 Baire 空间和第二范畴集的概念. 空间 X 称为 Baire 空间[49], 若 X 中可数个开的稠密子集的交集是 X 的稠密子集. 设 A 是空间 X 的子集. A 称为 X 的无处稠密集或疏集, 若 $\overline{A}^{\circ} = \varnothing$; A 称为 X 的第一范畴集, 若 A 是 X 中可数个无处稠密集的并; A 称为 X 的第二范畴集, 若 A 不是 X 的第一范畴集.

易验证, A 是 X 的无处稠密集当且仅当对于 X 的每一不空的开集 U, 存在 U 的不空开集 V 使得 $V \cap A = \varnothing$ (练习 1.7.5).

定理 1.7.5 (Baire 范畴定理)　　Čech 完全空间是 Baire 空间.

证明　　设 X 是 Čech 完全空间, 则存在 X 的开覆盖列 $\{\mathscr{A}_i\}$ 满足定理 1.7.3

的条件. 让 $\{G_n\}$ 是 X 的开稠密子集列且 $G = \bigcap_{n\in\mathbb{N}} G_n$, 要证 G 是 X 的稠密子集, 即若 U 是 X 的非空开集, 则 $U \cap G \neq \varnothing$. 下面由归纳法构造满足定理 1.7.3 条件的集列 $\mathscr{F} = \{F_n\}_{n\in\mathbb{N}}$ 使得每一 $F_n \subseteq U \cap G_n$.

因为 G_1 稠密于 X, U 是 X 的非空开集且 $\mathscr{A}_1$ 是 X 的开覆盖, 所以存在 $A_1 \in \mathscr{A}_1$ 使得 $U \cap A_1 \cap G_1 \neq \varnothing$, 取 $x_1 \in U \cap A_1 \cap G_1$. 由 X 的正则性, 存在 x_1 在 X 中的开邻域 V_1 使得 $\overline{V}_1 \subseteq U \cap A_1 \cap G_1$. 因为 G_2 稠密于 X, V_1 是 X 的非空开集且 $\mathscr{A}_2$ 是 X 的开覆盖, 所以存在 $A_2 \in \mathscr{A}_2$ 使得 $V_1 \cap A_2 \cap G_2 \neq \varnothing$. 取 $x_2 \in V_1 \cap A_2 \cap G_2$, 则存在 x_2 在 X 中的开邻域 V_2 使得 $\overline{V}_2 \subseteq V_1 \cap A_2 \cap G_2$. 显然 $\overline{V}_2 \subseteq U \cap G_2$. 继续上述过程, 得到 X 的非空闭集列 $\{F_n\} = \{\overline{V}_n\}$ 满足每一 $F_{n+1} \subseteq F_n \subseteq U \cap G_n$ 且 $\delta(F_n) < \mathscr{A}_n$. 由定理 1.7.3, $\bigcap_{n\in\mathbb{N}} F_n \neq \varnothing$, 从而 $U \cap G = \bigcap_{n\in\mathbb{N}}(U \cap G_n) \supseteq \bigcap_{n\in\mathbb{N}} F_n \neq \varnothing$. □

定理 1.7.6　Baire 空间是第二范畴集.

证明　设 X 是 Baire 空间. 若 X 不是第二范畴集, 则 X 是第一范畴集, 即 X 是可数个无处稠密子集 $\{A_n\}_{n\in\mathbb{N}}$ 的并. 由于每一 $\overline{A}_n^{\circ} = \varnothing$, 所以 $\overline{X \setminus \overline{A}_n} = X$, 因而 $X \setminus \overline{A}_n$ 是 X 的开稠密子集. 因为 X 是 Baire 空间, 所以 $\bigcap_{n\in\mathbb{N}}(X \setminus \overline{A}_n) \neq \varnothing$. 然而, $\bigcap_{n\in\mathbb{N}}(X \setminus \overline{A}_n) = X \setminus \bigcup_{n\in\mathbb{N}} \overline{A}_n \subseteq X \setminus \bigcup_{n\in\mathbb{N}} A_n = \varnothing$, 矛盾. 故 X 是第二范畴集. □

然而, 第二范畴集未必是 Baire 空间. 如记 $(0,1) \cap \mathbb{Q} = \mathbb{Q}_1 = \{r_n : n \in \mathbb{N}\}$, 并且让 $X = \mathbb{Q}_1 \cup (1,2)$ 赋予实直线 $\mathbb{R}$ 的子空间拓扑. 显然, 每一 $(\mathbb{Q}_1 \setminus \{r_n\}) \cup (1,2)$ 是空间 X 的开稠密子集, 且 $\bigcap_{n\in\mathbb{N}}(\mathbb{Q}_1 \setminus \{r_n\}) \cup (1,2) = (1,2)$ 不是 X 的稠密子集, 所以 X 不是 Baire 空间. 又因为 X 的开子空间 $(1,2)$ 是第二范畴集, 所以 X 也是第二范畴集. 空间 $\mathbb{R} \oplus \mathbb{Q}$ 也是一个非 Baire 空间的第二范畴集.

本节最后给出一个使得第二范畴集是 Baire 空间的充分条件. 空间 X 称为齐性空间[①], 若对于任意的 $x, y \in X$, 存在同胚 $h : X \to X$ 使得 $h(x) = y$. 设 $\mathscr{U}$ 和 $\mathscr{V}$ 都是空间 X 的子集族, 称 $\mathscr{U}$ *部分加细* $\mathscr{V}$ 或 $\mathscr{U}$ 是 $\mathscr{V}$ 的部分加细, 若对于每一 $U \in \mathscr{U}$ 存在 $V \in \mathscr{V}$ 使得 $U \subseteq V$.

定理 1.7.7　齐性的第二范畴空间是 Baire 空间.

证明　先证明 Banach 范畴定理[231][②]: 空间 X 中一族第一范畴开集族 $\mathscr{G}$ 的并是第一范畴集. 设 $\mathscr{F}$ 是 X 的部分加细 $\mathscr{G}$ 的极大互不相交非空开集族. 记 $\mathscr{F} = \{U_\alpha\}_{\alpha\in A}$. 由于每一 U_α 是第一范畴集, 存在 X 的无处稠密集列 $\{V_{\alpha,n}\}$ 使得 $U_\alpha = \bigcup_{n\in\mathbb{N}} V_{\alpha,n}$. 对于每一 $n \in \mathbb{N}$, 置 $V_n = \bigcup_{\alpha\in A} V_{\alpha,n}$, 则 V_n 是无处稠密集. 事实上, 若 X 的开集 U 与 V_n 相交, 则 U 与某一 $V_{\alpha,n}$ 相交, 于是存在 $U \cap U_\alpha$ 的非空开

---

① 1920 年, W. Sierpiński (波, 1882–1969) 定义了齐性空间. W. Sierpiński 是波兰数学学派 (华沙学派) 的创始人之一.

② S. Banach (波, 1892–1945) 是波兰数学学派 (里沃夫学派) 的创始人之一.

子集 V 使得 $V \cap V_{\alpha,n} = \varnothing$, 从而 $V \cap V_n = \varnothing$, 因此 V_n 是无处稠密集. 令 $G = \bigcup \mathscr{G}$. 由 $\mathscr{F}$ 的极大性, $\overline{G} \backslash \bigcup \mathscr{F}$ 也是 X 的无处稠密集. 从而 $G \subseteq (\overline{G} \backslash \bigcup \mathscr{F}) \cup (\bigcup_{\alpha \in A} U_\alpha) = (\overline{G} \backslash \bigcup \mathscr{F}) \cup (\bigcup_{n \in \mathbb{N}} V_n)$ 是第一范畴集. 故 Banach 范畴定理得证.

下面证明定理 1.7.7. 设 Z 是齐性的第二范畴空间. 如果 Z 具有非空的第一范畴开子集, 由 Z 的齐性, Z 具有第一范畴的开覆盖, 再由 Banach 范畴定理, Z 是第一范畴集, 矛盾. 因此, Z 的任何非空开集均是第二范畴集. 设 $\{G_n\}_{n \in \mathbb{N}}$ 是空间 Z 的开稠密子集列, O 是 Z 的非空开集, 则 $\{G_n \cap O\}_{n \in \mathbb{N}}$ 是子空间 O 的开稠密子集列. 由于 O 是第二范畴集, $(\bigcap_{n \in \mathbb{N}} G_n) \cap O = \bigcap_{n \in \mathbb{N}} (G_n \cap O) \neq \varnothing$, 即 $\bigcap_{n \in \mathbb{N}} G_n$ 是 Z 的稠密子集. 故 Z 是 Baire 空间.   □

练　　习

1.7.1　证明: Čech 完全空间是 k 空间.

1.7.2　证明: Čech 完全性是关于闭子空间和 G_δ 子空间遗传的.

1.7.3　空间 X 称为可数型空间或具有可数型[13], 若对于 X 中的每一紧子集 K, 存在 X 的紧子集 $C \supseteq K$ 使得 C 在 X 中具有可数邻域基. 证明: 若 X 是 T_1 的完全正则空间, 则 X 具有可数型当且仅当对 X 的任一 (或某一) T_2 紧化 cX, $cX \backslash c(X)$ 是 Lindelöf 空间[113].

1.7.4　设 A 是空间 X 的第二范畴集. 若 $X \backslash A$ 是 X 的稠密子集, 则 A 不是 X 的 F_σ 集.

1.7.5　证明: 空间 X 的子集 A 是 X 的无处稠密集当且仅当对于 X 的每一不空的开集 U, 存在 U 的不空开集 V 使得 $V \cap A = \varnothing$.

1.7.6　证明: 空间 X 是 Baire 空间当且仅当 X 的每一非空开子空间是第二范畴集.

第 2 章　度量空间

在点集拓扑学早期对实直线和欧几里得空间子集的研究中, 发现一些具体的空间性质可以进一步抽象. 这导致 M. Fréchet (法, 1878–1973)[81] 在博士学位论文中引入度量空间的概念. 度量空间类包含数学许多分支的研究对象, 尤其是可分度量空间所具有的良好性质为众多工作的出发点. 本章从点集拓扑学的角度介绍度量空间的一些基本性质, 同时也为第 3 章讨论度量空间的映像和第 4 至 6 章研究函数空间的拓扑做准备, 主要由三部分内容组成, 一是度量空间的紧性、可分性、仿紧性和完全性, 二是度量化定理, 三是度量空间的映射性质.

2.1　度量空间的基本性质

度量空间是以公理形式定义的. 从实直线中点的距离概念可以抽象出距离函数和度量公理.

定义 2.1.1　对于非空集 X, 设函数 $d: X \times X \to [0, +\infty)$ 满足: 对于任意的 $x, y, z \in X$,

(1) 正定性: $d(x, y) = 0$ 当且仅当 $x = y$;

(2) 对称性: $d(x, y) = d(y, x)$;

(3) 三角形不等式: $d(x, y) \leqslant d(x, z) + d(z, y)$.

则称函数 d 是集 X 上的**度量**或**距离**, 集 X 赋予度量 d 称为**度量空间**, 记为 (X, d). $d(x, y)$ 称为点 x 与 y 之间的**距离**. 上述条件 (1)—(3) 称为**度量公理**.

在不引起混淆或不必特别指出具体的度量时, 度量空间 (X, d) 常称为度量空间 X.

例 2.1.2　n 维欧几里得空间 $\mathbb{R}^n$.

对于实数集 $\mathbb{R}$ 中的任意两点 x 与 y, 定义 $d(x, y) = |x - y|$, 则 d 满足度量公理, 所以 $(\mathbb{R}, d)$ 是度量空间, 简称 $\mathbb{R}$ 为**实数空间**.

一般地, 对于实数集 $\mathbb{R}$ 的 n 次笛卡儿积 $\mathbb{R}^n$ 中的任意点 $x = (x_1, x_2, \cdots, x_n)$, $y = (y_1, y_2, \cdots, y_n)$, 定义

$$d(x, y) = \sqrt{(x_1 - y_1)^2 + (x_2 - y_2)^2 + \cdots + (x_n - y_n)^2},$$

则 d 满足度量公理, 称 d 为 $\mathbb{R}^n$ 上的**欧几里得度量**, $(\mathbb{R}^n, d)$ 称为 **n 维欧几里得度量空间**, 或简称**欧几里得空间**.

在一个集上一般可以定义多个度量. 如在实数集 $\mathbb{R}$ 上, 若对于 $\mathbb{R}$ 中的任意两点 x 与 y, 当 $x = y$ 时定义 $\varrho(x,y) = 0$, 当 $x \neq y$ 时定义 $\varrho(x,y) = 1$, 则 $(\mathbb{R}, \varrho)$ 也是度量空间.

例 2.1.3 Hilbert 空间 $\mathbb{H}$.

$\mathbb{R}^\omega$ 表示实数集 $\mathbb{R}$ 的可数次笛卡儿积. 记 $\mathbb{H}$ 为平方收敛的所有实数序列构成的集, 即

$$\mathbb{H} = \left\{ x = (x_1, x_2, \cdots) \in \mathbb{R}^\omega : \sum_{i=1}^{\infty} x_i^2 < \infty \right\}.$$

定义 $d : \mathbb{H} \times \mathbb{H} \to [0, +\infty)$ 如下: 对于任意的 $x = (x_1, x_2, \cdots)$, $y = (y_1, y_2, \cdots) \in \mathbb{H}$, 令

$$d(x,y) = \sqrt{\sum_{i=1}^{\infty} (x_i - y_i)^2}.$$

利用 Cauchy 不等式

$$\left(\sum_{i=1}^{n} a_i b_i \right)^2 \leqslant \sum_{i=1}^{n} a_i^2 \cdot \sum_{i=1}^{n} b_i^2,$$

可以证明 d 是 $\mathbb{H}$ 上的度量. 度量空间 $(\mathbb{H}, d)$ 称为 Hilbert 空间. □

本节介绍度量拓扑、可度量化空间、Baire 零维空间的概念, 同时说明度量空间的一些基本性质, 如有界度量、拓扑和、可数积空间等. 下面叙述度量空间与拓扑空间的关系.

设 (X, d) 是一度量空间. 对于每一 $x \in X$, $\varepsilon > 0$, 称 X 的子集

$$B_d(x, \varepsilon) = \{ y \in X : d(x, y) < \varepsilon \}$$

是以点 x 为心, ε 为半径的球形邻域, 简称为 x 的 ε 球形邻域. 在不引起混淆时, 简记 $B_d(x, \varepsilon)$ 为 $B(x, \varepsilon)$. 在实数空间 $\mathbb{R}$ 中, 对于 $x \in \mathbb{R}$, x 的 ε 球形邻域是开区间 $(x - \varepsilon, x + \varepsilon)$.

引理 2.1.4 度量空间 (X, d) 的全体球形邻域的族形成 X 上一个拓扑的基.

证明 令 $\mathscr{B} = \{ B(x, \varepsilon) : x \in X, \varepsilon > 0 \}$. 为证明 $\mathscr{B}$ 是集 X 上一个拓扑的基, 只需证明 $\mathscr{B}$ 满足:

(B1) 若 $U, V \in \mathscr{B}$ 且 $x \in U \cap V$, 则存在 $W \in \mathscr{B}$ 使得 $x \in W \subseteq U \cap V$;

(B2) $\bigcup \mathscr{B} = X$.

(B2) 成立是显然的. (B1) 成立证明如下. 设 $z \in B(x, s) \cap B(y, t)$. 取 $r = \min\{s - d(x,z), t - d(y,z)\}$, 则 $r > 0$ 且 $z \in B(z, r) \subseteq B(x, s) \cap B(y, t)$. 事实上, 对于任一 $a \in B(z, r)$, 由三角形不等式, $d(a, x) \leqslant d(a, z) + d(z, x) < r + d(z, x) \leqslant s$, 所以 $B(z, r) \subseteq B(x, s)$. 同理可证 $B(z, r) \subseteq B(y, t)$. □

对于度量空间 (X,d), 由引理 2.1.4, X 的球形邻域全体作为 X 上一拓扑的基, 生成 X 上的唯一拓扑, 称为由度量 d 导出的度量空间 (X,d) 上的**度量拓扑**. 度量空间是一类特殊的拓扑空间. 若无特别说明, 度量空间上的拓扑均指度量拓扑.

定义 2.1.5　拓扑空间 X 称为可度量化空间, 若 X 上存在度量 d 使得由 d 导出的度量拓扑就是 X 上的拓扑.

对于任一非空集 X, X 赋予离散拓扑, 即 X 的每一子集是 X 的开集. 另一方面, 在集 X 上定义函数 $d: X \times X \to [0,+\infty)$ 使得对于 X 中的任意两点 x 和 y, 当 $x = y$ 时让 $d(x,y) = 0$, 当 $x \neq y$ 时让 $d(x,y) = 1$, 则 (X,d) 是度量空间, 称 d 是 X 上的离散度量. 由离散度量导出的 X 上的度量拓扑就是离散拓扑, 所以离散空间是可度量化空间, 有时也称其为**离散度量空间**.

定义 2.1.6　设 A 是度量空间 (X,d) 的子集, 称

$$d(A) = \begin{cases} 0, & A = \varnothing, \\ \sup\{d(x,y): x,y \in A\}, & A \neq \varnothing \end{cases}$$

为集 A 的**直径**; 当上确界不存在时, 称 A 的直径为无限大, 记为 $d(A) = \infty$.

定理 2.1.7　设 (X,d) 是度量空间, 置 $d'(x,y) = \min\{1, d(x,y)\}$, 则 (X,d') 也是度量空间, 且 d, d' 导出 X 上相同的度量拓扑.

证明　为证明 $d': X \times X \to [0,+\infty)$ 满足度量公理, 只需证明 d' 满足三角形不等式. 若不然, 则存在 $x,y,z \in X$ 使得 $d'(x,y) > d'(x,z) + d'(z,y)$, 于是 $d'(x,z) < 1$ 且 $d'(z,y) < 1$, 从而 $d(x,y) \leqslant d(x,z) + d(z,y) = d'(x,z) + d'(z,y) < d'(x,y)$, 矛盾. 故 d' 也是 X 上的度量.

对于任意的 $x \in X$ 及 $0 < \varepsilon < 1$, 有 $B_d(x,\varepsilon) = B_{d'}(x,\varepsilon)$. 故 d 与 d' 导出 X 上相同的度量拓扑.　　　　　　　　　　　　　　　　　　　　　　　□

定理 2.1.8　设 $\{(X_\alpha, d_\alpha)\}_{\alpha \in A}$ 是互不相交的度量空间族, 则拓扑和 $\bigoplus_{\alpha \in A} X_\alpha$ 是可度量化空间.

证明　记 $X = \bigoplus_{\alpha \in A} X_\alpha$. 由定理 2.1.7, 不妨设对于任意的 $\alpha \in A$ 有 $d_\alpha(X_\alpha) \leqslant 1$. 定义 $d: X \times X \to [0,+\infty)$ 如下:

$$d(x,y) = \begin{cases} d_\alpha(x,y), & \text{存在 } \alpha \in A \text{ 使得 } x,y \in X_\alpha, \\ 1, & \text{其他情况.} \end{cases}$$

显然, d 满足度量公理中的正定性和对称性, 下面证明 d 满足三角形不等式. 若不然, 则存在 $x,y,z \in X$ 使得 $d(x,y) > d(x,z) + d(z,y)$, 于是 $d(x,z) < 1$ 且 $d(z,y) < 1$, 从而存在 $\alpha \in A$ 使得 $x,y,z \in X_\alpha$. 因此 $d(x,y) = d_\alpha(x,y) \leqslant d_\alpha(x,z) + d_\alpha(z,y) = d(x,z) + d(z,y) < d(x,y)$, 矛盾. 故 (X,d) 是度量空间. 对于任意的 $x \in X$ 及 $0 < \varepsilon < 1$, 存在唯一的 $\alpha \in A$ 使得 $x \in X_\alpha$, 于是 $B_d(x,\varepsilon) = B_{d_\alpha}(x,\varepsilon)$. 由拓扑和的定

义, 由 d 导出的 X 上的度量拓扑恰好是由 d_α 导出的 X_α 上的度量拓扑的拓扑和. 故 X 是可度量化空间. □

定理 2.1.9 设 $\{(X_n, d_n)\}$ 是度量空间列且每一 $d_n(X_n) \leqslant 1$. 对于笛卡儿积 $X = \prod_{n=1}^\infty X_n$ 中的任意两点 $x = (x_n)$ 和 $y = (y_n)$, 定义

$$d(x, y) = \sum_{n=1}^\infty \frac{1}{2^n} d_n(x_n, y_n),$$

则 d 是 X 上的度量且由 d 导出的 X 上的度量拓扑就是由 d_n 导出的 X_n 上的度量拓扑的积拓扑.

证明 容易验证 d 满足度量公理, 于是 (X, d) 是度量空间. 下证由 d 导出的 X 上的度量拓扑 τ_d 就是由 d_n 导出的 X_n 上的度量拓扑的积拓扑 τ.

首先, 证明 $\tau_d \subseteq \tau$. 由引理 2.1.4, 只需证明对于每一 $x = (x_n) \in X$, $\varepsilon > 0$, 存在 $U \in \tau$ 使得 $x \in U \subseteq B(x, \varepsilon)$. 由于 $\varepsilon > 0$, 存在 $m \in \mathbb{N}$ 使得 $1/2^m < \varepsilon$. 令

$$U = \left\{ y = (y_n) \in X : \text{当 } n \leqslant m+1 \text{ 时有 } d_n(x_n, y_n) < \frac{1}{2^{m+1}} \right\},$$

则 $x \in U \in \tau$ 且 $U \subseteq B(x, \varepsilon)$. 事实上, 由于 $U = \bigcap_{n \leqslant m+1} p_n^{-1}(B_{d_n}(x_n, 1/2^{m+1}))$, 于是 $U \in \tau$. 若 $y = (y_n) \in U$, 那么

$$d(x, y) < \frac{1}{2^{m+1}} \sum_{n=1}^{m+1} \frac{1}{2^n} + \sum_{n=m+2}^\infty \frac{1}{2^n}$$
$$< \frac{1}{2^{m+1}} + \frac{1}{2^{m+1}} = \frac{1}{2^m} < \varepsilon,$$

所以 $y \in B(x, \varepsilon)$. 故 $U \subseteq B(x, \varepsilon)$.

其次, 证明 $\tau \subseteq \tau_d$. 设 U 是积拓扑 τ 的基本子基的元, 则存在 $m \in \mathbb{N}$ 和度量空间 (X_m, d_m) 的开集 W 使得 $U = p_m^{-1}(W) = \{z = (z_n) \in X : z_m \in W\}$. 若 $x = (x_n) \in U$, 则 $x_m \in W$, 于是存在 X_m 中的球形邻域 $B_{d_m}(x_m, r) \subseteq W$. 若 $y = (y_n) \in B_d(x, r/2^m)$, 则 $r/2^m > d(x, y) \geqslant d_m(x_m, y_m)/2^m$, 从而 $d_m(x_m, y_m) < r$, 于是 $y_m \in W$, 因此 $y \in U$. 这表明 $B_d(x, r/2^m) \subseteq U$. 故 $U \in \tau_d$. 以上是对 τ 的子基中的元证明的, 从而 $\tau \subseteq \tau_d$.

综上所述, $\tau_d = \tau$. □

为介绍 Baire 零维空间, 同时也为研究度量空间映射的需要, 本节最后介绍一些零维空间的知识. 作为欧几里得空间维数概念的推广, 拓扑空间的维数主要有小归纳维数、大归纳维数和覆盖维数[73]. 对于拓扑空间 X, 这 3 种维数分别记为 $\text{ind}X$, $\text{Ind}X$ 和 $\dim X$. 对于可分度量空间 X, 有下述 Hurewicz 定理: $\text{ind}X = \text{Ind}X = \dim X$[119]. 对于度量空间 X, 有下述 Katětov-Morita 定理: $\text{Ind}X = \dim X$[131, 210]. 特别地, 对于每一 $n \in \mathbb{N}$ 有 $\text{ind}\mathbb{R}^n = \text{Ind}\mathbb{R}^n = \dim\mathbb{R}^n = n$.

空间 X 的子集 F 称为函数闭集或零集, 如果存在连续函数 $f: X \to \mathbb{I}$ 使得 $F = f^{-1}(0)$. 空间 X 的函数闭集的余集称为 X 的函数开集或余零集. 对于非空的 T_1 空间 X, 如果 X 具有由开闭集组成的基, 称 X 是零维空间, 记为 $\operatorname{ind} X = 0$. 对于非空的 T_1 空间 X, 如果对于 X 的每一闭集 A 及包含 A 的开集 V 存在 X 的开闭集 U 使得 $A \subseteq U \subseteq V$, 称 X 是强零维空间, 记为 $\operatorname{Ind} X = 0$. 对于非空的完全正则空间 X, 如果 X 的每一函数开的有限覆盖 $\{U_i\}_{i \leqslant k}$ 存在互不相交的有限开加细, 称 X 的覆盖维数为 0, 记为 $\dim X = 0$.

$\operatorname{ind} X = 0$ 是关于非空子集遗传的. 对于正规空间 X, $\operatorname{Ind} X = 0$ 或 $\dim X = 0$ 都是关于非空闭子集遗传的. 若 $\operatorname{Ind} X = 0$, 则 $\operatorname{ind} X = 0$.

定理 2.1.10　对于非空的 T_1 正规空间 X, 下述条件相互等价:

(1) $\operatorname{Ind} X = 0$.

(2) $\dim X = 0$.

(3) X 的每一局部有限的开覆盖有互不相交的开加细.

证明　(1) $\Rightarrow$ (2). 设 $\operatorname{Ind} X = 0$ 且 $\{U_i\}_{i \leqslant k}$ 是 X 的函数开的有限覆盖. 我们将证明存在 X 的互不相交的精确开加细 $\{V_i\}_{i \leqslant k}$. 对 k 做归纳法. $k = 1$ 时显然命题成立. 设对于每一 $m > 1$ 且 $k < m$ 时命题成立, 考虑 X 的 (函数) 开的有限覆盖 $\{U_i\}_{i \leqslant m}$. 由归纳假设, 存在 X 的互不相交的开加细 $\{W_i\}_{i \leqslant m-1}$ 使得当 $i < m-1$ 时有 $W_i \subseteq U_i$ 且 $W_{m-1} \subseteq U_{m-1} \cup U_m$. 对于 X 的不相交闭集 $W_{m-1} \setminus U_{m-1}$ 和 $W_{m-1} \setminus U_m$, 存在 X 的开闭集 U 使得

$$W_{m-1} \setminus U_{m-1} \subseteq U \subseteq X \setminus (W_{m-1} \setminus U_m) = (X \setminus W_{m-1}) \cup U_m.$$

定义 $\{V_i\}_{i \leqslant m}$ 如下: 当 $i < m-1$ 时 $V_i = W_i$, $V_{m-1} = W_{m-1} \setminus U$ 且 $V_m = W_{m-1} \cap U$. 则 $\{V_i\}_{i \leqslant m}$ 是 $\{U_i\}_{i \leqslant m}$ 的互不相交的精确开加细. 故 $\dim X = 0$.

(2) $\Rightarrow$ (1). 设 $\dim X = 0$. 对于 X 的每一闭集 A 及包含 A 的开集 V, 存在连续函数 $f: X \to \mathbb{I}$ 使得 $f(A) \subseteq 0$ 且 $f(X \setminus V) \subseteq 1$. 则 X 的函数开覆盖 $\{f^{-1}((0,1]), f^{-1}([0,1))\}$ 有互不相交的有限开加细 $\mathscr{W}$. 令

$$U = \bigcup \{W \in \mathscr{W}: A \cap W \neq \varnothing\},$$

则 U 是 X 的开闭集且 $A \subseteq U \subseteq V$. 故 $\operatorname{Ind} X = 0$.

(3) $\Rightarrow$ (2) 是显然的. 下面证明 (2) $\Rightarrow$ (3). 设 $\dim X = 0$, $\mathscr{U} = \{U_s\}_{s \in S}$ 是空间 X 的局部有限的开覆盖. 记 $\mathscr{T}$ 是指标集 S 的所有非空有限子集的族. 对于每一 $T \in \mathscr{T}$, 置 $F_T = \bigcap_{s \in T} \overline{U}_s \cap \bigcap_{s \notin T} (X \setminus U_s)$, 则 F_T 是 X 的闭集, 并且如果 F_T 非空, 那么 $\dim F_T = 0$. 令 $\mathscr{F} = \{F_T\}_{T \in \mathscr{T}}$, 则 $\mathscr{F}$ 是 X 的局部有限的闭覆盖且 $\mathscr{F}$ 中每一元仅与 $\mathscr{U}$ 中有限个元相交.

把指标集 $\mathscr{T}$ 良序化, 重新排列 $\mathscr{F}$ 为 $\{F_\alpha\}_{\alpha \leqslant \lambda}$, 其中 λ 是某序数且 $F_0 = \varnothing$. 应用超限归纳法定义 X 的开覆盖序列 $\{\mathscr{U}_\alpha\}_{\alpha \leqslant \lambda}$ 满足下述条件, 其中记每一 $\mathscr{U}_\alpha = \{U_{\alpha,s}\}_{s \in S}$:

(10.1) 如果 $\beta < \alpha$, 则 $U_{\alpha,s} \subseteq U_{\beta,s}$, 且 $U_{0,s} \subseteq U_s$;

(10.2) 集族 $\{U_{\alpha,s} \cap F_\alpha\}_{s \in S}$ 是互不相交的;

(10.3) 如果 $\beta < \alpha$, 则 $U_{\beta,s} \setminus U_{\alpha,s} \subseteq \bigcup_{\beta \leqslant \gamma \leqslant \alpha} F_\gamma$.

对于每一 $s \in S$, 令 $U_{0,s} = U_s$, 则条件 (10.1)–(10.3) 对 $\alpha = 0$ 成立. 假设对于 $\alpha_0 \geqslant 1$ 且 $\alpha < \alpha_0$ 已定义开覆盖 $\mathscr{U}_\alpha$ 满足 (10.1)–(10.3). 对于每一 $s \in S$, 令 $U'_{\alpha_0,s} = \bigcap_{\alpha < \alpha_0} U_{\alpha,s}$. 则 $\mathscr{U}'_{\alpha_0} = \{U'_{\alpha_0,s}\}_{s \in S}$ 是 X 的开覆盖. 事实上, 如果 α_0 是后继序数, 记 $\alpha_0 = \alpha + 1$, 则 $U'_{\alpha_0,s} = U_{\alpha,s}$, 所以结论成立. 如果 α_0 是极限序数, 那么对于每一 $x \in X$, 存在 x 在 X 中的邻域 U 仅与 $\mathscr{F}$ 中有限个元相交, 于是存在 $\beta < \alpha_0$ 使得对于每一满足 $\beta \leqslant \gamma < \alpha_0$ 的 γ 有 $U \cap F_\gamma = \varnothing$. 因为 $\mathscr{U}_\beta$ 是 X 的覆盖, 存在 $s \in S$ 使得 $x \in U_{\beta,s}$. 由 (10.3), 当 $\beta \leqslant \alpha < \alpha_0$ 时有 $U \cap U_{\beta,s} \subseteq U_{\alpha,s}$, 于是 $x \in U \cap U_{\beta,s} \subseteq U'_{\alpha_0,s}$. 这也表明每一 $U'_{\alpha_0,s}$ 是 X 的开集. 故 $\mathscr{U}'_{\alpha_0}$ 是 X 的开覆盖.

由 $(2) \Leftrightarrow (1)$, X 的闭子空间 F_{α_0} 的有限开覆盖 $\{F_{\alpha_0} \cap U'_{\alpha_0,s}\}_{s \in S}$ 有互不相交的精确开加细 $\{V_s\}_{s \in S}$. 对于每一 $s \in S$, 令 $U_{\alpha_0,s} = (U'_{\alpha_0,s} \setminus F_{\alpha_0}) \cup V_s$. 则 $\mathscr{U}_{\alpha_0} = \{U_{\alpha_0,s}\}_{s \in S}$ 是 X 的开覆盖且满足 (10.1)–(10.3).

由 (10.2) 和 (10.1), $\mathscr{U}_\lambda$ 是 $\mathscr{U}$ 的互不相交的精确开加细. □

推论 2.1.11 设 X 是 Lindelöf 空间. 若 $\mathrm{ind}X = 0$, 则 $\mathrm{Ind}X = \dim X = 0$.

证明 因为 $\mathrm{ind}X = 0$, 所以 X 是完全正则空间, 于是 X 是正规空间. 由定理 2.1.10, 只需证明 $\mathrm{Ind}X = 0$. 设 A, B 是空间 X 的不相交闭集. 对于每一 $x \in X$, 存在 X 含点 x 的开闭集 W_x 使得 $A \cap W_x = \varnothing$ 或者 $B \cap W_x = \varnothing$. X 的开覆盖 $\{W_x\}_{x \in X}$ 存在可数的子覆盖 $\{W_{x_i}\}_{i \in \mathbb{N}}$. 对于每一 $i \in \mathbb{N}$, 令 $U_i = W_{x_i} \setminus \bigcup_{j < i} W_{x_j}$, 则 U_i 是 X 的开闭集. 从而 $\{U_i\}_{i \in \mathbb{N}}$ 是 X 的互不相交的开覆盖. 让 $U = \bigcup\{U_i : i \in \mathbb{N}, U_i \cap A \neq \varnothing\}$, 则 U 是 X 的开闭集且 $A \subseteq U \subseteq X \setminus B$. 故 $\mathrm{Ind}X = 0$. □

由此, 对于无理数空间 $\mathbb{P}$ 的任一非空子空间 X, $\mathrm{ind}X = \mathrm{Ind}X = \dim X = 0$.

例 2.1.12 Baire 零维空间.

对于任意非空集 X 及 $n \in \mathbb{N}$, 令 $X_n = X$. 对于笛卡儿积 $M = \prod_{n \in \mathbb{N}} X_n$ 中的任意两点 $x = (x_n)$ 和 $y = (y_n)$, 定义

$$d(x,y) = \begin{cases} 0, & x = y, \\ \max\{1/n : x_n \neq y_n, n \in \mathbb{N}\}, & x \neq y. \end{cases}$$

下面证明 d 满足度量公理. 显然, d 满足正定性和对称性. 对于任意的 $x = (x_n)$, $y = (y_n), z = (z_n) \in M$, 为了证明 $d(x,y) \leqslant d(x,z) + d(z,y)$, 不妨设 $d(x,y) > 0$, 于是存在 $k \in \mathbb{N}$ 使得 $d(x,y) = 1/k$, 从而 $x_k \neq y_k$ 且当 $n < k$ 时 $x_n = y_n$. 若存在

$n < k$ 使得 $x_n \neq z_n$, 则 $d(x,z) \geqslant 1/n > 1/k$, 从而 $d(x,y) \leqslant d(x,z) + d(z,y)$. 若当 $n < k$ 时总有 $x_n = z_n$, 如果 $d(x,z) = 1/k$, 则 $d(x,y) \leqslant d(x,z) + d(z,y)$; 如果 $d(x,z) = 1/m$ 且 $m > k$, 则 $x_k = z_k$, 由于 $x_k \neq y_k$, 所以 $z_k \neq y_k$, 从而 $d(z,y) = 1/k$, 于是也有 $d(x,y) \leqslant d(x,z) + d(z,y)$. 综上所述, (M,d) 是度量空间.

对于空间 M 中的任意两点 $x = (x_n)$ 和 $y = (y_n)$, 以及 $0 < r \leqslant 1$, 如果 $B_d(x,r) \cap B_d(y,r) \neq \varnothing$, 设 $z = (z_n) \in B_d(x,r) \cap B_d(y,r)$. 取 $k \in \mathbb{N}$ 使得 $1/(k+1) < r \leqslant 1/k$, 则当 $n \leqslant k$ 时有 $x_n = z_n = y_n$, 于是 $B_d(x,r) = B_d(y,r)$. 对于每一 $i \in \mathbb{N}$, 令 $\mathscr{B}_i = \{B_d(x,1/i) : x \in M\}$, 则 M 的开覆盖 $\mathscr{B}_i$ 中的任意两元或者相等或者不相交. 于是 $\bigcup_{i \in \mathbb{N}} \mathscr{B}_i$ 是 M 的 σ 局部有限的开闭基. 对于 M 的闭集 A, 包含 A 的开集 V, 及 $i \in \mathbb{N}$, 令

$$V_{2i} = \bigcup\{U \in \mathscr{B}_i : U \subseteq V\}, \quad V_{2i+1} = \bigcup\{U \in \mathscr{B}_i : U \cap A = \varnothing\},$$

则 V_{2i} 和 V_{2i+1} 都是 M 的开闭集且 $\bigcup_{i \in \mathbb{N}} V_{2i} = V$, $\bigcup_{i \in \mathbb{N}} V_{2i+1} = M \setminus A$. 于是 $\{V_i\}_{i \in \mathbb{N}}$ 是 M 的覆盖. 对于每一 $i \in \mathbb{N}$, 令 $U_i = V_i \setminus \bigcup_{j < i} V_j$, 则 $\{U_i\}_{i \in \mathbb{N}}$ 是 M 的互不相交的开覆盖. 置 $U = \bigcup\{U_i : i \in \mathbb{N}, U_i \subseteq V\}$, 则 U 是 M 的开闭集且 $A \subseteq U \subseteq V$. 故 $\mathrm{Ind}M = 0$, 从而 $\mathrm{ind}M = \dim M = 0$. 因此, M 常称为 Baire 零维空间.

对于每一 $n \in \mathbb{N}$, 设 d_n 是 X_n 上的离散度量, 则由 d_n 导出的 X_n 上的度量拓扑是离散拓扑. 对于 $M = \prod_{n \in \mathbb{N}} X_n$ 中的任意两点 $x = (x_n)$ 和 $y = (y_n)$, 定义

$$\varrho(x,y) = \sum_{n=1}^{\infty} \frac{1}{2^n} d_n(x_n, y_n).$$

由定理 2.1.9, ϱ 是 M 上的度量且由 ϱ 导出的 M 上的度量拓扑就是离散空间族 $\{X_n\}_{n \in \mathbb{N}}$ 的积拓扑 τ. 对于每一 $x = (x_n) \in M$, $k \in \mathbb{N}$, 令

$$\begin{aligned} &B(x_1, x_2, \cdots, x_k) \\ &= \{(y_n) \in M : \text{当 } n \leqslant k \text{ 时有 } y_n = x_n\} \\ &= \bigcap_{n \leqslant k} p_n^{-1}(x_n). \end{aligned}$$

则 $\{B(x_1, x_2, \cdots, x_k) : x \in M, k \in \mathbb{N}\}$ 是积拓扑 τ 的 (由开闭集组成的) 基, 即它是由 ϱ 导出的 M 上度量拓扑的基. 另一方面, 由于

$$\begin{aligned} B_d(x, 1/k) &= \{(y_n) \in M : \text{当 } n \leqslant k \text{ 时有 } x_n = y_n\} \\ &= B(x_1, x_2, \cdots, x_k), \end{aligned}$$

所以由度量 d 导出的 M 上的度量拓扑就是由度量 ϱ 导出的 M 上的度量拓扑. 因此, 可将 Baire 零维空间等同于离散空间 X 的可数次积空间 X^ω. 若 $|X| = \lambda$, 也记 Baire 零维空间 X^ω 为 $B(\lambda)$. $\qquad\square$

上述例子的证明表明: 如果非空的空间 X 具有 σ 局部有限的闭基, 则 $\mathrm{Ind}X = 0$.

练　习

2.1.1　设 (X, d) 是度量空间. 证明: 度量函数 $d : X \times X \to [0, +\infty)$ 是连续的.

2.1.2　对于实直线 $\mathbb{R}$, 定义 $\varrho : \mathbb{R} \times \mathbb{R} \to [0, +\infty)$ 使得

$$\varrho(x, y) = \left| \frac{x}{1 + |x|} - \frac{y}{1 + |y|} \right|.$$

证明: ϱ 是 $\mathbb{R}$ 上的度量, 且 ϱ 导出 $\mathbb{R}$ 上的度量拓扑就是 $\mathbb{R}$ 上的欧几里得拓扑.

2.1.3　对于实数平面 $\mathbb{R}^2$ 的任意两点 $x = (x_1, x_2)$ 和 $y = (y_1, y_2)$, 定义

$$d_1(x, y) = \sqrt{(x_1 - x_2)^2 + (y_1 - y_2)^2},$$
$$d_2(x, y) = \max(|x_1 - x_2|, |y_1 - y_2|),$$
$$d_3(x, y) = |x_1 - x_2| + |y_1 - y_2|.$$

证明: d_1, d_2 和 d_3 都满足度量公理, 且导出 $\mathbb{R}^2$ 上相同的度量拓扑.

2.1.4　举例说明: 存在度量空间 (X, d) 使得 $\overline{B_d(x, \varepsilon)} \neq \{y \in X : d(x, y) \leqslant \varepsilon\}$, 其中 $x \in X, \varepsilon > 0$.

2.1.5　度量空间是第一可数空间.

2.1.6　设 X 是可度量化空间. 若空间 Y 同胚于空间 X, 则 X 也是可度量化空间.

2.1.7　设 $\{x_n\}$ 是 T_2 空间 X 的收敛序列. 若 $\{x_n\}$ 收敛于 x, 则 $\{x\} \cup \{x_n : n \in \mathbb{N}\}$ 是 X 的可度量化的子空间.

2.1.8　若 T_1 的正则空间 X 是非空的可数空间, 则 $\mathrm{Ind}X = 0$.

2.2　度量空间是仿紧空间

本节继续介绍度量空间的基本性质, 主要涉及度量空间的仿紧性、可数性和紧性及一些等价刻画. 首先介绍著名的 A. H. Stone 定理: 度量空间是仿紧空间. 这是度量空间理论中最深刻、最重要的定理之一.

定义 2.2.1　设 (X, d) 是度量空间. 对于 X 中的点 x 及 X 的非空子集 A 和 B, 定义

$$d(x, A) = \inf\{d(x, y) : y \in A\},$$
$$d(A, B) = \inf\{d(z, y) : z \in A, y \in B\}.$$

称 $d(x, A)$ 为点 x 与集 A 之间的距离, $d(A, B)$ 为集 A 与 B 之间的距离.

规定 $d(x, \varnothing) = 1, d(\varnothing, A) = d(\varnothing, B) = 1$.

引理 2.2.2　设 A 是度量空间 (X,d) 的子集. 令 $f(x)=d(x,A)$, 则 $f:X\to[0,+\infty)$ 是连续函数.

证明　对于任意的 $x,y\in X$, 由三角形不等式有

$$\inf_{z\in A}\{d(x,z)\}\leqslant d(x,y)+\inf_{z\in A}\{d(y,z)\},$$

即 $f(x)\leqslant d(x,y)+f(y)$, 从而 $f(x)-f(y)\leqslant d(x,y)$. 由 x,y 的任意性, $f(y)-f(x)\leqslant d(x,y)$. 于是 $|f(x)-f(y)|\leqslant d(x,y)$. 这表明对于 $r>0$, $f(B(x,r))\subseteq(f(x)-r,f(x)+r)$. 故 f 是连续函数. □

引理 2.2.3　设 A 是度量空间 (X,d) 的子集, 则 $\overline{A}=\{x\in X:d(x,A)=0\}$.

证明　设 $f(x)=d(x,A)$, 则 $A\subseteq f^{-1}(0)=\{x\in X:d(x,A)=0\}$. 由引理 2.2.2, $f:X\to[0,+\infty)$ 是连续函数, 于是 $f^{-1}(0)$ 是 X 的闭子集, 从而 $\overline{A}\subseteq f^{-1}(0)$. 若 $y\notin\overline{A}$, 则存在 $r>0$ 使得 $B(y,r)\cap A=\varnothing$, 于是 $f(y)\geqslant r$, 从而 $y\notin f^{-1}(0)$. 因此 $f^{-1}(0)\subseteq\overline{A}$. 故 $\overline{A}=\{x\in X:d(x,A)=0\}$. □

空间 X 称为 perfect, 若 X 的每一闭集是 X 的 G_δ 集[①]. 显然, X 是 perfect 等价于 X 的每一开集是 X 的 F_σ 集.

定理 2.2.4　度量空间是 T_2, perfect 正规空间.

证明　设 (X,d) 是度量空间. 先证明 X 是 T_2 空间. 对于 X 中不同的两点 x 和 y, 让 $r=d(x,y)/2$, 那么 $r>0$ 且 $B(x,r)$ 和 $B(y,r)$ 是 X 中分别含有点 x 和 y 的不相交的开集, 所以 X 是 T_2 空间.

设 F 是 X 的闭集. 由引理 2.2.3, $F=\{x\in X:d(x,F)=0\}$. 对于每一 $n\in\mathbb{N}$, 令 $G_n=\{x\in X:d(x,F)<1/n\}$, 由引理 2.2.2, G_n 是 X 的开集. 易验证 $F=\bigcap_{n\in\mathbb{N}}G_n$, 所以 F 是 X 的 G_δ 集. 故 X 是 perfect 空间.

对于 X 中不相交的闭集 A 和 B, 由引理 2.2.3, $d(x,A)+d(x,B)>0$. 定义 $h:X\to[0,1]$ 使得

$$h(x)=\frac{d(x,A)}{d(x,A)+d(x,B)}.$$

由引理 2.2.2, h 连续, 且 $h(A)\subseteq\{0\}$, $h(B)\subseteq\{1\}$. 故 $h^{-1}([0,1/2))$ 和 $h^{-1}((1/2,1])$ 是 X 中不相交的开集且分别包含 A 和 B. 因此, X 是正规空间. □

定理 2.2.5 (A.H. Stone 定理[253])　度量空间是仿紧空间.

证明　设 $\{U_\alpha\}_{\alpha\in A}$ 是度量空间 (X,d) 的开覆盖. 把指标集 A 良序化. 对于每一 $\alpha\in A$, $n\in\mathbb{N}$, 置

---

① 在实变函数论中, 术语 perfect 是指没有孤立点的闭集.

$$U_{\alpha,n} = \{x \in X : B(x, 1/n) \subseteq U_\alpha\},$$

$$F_{\alpha,n} = U_{\alpha,n} \setminus \bigcup\{U_\gamma : \gamma < \alpha\},$$

$$V_{\alpha,n} = \bigcup\{B(x, 1/3n) : x \in F_{\alpha,n}\}.$$

则 $F_{\alpha,n} \subseteq V_{\alpha,n} \subseteq U_\alpha$. 设 $\alpha, \beta \in A$ 且 $\alpha \neq \beta$. 对于每一 $x \in F_{\alpha,n}$ 及 $y \in F_{\beta,n}$, 不妨设 $\alpha < \beta$, 则 $x \in U_{\alpha,n}$, $y \notin U_\alpha$, 于是 $d(x, y) \geqslant 1/n$. 从而 $d(F_{\alpha,n}, F_{\beta,n}) \geqslant 1/n$. 因此 $d(V_{\alpha,n}, V_{\beta,n}) \geqslant 1/3n$.

令 $\mathscr{V}_n = \{V_{\alpha,n} : \alpha \in A\}$. 对于每一 $x \in X$, x 的邻域 $B(x, 1/6n)$ 与 $\mathscr{V}_n$ 中至多一个元相交. 故 $\mathscr{V}_n$ 是离散的. 下面证明 $\mathscr{V} = \bigcup_{n \in \mathbb{N}} \mathscr{V}_n$ 是 X 的覆盖. 对于 $x \in X$, 让 $\alpha(x) = \min\{\alpha \in A : x \in U_\alpha\}$. 由于 $x \in U_{\alpha(x)}$, 存在 $n \in \mathbb{N}$ 使得 $B(x, 1/n) \subseteq U_{\alpha(x)}$, 于是 $x \in F_{\alpha(x),n} \subseteq V_{\alpha(x),n} \in \mathscr{V}_n$. 故 $\mathscr{V}$ 是 $\{U_\alpha\}_{\alpha \in A}$ 的 σ 离散开加细. 由定理 2.2.4 及定理 1.5.6, X 是仿紧空间. □

1948 年 A.H. Stone 证明了度量空间的每一开覆盖具有局部有限且 σ 离散的开加细, 所以度量空间是仿紧空间. 定理 2.2.5 仅证明度量空间的每一开覆盖具有 σ 离散的开加细, 要获得既 σ 离散又局部有限的开加细还需构造更精细的集族. Stone 定理的证明是一般拓扑学中最精美的证明之一. 证明的思想通过提炼产生了许多重要的概念和一般性的方法.

下面介绍 Stone 定理在维数论中的一个应用.

引理 2.2.6 对于度量空间 (X, d), 下述条件相互等价:

(1) $\mathrm{Ind}X = 0$.

(2) X 具有互不相交的开覆盖列 $\{\mathscr{W}_n\}$ 使得 (每一 $\mathscr{W}_{n+1}$ 加细 $\mathscr{W}_n$ 且) $\mathscr{W}_n$ 的每一元的直径小于 $1/n$.

(3) X 具有 σ 局部有限的闭基.

证明 (2) $\Rightarrow$ (3) 是显然的. 例 2.1.12 已证明 (3) $\Rightarrow$ (1). 下面证明 (1) $\Rightarrow$ (2). 设 $\mathscr{U}$ 是空间 X 的开覆盖. 对于每一 $n \in \mathbb{N}$, 由 Stone 定理, $\mathscr{U}$ 具有局部有限的开加细 $\mathscr{V} = \{V_\alpha\}_{\alpha < \lambda}$ 使得每一 $d(V_\alpha) < 1/n$. 由定理 1.4.15 (单位分解定理) 的 (15.1), $\{V_\alpha\}_{\alpha < \lambda}$ 存在精确的闭加细 $\{F_\alpha\}_{\alpha < \lambda}$. 对于每一 $\alpha < \lambda$, 因为 $\mathrm{Ind}X = 0$, 存在 X 的开闭集 U_α 使得 $F_\alpha \subseteq U_\alpha \subseteq V_\alpha$. 令 $W_\alpha = U_\alpha \setminus \bigcup_{\beta < \alpha} U_\beta$, 则 W_α 是 X 的开闭集. 置 $\mathscr{W} = \{W_\alpha\}_{\alpha < \lambda}$. 则 $\mathscr{W}$ 是 $\mathscr{U}$ 的互不相交的开加细且每一 $d(W_\alpha) < 1/n$. 由归纳法, 存在 X 的开覆盖列 $\{\mathscr{W}_n\}$ 满足 (2). □

由于引理 2.2.6 的 (3) 是遗传性质, 所以有下述结果.

推论 2.2.7 设 X 是度量空间, 则 $\mathrm{Ind}X = 0$ 是关于非空子集遗传的. □

本节的第二部分转入讨论度量空间的可数性, 涉及第二可数性、Lindelöf 性、$\aleph_1$ 紧性、可数链条件和可分性. 设 X 是拓扑空间. X 称为第二可数空间或满足第二可数公理, 若 X 具有可数基. X 称为 $\aleph_1$ 紧空间, 若 X 的任一闭离散子空间是可数的. X 称为满足可数链条件, 简记为 ccc, 若 X 中互不相交的非空开集族是可数的. X 称为可分空间, 若 X 具有可数的稠密子集.

可以验证, ① 第二可数性 $\Rightarrow$ Lindelöf 性 $\Rightarrow$ $\aleph_1$ 紧性; ② 第二可数性 $\Rightarrow$ 可分性 $\Rightarrow$ 可数链条件. 在度量空间中这些性质是相互等价的.

定理 2.2.8 对于度量空间 (X, d), 下述条件相互等价:

(1) X 是第二可数空间.

(2) X 是 Lindelöf 空间.

(3) X 是 $\aleph_1$ 紧空间.

(4) X 满足可数链条件.

(5) X 是可分空间.

证明 $(1) \Rightarrow (2)$. 设 X 是第二可数空间, 即 X 具有可数基 $\mathscr{B}$. 对于 X 的每一开覆盖 $\mathscr{U}$, 让 $\mathscr{B}' = \{B \in \mathscr{B} : 存在 U \in \mathscr{U}$ 使得 $B \subseteq U\}$, 则 $\mathscr{B}'$ 是 X 的可数覆盖. 事实上, 对于每一 $x \in X$, 存在 $U \in \mathscr{U}$ 使得 $x \in U$. 由于 $\mathscr{B}$ 是 X 的基, 又存在 $B \in \mathscr{B}$ 使得 $x \in B \subseteq U$, 这时 $B \in \mathscr{B}'$. 记 $\mathscr{B}' = \{B_n\}_{n \in \mathbb{N}}$. 对于每一 $n \in \mathbb{N}$, 存在 $U_n \in \mathscr{U}$ 使得 $B_n \subseteq U_n$. 于是 $\{U_n\}_{n \in \mathbb{N}}$ 是 $\mathscr{U}$ 的可数子覆盖. 故 X 是 Lindelöf 空间.

$(2) \Rightarrow (3)$. 设 X 是 Lindelöf 空间. 若 A 是 X 的闭离散子空间, 则 A 是 Lindelöf 空间, 于是 A 的开覆盖 $\{\{x\} : x \in A\}$ 有可数子覆盖, 所以 A 只能是可数集. 故 X 是 $\aleph_1$ 紧空间.

$(3) \Rightarrow (4)$. 设 X 是 $\aleph_1$ 紧空间. 让 $\{O_\alpha\}_{\alpha \in A}$ 是 X 的互不相交的非空开集族. 对于每一 $\alpha \in A$, 取定 $x_\alpha \in O_\alpha$. 让 $D = \{x_\alpha : \alpha \in A\}$. 由于 $x_\alpha \in O_\alpha \cap \overline{D} \subseteq \overline{O_\alpha \cap D} = \{x_\alpha\}$, 所以 $O_\alpha \cap \overline{D} = \{x_\alpha\}$. 从而 $D = \overline{D} \cap \bigcup_{\alpha \in A} O_\alpha$, 因此 D 是 $\overline{D}$ 的开子集. 由定理 2.2.4 及 $\overline{D}$ 是度量空间, D 是 $\overline{D}$ 的 F_σ 集, 即存在 $\overline{D}$ 的闭集列 $\{D_n\}$ 使得 $D = \bigcup_{n \in \mathbb{N}} D_n$. 这时每一 D_n 是 X 的闭离散子空间, 由 X 的 $\aleph_1$ 紧性, D_n 是可数的. 故 D 是 X 的可数子集, 即 $\{O_\alpha\}_{\alpha \in A}$ 是 X 的可数开集族.

$(4) \Rightarrow (5)$. 设 X 满足可数链条件. 对于每一 $n \in \mathbb{N}$, 置

$$\mathscr{F}_n = \{F \subseteq X : 若 \ x, y \in F \ 且 \ x \neq y, \ 则 \ d(x, y) > 1/n\}.$$

则 $\mathscr{F}_n$ 具有有限特征, 即 $F \in \mathscr{F}_n$ 当且仅当 F 的每一有限子集是 $\mathscr{F}_n$ 的元. 由 Tukey 引理 (引理 1.1.11), 设 C_n 是 $\mathscr{F}_n$ 中的极大元. 让 $\mathscr{B}_n = \{B(x, 1/2n) : x \in C_n\}$, 则 $\mathscr{B}_n$ 是 X 的互不相交的开集族. 由于 X 满足可数链条件, 于是 $\mathscr{B}_n$ 是可数族, 从而 C_n 是可数集. 让 $C = \bigcup_{n \in \mathbb{N}} C_n$, 则 C 是 X 的可数子集. 下证 C 是 X 的稠密子集, 即 $\overline{C} = X$, 这等价于证明对于每一 $x \in X$ 和 $r > 0$ 有 $B(x, r) \cap C \neq \varnothing$. 取 $k \in \mathbb{N}$ 使得 $1/k < r$. 由 C_k 的极大性, 存在 $c \in C_k \subseteq C$ 使得 $d(x, c) \leqslant 1/k < r$, 从而 $B(x, r) \cap C \neq \varnothing$. 故 X 是可分空间.

(5) $\Rightarrow$ (1). 设 X 是可分空间. 让 $C = \{x_n : n \in \mathbb{N}\}$ 是 X 的可数稠密子集. 令 $\mathscr{B} = \{B(x_n, 1/k) : n, k \in \mathbb{N}\}$, 则 $\mathscr{B}$ 是 X 的可数开集族. 下证 $\mathscr{B}$ 是空间 X 的基. 对于每一 $x \in X$ 及 x 的邻域 U, 存在 $r > 0$ 使得 $B(x, r) \subseteq U$. 由于 C 是 X 的稠密子集, 存在 $n, k \in \mathbb{N}$ 使得 $x_n \in B(x, 1/k)$ 且 $2/k < r$, 则 $x \in B(x_n, 1/k) \subseteq B(x, r) \subseteq U$. 事实上, 若 $y \in B(x_n, 1/k)$, 则 $d(y, x) \leqslant d(y, x_n) + d(x_n, x) < 1/k + 1/k < r$, 所以 $y \in B(x, r)$. 故 X 具有可数基. $\hfill\square$

定理 2.2.9 对于度量空间 (X, d), 下述条件相互等价:

(1) X 是紧空间.

(2) X 是可数紧空间.

(3) X 是序列紧空间.

(4) X 是伪紧空间.

证明 (1) $\Rightarrow$ (2) 是显然的. 因为度量空间是第一可数空间 (练习 2.1.5), 由定理 1.2.6, (2) $\Leftrightarrow$ (3). 由定理 1.2.10, (2) $\Rightarrow$ (4). 由定理 1.2.12 和定理 2.2.4, (4) $\Rightarrow$ (2). 下面证明 (2) $\Rightarrow$ (1). 设 X 是可数紧空间, 由定理 1.2.4, X 是 $\aleph_1$ 紧空间, 再由定理 2.2.8, X 是 Lindelöf 空间, 从而 X 是可数紧的 Lindelöf 空间, 即 X 是紧空间. $\hfill\square$

本节最后说明选择公理在度量空间理论中的作用. Stone 定理和定理 2.2.8 的证明分别使用了 Zermelo 良序定理和 Tukey 引理, 这些都是本质的要求. 因为一方面 Good, Tree 和 Watson[99] 证明了假设集论公理 ZF+DC (Principle of Dependent Choice) 存在非仿紧的度量空间, 另一方面 Good 和 Tree[98] 证明了命题 "存在第二可数的度量空间既不是可分空间也不是 Lindelöf 空间" 是与 ZF 相容的, 同样命题 "存在紧度量空间既不是可分空间也不是第二可数空间" 也是与 ZF 相容的.

练 习

2.2.1 设 A 是度量空间 (X, d) 的非空子集. 若 $x \in X, r > 0$, 则 $d(x, A) \geqslant r$ 当且仅当 $B(x, r) \cap A = \varnothing$.

2.2.2 序数空间 $[0, \omega_1)$ 不是 perfect.

2.2.3 证明: 度量空间的非空开集是函数开的.

2.2.4 证明: Hilbert 空间是可分空间.

2.2.5 设 (X, d) 是度量空间. 对于 X 的子集 A 及 $r > 0$, 记 $B(A, r) = \{x \in X : d(x, A) < r\}$. 若 K 是 X 的紧子集, 证明: $\{B(K, 1/n) : n \in \mathbb{N}\}$ 是 K 在 X 中的邻域基.

2.3 度量化定理

由于度量空间具有良好的性质, 寻求拓扑空间是可度量化空间的条件具有特别重要的意义. 自从 1917 年 E.W. Chittenden (美, 1895–1977) 建立了第一个抽象空

间的度量化定理以来, 优秀的结果层出不穷. 如, 1925 年 P. Urysohn 发表了可分度
量空间的拓扑等价条件 (推论 2.3.4); 1950 至 1951 年间, J. Nagata (长田润一, 日,
1925–2007), Ju. Smirnov (苏, 1921–2007) 和 R.H. Bing (美, 1914–1986) 独立地获得
了度量空间的拓扑等价条件 (定理 2.3.3). 本节将介绍这些成果. 设所讨论空间均
满足 T_1 分离性质.

引理 2.3.1   具有 σ 局部有限基的正则空间是仿紧空间.

证明   设正则空间 X 具有 σ 局部有限基 $\mathscr{B}$. 对于 X 的任一开覆盖 $\mathscr{U}$, 置
$\mathscr{V} = \{B \in \mathscr{B}:$ 存在 $U \in \mathscr{U}$ 使得 $B \subseteq U\}$, 则 $\mathscr{V}$ 是 $\mathscr{U}$ 的 σ 局部有限开加细. 由
定理 1.4.5, X 是仿紧空间. □

建立度量化定理的困难之一是定义空间上的距离函数. Tychonoff-Urysohn 度
量化定理是通过把具有可数基的正则空间嵌入 Hilbert 空间, Bing-Nagata-Smirnov
度量化定理是通过一列伪度量导出距离函数. 如果把定义 2.1.1 中度量公理的条件
(1) 换为条件 $(1')$ 当 $x = y$ 时 $d(x,y) = 0$, 则得到的 d 称为 X 上的**伪度量**或**伪距**
离, (X,d) 称为**伪度量空间**.

引理 2.3.2   设空间 (X,τ) 上的伪度量列 $\{d_n\}$ 满足:

(1) 关于拓扑 τ 每一 $d_n : X \times X \to [0,1]$ 是连续函数;

(2) 对于 X 的每一闭集 F 及 $x \notin F$, 存在 $n \in \mathbb{N}$ 使得 $d_n(x,F) > 0$.
对于每一 $x,y \in X$, 置

$$d(x,y) = \sum_{n=1}^{\infty} \frac{1}{2^n} d_n(x,y).$$

则 d 是集 X 上的度量且由 d 导出 X 上的度量拓扑就是 τ.

证明   首先, 证明 d 是集 X 上的度量. 显然, d 满足定义 2.1.1 中度量公理的
条件 (2) 和 (3) 且对于每一 $x \in X$ 有 $d(x,x) = 0$. 因为 X 是 T_1 空间, 单点集是
闭集. 对于 X 中不同的两点 x 和 y, 由 (2), 存在 $n \in \mathbb{N}$ 使得 $d_n(x,y) > 0$, 从而
$d(x,y) > 0$. 故 d 是 X 上的度量.

其次, 证明 d 导出的度量拓扑就是 τ. 由引理 2.2.3, 只要证明对于 X 的子集
$A, d(x,A) = 0$ 当且仅当 $x \in \overline{A}$ (关于拓扑 τ 的闭包).

设 $x \notin \overline{A}$, 由 (2), 存在 $n \in \mathbb{N}$ 使得 $d_n(x,\overline{A}) > 0$, 从而 $d(x,A) \geqslant d(x,\overline{A}) \geqslant$
$d_n(x,\overline{A})/2^n > 0$.

由 (1), 每一伪度量 d_n 关于 X 的拓扑 τ 是连续的. 由函数列的一致收敛定理,
d 也是连续的. 从而由引理 2.2.2 的证明, $f(x) = d(x,A)$ 在 (X,τ) 上连续. 若 $x \in \overline{A}$,
则 $f(x) \in f(\overline{A}) \subseteq \overline{f(A)} = \{0\}$, 故 $d(x,A) = 0$. □

定理 2.3.3(Bing-Nagata-Smirnov 度量化定理)   对于正则空间 X, 下述条件相
互等价:

(1) X 是可度量化空间.

(2) X 具有 σ 局部有限基.

(3) X 具有 σ 离散基.

证明 (1) $\Rightarrow$ (3). 设空间 X 是可度量化空间. 让 d 是 X 上的度量使得由 d 导出的 X 上的度量拓扑就是 X 上的拓扑. 对于每一 $n \in \mathbb{N}$, 置 $\mathscr{B}_n = \{B(x, 1/2^n) : x \in X\}$. 对于每一 $x, y \in B(z, 1/2^n)$, 有 $d(x,y) \leqslant d(x,z) + d(z,y) < 1/2^n + 1/2^n \leqslant 1/n$, 于是 $\mathrm{st}(x, \mathscr{B}_n) \subseteq B(x, 1/n)$. 由 Stone 定理 (定理 2.2.5), X 的开覆盖 $\mathscr{B}_n$ 具有 σ 离散开加细 $\mathscr{V}_n$, 于是每一 $\mathrm{st}(x, \mathscr{V}_n) \subseteq \mathrm{st}(x, \mathscr{B}_n)$. 置 $\mathscr{V} = \bigcup_{n \in \mathbb{N}} \mathscr{V}_n$, 则 $\mathscr{V}$ 是 X 的 σ 离散基. 事实上, 对于每一 $x \in X$ 及 X 中含有 x 的开集 U, 存在 $n \in \mathbb{N}$ 使得 $B(x, 1/n) \subseteq U$. 取 $V \in \mathscr{V}_n$ 使得 $x \in V$, 那么 $V \subseteq \mathrm{st}(x, \mathscr{V}_n) \subseteq \mathrm{st}(x, \mathscr{B}_n) \subseteq U$.

(3) $\Rightarrow$ (2) 是显然的. 下面证明 (2) $\Rightarrow$ (1).

设正则空间 X 具有基 $\mathscr{B} = \bigcup_{n \in \mathbb{N}} \mathscr{B}_n$, 其中每一 $\mathscr{B}_n = \{B_\lambda\}_{\lambda \in \Lambda_n}$ 是局部有限的. 对于每一 $n, m \in \mathbb{N}$ 及 $\lambda \in \Lambda_n$, 置

$$V_{\lambda,m} = \bigcup \{B \in \mathscr{B}_m : \overline{B} \subseteq B_\lambda\}.$$

由 $\mathscr{B}_m$ 的局部有限性及引理 1.4.4, $\overline{V}_{\lambda,m} \subseteq B_\lambda$. 由引理 2.3.1 和定理 1.4.10, X 是正规空间. 再由 Urysohn 引理, 存在连续函数 $f_{\lambda,m} : X \to [0,1]$ 使得

$$f_{\lambda,m}(X \setminus B_\lambda) \subseteq \{0\}, \quad f_{\lambda,m}(\overline{V}_{\lambda,m}) \subseteq \{1\}.$$

由 $\mathscr{B}_n$ 的局部有限性, 对于每一 $x \in X$, 存在 x 的开邻域 U_x 及 Λ_n 的有限子集 $\Gamma_n(x)$ 使得对于 $\lambda \in \Lambda_n$, $B_\lambda \cap U_x \neq \varnothing$ 当且仅当 $\lambda \in \Gamma_n(x)$. 对于每一 $x, y \in X$, 定义连续函数 $g_{n,m} : U_x \times U_y \to \mathbb{R}$ 满足

$$g_{n,m}(x_1, y_1) = \sum \{|f_{\lambda,m}(x_1) - f_{\lambda,m}(y_1)| : \lambda \in \Gamma_n(x) \cup \Gamma_n(y)\}.$$

由于当 $\lambda \notin \Gamma_n(x) \cup \Gamma_n(y)$ 时, $f_{\lambda,m}$ 在 $U_x \cup U_y$ 上取值为 0, 所以

$$g_{n,m}(x_1, y_1) = \sum \{|f_{\lambda,m}(x_1) - f_{\lambda,m}(y_1)| : \lambda \in \Lambda_n\}.$$

因为 $\{U_x \times U_y : x, y \in X\}$ 是积空间 $X \times X$ 的开覆盖, 并且若 $g'_{n,m} : U_{x'} \times U_{y'} \to \mathbb{R}$, 如果 $(x_1, y_1) \in (U_x \times U_y) \cap (U_{x'} \times U_{y'})$, 则 $g'_{n,m}(x_1, y_1) = g_{n,m}(x_1, y_1)$, 于是可以定义函数 $p_{n,m} : X \times X \to \mathbb{R}$ 使得当 $(x_1, y_1) \in U_x \times U_y$ 时 $p_{n,m}(x_1, y_1) = g_{n,m}(x_1, y_1)$, 那么 $p_{n,m}$ 是连续的. 置 $d_{n,m}(x_1, y_1) = \min\{1, p_{n,m}(x_1, y_1)\}$, 则 $d_{n,m}$ 是集 X 上的伪度量且每一 $d_{n,m}(x_1, y_1) \leqslant 1$.

至此, 得到集 X 上的伪度量列 $\{d_{n,m}\}$. 这些伪度量满足引理 2.3.2 的条件 (1). 下证它们也满足引理 2.3.2 的条件 (2). 对于 X 的每一闭集 F 及 $x \notin F$, 由正则性, 存在 $\lambda \in \Lambda_n$ 和 $\lambda' \in \Lambda_m$ 使得 $x \in B_{\lambda'} \subseteq \overline{B}_{\lambda'} \subseteq B_\lambda \subseteq X \setminus F$. 由于 $B_{\lambda'} \subseteq V_{\lambda,m}$, 所以

$f_{\lambda,m}(x) = 1$ 且 $f_{\lambda,m}(F) \subseteq \{0\}$. 于是对于每一 $z \in F$, $p_{n,m}(x,z) = g_{n,m}(x,z) \geqslant 1$, 从而 $d_{n,m}(x,z) = 1$, 因此 $d_{n,m}(x,F) = 1$. 故伪度量列 $\{d_{n,m}\}$ 满足引理 2.3.2 的条件 (2). 由引理 2.3.2, X 是可度量化空间. □

在定理 2.3.3 中, Nagata[218] 和 Smirnov[250] 独立地证明 (1) ⇔ (2), Bing[43] 证明 (1) ⇔ (3). 下述著名的 Tychonoff-Urysohn 度量化定理可作为定理 2.3.3 的推论间接证明. 1925 年 Urysohn 关于这定理的直接证明是简洁明了的, 而且定理 2.3.3 的证明受其启发. 先介绍 Hilbert **方体** $\mathbb{I}^\omega$. $\mathbb{I}^\omega$ 是单位闭区间 $\mathbb{I}$ 的闭区间族 $\{[0, 1/n] : n \in \mathbb{N}\}$ 的积空间, 即

$$\mathbb{I}^\omega = \{(x_n) \in \mathbb{R}^\omega : 0 \leqslant x_n \leqslant 1/n, n \in \mathbb{N}\}.$$

由于级数 $\sum_{n=1}^{\infty} 1/n^2$ 收敛, 所以 $\mathbb{I}^\omega$ 是 Hilbert 空间 $\mathbb{H}$ (例 2.1.3) 的子空间, 从而 $\mathbb{I}^\omega$ 是度量空间. 按记号, $\mathbb{I}^\omega$ 应为 $\mathbb{I}$ 的可数次积空间, 即 Tychonoff 方体, 可以证明 Hilbert 方体与 Tychonoff 方体同胚 (练习 2.3.2).

推论 2.3.4(Tychonoff-Urysohn 度量化定理[275]) 对于空间 X, 下述条件相互等价:

(1) X 是可分的可度量化空间.

(2) X 是具有可数基的正则空间.

(3) X 可嵌入 Hilbert 方体 $\mathbb{I}^\omega$.

证明 首先, 由定理 2.2.4 和定理 2.2.8, 可分的可度量化空间是具有可数基的正则空间.

其次, 设空间 X 是具有可数基的正则空间. 让 $\mathscr{U}$ 是 X 的可数基. 令 $\Lambda = \{(U, V) : U, V \in \mathscr{U}$ 且 $\overline{U} \subseteq V\}$, 则 Λ 是可数的. 记 $\Lambda = \{(U_n, V_n)\}_{n \in \mathbb{N}}$. 由引理 2.3.1 和定理 1.4.10, X 是正规空间. 再由 Urysohn 引理, 对于每一 $n \in \mathbb{N}$, 存在连续函数 $f_n : X \to [0, 1/n]$ 使得 $f_n(\overline{U_n}) \subseteq \{0\}$, $f_n(X \setminus V_n) \subseteq \{1/n\}$. 令 $F = \{f_n\}_{n \in \mathbb{N}}$, 则连续函数族 F 分离 X 的点与闭集. 事实上, 如果 A 是 X 的闭集且 $x \in X \setminus A$, 由 $\mathscr{U}$ 是 X 的基及正则性, 存在 $n \in \mathbb{N}$ 使得 $x \in U_n \subseteq V_n \subseteq X \setminus A$, 于是 $f_n(x) = 0$ 且 $f_n(A) \subseteq \{1/n\}$, 所以 $f_n(x) \notin \overline{f_n(A)}$. 由对角引理 (引理 1.3.8), $\Delta_F : X \to \mathbb{I}^\omega$ 是嵌入, 即 X 可嵌入 Hilbert 方体 $\mathbb{I}^\omega$.

最后, 由于 $\mathbb{I}^\omega$ 是可分的度量空间, 若 X 可嵌入 $\mathbb{I}^\omega$, 则 X 是可分的可度量化空间. □

一些书籍常见 Urysohn **度量化定理**. 事实上, 1923 年 Urysohn 公布了具有可数基的正规空间是可度量化空间的结果, 其论文发表于 1925 年. 1925 年 Tychonoff 证明了具有可数基的正则空间是正规空间, 于是具有可数基的正则空间是可度量化空间. 故本书称推论 2.3.4 为 Tychonoff-Urysohn 度量化定理.

对照定理 2.3.3 和推论 2.3.4 的证明, 基本的思路是利用 Urysohn 引理得出

连续函数集, 进而构造 X 上的距离函数. 使用 Urysohn 引理构造的集对分别是 $(\overline{V}_{\lambda,m}, B_\lambda)$ 和 $(\overline{U}_n, V_n)$. 在此, 对于集论假设在 Tychonoff-Urysohn 度量化定理中的作用做些说明. Suslin 线是非可分的满足可数链条件的连通, 且没有最大元和最小元的线性序空间. Good 和 Tree[98] 证明了命题 "存在紧的 Suslin 线使得其上每一实值连续函数是常值函数" 与 ZF 是相容的, 于是 Urysohn 引理不能在 ZF 中证明, 并且命题 "T_2 的正规空间不是完全正则空间" 和 "T_2 的局部紧空间不是完全正则空间" 也是与 ZF 相容的. 另一方面, Good 和 Tree[98] 也证明了仅假设 ZF, 在第二可数的正则空间中 Uryshon 引理成立, 从而在 ZF 中 Tychonoff-Urysohn 度量化定理成立, 即每一第二可数的正则空间是可度量化空间.

定理 2.3.3 和推论 2.3.4 中的正则性是必不可少的.

例 2.3.5　Smirnov 删除序列拓扑[252]: 具有可数基的 T_2 非正则空间.

对于实数集 $\mathbb{R}$, 记 τ 是 $\mathbb{R}$ 的欧几里得拓扑, $S = \{1/n : n \in \mathbb{N}\}$. 在 $\mathbb{R}$ 上赋予下述拓扑: V 是 $\mathbb{R}$ 的开集当且仅当存在 $G \in \tau$ 和 $B \subseteq S$ 使得 $V = G \setminus B$. 这拓扑称为 Smirnov 删除序列拓扑, 记为 τ_1. 在 τ_1 中非零点的邻域基可取为 τ 中相应点的邻域基, 而 0 的邻域基可取为 $\{(-1/n, 1/n) \setminus S : n \in \mathbb{N}\}$.

显然, $\tau \subseteq \tau_1$, 所以 $(\mathbb{R}, \tau_1)$ 是 T_2 空间. 由于 τ 具有可数基, 且 0 在 τ_1 中具有可数邻域基, 所以 τ_1 具有可数基. 由于 $\mathbb{R} \setminus S$ 是 $(\mathbb{R}, \tau_1)$ 的开集, 所以 S 是 $(\mathbb{R}, \tau_1)$ 的闭集. 若 U 是 S 在 τ_1 中的开邻域, 则 $0 \in \overline{U}$. 事实上, 若 V 是 0 在 τ_1 中的开邻域, 则存在 $G \in \tau$ 和 $B \subseteq S$ 使得 $0 \in G \setminus B \subseteq V$. 这时存在 $n \in \mathbb{N}$ 使得 $1/n \in G$, 于是 $(U \cap G) \setminus S \neq \varnothing$ (图 2.3.1), 所以 $U \cap V \neq \varnothing$, 从而 $0 \in \overline{U}$. 故 $(\mathbb{R}, \tau_1)$ 不是正则空间. □

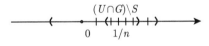

图 2.3.1　Smirnov 删除序列拓扑

由于 T_2 的紧空间是正规空间, 所以具有可数基的 T_2 紧空间是可度量化空间. 如何减弱可数基的条件? A.V. Arhangel'skiǐ (俄, 1938–) 引入的网络概念是基的重要推广.

定义 2.3.6　设 $\mathscr{P}$ 是空间 X 的子集族. $\mathscr{P}$ 称为 X 的网络[9], 若 X 中每一开集是 $\mathscr{P}$ 的某子族的并.

显然, $\mathscr{P}$ 是 X 的网络当且仅当对于每一 $x \in X$ 及 x 在 X 中的邻域 U, 存在 $P \in \mathscr{P}$ 使得 $x \in P \subseteq U$. 空间 X 的基是 X 的网络. $\{\{x\} : x \in X\}$ 也是空间 X 的网络.

定理 2.3.7[9]　若 X 是 T_2 的紧空间, 则 X 是可分的可度量化空间当且仅当 X 具有可数网络.

证明 设 X 是可分的可度量化空间. 由推论 2.3.4, X 具有可数基, 于是这可数基就是 X 的可数网络.

反之, 设 T_2 的紧空间 (X, τ_1) 具有可数网络 $\mathscr{P}$. 不妨设 X 不是单点集. 置

$$\mathscr{F} = \{\{P, Q\} \subseteq \mathscr{P} : 存在 \ X \ 中不相交的开集分别包含 \ P \ 和 \ Q\}.$$

由于 $\mathscr{P}$ 是可数的, 记 $\mathscr{F} = \{\{P_n, Q_n\}\}_{n \in \mathbb{N}}$. 对于每一 $n \in \mathbb{N}$, 存在不相交的开集 U_n, V_n 分别包含 P_n 与 Q_n. 令 $\mathscr{S} = \{U_n : n \in \mathbb{N}\} \cup \{V_n : n \in \mathbb{N}\}$.

设 x, y 是空间 X 中不同的两点. 由于 X 是 T_2 空间, 存在 X 中不相交的开集 U 和 V 分别含有点 x 和 y. 再由于 $\mathscr{P}$ 是 X 的网络, 存在 $\{P, Q\} \subseteq \mathscr{P}$ 使得 $x \in P \subseteq U$ 且 $y \in Q \subseteq V$. 这表明 $\{P, Q\} \in \mathscr{F}$, 所以存在 $n \in \mathbb{N}$ 使得 $P = P_n$ 且 $Q = Q_n$, 从而 $\mathscr{S}$ 中的相应元 U_n 和 V_n 分别含有点 x 和 y. 这一方面说明 $\mathscr{S}$ 是 X 的覆盖, 于是 $\mathscr{S}$ 是 X 上某一拓扑 τ_2 的子基. 故 τ_2 具有可数基, 且 $\tau_2 \subseteq \tau_1$. 另一方面也说明 τ_2 是 T_2 拓扑.

令 $\mathrm{id}_X : (X, \tau_1) \to (X, \tau_2)$. 由推论 1.1.10, id_X 是同胚, 所以 $\tau_1 = \tau_2$. 因此, 空间 (X, τ_1) 具有可数基. 再由推论 2.3.4, X 是可分的可度量化空间. □

为了进一步说明可度量化空间, 下面引入集态正规性.

定义 2.3.8[43] 空间 X 称为集态正规空间, 若 $\{F_\alpha\}_{\alpha \in A}$ 是空间 X 的离散闭集族, 则存在 X 的互不相交的开集族 $\{G_\alpha\}_{\alpha \in A}$ 使得每一 $F_\alpha \subseteq G_\alpha$.

显然, 集态正规空间是正规空间. 利用正规性, 定义 2.3.8 中可做到开集族 $\{G_\alpha\}_{\alpha \in A}$ 是离散的 (练习 2.3.6 或定理 1.5.7 的 (7.3) 的证明).

定理 2.3.9 T_2 的仿紧空间是集态正规空间.

证明 设 $\{F_\alpha\}_{\alpha \in A}$ 是 T_2 仿紧空间 X 的离散闭集族. 对于每一 $\alpha \in A$, 置 $U_\alpha = X \setminus \bigcup_{\alpha \neq \beta \in A} F_\beta$, 则 $F_\alpha \subseteq U_\alpha$, 且对于 $\alpha, \beta \in A$ 及 $\alpha \neq \beta$ 有 $F_\alpha \cap U_\beta = \varnothing$. 由定理 1.4.5, X 的开覆盖 $\{U_\alpha\}_{\alpha \in A}$ 存在局部有限的精确闭加细 $\{C_\alpha\}_{\alpha \in A}$. 对于每一 $\alpha \in A$, 置 $G_\alpha = X \setminus \bigcup_{\alpha \neq \beta \in A} C_\beta$. 下面验证 $\{G_\alpha\}_{\alpha \in A}$ 是满足要求的开集族. 对于每一 $\alpha \in A$, 因为 $\bigcup_{\beta \neq \alpha} C_\beta \subseteq \bigcup_{\beta \neq \alpha} U_\beta$, 而 $F_\alpha \cap \bigcup_{\beta \neq \alpha} U_\beta = \varnothing$, 所以 $F_\alpha \cap \bigcup_{\beta \neq \alpha} C_\beta = \varnothing$, 于是 $F_\alpha \subseteq G_\alpha$. 此外, 对于不同的 $\alpha, \beta \in A$, $(\bigcup_{\gamma \neq \beta} C_\gamma) \cup (\bigcup_{\gamma \neq \alpha} C_\gamma) = X$, 所以 $G_\alpha \cap G_\beta = \varnothing$. 故 X 是集态正规空间. □

定义 2.3.10[209] 空间 X 的开覆盖列 $\{\mathscr{U}_n\}$ 称为 X 的展开, 若对于每一 $x \in X$, $\{\mathrm{st}(x, \mathscr{U}_n)\}_{n \in \mathbb{N}}$ 是 x 在 X 中的邻域基. 具有展开的空间称为可展空间. 可展的正则空间称为 Moore 空间①.

---

① R.L. Moore (美, 1882–1974) 最先讨论了现称为 Moore 空间的空间. "R.L. Moore 教学法" 享有盛誉, 培养了众多的拓扑学家, 如 G.T. Whyburn (美, 1904–1969), F.B. Jones (美, 1910–1999), R.H. Bing (美, 1914–1986), R.H. Sorgenfrey (美, 1915–1996), M.E. Rudin (美, 1924–2013), B. Fitzpatrick Jr (美, 1932–2000) 和 J. Worrell Jr (美, 1933–) 等. 引入 Moore-Smith 网及其收敛概念的 Moore 是 E.H. Moore (美, 1862–1932), 他是 R.L. Moore 的老师.

显然, 可展空间是第一可数空间.

定理 2.3.11 (Bing 度量化准则[43]) 空间 X 是可度量化空间当且仅当 X 是集态正规的可展空间.

证明 必要性. 设 (X,d) 是度量空间. 由定理 2.2.5, X 是仿紧空间. 再由定理 2.3.9, X 是集态正规空间. 对于每一 $n \in \mathbb{N}$, 置 $\mathscr{U}_n = \{B(x, 1/2^n) : x \in X\}$, 则 $\mathscr{U}_n$ 是 X 的开覆盖. 对于每一 $x \in X$ 及 X 中含有 x 的开集 U, 存在 $n \in \mathbb{N}$ 使得 $B(x, 1/n) \subseteq U$, 那么 $\mathrm{st}(x, \mathscr{U}_n) \subseteq B(x, 1/n) \subseteq U$. 故 $\{\mathscr{U}_n\}_{n\in\mathbb{N}}$ 是 X 的展开.

充分性. 设 X 是集态正规的可展空间. 因为 X 是正则空间, 为证明 X 是可度量化空间, 由 Bing-Nagata-Smirnov 度量化定理, 只需证明 X 具有 σ 离散基.

设 $\{\mathscr{U}_n\}_{n\in\mathbb{N}}$ 是空间 X 的展开. 不妨设每一 $\mathscr{U}_{n+1}$ 加细 $\mathscr{U}_n$. 让 $\mathscr{U} = \{U_\alpha\}_{\alpha\in A}$ 是 X 的开覆盖. 对于每一 $\alpha \in A, n \in \mathbb{N}$, 置 $U_{\alpha,n} = \{x \in X : \mathrm{st}(x, \mathscr{U}_n) \subseteq U_\alpha\}$.

(11.1) 若 $U \in \mathscr{U}_n$ 且 $U \cap U_{\alpha,n} \neq \varnothing$, 则 $U \subseteq U_\alpha$.

若 $y \notin U_{\alpha,n}$, 则存在 $U \in \mathscr{U}_n$ 使得 $y \in U \not\subseteq U_\alpha$. 由 (11.1), $U \cap U_{\alpha,n} = \varnothing$, 所以 $U_{\alpha,n}$ 是 X 的闭集.

由 Zermelo 良序定理, 把指标集 A 良序化. 置 $F_{\alpha,n} = U_{\alpha,n} \setminus \bigcup_{\beta<\alpha} U_\beta$, 则 $F_{\alpha,n}$ 是 X 的闭集且 $F_{\alpha,n} \subseteq U_{\alpha,n} \subseteq U_\alpha$. 令 $\mathscr{F}_n = \{F_{\alpha,n}\}_{\alpha\in A}$, 则

(11.2) $\bigcup_{n\in\mathbb{N}} \mathscr{F}_n$ 是 $\mathscr{U}$ 的 σ 离散闭加细.

事实上, 对于每一 $n \in \mathbb{N}, x \in X$, 取 $U \in \mathscr{U}_n$ 使得 $x \in U$. 若 U 与 $\mathscr{F}_n$ 中的某些元相交, 则存在最小的 $\alpha \in A$ 使得 $U \cap F_{\alpha,n} \neq \varnothing$, 于是 $U \cap U_{\alpha,n} \neq \varnothing$. 由 (11.1), $U \subseteq U_\alpha$, 那么当 A 中的 $\gamma > \alpha$ 时 $U \cap F_{\gamma,n} = \varnothing$. 因此 U 与 $\mathscr{F}_n$ 中至多一个元相交. 故 $\mathscr{F}_n$ 是 X 的离散集族. 另一方面, 若 $x \in X$, 则存在 $\alpha \in A$ 和 $n \in \mathbb{N}$ 使得 $x \in U_\alpha \setminus \bigcup_{\beta<\alpha} U_\beta$ 且 $\mathrm{st}(x, \mathscr{U}_n) \subseteq U_\alpha$, 于是 $x \in F_{\alpha,n}$. 从而 $\bigcup_{n\in\mathbb{N}} \mathscr{F}_n$ 是 X 的覆盖.

(11.3) $\mathscr{U}$ 具有 σ 离散开加细.

因为 X 是集态正规空间, 由 (11.2), 通过 $\mathscr{U}$ 的 σ 离散闭加细 $\bigcup_{n\in\mathbb{N}} \mathscr{F}_n$ 可得到 $\mathscr{U}$ 的 σ 离散开加细.

对于每一 $n \in \mathbb{N}$, 由 (11.3), 设 $\mathscr{B}_n$ 是 $\mathscr{U}_n$ 的 σ 离散开加细. 令 $\mathscr{B} = \bigcup_{n\in\mathbb{N}} \mathscr{B}_n$, 则 $\mathscr{B}$ 是 X 的 σ 离散开集族. 对于每一 $x \in X$ 及 x 在 X 中的邻域 U, 存在 $n \in \mathbb{N}$ 使得 $\mathrm{st}(x, \mathscr{U}_n) \subseteq U$, 又存在 $B \in \mathscr{B}_n$ 使得 $x \in B$, 于是 $x \in B \subseteq \mathrm{st}(x, \mathscr{B}_n) \subseteq \mathrm{st}(x, \mathscr{U}_n) \subseteq U$. 这表明 $\mathscr{B}$ 是 X 的基, 故 X 具有 σ 离散基. □

定理 2.3.11 的充分性关键在于证明仿紧性. 对照 Stone 定理的证明. 在定理 2.3.11 中证明每一开覆盖具有 σ 离散开加细与 Stone 定理的证明是类似的. ① 定理 2.3.11 中构造 $U_{\alpha,n}$ 的星形邻域, 类似于 Stone 定理中构造 $U_{\alpha,n}$ 的球形邻域; ② 定理 2.3.11 中集态正规性的使用, 类似于 Stone 定理中把离散集族 $\{F_{\alpha,n}\}_{\alpha\in A}$ 开扩张成 $\{V_{\alpha,n}\}_{\alpha\in A}$.

下述例子表明定理 2.3.11 中的集态正规性是重要的.

例 2.3.12   非正规的 Moore 空间[112].

让 $X = \{(x,y) \in \mathbb{R}^2 : y \geqslant 0\}$. 集 X 赋予下述拓扑: 对于 $y > 0$, (x,y) 是 X 的孤立点; 对于 $n \in \mathbb{N}$, $(x,0) \in X$ 的邻域基元形如

$$H(x,n) = \begin{cases} \{(x,z) \in X : z < 1/n\}, & x \in \mathbb{Q}, \\ \{(z,z-x) \in X : x \leqslant z < x + 1/n\}, & x \in \mathbb{P}. \end{cases}$$

易验证 X 是 T_2 空间. 由于上述每一基元是 X 的开闭集, 所以 X 是正则空间. 显然, $\mathbb{R} \times \{0\}$ 是 X 的闭离散子空间.

(12.1) X 是 Moore 空间. 对于每一 $n \in \mathbb{N}$, 令

$$\mathscr{U}_n = \{H(x,n) : x \in \mathbb{R}\} \cup \{\{(x,y)\} : x \in \mathbb{R}, y > 0\}.$$

则 $\{\mathscr{U}_n\}$ 是空间 X 的展开. 故 X 是 Moore 空间.

(12.2) X 不是正规空间. 令

$$A = \{(x,0) \in X : x \in \mathbb{Q}\}, \quad B = \{(y,0) \in X : x \in \mathbb{P}\}.$$

则 A 与 B 是 X 的不相交的闭集. 设 U 是 B 在 X 中的开邻域. 对于每一 $x \in \mathbb{P}$, 存在 $n(x) \in \mathbb{N}$ 使得 $H(x, n(x)) \subseteq U$. 对于每一 $k \in \mathbb{N}$, 令 $\mathbb{P}_k = \{x \in \mathbb{P} : n(x) \leqslant k\}$. 则 $\mathbb{P} = \bigcup_{k \in \mathbb{N}} \mathbb{P}_k$. 由定理 1.7.6, $\mathbb{P}$ 关于欧几里得拓扑是第二范畴集, 从而存在 $k \in \mathbb{N}$ 使得 $\mathbb{P}_k$ 不是 $\mathbb{R}$ 的无处稠密子集, 即关于 $\mathbb{R}$ 的欧几里得拓扑有 $\overline{\mathbb{P}}_k^{\circ} \neq \varnothing$, 所以存在实数 $a < b$ 使得开区间 $(a,b) \subseteq \overline{\mathbb{P}}_k$. 固定 $y \in (a,b) \cap \mathbb{Q}$. 对于每一 $n \in \mathbb{N}$, 存在 $z_n \in (a,b) \cap \mathbb{P}_k$ 使得 $H(y,n) \cap H(z_n,k) \neq \varnothing$, 因此 $H(y,n) \cap U \neq \varnothing$, 故 $(y,0) \in A \cap \overline{U}$. 这表明不存在 X 中不相交的开集分别包含 A 和 B. 因而, X 不是正规空间.

由于空间 X 的特殊构造, 上述空间 (图 2.3.2) 称为 Heath 的尖桩篱栅 (picket fence), 相应的拓扑称为尖桩篱栅拓扑.   □

由定理 2.3.11 和例 2.3.12, 很自然的问题: 正规 Moore 空间是否是可度量化空间? 这是 F.B. Jones 提出的著名猜想[127], 称为正规 Moore 空间猜想. 它的回答依赖于集论假设[66].

为了讨论度量空间映像的需要, 本节最后再介绍与展开相关的两个度量化定理, 其中定理 2.3.13 中的 (1) ⇔ (3) 称为 Tukey 度量化定理[272].

定理 2.3.13   对于空间 X, 下述条件相互等价:

(1) X 是可度量化空间.

(2) X 存在开覆盖列 $\{\mathscr{U}_n\}$ 使得对于 X 的每一紧子集 K, $\{\mathrm{st}(K, \overline{\mathscr{U}}_n)\}_{n \in \mathbb{N}}$ 是 K 在 X 中的邻域基.

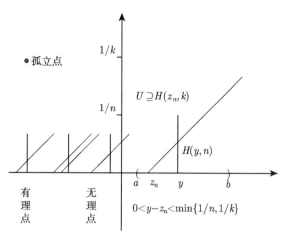

图 2.3.2 Heath 的尖桩篱栅空间

(3) X 存在展开 $\{\mathscr{U}_n\}$ 使得每一 $\mathscr{U}_{n+1}$ 星加细 $\mathscr{U}_n$.

证明 (1) $\Rightarrow$ (3). 设 X 是可度量化空间. 由 Bing 度量化准则 (定理 2.3.11), X 是可展空间. 设 $\{\mathscr{V}_n\}$ 是空间 X 的展开. 由 Stone 定理 (定理 2.2.5), X 是仿紧空间. 再由定理 1.5.6, X 的每一开覆盖有星开加细. 于是 X 存在开覆盖列 $\{\mathscr{U}_n\}$ 使得每一 $\mathscr{U}_{n+1}$ 既星加细 $\mathscr{U}_n$ 又星加细 $\mathscr{V}_{n+1}$. 这时每一 $\text{st}(x, \mathscr{U}_n) \subseteq \text{st}(x, \mathscr{V}_n)$, 所以 $\{\mathscr{U}_n\}$ 是 X 的展开.

(3) $\Rightarrow$ (2). 设空间 X 存在展开 $\{\mathscr{U}_n\}$ 使得每一 $\mathscr{U}_{n+1}$ 星加细 $\mathscr{U}_n$. 下面证明 $\{\mathscr{U}_n\}$ 满足条件 (2). 首先, 对于每一 $n \in \mathbb{N}$, 由于 $\mathscr{U}_n$ 加细 $\overline{\mathscr{U}_n}$, 所以 $\text{st}(K, \overline{\mathscr{U}_n})$ 是 K 在 X 中的邻域. 其次, 对于 X 的子集 A, $\text{st}(A, \overline{\mathscr{U}_{n+1}}) \subseteq \text{st}(A, \mathscr{U}_n)$. 事实上, 设 $x \in \text{st}(A, \overline{\mathscr{U}_{n+1}})$, 则存在 $U_{n+1} \in \mathscr{U}_{n+1}$ 使得 $x \in \overline{U_{n+1}}$ 且 $\overline{U_{n+1}} \cap A \neq \varnothing$. 取 $y \in \overline{U_{n+1}} \cap A$ 和 $V_{n+1} \in \mathscr{U}_{n+1}$ 使得 $y \in V_{n+1}$, 那么 $U_{n+1} \cap V_{n+1} \neq \varnothing$. 再取 $W_{n+1} \in \mathscr{U}_{n+1}$ 使得 $x \in W_{n+1}$, 那么 $U_{n+1} \cap W_{n+1} \neq \varnothing$. 由于 $\mathscr{U}_{n+1}$ 星加细 $\mathscr{U}_n$, 于是存在 $U_n \in \mathscr{U}_n$ 使得 $\{x, y\} \subseteq W_{n+1} \cup U_{n+1} \cup V_{n+1} \subseteq \text{st}(U_{n+1}, \mathscr{U}_{n+1}) \subseteq U_n$, 从而 $x \in U_n \subseteq \text{st}(A, \mathscr{U}_n)$. 因此 $\text{st}(A, \overline{\mathscr{U}_{n+1}}) \subseteq \text{st}(A, \mathscr{U}_n)$. 再次, 为了证明 $\{\mathscr{U}_n\}$ 满足条件 (2), 只需证明对于 X 的紧子集 K, $\{\text{st}(K, \mathscr{U}_n)\}_{n \in \mathbb{N}}$ 是 K 在 X 中的邻域基.

若不然, 则 $\{\text{st}(K, \mathscr{U}_n)\}_{n \in \mathbb{N}}$ 不是 K 在 X 中的邻域基, 于是存在 K 在 X 中的开邻域 U 使得每一 $\text{st}(K, \mathscr{U}_n) \not\subseteq U$. 对于每一 $n \in \mathbb{N}$, 设 $x_n \in \text{st}(K, \mathscr{U}_n) \setminus U$, 则存在 $U_n \in \mathscr{U}_n$ 使得 $x_n \in U_n$ 且 $U_n \cap K \neq \varnothing$. 取定 $y_n \in U_n \cap K$. 由于 K 的紧性, 序列 $\{y_n\}$ 在 K 中存在聚点 $y \in K \subseteq U$, 于是存在 $m \in \mathbb{N}$ 使得 $\text{st}(y, \mathscr{U}_m) \subseteq U$. 取 $V \in \mathscr{U}_{m+1}$ 使得 $y \in V$, 那么存在 $n > m$ 使得 $y_n \in V$, 从而 $x_n \in U_n \cup V \subseteq \text{st}(V, \mathscr{U}_{m+1}) \subseteq \text{st}(y, \mathscr{U}_m) \subseteq U$, 矛盾.

(2) $\Rightarrow$ (1). 设空间 X 具有开覆盖列 $\{\mathscr{U}_n\}$ 满足条件 (2). 显然, X 是可展

空间. 由 Bing 度量化准则 (定理 2.3.11), 为证明 X 是可度量化空间, 只需证明 X 是集态正规空间. 不妨设每一 $\mathscr{U}_{n+1}$ 加细 $\mathscr{U}_n$. 先证明对于每一 $x \in X$, $\{\mathrm{st}(\mathrm{st}(x, \mathscr{U}_n), \mathscr{U}_n)\}_{n \in \mathbb{N}}$ 是 x 在 X 中的邻域基. 若不然, 则存在 x 在 X 中的开邻域 U 使得每一 $\mathrm{st}(\mathrm{st}(x, \mathscr{U}_n), \mathscr{U}_n) \not\subseteq U$, 于是存在 $x_n \in \mathrm{st}(\mathrm{st}(x, \mathscr{U}_n), \mathscr{U}_n) \setminus U$, 从而存在 $y_n \in \mathrm{st}(x, \mathscr{U}_n)$ 使得 $x_n \in \mathrm{st}(y_n, \mathscr{U}_n)$. 因为 $\{\mathrm{st}(x, \mathscr{U}_n)\}_{n \in \mathbb{N}}$ 是 x 在 X 中的邻域基, 所以序列 $\{y_n\}$ 收敛于 x. 不妨设所有的 $y_n \in U$. 让 $K = \{x\} \cup \{y_n : n \in \mathbb{N}\}$, 则 X 的紧子集 $K \subseteq U$, 因而存在 $m \in \mathbb{N}$ 使得 $\mathrm{st}(K, \mathscr{U}_m) \subseteq U$, 于是 $x_m \in \mathrm{st}(y_m, \mathscr{U}_m) \subseteq U$, 矛盾.

下面再证明 X 是集态正规空间. 设 $\{F_\alpha\}_{\alpha \in A}$ 是 X 的离散闭集族. 对于每一 $\alpha \in A$ 和 $x \in F_\alpha$, 则 $X \setminus \bigcup_{\alpha \neq \gamma \in A} F_\gamma$ 是 x 的开邻域. 由于 $\{\mathrm{st}(\mathrm{st}(x, \mathscr{U}_n), \mathscr{U}_n)\}_{n \in \mathbb{N}}$ 是 x 在 X 中的邻域基, 存在 $n(x) \in \mathbb{N}$ 使得 $\mathrm{st}(\mathrm{st}(x, \mathscr{U}_{n(x)}), \mathscr{U}_{n(x)}) \subseteq X \setminus \bigcup_{\gamma \neq \alpha} F_\gamma$. 对于每一 $\alpha \in A$, 令 $G_\alpha = \bigcup \{\mathrm{st}(x, \mathscr{U}_{n(x)}) : x \in F_\alpha\}$, 那么 $F_\alpha \subseteq G_\alpha$. 若存在 $\alpha, \beta \in A$ 使得 $G_\alpha \cap G_\beta \neq \varnothing$, 则存在 $x \in F_\alpha$ 和 $y \in F_\beta$ 使得 $\mathrm{st}(x, \mathscr{U}_{n(x)}) \cap \mathrm{st}(y, \mathscr{U}_{n(y)}) \neq \varnothing$. 不妨设 $n(x) \leqslant n(y)$, 那么 $\mathrm{st}(x, \mathscr{U}_{n(x)}) \cap \mathrm{st}(y, \mathscr{U}_{n(x)}) \neq \varnothing$, 即 $y \in \mathrm{st}(\mathrm{st}(x, \mathscr{U}_{n(x)}), \mathscr{U}_{n(x)}) \subseteq X \setminus \bigcup_{\gamma \neq \alpha} F_\gamma$, 于是 $\alpha = \beta$. 因而 $\{G_\alpha\}_{\alpha \in A}$ 是 X 的互不相交的开集族. 故 X 是集态正规空间. $\qquad\square$

练　　习

2.3.1　直接证明: 具有 σ 局部有限基的正则空间是正规空间.

2.3.2　对于每一 $n \in \mathbb{N}$, 令 $\mathbb{I}_n = [0, 1]$. 证明: Hilbert 方体 $\mathbb{I}^\omega$ 同胚于积空间 $\prod_{n \in \mathbb{N}} \mathbb{I}_n$.

2.3.3　若 T_2 的紧空间 X 是可数个可度量化的闭子空间之并, 则 X 也是可度量化空间.

2.3.4　设 $\mathscr{P}$ 是空间 X 的网络. 若 $f : X \to Y$ 是映射, 则 $f(\mathscr{P})$ 是空间 Y 的网络.

2.3.5　T_2 仿紧的局部可度量化空间是可度量化空间[250].

2.3.6　若 $\{F_\alpha\}_{\alpha \in A}$ 是正规空间 X 的离散闭集族, $\{G_\alpha\}_{\alpha \in A}$ 是 X 的互不相交开集族且每一 $F_\alpha \subseteq G_\alpha$, 则存在 X 的离散开集族 $\{V_\alpha\}_{\alpha \in A}$ 使得每一 $F_\alpha \subseteq V_\alpha \subseteq \overline{V}_\alpha \subseteq G_\alpha$.

2.3.7　若 T_2 的局部紧空间 X 是可数个可分的可度量化子空间之并, 则 X 也是可度量化的.

2.3.8　证明: 序数空间 $[0, \omega_1)$ 是集态正规空间.

2.3.9　设 $\{\mathscr{U}_n\}$ 是空间 X 的展开. 若 F 是 X 的非空闭集, 则 $F = \bigcap_{n \in \mathbb{N}} \mathrm{st}(F, \mathscr{U}_n)$.

2.3.10　设 X 是度量空间. 利用仿紧性对空间 X 的球形邻域形成的覆盖进行加细, 直接证明: X 存在局部有限的开覆盖列 $\{\mathscr{U}_n\}$ 使得对于 X 的每一紧子集 K, $\{\mathrm{st}(K, \overline{\mathscr{U}_n})\}_{n \in \mathbb{N}}$ 是 K 在 X 中的邻域基.

2.3.11　对于空间 X, 下述条件相互等价[①]:

(1) X 是可度量化空间.

[①] 练习 2.3.11 中的条件 (1) $\Leftrightarrow$ (3) 称为 Alexandroff-Urysohn 度量化定理[4].

(2) X 存在开覆盖列 $\{\mathscr{U}_n\}$ 使得对于 X 的每一紧子集 K, $\{\mathrm{st}(K,\mathscr{U}_n)\}_{n\in\mathbb{N}}$ 是 K 在 X 中的邻域基[128].

(3) X 存在展开 $\{\mathscr{U}_n\}$ 满足: 对于每一 $U, V \in \mathscr{U}_{n+1}$, 若 $U \cap V \neq \varnothing$, 则存在 $W \in \mathscr{U}_n$ 使得 $U \cup V \subseteq W$.

2.3.12 证明: Moore 空间具有 σ 离散网络.

2.3.13 证明: 具有 σ 局部有限网络的 T_2 可数紧空间是可分的可度量化空间.

2.3.14 设 X 是正整数集 $\mathbb{N}$ 赋予有限补拓扑 (例 1.1.7). 证明: (1) X 是可数个可分的闭度量子空间之并; (2) X 具有可数基; (3) X 是可展空间.

2.4 Hanai-Morita-Stone 定理

本节讨论闭映射保持可度量性的条件, 一是介绍 Hanai-Morita-Stone 定理: 度量空间的闭映像是可度量化空间当且仅当它是第一可数空间; 二是介绍 Michael 定理: 可数双商的闭映射保持可度量性. 下述例子说明, 即使是有限到一的开映射也未必保持可度量性.

例 2.4.1 Heath 的尖桩篱栅空间 (例 2.3.12): 度量空间的至多二到一开映像.

让 X 是例 2.3.12 中由 Heath 构造的尖桩篱栅空间, 则 X 是非正规的正则空间, 于是 X 不是可度量化空间. 下面把 X 表示为度量空间的至多二到一开映像.

让 $X = \{(x,y) \in \mathbb{R}^2 : y \geqslant 0\}$. 令

$$X_1 = \{(x,y) \in X : y > 0 \text{ 或 } x \in \mathbb{Q}\},$$
$$X_2 = \{(x,y) \in X : y > 0 \text{ 或 } x \in \mathbb{P}\}.$$

则 X_1 和 X_2 都是 X 的开子空间, 见图 2.4.1. 仍采用例 2.3.12 中点 $(x,0)$ 邻域基元的记号 $H(x,n)$. 对于每一 $n \in \mathbb{N}$, 令

$$\mathscr{B}_{1,n} = \big\{H(x,n) : x \in \mathbb{Q}\big\}\bigcup\big\{\{(x,y)\} : x \in \mathbb{R}, y > 1/n\big\},$$
$$\mathscr{B}_{2,n} = \big\{H(x,n) : x \in \mathbb{P}\big\}\bigcup\big\{\{(x,y)\} : x \in \mathbb{R}, y > 1/n\big\}.$$

则 $\bigcup_{n\in\mathbb{N}}\mathscr{B}_{1,n}$ 和 $\bigcup_{n\in\mathbb{N}}\mathscr{B}_{2,n}$ 分别是 X_1 和 X_2 的 σ 离散基, 于是 $\{X_1, X_2\}$ 是 X 的由度量子空间组成的开覆盖.

让 $M = X_1 \oplus X_2$, f 是从 M 到 X 上的自然映射, 则 M 是度量空间, f 是至多二到一的开映射. □

度量空间的闭映像也未必是可度量化空间 (例 3.1.8). 下面将证明度量空间的完备映像是可度量化空间.

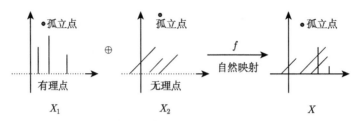

图 2.4.1　Heath 的空间: 度量空间的至多二到一开映像

定理 2.4.2　完备映射保持可度量性.

证明　设 $f : X \to Y$ 是完备映射, 其中 X 是可度量化空间. 由 Stone 定理 (定理 2.2.5), X 是仿紧空间. 再由 Michael 定理 (定理 1.5.8), Y 是 T_2 的仿紧空间. 为了证明 Y 是可度量化空间, 由 Bing 度量化准则 (定理 2.3.11), 只需证明 Y 是可展空间.

由 Tukey 度量化定理 (定理 2.3.13), 存在 X 的展开 $\{\mathscr{U}_n\}$ 使得每一 $\mathscr{U}_{n+1}$ 星加细 $\mathscr{U}_n$. 这时,

(2.1) 对于 X 的任一紧子集 K, $\{\mathrm{st}(K, \mathscr{U}_n)\}_{n \in \mathbb{N}}$ 是 K 在 X 中的邻域基.

对于每一 $y \in Y$, $n \in \mathbb{N}$, 置
$$U_{y,n} = \mathrm{st}(f^{-1}(y), \mathscr{U}_n),$$
$$W_{y,n} = Y \setminus f(X \setminus U_{y,n}),$$
$$V_{y,n} = f^{-1}(W_{y,n}).$$
那么 $f^{-1}(y) \subseteq U_{y,n}$. 由引理 1.3.1,

(2.2) $y \in W_{y,n}$, $f^{-1}(y) \subseteq V_{y,n} \subseteq U_{y,n}$.

(2.3) $\{W_{y,n}\}_{n \in \mathbb{N}}$ 是 y 在 Y 中的局部基.

由于 f 是闭映射, $W_{y,n}$ 是 Y 的开集. 设 W 是 y 在 Y 中的开邻域, 那么 $f^{-1}(y) \subseteq f^{-1}(W)$. 因为 $f^{-1}(y)$ 是 X 的紧子集, 由 (2.1), 存在 $n \in \mathbb{N}$ 使得 $\mathrm{st}(f^{-1}(y), \mathscr{U}_n) \subseteq f^{-1}(W)$, 即 $U_{y,n} \subseteq f^{-1}(W)$, 于是 $W_{y,n} \subseteq W$. (2.3) 得证.

由 (2.2), $f^{-1}(y) \subseteq V_{y,n+1}$. 再由 (2.1), 存在正整数 $m \geqslant n+1$ 使得 $U_{y,m} \subseteq V_{y,n+1}$.

(2.4) 若 $y \in W_{z,m}$, 则 $W_{z,m} \subseteq W_{y,n}$.

取定 $x \in f^{-1}(y)$. 由于 $f^{-1}(y) \subseteq V_{z,m} \subseteq U_{z,m}$, 则 $x \in \mathrm{st}(f^{-1}(z), \mathscr{U}_m)$, 从而存在 $U_x \in \mathscr{U}_m$ 使得 $x \in U_x$ 且 $\varnothing \neq f^{-1}(z) \cap U_x \subseteq f^{-1}(z) \cap U_{y,m} \subseteq f^{-1}(z) \cap V_{y,n+1}$, 于是 $z \in f(V_{y,n+1}) = W_{y,n+1}$, 所以有下式成立, 记为 (∗): $f^{-1}(z) \subseteq V_{y,n+1}$.

下面再证明 $W_{z,m} \subseteq W_{y,n}$. 设 $t \in W_{z,m}$. 若 $s \in f^{-1}(t)$, 由于 $f^{-1}(t) \subseteq U_{z,m}$, 所以 $s \in \mathrm{st}(f^{-1}(z), \mathscr{U}_m)$, 于是存在 $U_s \in \mathscr{U}_m$ 使得 $s \in U_s$ 且 $f^{-1}(z) \cap U_s \neq \varnothing$. 取 $s' \in f^{-1}(z) \cap U_s$. 由于 (∗), $f^{-1}(z) \subseteq U_{y,n+1}$, 那么 $s' \in \mathrm{st}(f^{-1}(y), \mathscr{U}_{n+1})$, 则存在 $U_{s'} \in \mathscr{U}_{n+1}$ 使得 $s' \in U_{s'}$ 且 $f^{-1}(y) \cap U_{s'} \neq \varnothing$, 从而 $s' \in U_s \cap U_{s'}$. 再取

$s'' \in f^{-1}(y) \cap U_{s'}$. 因为 $\mathscr{U}_m$ 加细 $\mathscr{U}_{n+1}$, 所以 $s, s'' \in U_s \cup U_{s'} \subseteq \mathrm{st}(U_{s'}, \mathscr{U}_{n+1})$. 又因为 $\mathscr{U}_{n+1}$ 星加细 $\mathscr{U}_n$, 存在 $V_{s'} \in \mathscr{U}_n$ 使得 $s \in \mathrm{st}(U_{s'}, \mathscr{U}_{n+1}) \subseteq V_{s'} \subseteq \mathrm{st}(f^{-1}(y), \mathscr{U}_n) = U_{y,n}$. 故 $f^{-1}(t) \subseteq U_{y,n}$. 再由引理 1.3.1, $t \in W_{y,n}$. 因此 $W_{z,m} \subseteq W_{y,n}$. (2.4) 得证.

对于每一 $n \in \mathbb{N}$, 令 $\mathscr{W}_n = \{W_{y,n}\}_{y \in Y}$. 对于每一 $y \in Y$ 及 y 在 Y 中的邻域 W, 由 (2.3), 存在 $n \in \mathbb{N}$ 使得 $W_{y,n} \subseteq W$. 再由 (2.4), 存在 $m \in \mathbb{N}$ 使得 $\mathrm{st}(y, \mathscr{W}_m) \subseteq W_{y,n}$. 因而 $\{\mathrm{st}(y, \mathscr{W}_n)\}_{n \in \mathbb{N}}$ 是 y 的局部基. 故 $\{\mathscr{W}_n\}$ 是 Y 的展开, 所以 Y 是可展空间. 因此 Y 是可度量化空间. $\qquad\square$

度量空间到度量空间上的闭映射未必是完备映射. 下面给出定理 2.4.2 的更一般的形式.

定义 2.4.3[247]   空间 X 称为强 Fréchet-Urysohn 空间, 若 $\{A_n\}$ 是 X 中递减的集列且 $x \in \bigcap_{n \in \mathbb{N}} \overline{A_n}$, 则存在 $x_n \in A_n$ $(n \in \mathbb{N})$ 使得在 X 中序列 $\{x_n\}$ 收敛于 x.

强 Fréchet-Urysohn 空间是一类称为 Fréchet-Urysohn 空间 (定义 3.1.5) 的加强形式. Fréchet-Urysohn 空间的定义及基本性质将在第 3 章中介绍. 第一可数空间是强 Fréchet-Urysohn 空间 (练习 2.4.3). 但是强 Fréchet-Urysohn 空间未必是第一可数空间 (例 3.2.10).

引理 2.4.4   设 $f : X \to Y$ 是闭映射, 其中 T_1 空间 Y 是强 Fréchet-Urysohn 空间或局部可数紧空间, 那么 X 上的每一实值连续函数在每一 $\partial f^{-1}(y)$ 上有界.

证明   若不然, 存在连续函数 $h : X \to \mathbb{R}$ 及 $y \in Y$ 使得 h 在 $\partial f^{-1}(y)$ 上无界, 则可取 $\partial f^{-1}(y)$ 中的序列 $\{x_i\}$ 使得每一 $|h(x_{i+1})| > |h(x_i)| + 1$. 对于每一 $i \in \mathbb{N}$, 置 $V_i = \{x \in X : |h(x) - h(x_i)| < 1/2\}$. 显然, $\{V_i\}$ 是 X 的离散开集列.

设 Y 是强 Fréchet-Urysohn 空间. 由于每一 $x_i \in V_i \cap \partial f^{-1}(y)$, 对于 y 在 Y 中的任一邻域 U, $f^{-1}(U) \cap V_i$ 是 x_i 在 X 中的邻域, 于是 $f^{-1}(U) \cap V_i \setminus f^{-1}(y) \neq \varnothing$, 即 $U \cap (f(V_i) \setminus \{y\}) \neq \varnothing$. 由此, $y \in \overline{f(V_i) \setminus \{y\}} \subseteq \overline{f(\bigcup_{n \geqslant i} V_n) \setminus \{y\}}$, 从而存在 $y_i \in f(\bigcup_{n \geqslant i} V_n) \setminus \{y\}$ 使得序列 $\{y_i\}$ 在 Y 中收敛于 y. 因此存在由互不相同点组成的子序列 $\{y_{i_k}\}$ 和子集列 $\{V_{n_k}\}$ 使得每一 $y_{i_k} \in f(V_{n_k})$. 对于每一 $k \in \mathbb{N}$, 存在 $z_k \in V_{n_k}$ 使得 $y_{i_k} = f(z_k)$. 因为 $\{V_{n_k}\}$ 是 X 的离散集列, 所以 $\{\{z_k\} : k \in \mathbb{N}\}$ 在 X 中是离散的. 又因为 f 是闭映射, $\{\{y_{i_k}\} : k \in \mathbb{N}\}$ 在 Y 中是闭包保持的, 而 Y 是 T_1 空间, 所以 $\{y_{i_k} : k \in \mathbb{N}\}$ 是 Y 的闭集. 这与序列 $\{y_i\}$ 在 Y 中收敛于 y 相矛盾.

设 Y 是局部可数紧空间. 让 C_y 是 y 在 Y 中的可数紧的邻域. 由于 $x_i \in \partial f^{-1}(y)$, 所以对于 x_i 的每一邻域 V 有 $V \setminus f^{-1}(y) \neq \varnothing$. 由归纳法及 Y 是 T_1 空间, 选取

$$z_1 \in V_1 \cap f^{-1}(C_y) \setminus f^{-1}(y),$$
$$z_{i+1} \in V_{i+1} \cap f^{-1}(C_y) \setminus f^{-1}(\{y, f(z_1), \cdots, f(z_i)\}).$$

因为 $f(z_i) \in C_y$, 而 C_y 是 Y 的可数紧子集, 所以序列 $\{f(z_i)\}$ 在 Y 中有聚点. 然

而每一 $z_i \in V_i$, 于是 $\{f(z_i) : i \in \mathbb{N}\}$ 是 Y 的闭离散子集, 从而序列 $\{f(z_i)\}$ 在 Y 中无聚点, 矛盾. □

上述引理中 Y 是 T_1 空间的条件不可减弱为 T_0 空间. 令 $X = \mathbb{N}, Y = \{1, 2\}$, 分别赋予以基 $\mathscr{B}_1 = \{\{2k - 1\} : k \in \mathbb{N}\} \bigcup \{\{2k - 1, 2k\} : k \in \mathbb{N}\}, \mathscr{B}_2 = \{\{1\}, Y\}$ 生成 X, Y 上的拓扑. 显然, Y 是 T_0, 第一可数的紧空间. 定义 $f : X \to Y$ 满足 $f(2k - 1) = 1, f(2k) = 2, k \in \mathbb{N}$. 则 f 是闭映射. 再定义 $h : X \to \mathbb{R}$ 满足 $h(2k - 1) = h(2k) = k, k \in \mathbb{N}$. 则连续函数 h 在 X 的子集 $\partial f^{-1}(1) = \{2k : k \in \mathbb{N}\}$ 上无界.

引理 2.4.5 设映射 $f : X \to Y$. 若 X 是 T_1 空间, 则存在 X 的闭子空间 Z 满足: $f|_Z : Z \to Y$ 是映射且对于每一 $y \in Y$, $(f|_Z)^{-1}(y)$ 或者是单点集, 或者是非空集 $\partial f^{-1}(y)$.

证明 对于每一 $y \in Y$, 取定点 $p_y \in f^{-1}(y)$. 置

$$Z = \left(\bigcup \{\partial f^{-1}(y) : y \in Y, \partial f^{-1}(y) \neq \varnothing\}\right) \cup \{p_y : y \in Y, \partial f^{-1}(y) = \varnothing\}.$$

由于

$$X \setminus Z = \left(\bigcup \{[\partial f^{-1}(y)]^\circ : y \in Y, \partial f^{-1}(y) \neq \varnothing\}\right)$$
$$\cup \left(\bigcup \{[f^{-1}(y)]^\circ \setminus \{p_y\} : y \in Y, \partial f^{-1}(y) = \varnothing\}\right)$$

是 X 的开子集, 所以 Z 是 X 的闭集. 易验证: $g = f|_Z : Z \to Y$ 是满射且每一 $g^{-1}(y)$ 或者是单点集, 或者是非空集 $\partial f^{-1}(y)$. □

定义 2.4.6 设映射 $f : X \to Y$. f 称为边缘紧映射, 若每一 $\partial f^{-1}(y)$ 是 X 的紧子集.

定理 2.4.7 (Hanai-Morita-Stone 定理[213, 254]) 设 $f : X \to Y$ 是闭映射, 其中 X 是度量空间. 下述条件相互等价:

(1) Y 是可度量化空间.

(2) Y 是第一可数空间.

(3) f 是边缘紧映射.

证明 (1) $\Rightarrow$ (2) 是显然的.

(2) $\Rightarrow$ (3). 设 Y 是第一可数空间. 因为 X 是度量空间, 为了证明 f 是边缘紧映射, 由定理 2.2.9, 只需证明对于每一 $y \in Y$, $\partial f^{-1}(y)$ 是 Y 的伪紧子空间, 即 $\partial f^{-1}(y)$ 上的每一实值连续函数是有界函数. 设 h 是 $\partial f^{-1}(y)$ 上的实值连续函数, 由 Tietze-Urysohn 扩张定理 (引理 1.2.11) 及 X 的正规性, 不妨设 h 是 X 上的实值连续函数. 再由引理 2.4.4, h 在 $\partial f^{-1}(y)$ 上有界. 故 f 是边缘紧映射.

(3) $\Rightarrow$ (1). 设 f 是边缘紧映射. 由引理 2.4.5, 不妨设 f 是完备映射. 再由定理 2.4.2, Y 是可度量化空间. □

上述 $(3) \Rightarrow (1)$ 的证明利用了引理 2.4.5. 在这引理中 X 是 T_1 空间的条件不可减弱为 X 是 T_0 空间. 令 $X = \mathbb{N}$, $Y = \{0\}$, 分别赋予以基 $\mathscr{B}_1 = \{\{1, 2, \cdots, n\} : n \in \mathbb{N}\}$, $\mathscr{B}_2 = \{Y\}$ 生成的拓扑. 定义 $f : X \to Y$ 为常值函数. 则 f 是边缘紧的闭映射, X 是 T_0 空间. 若 Z 是 X 的闭子集, 则存在 $n \in \mathbb{N}$ 使得 $Z = \{x \in X : x \geqslant n\}$, 这时 $f|_Z$ 不是完备映射.

由定理 2.4.2, 度量空间的完备映像是度量空间. 但是保持可度量性的闭映射未必是完备映射. 定理 2.4.7 表明这闭映射必定是边缘紧映射. 虽然度量空间的闭映射未必是完备映射, 但是利用定理 2.4.7 的证明可得到一个较弱的结果.

定义 2.4.8[196]　设映射 $f : X \to Y$. f 称为**紧覆盖映射**, 若 Y 的每一紧子集是 X 的某一紧子集在 f 的映像.

由定理 1.3.6, 完备映射是紧覆盖映射.

推论 2.4.9　度量空间上的闭映射是紧覆盖映射.

证明　设 $f : X \to Y$ 是闭映射, 其中 X 是度量空间. 对于 Y 的每一非空紧子集 K, 令 $g = f|_{f^{-1}(K)} : f^{-1}(K) \to K$, 则 g 是闭映射且 $f^{-1}(K)$ 是度量空间. 由引理 2.4.4, 利用定理 2.4.7 中 $(2) \Rightarrow (3)$ 同样的方法, 可证明 g 是边缘紧映射. 再由引理 2.4.5, 存在 $f^{-1}(K)$ 的闭子集 L 使得 $g|_L : L \to K$ 是完备映射. 因为 K 是紧空间, 由定理 1.3.6, L 是 X 的紧子集且 $f(L) = g|_L(L) = K$. 故 f 是紧覆盖映射.　□

引理 2.4.10　开映射保持第一可数性.

证明　设 $f : X \to Y$ 是开映射, 其中 X 是第一可数空间. 对于每一 $y \in Y$, 取定 $x \in f^{-1}(y)$. 由于 X 是第一可数空间, 让 $\{U_n\}_{n \in \mathbb{N}}$ 是 x 在 X 中的可数邻域基, 因为 f 是开映射, 于是 $\{f(U_n)\}_{n \in \mathbb{N}}$ 是 y 在 Y 中的可数邻域基. 故 Y 是第一可数空间.　□

由定理 2.4.7 和引理 2.4.10, 有下述推论.

推论 2.4.11　开闭映射保持可度量性.　□

1972 年 E. Michael 对于 Hanai-Morita-Stone 定理中的 "边缘紧的闭映射" 条件给出了进一步的推广.

定义 2.4.12　设映射 $f : X \to Y$.

(1) f 称为**双商映射**[77, 107, 199], 若对于每一 $y \in Y$ 及 X 的覆盖 $f^{-1}(y)$ 的开子集族 $\mathscr{U}$, 存在 $\mathscr{U}$ 的有限子集 $\mathscr{U}'$ 使得 $f(\bigcup \mathscr{U}')$ 是 y 在 Y 中的邻域.

(2) f 称为**可数双商映射**[247], 若对于每一 $y \in Y$ 及 X 的覆盖 $f^{-1}(y)$ 的可数开子集族 $\mathscr{U}$, 存在 $\mathscr{U}$ 的有限子集 $\mathscr{U}'$ 使得 $f(\bigcup \mathscr{U}')$ 是 y 在 Y 中的邻域.

1966 年 O. Hájek[107] 定义了极限提升映射①. 1968 年 E. Michael[199] 引入双商映射, 并证明极限提升映射一致于双商映射. V.V. Filippov (俄, 1947-)[77] 也独

---

① 映射 $f : X \to Y$ 称为**极限提升映射**[107], 若空间 Y 中的网 $\{y_d\}_{d \in D}$ 收敛于点 y, 则存在空间 X 中的网 $\{x_\delta\}_{\delta \in \Delta}$ 使其收敛于某点 $x \in f^{-1}(y)$ 且 $\{f(x_\delta)\}_{\delta \in \Delta}$ 是 $\{y_d\}_{d \in D}$ 的一个子网.

立地引入并讨论了双商映射. 显然, 开映射是双商映射; 双商映射是可数双商映射.

引理 2.4.13[297]   设 $f : X \to Y$ 是边缘紧的闭映射. 若 Y 是 T_1 空间, 则 f 是双商映射.

证明   对于每一 $y \in Y$ 及 X 的覆盖 $f^{-1}(y)$ 的开子集族 $\mathscr{U}$, 因为 $\mathscr{U}$ 也覆盖 X 的紧子集 $\partial f^{-1}(y)$, 存在 $\mathscr{U}$ 的有限子集 $\mathscr{U}'$ 使其覆盖 $\partial f^{-1}(y)$. 不妨设存在 $U \in \mathscr{U}'$ 使得 $U \cap f^{-1}(y) \neq \varnothing$, 从而 $y \in f(U)$. 显然,

$$f^{-1}(y) = \partial f^{-1}(y) \cup [f^{-1}(y)]^\circ \subseteq \left(\bigcup \mathscr{U}' \right) \cup [f^{-1}(y)]^\circ.$$

由于 f 是闭映射, 由定理 1.3.2, 存在 y 在 Y 中的开邻域 V 使得 $f^{-1}(V) \subseteq (\bigcup \mathscr{U}') \cup [f^{-1}(y)]^\circ$. 从而

$$
\begin{aligned}
y &\in V \subseteq f\left((\bigcup \mathscr{U}') \cup [f^{-1}(y)]^\circ\right) \\
&\subseteq f\left((\bigcup \mathscr{U}') \cup f^{-1}(y)\right) = f(\bigcup \mathscr{U}') \cup \{y\} = f(\bigcup \mathscr{U}'),
\end{aligned}
$$

所以 $f(\bigcup \mathscr{U}')$ 是 y 在 Y 中的邻域. 故 f 是双商映射. $\square$

引理 2.4.14   设 $f : X \to Y$ 是商映射. 若 Y 是 T_2 的强 Fréchet-Urysohn 空间, 则 f 是可数双商映射.

证明   若 f 不是可数双商映射, 则存在 $y \in Y$ 及 X 的覆盖 $f^{-1}(y)$ 的开集的可数族 $\{U_i\}_{i \in \mathbb{N}}$ 使得对于每一 $n \in \mathbb{N}$, $y \in Y \setminus [f(\bigcup_{i \leqslant n} U_i)]^\circ = \overline{Y \setminus f(\bigcup_{i \leqslant n} U_i)}$. 由于 Y 是强 Fréchet-Urysohn 空间, 存在 $y_n \in Y \setminus f(\bigcup_{i \leqslant n} U_i)$ 使得序列 $\{y_n\}$ 收敛于 y. 不妨设每一 $y_n \neq y$. 令 $E = \{y_n : n \in \mathbb{N}\}$, 则 E 不是 Y 的闭集. 由于 f 是商映射, 于是 $f^{-1}(E)$ 不是 X 的闭集, 从而存在 $x \in \overline{f^{-1}(E)} \setminus f^{-1}(E)$, 那么 $f(x) \in f(\overline{f^{-1}(E)}) \subseteq \overline{E} = E \cup \{y\}$. 由于 $f(x) \notin E$, 于是 $f(x) = y$, 所以 $x \in f^{-1}(y)$, 从而存在 $m \in \mathbb{N}$ 使得 $x \in U_m$. 因为 $x \in \overline{f^{-1}(E)}$ 且每一 $f^{-1}(y_n)$ 是 X 的闭集, 所以 $x \in \overline{\bigcup\{f^{-1}(y_n) : n \geqslant m\}}$, 于是存在 $k \geqslant m$ 使得 $f^{-1}(y_k) \cap U_m \neq \varnothing$, 那么 $y_k \in f(U_m)$, 矛盾. 故 f 是可数双商映射. $\square$

引理 2.4.15   可数双商映射保持强 Fréchet-Urysohn 空间性质.

证明   设 $f : X \to Y$ 是可数双商映射, 其中 X 是强 Fréchet-Urysohn 空间. 让 $\{A_n\}$ 是空间 Y 中递减的集列且 $y \in \bigcap_{n \in \mathbb{N}} \overline{A_n}$, 则存在 $x \in f^{-1}(y)$ 使得 $x \in \bigcap_{n \in \mathbb{N}} \overline{f^{-1}(A_n)}$. 否则, $f^{-1}(y) \cap \bigcap_{n \in \mathbb{N}} \overline{f^{-1}(A_n)} = \varnothing$, 即 $f^{-1}(y) \subseteq \bigcup_{n \in \mathbb{N}} (X \setminus \overline{f^{-1}(A_n)})$. 由于 f 是可数双商映射, 存在 $n \in \mathbb{N}$ 使得 $y \in [f(X \setminus \overline{f^{-1}(A_n)})]^\circ$, 从而

$$\varnothing \neq A_n \cap f(X \setminus \overline{f^{-1}(A_n)}) \subseteq A_n \cap (Y \setminus A_n) = \varnothing,$$

矛盾. 因为 X 是强 Fréchet-Urysohn 空间, 所以存在 $x_n \in f^{-1}(A_n)$, $n \in \mathbb{N}$, 使得序列 $\{x_n\}$ 在 X 中收敛于 x, 从而每一 $f(x_n) \in A_n$ 且序列 $\{f(x_n)\}$ 在 Y 中收敛于 y. 故 Y 是强 Fréchet-Urysohn 空间. $\square$

定理 2.4.16[201] 设 $f: X \to Y$ 是闭映射, 其中 X 是度量空间. 下述条件相互等价:

(1) Y 是可度量化空间.

(2) Y 是强 Fréchet-Urysohn 空间.

(3) f 是可数双商映射.

证明 (1) $\Rightarrow$ (2) 是显然的. 由引理 2.4.14 得 (2) $\Rightarrow$ (3).

(3) $\Rightarrow$ (1). 设 f 是可数双商映射. 由引理 2.4.15, Y 是强 Fréchet-Urysohn 空间. 再由引理 2.4.4 及 X 的可度量性, f 是边缘紧映射. 又由 Hanai-Morita-Stone 定理 (定理 2.4.7), Y 是可度量化空间. □

练 习

2.4.1 设映射 $f: X \to Y$. 若 X 是紧度量空间, Y 是 T_2 空间, 则 Y 是可度量化空间.

2.4.2 若空间 X 被度量子空间组成的局部有限闭集族覆盖, 则 X 是可度量化空间 (利用练习 1.6.5).

2.4.3 证明: 第一可数空间是强 Fréchet-Urysohn 空间.

2.4.4 证明: T_2 仿紧空间上的闭映射是紧覆盖映射[196].

2.4.5 设 $f: X \to Y$ 是闭映射且每一 $f^{-1}(y)$ 是 X 的 Lindelöf 子集. 若 X 是 T_1 的正则空间, 则 f 是紧覆盖映射.

2.4.6 对于度量空间 X, 下述条件相互等价[123]: (1) X 的非孤立点集是 X 的紧子集; (2) X 的任一闭映像是可度量化空间; (3) X 的任一闭集的边缘是 X 的紧子集.

2.5 度量空间的完全性

本节继续介绍度量空间的另两个重要性质: 完全性和 Baire 空间性质.

定义 2.5.1 设 (X, d) 是度量空间. X 中的序列 $\{x_n\}$ 称为 **Cauchy 序列**, 若对于任意的 $\varepsilon > 0$, 存在 $k \in \mathbb{N}$ 使得当 $n, m > k$ 时有 $d(x_n, x_m) < \varepsilon$. X 称为**完全度量空间**①, 若 X 中的每一 Cauchy 序列是收敛序列.

度量空间中的 Cauchy 序列与完全度量空间依赖于空间中的度量. 如对于实数空间 $\mathbb{R}$, 在欧几里得度量 d 下 $(\mathbb{R}, d)$ 是完全度量空间. 序列 $\{n\}$ 在 $(\mathbb{R}, d)$ 中不是 Cauchy 序列. 若定义 $d': \mathbb{R} \times \mathbb{R} \to [0, +\infty)$ 使得

$$d'(x, y) = \left| \frac{x}{1 + |x|} - \frac{y}{1 + |y|} \right|,$$

---

① 本书按《数学名词》(科学出版社, 1993) 译 complete metric space 为完全度量空间, 不称为完备度量空间.

则 d' 是 $\mathbb{R}$ 上的度量. d' 导出 $\mathbb{R}$ 上的度量拓扑也是 $\mathbb{R}$ 上的欧几里得拓扑 (练习 2.1.2). 序列 $\{n\}$ 是 $(\mathbb{R}, d')$ 的 Cauchy 序列, 但是 $\{n\}$ 不是 $(\mathbb{R}, d')$ 中的收敛序列, 所以 $(\mathbb{R}, d')$ 不是完全度量空间. 另一方面, 空间 $(\mathbb{R}, d)$ 同胚于子空间 $((0,1), d)$, 但是 $((0,1), d)$ 不是完全度量空间, 因为序列 $\{1/n\}$ 是 $((0,1), d)$ 中不收敛的 Cauchy 序列.

易验证, 如果完全度量空间 X 与空间 Y 同胚, 则存在 Y 上相容的度量 d 使得 (Y, d) 是完全度量空间.

例 2.5.2　Hilbert 空间是完全度量空间.

证明　设 $\{x_n\}$ 是 Hilbert 空间 $(\mathbb{H}, d)$ (例 2.1.3) 中的 Cauchy 序列, 其中每一 $x_n = (x_{n,i}) \in \mathbb{H}$. 对于任意的 $n, m, i \in \mathbb{N}$ 有 $|x_{m,i} - x_{n,i}| \leqslant d(x_m, x_n)$. 因此, 对于每一固定的 $i \in \mathbb{N}$, 序列 $\{x_{n,i}\}_{n \in \mathbb{N}}$ 是实数空间 $\mathbb{R}$ 中的 Cauchy 序列. 由于实数空间 $\mathbb{R}$ 的完全性, 设序列 $\{x_{n,i}\}_{n \in \mathbb{N}}$ 在 $\mathbb{R}$ 中收敛于 y_i. 令 $y = (y_i)$. 对于任意的 $\varepsilon > 0$, 存在 $j \in \mathbb{N}$ 使得当 $n, m > j$ 时有 $d(x_n, x_m) < \varepsilon$. 因而, 对于任意的 $k \in \mathbb{N}$ 有 $\sqrt{\sum_{i=1}^{k}(x_{m,i} - x_{n,i})^2} \leqslant d(x_n, x_m) < \varepsilon$. 在上式中令 $m \to +\infty$, 可得 $\sqrt{\sum_{i=1}^{k}(y_i - x_{n,i})^2} \leqslant \varepsilon$. 在上式中再令 $k \to +\infty$, 则有 $\sqrt{\sum_{i=1}^{\infty}(y_i - x_{n,i})^2} \leqslant \varepsilon$. 由此, $(y_i - x_{n,i}) \in \mathbb{H}$, 而 $x_n = (x_{n,i}) \in \mathbb{H}$, 可见 $(y_i) \in \mathbb{H}$. 再由上式给出结论: $\{x_n\}$ 收敛于 y. 故 $(\mathbb{H}, d)$ 是完全度量空间.　　　　　$\square$

定理 2.5.3(Cantor 定理)　度量空间 (X, d) 是完全的当且仅当若 $\{F_n\}$ 是空间 X 的单调递减的非空闭集列且 $\lim\limits_{n \to \infty} d(F_n) = 0$, 则 $\bigcap_{n \in \mathbb{N}} F_n$ 是单点集.

证明　必要性. 设 (X, d) 是完全度量空间, $\{F_n\}$ 是 X 的单调递减的非空闭集列且 $\lim\limits_{n \to \infty} d(F_n) = 0$. 对于每一 $n \in \mathbb{N}$, 取 $x_n \in F_n$. 下证序列 $\{x_n\}$ 是 Cauchy 序列. 由于 $\lim\limits_{n \to \infty} d(F_n) = 0$, 对于每一 $\varepsilon > 0$, 存在 $k \in \mathbb{N}$, 当 $n > k$ 时有 $d(F_n) < \varepsilon$. 又由于当 $n \geqslant m > k$ 时有 $x_n, x_m \in F_m$, 所以 $d(x_n, x_m) \leqslant d(F_m) < \varepsilon$. 从而 $\{x_n\}$ 是 Cauchy 序列. 因为 X 是完全的, 所以序列 $\{x_n\}$ 收敛于某点 $x \in X$. 又因为 F_n 是闭集, 于是 $x \in F_n$. 故 $x \in \bigcap_{n \in \mathbb{N}} F_n$.

若 $y \in \bigcap_{n \in \mathbb{N}} F_n$, 则对于每一 $n \in \mathbb{N}$ 有 $d(x, y) \leqslant d(F_n)$. 再由 $\lim\limits_{n \to \infty} d(F_n) = 0$ 得 $d(x, y) = 0$, 所以 $x = y$. 故 $\bigcap_{n \in \mathbb{N}} F_n$ 是单点集.

充分性. 设 $\{x_n\}$ 是 X 中的 Cauchy 序列. 对于每一 $k \in \mathbb{N}$, 存在 $m_k \in \mathbb{N}$ 使得当 $n > m_k$ 时有 $d(x_n, x_{m_k}) < 1/2^k$. 不妨设每一 $m_k < m_{k+1}$. 置

$$F_k = \overline{B(x_{m_k}, 1/2^{k-1})}.$$

则 F_k 是 X 的非空闭集且 $d(F_k) \leqslant 1/2^{k-2}$, 所以 $\lim\limits_{k \to \infty} d(F_k) = 0$.

设 $y \in F_{k+1}$, 则

$$d(y, x_{m_k}) \leqslant d(y, x_{m_{k+1}}) + d(x_{m_{k+1}}, x_{m_k})$$
$$< 1/2^k + 1/2^k = 1/2^{k-1},$$

于是 $y \in F_k$, 所以 $F_{k+1} \subseteq F_k$. 因而集列 $\{F_k\}$ 是递减的.

由假设, $\bigcap_{k \in \mathbb{N}} F_k$ 是一单点集 $\{x\}$. 下证序列 $\{x_n\}$ 收敛于 x. 对于任意的 $\varepsilon > 0$, 选取 $k \in \mathbb{N}$ 使得 $1/2^{k-2} < \varepsilon$, 则当 $n > m_k$ 时 $d(x_{m_k}, x_n) < 1/2^k$. 此外, 由于 $x \in F_k$, 于是 $d(x, x_{m_k}) \leqslant 1/2^{k-1}$. 从而

$$d(x, x_n) \leqslant d(x, x_{m_k}) + d(x_{m_k}, x_n)$$
$$< 1/2^{k-1} + 1/2^k < 1/2^{k-2} < \varepsilon.$$

所以序列 $\{x_n\}$ 收敛于 x. 故 (X, d) 是完全度量空间. □

1880 年 G. Cantor (德, 1845–1918) 对于实直线的情形证明了定理 2.5.3, 由此导出数学分析中著名的闭区间套定理. Cantor 定理的完整证明属于 K. Kuratowski (波, 1896–1980)[139]. 下述 Kuratowski 定理有利于完全性的推广.

推论 2.5.4 (Kuratowski 定理[140]) 度量空间 (X, d) 是完全的当且仅当对于 X 的每一具有有限交性质的闭集族 $\mathscr{F}$, 若对于每一 $\varepsilon > 0$, 存在 $F \in \mathscr{F}$ 使得 $d(F) < \varepsilon$, 则 $\bigcap \mathscr{F} \neq \varnothing$.

证明 由 Cantor 定理, 只需证明必要性. 设 $\{F_s\}_{s \in S}$ 是完全度量空间 (X, d) 的具有有限交性质的闭集族且对于每一 $i \in \mathbb{N}$, 存在 $s_i \in S$ 使得 $d(F_{s_i}) < 1/i$. 对于每一 $n \in \mathbb{N}$, 定义 $F_n = \bigcap_{i \leqslant n} F_{s_i}$. 易见, 集列 $\{F_n\}$ 满足 Cantor 定理的条件, 于是存在 $x \in X$ 使得 $\bigcap_{n \in \mathbb{N}} F_n = \{x\}$. 对于每一固定的 $s \in S$, 让 $F'_n = F_s \cap F_n$. 由于集列 $\{F'_n\}$ 仍满足 Cantor 定理的条件, 于是 $\varnothing \neq \bigcap_{n \in \mathbb{N}} F'_n = F_s \cap \bigcap_{n \in \mathbb{N}} F_n = F_s \cap \{x\}$, 所以 $x \in F_s$. 故 $\bigcap \mathscr{F} \neq \varnothing$. □

显然, 完全度量空间的闭子空间仍是完全度量空间. 为了获得更一般的结果, 先讨论完全度量空间的可数积性质.

定理 2.5.5 设 $\{(X_n, d_n)\}$ 是度量空间列, 且每一 $d_n(X_n) \leqslant 1$. 若笛卡儿积 $X = \prod_{n \in \mathbb{N}} X_n$ 赋予定理 2.1.9 中的度量 d, 则 (X, d) 是完全度量空间当且仅当每一 (X_n, d_n) 是完全度量空间.

证明 设 (X, d) 是完全度量空间. 取定点 $(x_n^*) \in \prod_{n \in \mathbb{N}} X_n$. 固定 $m \in \mathbb{N}$. 对于每一 $n \in \mathbb{N}$, 令

$$A_n = \begin{cases} \{x_n^*\}, & n \neq m, \\ X_m, & n = m. \end{cases}$$

再令 $X_m^* = \prod_{n \in \mathbb{N}} A_n$, 则 X_m^* 是 $\prod_{n \in \mathbb{N}} X_n$ 的闭子空间, 于是 X_m^* 是完全度量空间. 让 $p_m : X_m^* \to X_m$ 是投影映射. 对于 (X_m, d_m) 中的 Cauchy 序列 $\{x_n\}$, 由

于 $d(p_m^{-1}(x_i), p_m^{-1}(x_k)) = d_m(x_i, x_k)/2^m$, 所以 $\{p_m^{-1}(x_n)\}_{n \in \mathbb{N}}$ 是 X_m^* 中的 Cauchy 序列, 于是序列 $\{p_m^{-1}(x_n)\}_{n \in \mathbb{N}}$ 存在极限且这极限关于 p_m 的像是序列 $\{x_n\}$ 的极限. 故 (X_m, d_m) 是完全度量空间.

反之, 设每一 (X_m, d_m) 是完全度量空间. 让 $\{(x_m^n)_{m \in \mathbb{N}}\}_{n \in \mathbb{N}}$ 是空间 (X, d) 中的 Cauchy 序列. 对于每一 $m \in \mathbb{N}$, $\{x_m^n\}_{n \in \mathbb{N}}$ 是 (X_m, d_m) 中的 Cauchy 序列, 设此序列收敛于 $x_m^0 \in X_m$. 由定理 2.1.9 及积拓扑的构造, 序列 $\{(x_m^n)_{m \in \mathbb{N}}\}_{n \in \mathbb{N}}$ 收敛于 $(x_m^0) \in X$. 因此, (X, d) 是完全度量空间.   □

引理 2.5.6 度量空间 X 的每一 G_δ 集可闭嵌入积空间 $X \times \mathbb{R}^\omega$.

证明 设 A 是度量空间 (X, d) 的 G_δ 集. 存在 X 的闭集列 $\{F_i\}$ 使得 $X \setminus A = \bigcup_{i \in \mathbb{N}} F_i$. 定义 $X_1 = X$, $f_1 = \text{id}_X : X \to X_1$. 对于每一 $i \in \mathbb{N}$, 令 $X_{i+1} = \mathbb{R}$, 定义函数 $f_{i+1} : X \to X_{i+1}$ 使得每一 $f_{i+1}(x) = d(x, F_i)$. 由引理 2.2.2, f_{i+1} 是连续的. 令 $F = \{f_i\}_{i \in \mathbb{N}}$. 再定义 $f = \Delta_F : X \to \prod_{i \in \mathbb{N}} X_i = X \times \mathbb{R}^\omega$. 下面证明 f 是闭嵌入.

事实上, 因为 f_1 是同胚, 由对角引理 (引理 1.3.8), f 是嵌入函数. 设 $y \in X \times \mathbb{R}^\omega \setminus f(X)$. 记 $y = (y_n)$, 则存在 $i > 1$ 使得 $y_i \neq f_i(y_1)$. 由 $\mathbb{R}$ 是 T_2 空间及 f_i 的连续性, 分别取 y_i 在 $X_i = \mathbb{R}$ 中的开邻域 U 和 y_1 在 X 中的开邻域 V 使得 $U \cap f_i(V) = \varnothing$, 则 y 在 $X \times \mathbb{R}^\omega$ 中的开邻域 $p_i^{-1}(U) \cap p_1^{-1}(V)$ 与 $f(X)$ 不相交. 这表明 $f(X)$ 是 $X \times \mathbb{R}^\omega$ 的闭集.

令 $\mathbb{R}_+ = (0, +\infty)$. 显然, $f(A) \subseteq f(X) \cap (X \times \mathbb{R}_+^\omega)$. 如果存在 $x \in X$ 使得 $y = f(x) \in X \times \mathbb{R}_+^\omega$, 则当 $i > 1$ 时有 $f_i(x) = p_i \circ f(x) > 0$, 于是 $x \in X \setminus F_{i-1}$, 从而 $x \in \bigcap_{i \in \mathbb{N}}(X \setminus F_i) = A$. 故 $f(A) = f(X) \cap (X \times \mathbb{R}_+^\omega)$. 由于 $X \times \mathbb{R}_+^\omega$ 同胚于 $X \times \mathbb{R}^\omega$, 所以 $f(A)$ 是 $X \times \mathbb{R}^\omega$ 的闭子空间. 因此, A 同胚于积空间 $X \times \mathbb{R}^\omega$ 的闭子空间.   □

定理 2.5.7 完全度量空间的 G_δ 子空间是完全度量空间.

证明 设 X 是完全度量空间, A 是 X 的 G_δ 子空间. 由引理 2.5.6, A 同胚于积空间 $X \times \mathbb{R}^\omega$ 的闭子空间. 再由定理 2.5.5, $X \times \mathbb{R}^\omega$ 是完全度量空间, 从而 A 是完全度量空间.   □

由此, 无理数空间 $\mathbb{P}$ 是完全度量空间.

定理 2.5.8 若 M 是度量空间 X 的完全度量子空间, 则 M 是 X 的 G_δ 集.

证明 设 (X, d) 是度量空间, (M, ρ) 是 X 的完全度量子空间. 任给 $x \in M$ 及 $n \in \mathbb{N}$, 因为 $\text{id}_M : (M, d) \to (M, \rho)$ 连续, 存在 $\delta(x, n) > 0$ 使得 $B_d(x, 2\delta(x, n)) \cap M \subseteq B_\rho(x, 1/n)$. 不妨设 $\delta(x, n) < 1/n$. 令 $U_n = \bigcup_{x \in M} B_d(x, \delta(x, n))$, 则 U_n 是 X 中包含 M 的开集. 下面证明 $M = \bigcap_{n \in \mathbb{N}} U_n$. 若 $y \in \bigcap_{n \in \mathbb{N}} U_n$, 则存在 M 中的序列 $\{x_n\}$ 满足每一 $d(y, x_n) < \delta(x_n, n)$. 显然, $\{x_n\}$ 在 (X, d) 中收敛于 y. 另一方面, 对于自然数 $m > n$, 由于 $d(x_n, x_m) \leqslant d(x_n, y) + d(y, x_m) < \delta(x_n, n) + \delta(x_m, m) \leqslant 2 \max\{\delta(x_n, n), \delta(x_m, m)\}$, 所以 $\rho(x_n, x_m) < 2/n$. 这说明 $\{x_n\}$ 是 (M, ρ) 中的 Cauchy 序列, 于是 $\{x_n\}$ 在 M 中收敛且只能收敛于 y, 从而 $y \in M$. 故 M 是

X 的 G_δ 集. □

度量空间 (X, d) 与度量空间 (Y, d') 称为等距度量, 如果存在满射 $f : X \to Y$ 使得对于每一 $x, z \in X$ 有 $d'(f(x), f(z)) = d(x, z)$. 这 f 称为等距映射. 显然, 若完全度量空间 X 与度量空间 Y 等距, 则 Y 也是完全度量空间; 两等距的度量空间是同胚的.

定理 2.5.9　每一度量空间等距于某一完全度量空间的子空间.

证明　设 (X, d) 是任一度量空间. 让 Y 是空间 X 上所有有界实值连续函数的集. 对于每一 $f, g \in Y$, 定义 $d'(f, g) = \sup\{|f(x) - g(x)| : x \in X\}$. 易验证 (Y, d') 是度量空间.

(9.1) (Y, d') 是完全度量空间.

设 $\{f_n\}$ 是 (Y, d') 的 Cauchy 序列. 对于每一 $x \in X$ 和 $n, m \in \mathbb{N}$, 由于 $|f_n(x) - f_m(x)| \leqslant d'(f_n, f_m)$, 所以 $\{f_n(x)\}$ 是实数空间 $\mathbb{R}$ 的 Cauchy 序列, 于是序列 $\{f_n(x)\}$ 在 $\mathbb{R}$ 中存在极限, 设为 $f(x)$. 从而定义了函数 $f : X \to \mathbb{R}$ 且在 (Y, d') 中序列 $\{f_n\}$ 收敛于 f. 事实上, 对于任意的 $\varepsilon > 0$, 存在 $k \in \mathbb{N}$ 使得当 $n, m > k$ 时有 $d'(f_n, f_m) < \varepsilon/2$. 对于每一 $x \in X$, 存在自然数 $n_x > k$ 使得 $|f_{n_x}(x) - f(x)| < \varepsilon/2$, 于是当 $n > k$ 时有

$$|f_n(x) - f(x)| \leqslant |f_n(x) - f_{n_x}(x)| + |f_{n_x}(x) - f(x)| < \varepsilon.$$

因此当 $n > k$ 时有 $d'(f_n, f) \leqslant \varepsilon$. 故序列 $\{f_n\}$ 在 X 上一致收敛于 f, 从而 $f \in Y$. 这表明 (Y, d') 是完全度量空间.

(9.2) (X, d) 与 (Y, d') 的子空间等距.

取定 $a \in X$. 对于每一 $x \in X$, 定义 $f_x \in \mathbb{R}^X$ 使得

$$f_x(z) = d(z, x) - d(z, a), \quad z \in X.$$

由三角形不等式, $|f_x(z)| \leqslant d(a, x)$, 所以 $f_x \in Y$. 下面证明对于每一 $x, y \in X$ 有 $d'(f_x, f_y) = d(x, y)$. 对于每一 $z \in X$,

$$f_x(z) - f_y(z) = d(z, x) - d(z, a) - d(z, y) + d(z, a) \leqslant d(x, y).$$

由对称性, $|f_x(z) - f_y(z)| \leqslant d(x, y)$, 从而 $d'(f_x, f_y) \leqslant d(x, y)$. 因为

$$f_x(y) - f_y(y) = d(y, x) - d(y, a) + d(y, a) = d(y, x),$$

所以 $d'(f_x, f_y) \geqslant d(x, y)$. 故 $d'(f_x, f_y) = d(x, y)$.

由 (9.1) 和 (9.2), 度量空间 (X, d) 等距于完全度量空间 (Y, d') 的子空间. □

定理 2.5.10　空间 X 是完全度量空间当且仅当 X 是 Čech 完全的度量空间.

证明 设 (X,d) 是完全度量空间. 对于每一 $i \in \mathbb{N}$, 令 $\mathscr{A}_i = \{B(x,1/i)\}_{x \in X}$. 由 Kuratowski 定理, 对于 X 的每一具有有限交性质的闭集族 $\mathscr{F}$, 如果对于每一 $i \in \mathbb{N}$, 存在 $\mathscr{F}$ 中的元直径小于 $\mathscr{A}_i$, 则 $\bigcap \mathscr{F} \neq \varnothing$. 由定理 1.7.3, X 是 Čech 完全空间.

反之, 设度量空间 X 是 Čech 完全的. 由定理 2.5.9, 存在等距映射 $f: X \to f(X)$ 使得 $f(X)$ 是某完全度量空间 Y 的稠密子集. 让 cY 是 Y 的一个 T_2 紧化, 则 cY 是 X 的紧化. 由引理 1.7.1, $c(f(X))$ 是 cY 的 G_δ 集, 所以 $f(X)$ 是完全度量空间 Y 的 G_δ 集. 再由定理 2.5.7, $f(X)$ 是完全度量空间. 故 X 是完全度量空间. □

由定理 1.7.4 和定理 1.7.5, 有下述完全度量空间的映射定理和积空间的 Baire 范畴定理.

推论 2.5.11 设 X, Y 都是度量空间. 若 $f: X \to Y$ 是完备映射, 则 X 是完全度量空间当且仅当 Y 是完全度量空间. □

对于积空间 $\prod_{\alpha \in A} X_\alpha$ 及指标集 A 的非空子集 B, 定义投影函数

$$p_B : \prod_{\alpha \in A} X_\alpha \to \prod_{\alpha \in B} X_\alpha$$

为对于每一 $x = (x_\alpha) \in \prod_{\alpha \in A} X_\alpha$ 和 $\alpha \in B$ 有 $p_\alpha(p_B(x)) = x_\alpha$. 显然, 投影函数是开映射.

推论 2.5.12[49] 设 $\{X_s\}_{s \in S}$ 是一族完全度量空间, 则积空间 $\prod_{s \in S} X_s$ 是 Baire 空间.

证明 设 $X = \prod_{s \in S} X_s$ 且 $\{A_n\}_{n \in \mathbb{N}}$ 是空间 X 的开稠密子集列. 要证明 $\bigcap_{n \in \mathbb{N}} A_n$ 是 X 的稠密子集, 即若 A_0 是 X 的非空开集, 则 $\bigcap_{n \in \omega} A_n \neq \varnothing$. 对于每一 $n \in \omega$, 由于 A_n 是 X 的非空开集, 存在 S 的有限子集 S_n 和每一空间 X_s 的非空开集 $W_{s,n}$ 使得 $\prod_{s \in S} W_{s,n} \subseteq A_n$ 且当 $s \in S \setminus S_n$ 时 $W_{s,n} = X_s$. 令 $T = \bigcup_{n \in \omega} S_n, Y = \prod_{s \in T} X_s$. 则 T 是 S 的可数子集且由定理 2.5.5, Y 是完全度量空间. 由定理 2.5.10 和定理 1.7.5, Y 是 Baire 空间. 设 $p_T : X \to Y$ 是投影函数. 因为 p_T 是开映射, 于是 $\{p_T(A_n)\}_{n \in \mathbb{N}}$ 是空间 Y 的开稠密子集列, 从而 $\bigcap_{n \in \mathbb{N}} p_T(A_n)$ 是 Y 的稠密子集且 $p_T(A_0)$ 是 Y 的非空开集, 因此存在 $(y_s)_{s \in T} \in \bigcap_{n \in \omega} p_T(A_n)$. 取定 $x = (x_s) \in X$ 使得当 $s \in T$ 时有 $x_s = y_s$, 则 $x \in \bigcap_{n \in \omega} A_n$. 故 $\prod_{s \in S} X_s$ 是 Baire 空间. □

练 习

2.5.1 证明: 度量空间中含有聚点的 Cauchy 序列是收敛序列.

2.5.2 局部紧的度量空间是完全度量空间.

2.5.3 证明: 可分度量空间 X 是完全可度量的当且仅当 X 可闭嵌入 $\mathbb{R}^\omega$.

2.5.4 设 $f: X \to Y$ 是闭映射. 若 X 是完全度量空间, 则 Y 是完全可度量化空间当且仅当 Y 是第一可数空间.

2.6 零维度量空间的映像

本节介绍几个度量空间之间的映射定理, 主要是把某些度量空间表示为零维度量空间的映像, 内容包括 Morita 定理、Engelking 定理和 Alexandroff 定理等. 一方面说明映射在联系不同类空间之间的作用, 另一方面为第 3 章介绍度量空间的映射理论提供背景材料, 同时也为第 5 章讨论函数空间的完全性做准备.

度量空间的完备映像是可度量化空间 (定理 2.4.2), K. Morita[210] 证明了任一度量空间可表示为性质较好的 Baire 零维空间 (例 2.1.12) 的子空间的完备映像.

先将定义 2.3.6 中空间的网络概念推广为空间中点的网络. 对于固定的 $x \in X$, 如果 X 的子集族 $\mathscr{F}$ 满足: $x \in \bigcap \mathscr{F}$ 且若 U 是 x 在 X 中的邻域, 存在 $F \in \mathscr{F}$ 使得 $F \subseteq U$, 则称 $\mathscr{F}$ 是点 x 在 X 中的网络. 显然, $\mathscr{P}$ 是空间 X 的网络当且仅当 $\mathscr{P} = \bigcup_{x \in X} \mathscr{P}_x$, 其中每一 $\mathscr{P}_x$ 是 x 在 X 中的网络.

空间 X 的权定义为

$$w(X) = \omega + \min\{|\mathscr{B}| : \mathscr{B} \text{ 是空间 } X \text{ 的基}\}.$$

显然, 空间 X 具有可数基当且仅当 $w(X) = \omega$.

定理 2.6.1 (Morita 定理[210])　任一权为 λ 的度量空间是 Baire 零维空间 $B(\lambda)$ 的子空间的完备映像.

证明　设 (X, d) 是一个无限的度量空间且 $w(X) = \lambda$. 由 Stone 定理 (定理 2.2.5), X 是仿紧空间. 再由定理 1.4.5, X 的每一开覆盖具有局部有限的闭加细. 对于每一 $i \in \mathbb{N}$, 设 $\mathscr{F}_i$ 是 X 的开覆盖 $\{B(x, 1/i)\}_{x \in X}$ 的局部有限的闭加细, 那么 $|\mathscr{F}_i| \leqslant \lambda$. 记 $\mathscr{F}_i = \{F_{\alpha, i}\}_{\alpha \in A}$, 其中 $|A| = \lambda$ (可能某些 $F_{\alpha, i} = \varnothing$). 这时每一 $d(F_{\alpha, i}) \leqslant 2/i$. 置

$$M = \left\{ (\alpha_i) \in A^{\mathbb{N}} : \bigcap_{i \in \mathbb{N}} F_{\alpha_i, i} \neq \varnothing \right\}.$$

赋予 M 离散空间 A 的可数次积空间 $A^{\mathbb{N}}$ 的子空间拓扑, 即 M 是 Baire 零维空间 $B(\lambda)$ 的子空间. 对于每一 $\alpha = (\alpha_i) \in M$, 取定 $x_\alpha \in \bigcap_{i \in \mathbb{N}} F_{\alpha_i, i}$. 如果 U 是 x_α 在 X 中的邻域, 存在 $\varepsilon > 0$ 使得 $B(x_\alpha, \varepsilon) \subseteq U$. 当 $2/i < \varepsilon$ 时有 $x_\alpha \in F_{\alpha_i, i} \subseteq B(x_\alpha, \varepsilon) \subseteq U$. 因而 $\{F_{\alpha_i, i}\}_{i \in \mathbb{N}}$ 是点 x_α 在 X 中的网络. 若 $x \in X \setminus \{x_\alpha\}$, 则存在 $i \in \mathbb{N}$ 使得 $F_{\alpha_i, i} \subseteq X \setminus \{x\}$, 于是 $\{x_\alpha\} = \bigcap_{i \in \mathbb{N}} F_{\alpha_i, i}$. 故 x_α 是唯一确定的. 定义函数 $f: M \to X$ 使得 $f(\alpha) = x_\alpha$.

(1.1) $f: M \to X$ 是连续的满射.

对于每一 $x \in X$, $i \in \mathbb{N}$, 存在 $\alpha_i \in A$ 使得 $x \in F_{\alpha_i,i}$. 令 $\alpha = (\alpha_i) \in A^{\mathbb{N}}$. 由于 $x \in \bigcap_{i \in \mathbb{N}} F_{\alpha_i,i}$, 那么 $\alpha \in M$ 且 $f(\alpha) = x$, 所以 f 是满的函数. 另一方面, 对于 $\alpha = (\alpha_i) \in M$, 设 $f(\alpha) = x$. 让 U 是 x 在 X 中的邻域, 因为 $x \in \bigcap_{i \in \mathbb{N}} F_{\alpha_i,i}$, 所以 $\{F_{\alpha_i,i}\}_{i \in \mathbb{N}}$ 是 x 在 X 中的网络, 从而存在 $m \in \mathbb{N}$ 使得 $x \in F_{\alpha_m,m} \subseteq U$. 令

$$V = \{\gamma \in M : \gamma \text{ 的第 } m \text{ 个坐标是 } \alpha_m\}.$$

由于 A 赋予离散拓扑, 于是 V 是 M 中含有 α 的开集. 对于每一 $\gamma = (\gamma_i) \in V$, $f(\gamma) \in \bigcap_{i \in \mathbb{N}} F_{\gamma_i,i} \subseteq F_{\alpha_m,m}$, 所以 $f(V) \subseteq F_{\alpha_m,m} \subseteq U$. 故 f 是连续的.

(1.2) f 是紧映射.

对于每一 $x \in X$, $i \in \mathbb{N}$, 置 $A_i = \{\alpha \in A : x \in F_{\alpha,i}\}$, 则 A_i 是 A 的非空有限子集. 由 Tychonoff 定理 (定理 1.1.12), $\prod_{i \in \mathbb{N}} A_i$ 是 $A^{\mathbb{N}}$ 的紧子集. 如果 $\alpha = (\alpha_i) \in \prod_{i \in \mathbb{N}} A_i$, 则 $x \in \bigcap_{i \in \mathbb{N}} F_{\alpha_i,i}$, 所以 $\alpha \in M$ 且 $f(\alpha) = x$. 故 $\prod_{i \in \mathbb{N}} A_i \subseteq f^{-1}(x)$. 如果 $\alpha = (\alpha_i) \in f^{-1}(x)$, 那么 $x \in \bigcap_{i \in \mathbb{N}} F_{\alpha_i,i}$, 所以每一 $\alpha_i \in A_i$, 于是 $\alpha \in \prod_{i \in \mathbb{N}} A_i$. 故 $f^{-1}(x) \subseteq \prod_{i \in \mathbb{N}} A_i$. 因此 $f^{-1}(x) = \prod_{i \in \mathbb{N}} A_i$, 即 f 是紧映射.

设 $\alpha = (\alpha_i) \in M$, $n \in \mathbb{N}$, 令

$$B(\alpha_1, \alpha_2, \cdots, \alpha_n) = \{(\beta_i) \in M : \text{当 } i \leqslant n \text{ 时有 } \beta_i = \alpha_i\}.$$

(1.3) $f(B(\alpha_1, \alpha_2, \cdots, \alpha_n)) \subseteq \bigcap_{i \leqslant n} F_{\alpha_i,i}$.

设 $\beta = (\beta_i) \in B(\alpha_1, \alpha_2, \cdots, \alpha_n)$, 则 $f(\beta) \in \bigcap_{i \in \mathbb{N}} F_{\beta_i,i} \subseteq \bigcap_{i \leqslant n} F_{\alpha_i,i}$, 于是 $f(B(\alpha_1, \alpha_2, \cdots, \alpha_n)) \subseteq \bigcap_{i \leqslant n} F_{\alpha_i,i}$.

这时 $\{B(\alpha_1, \alpha_2, \cdots, \alpha_n)\}_{i \in \mathbb{N}}$ 是 α 在 M 中的局部基.

(1.4) f 是闭映射.

设 C 是空间 M 的闭集且 $x \in \overline{f(C)}$. 因为 $\mathscr{F}_1$ 是 X 的局部有限集族且由 (1.3), 对于每一 $\alpha_1 \in A$ 有 $f(C \cap B(\alpha_1)) \subseteq F_{\alpha_1,1}$, 于是 $\{f(C \cap B(\alpha_1))\}_{\alpha_1 \in A}$ 是 X 的局部有限集族. 由于 $C = \bigcup_{\alpha_1 \in A} C \cap B(\alpha_1)$, 由引理 1.4.4, 存在 $\alpha_1 \in A$ 使得 $x \in \overline{f(C \cap B(\alpha_1))}$. 继续上述过程, 存在 $\alpha = (\alpha_i) \in A^{\mathbb{N}}$ 使得对于每一 $n \in \mathbb{N}$ 有 $x \in \overline{f(C \cap B(\alpha_1, \alpha_2, \cdots, \alpha_n))} \subseteq \bigcap_{i \leqslant n} F_{\alpha_i,i}$. 于是 $x \in \bigcap_{i \in \mathbb{N}} F_{\alpha_i,i}$, 从而 $\alpha \in M$ 且 $f(\alpha) = x$. 另一方面, 每一 $C \cap B(\alpha_1, \alpha_2, \cdots, \alpha_n) \neq \varnothing$, 则 $\alpha \in \overline{C} = C$, 所以 $x \in f(C)$. 故 $f(C)$ 是 X 的闭集. 因此, f 是闭映射.

综上所述, X 是 Baire 零维空间 $B(\lambda)$ 的子空间 M 的完备映像. $\square$

定理 2.6.1 证明中使用的 Baire 零维空间 $A^{\mathbb{N}}$ 常记为 A^{ω}.

M. Katětov (捷克, 1918–1995)[131] 和 A.H. Stone[255] 证明了 Baire 零维空间代表了足够多的零维完全度量空间.

定理 2.6.2[131] 设 X 是权为 λ 的度量空间. 若 $\mathrm{Ind} X = 0$, 则 X 可嵌入 Baire 零维空间 $B(\lambda)$.

证明 设 d 是 X 上的度量. 由引理 2.2.6, 对于每一 $i \in \mathbb{N}$, X 具有互不相交的开覆盖 $\mathscr{W}_i = \{W_s\}_{s \in S_i}$ 使得每一 $d(W_s) < 1/i$ 且 $|S_i| \leqslant \lambda$. 赋予集 S_i 离散拓扑, 定义函数 $f_i : X \to S_i$ 如下: 对于每一 $x \in X$, 由于 $\mathscr{W}_i$ 是 X 的互不相交覆盖, 存在唯一的 $s \in S_i$ 使得 $x \in W_s$, 令 $f_i(x) = s$. 因为每一 $f_i^{-1}(s) = W_s$, 所以 f_i 是连续的. 不妨设 S_i 是离散空间 X_i 的子集且 $|X_i| = \lambda$.

令 $\mathscr{F} = \{f_i\}_{i \in \mathbb{N}}$. 定义对角函数 $f = \Delta_\mathscr{F} : X \to \prod_{i \in \mathbb{N}} X_i$. 设 A 是 X 的闭集且 $x \in X \setminus A$, 那么存在 $n \in \mathbb{N}$ 使得 $d(x, A) \geqslant 1/n$, 于是 $f_n(x) \notin f_n(A) = \overline{f_n(A)}$. 这表明连续函数族 $\mathscr{F}$ 分离 X 中的点与闭集. 由对角引理 (引理 1.3.8), f 是嵌入函数.

因为积空间 $\prod_{i \in \mathbb{N}} X_i$ 同胚于 Baire 零维空间 $B(\lambda)$, 所以 X 可嵌入 $B(\lambda)$. □

定理 2.6.3[255] 设 X 是权为 λ 的完全度量空间. 若 $\operatorname{Ind} X = 0$, 则 X 可闭嵌入 Baire 零维空间 $B(\lambda)$.

证明 设 d 是 X 上的完全度量. 由引理 2.2.6, 对于每一 $i \in \mathbb{N}$, X 具有互不相交的开覆盖 $\mathscr{W}_i = \{W_s\}_{s \in S_i}$ 使得每一 $d(W_s) < 1/i$ 且 $|S_i| \leqslant \lambda$. 沿用定理 2.6.2 的证明及记号, 可定义嵌入函数 $f : X \to \prod_{i \in \mathbb{N}} X_i$ 满足: $(s_i) \in f(X)$ 当且仅当 $\bigcap_{i \in \mathbb{N}} f_i^{-1}(s_i) \neq \varnothing$. 事实上, 若 $(s_i) \in f(X)$, 则存在 $x \in X$ 使得每一 $f_i(x) = s_i$, 于是 $x \in \bigcap_{i \in \mathbb{N}} f_i^{-1}(s_i)$. 若存在 $x \in \bigcap_{i \in \mathbb{N}} f_i^{-1}(s_i)$, 则每一 $f_i(x) = s_i$, 于是 $(s_i) = f(x) \in f(X)$.

设 $y = (s_i) \in \prod_{i \in \mathbb{N}} X_i \setminus f(X)$, 则或者存在 $i \in \mathbb{N}$ 使得 $s_i \in X_i \setminus f_i(X)$, 或者 $\bigcap_{i \in \mathbb{N}} f_i^{-1}(s_i) = \varnothing$, 其中每一 $s_i \in f_i(X)$. 如果存在 $i \in \mathbb{N}$ 使得 $s_i \in X_i \setminus f_i(X)$, 则 y 在 $\prod_{i \in \mathbb{N}} X_i$ 中的开邻域 $p_i^{-1}(s_i)$ 与 $f(X)$ 不相交. 如果 $\bigcap_{i \in \mathbb{N}} f_i^{-1}(s_i) = \varnothing$, 由于每一 $f_i^{-1}(s_i) = W_{s_i}$, 所以 $\bigcap_{i \in \mathbb{N}} W_{s_i} = \varnothing$. 因为每一 W_{s_i} 也是 X 的闭集且 $d(W_{s_i}) < 1/i$, 由 Kuratowski 定理 (推论 2.5.4), 存在 $n \in \mathbb{N}$ 使得 $\bigcap_{i \leqslant n} W_{s_i} = \varnothing$, 即 $f^{-1}(\bigcap_{i \leqslant n} p_i^{-1}(s_i)) = \varnothing$. 这时 y 在 $\prod_{i \in \mathbb{N}} X_i$ 中的开邻域 $\bigcap_{i \leqslant n} p_i^{-1}(s_i)$ 与 $f(X)$ 不相交. 从而 $f(X)$ 是 $\prod_{i \in \mathbb{N}} X_i$ 的闭集. 故 X 可闭嵌入 Baire 零维空间 $B(\lambda)$. □

推论 2.6.4 对于每一无限基数 λ, Baire 零维空间 $B(\lambda)$ 的 G_δ 子空间可闭嵌入 $B(\lambda)$.

证明 设 X 是 Baire 零维空间 $B(\lambda)$ 的非空的 G_δ 子空间, 由推论 2.2.7, $\operatorname{Ind} X = 0$. 因为离散空间是完全度量空间, 由定理 2.5.5 和定理 2.5.7, X 是权不超过 λ 的完全度量空间. 再由定理 2.6.3, X 可闭嵌入 $B(\lambda)$. □

非完全的度量空间不能表示为 Baire 零维空间的闭映像 (练习 2.5.4). 1969 年 R. Engelking[72] 证明了每一完全度量空间必是 Baire 零维空间的闭映像.

引理 2.6.5 设 F 是度量空间 (X, d) 的非空闭子集. 如果 $\operatorname{Ind} X = 0$, 则存在闭映射 $f : X \to F$ 使得 $f|_F$ 是恒等映射.

证明 由于 $\operatorname{Ind} X = 0$, 存在 X 的开闭子集的递减序列 $\{U_i\}$ 使得每一 $F \subseteq U_i \subseteq \{x \in X : d(x, F) < 1/i\}$. 令 $W_1 = X \setminus U_2$; $W_i = U_i \setminus U_{i+1}$, $i > 1$. 则

$X \setminus F = \bigcup_{i \in \mathbb{N}} W_i$. 对于每一 $i \in \mathbb{N}$, 由引理 2.2.6, X 的开闭集 W_i 可以表示为 X 的互不相交的开闭集族 $\mathscr{F}_i = \{F_s\}_{s \in S_i}$ 的并, 且每一 $d(F_s) < 1/i$. 不妨设, 当 $i \neq j$ 时 $S_i \cap S_j = \varnothing$. 记 $S = \bigcup_{i \in \mathbb{N}} S_i$. 则

(5.1) $\{F_s\}_{s \in S}$ 是 X 的互不相交的开闭集族;

(5.2) 若 $s_n \in S_{i_n}$ 且 $\lim\limits_{n \to \infty} i_n = \infty$, 则 $\lim\limits_{n \to \infty} d(F_{s_n}) = \lim\limits_{n \to \infty} d(F, F_{s_n}) = 0$;

(5.3) $X \setminus F = \bigcup_{s \in S} F_s$.

对于每一 $i \in \mathbb{N}$, 让 P_i 是 F 的满足对于每一不同的 $x, y \in P_i$ 有 $d(x,y) \geqslant 1/i$ 的极大子集 (P_i 的存在性见定理 2.2.8 中 (4) $\Rightarrow$ (5) 的证明), 那么

(5.4) 集 P_i 没有聚点;

(5.5) 对于每一 $x \in F$, 存在 $p \in P_i$ 使得 $d(x, p) < 1/i$.

从而, 当 $s \in S_i$ 时, 存在 $p_s \in P_i$ 使得

(5.6) $d(p_s, F_s) < d(F, F_s) + 2/i$.

定义 $f: X \to F$ 满足: 当 $x \in F$ 时, $f(x) = x$; 当 $x \in F_s$ 时, $f(x) = p_s$. 由 (5.1) 和 (5.3), f 在 $X \setminus F$ 的每一点是连续的且 $f|_F$ 是恒等映射. 为了证明 f 的连续性, 还需证明

(5.7) 若 $X \setminus F$ 中的序列 $\{x_n\}$ 收敛于 $x \in F$, 则序列 $\{f(x_n)\}$ 收敛于 $x = f(x)$.

对于每一 $n \in \mathbb{N}$, 存在 $s_n \in S_{i_n}$ 使得 $x_n \in F_{s_n}$. 由于序列 $\{x_n\}$ 收敛于 $x \in F$, 所以数列 $\{d(x_n, F)\}$ 收敛于 0, 于是 $\lim\limits_{n \to \infty} i_n = \infty$. 下面证明数列 $\{d(x_n, f(x_n))\}$ 收敛于 0. 由 (5.6) 及 $f(x_n) = p_{s_n}$,

$$d(x_n, f(x_n)) = d(x_n, p_{s_n}) \leqslant d(F_{s_n}) + d(p_{s_n}, F_{s_n})$$
$$< d(F_{s_n}) + d(F, F_{s_n}) + 2/i_n.$$

再由 (5.2), $\{d(x_n, f(x_n))\}$ 收敛于 0. 故 $\{f(x_n)\}$ 收敛于 x.

(5.8) f 是闭映射.

设 A 是 X 的闭集且 $x \in \overline{f(A)}$. 显然,

$$\overline{f(A)} = \overline{f(A \cap F)} \cup \overline{f(A \setminus F)} = \overline{A \cap F} \cup \overline{f(A \setminus F)}.$$

若 $x \in \overline{A \cap F}$, 因为 $A \cap F$ 是闭集, 则 $x \in A \cap F = f(A \cap F) \subseteq f(A)$. 若 $x \in \overline{f(A \setminus F)}$, 则存在 $A \setminus F$ 中的序列 $\{x_n\}$ 使得 $\{f(x_n)\}$ 收敛于 x. 由 (5.3), 对于每一 $n \in \mathbb{N}$, 存在 $s_n \in S_{i_n}$ 使得 $x_n \in F_{s_n}$. 这时, 序列 $\{p_{s_n}\}$ 收敛于 x. 由 (5.4), 或者 $\lim\limits_{n \to \infty} i_n = \infty$, 或者存在 $n \in \mathbb{N}$ 使得 $x = f(x_n)$. 如果 $\lim\limits_{n \to \infty} i_n = \infty$, 则 $x \in A \cap F$, 所以 $x = f(x) \in f(A)$. 如果 $x = f(x_n)$, 则 $x \in f(A)$. 故 $f(A)$ 是 F 的闭集. □

定理 2.6.6 (Engelking 定理[72])　每一权为 λ 的完全度量空间是 Baire 零维空间 $B(\lambda)$ 的闭映像.

证明 设 X 是权为 λ 的完全度量空间. 由 Morita 定理 (定理 2.6.1), 存在 Baire 零维空间 $B(\lambda)$ 及其子空间 M 使得 X 是 M 的完备映像. 由推论 2.5.11, M 是 $B(\lambda)$ 的完全度量子空间. 又由推论 2.2.7 和定理 2.6.3, M 同胚于 $B(\lambda)$ 的闭子空间 C. 再由引理 2.6.5, C 是 $B(\lambda)$ 的闭映像, 从而 X 是 $B(\lambda)$ 的闭映像. □

本节的第二部分讨论紧度量空间的映射定理, 与其联系的是著名的 Cantor 三分集. Cantor 三分集是单位闭区间 $\mathbb{I}$ 的子空间 $C = \bigcap_{i\in\mathbb{N}} C_i$, 其中集 C_i 归纳定义如下: 令 $C_1 = \mathbb{I} \setminus (1/3, 2/3)$. 若已定义 C_i, 把 C_i 的每一连通分支 (闭区间) 三等分后各去掉中间的开区间所得到的集定义为 C_{i+1}. C_i 由 2^i 个长度为 $(1/3)^i$ 的互不相交的闭区间构成. $\mathbb{I} \setminus C_i$ 由 $2^i - 1$ 个长度不小于 $(1/3)^i$ 的互不相交的开区间构成. 同胚于 C 的空间称为 Cantor 集. 显然, Cantor 集是紧度量空间. 由推论 1.1.9 和定理 2.4.2, Cantor 集的 T_2 连续像是紧度量空间 (练习 2.4.1). 1927 年 P. Alexandroff 证明其逆命题也是正确的.

引理 2.6.7 设 C 是 Cantor 三分集. 对于每一 $n, m \in \mathbb{N}$ 有

(1) $C = \bigcup_{i \leqslant n} D_i$, 其中 $\{D_i\}_{i \leqslant n}$ 是 C 的互不相交的非空紧子集族;

(2) 各 $D_i = \bigcup_{j \leqslant m(i)} D_{ij}$, 其中 $\{D_{ij}\}_{j \leqslant m(i)}$ 是 C 的互不相交的非空紧子集族.

证明 (1) 设 $n > 1$. 由 C 的归纳定义, 存在充分大的 $k \in \mathbb{N}$ 使得 $\mathbb{I} \setminus C_k$ 有 $n - 1$ 个点 $\{t_i\}_{i \leqslant n-1}$ 满足每一点位于 $\mathbb{I} \setminus C_k$ 的不同的连通分支中. 设 $t_1 = 0 < t_2 < t_3 < \cdots < t_{n-1} < t_n = 1$. 对于每一 $i \leqslant n$, 置 $D_i = [t_{i-1}, t_i] \cap C$. 则 $\{D_i\}_{i \leqslant n}$ 满足 (1) 的要求.

(2) 对于每一 $i \leqslant n$, 记 $a_i = \inf D_i$, $b_i = \sup D_i$, 则 $a_i < b_i$. 再记 $\mathbb{I}_i = [a_i, b_i]$, 以 $\mathbb{I}_i$ 代替 (1) 中的 $\mathbb{I}$, 用类似的方法可证明 (2) 成立. □

定理 2.6.8 (Alexandroff 定理[3]) 每一非空的紧度量空间是 Cantor 三分集的闭映像.

证明 设 (X, d) 是非空的紧度量空间. 存在 $n \in \mathbb{N}$ 和 X 的有限覆盖 $\mathscr{F}_1 = \{A_i\}_{i \leqslant n}$ 使得每一 A_i 是非空的紧子集且 $d(A_i) < 1$. 对于 Cantor 三分集 C, 如引理 2.6.7(1) 定义互不相交的非空紧子集族 $\{D_i\}_{i \leqslant n}$. 对于每一 $i \leqslant n$, X 的子空间 A_i 有有限覆盖 $\{A_{ij}\}_{j \leqslant m(i)}$ 使得每一 A_{ij} 是非空紧子集且有 $d(A_{ij}) < 1/2$. 令 $\mathscr{F}_2 = \{A_{ij} : i \leqslant n, j \leqslant m(i)\}$. 如引理 2.6.7(2) 定义互不相交的非空紧子集族 $\{D_{ij} : i \leqslant n, j \leqslant m(i)\}$. 继续上述过程, 存在 X 的有限覆盖列 $\{\mathscr{F}_k\}$ 和 C 的非空紧子集族 $\{D_{i_1 i_2 \cdots i_k}\}$ 满足:

(8.1) $\mathscr{F}_k = \{A_{i_1 i_2 \cdots i_k} : i_1 \leqslant n, \ i_l \leqslant m(i_1 i_2 \cdots i_{l-1}), 2 \leqslant l \leqslant k\}$;

(8.2) $d(A_{i_1 i_2 \cdots i_k}) < 1/k$;

(8.3) $A_{i_1 i_2 \cdots i_k}$ 是 X 的非空紧子集族 $\{A_{i_1 i_2 \cdots i_k j}\}_{j \leqslant m(i_1 i_2 \cdots i_k)}$ 的并;

(8.4) $D_{i_1 i_2 \cdots i_k}$ 是互不相交的非空紧子集族 $\{D_{i_1 i_2 \cdots i_k j}\}_{j \leqslant m(i_1 i_2 \cdots i_k)}$ 的并.

对于每一 $c \in C$, 由 (8.4), 存在 $\mathbb{N}$ 中唯一的序列 $\{i_k\}$ 使得 $c \in \bigcap_{k \in \mathbb{N}} D_{i_1 i_2 \cdots i_k}$.

由 (8.3) 和 (8.2), 存在唯一的 $x_c \in \bigcap_{k\in\mathbb{N}} A_{i_1 i_2 \cdots i_k}$. 定义函数 $f : C \to X$ 使得 $f(c) = x_c$.

(8.5) $f(D_{i_1 i_2 \cdots i_k}) \subseteq A_{i_1 i_2 \cdots i_k}$.

事实上, 对于每一 $c \in D_{i_1 i_2 \cdots i_k} \subseteq C$, 存在 $\mathbb{N}$ 中唯一的序列 $\{j_l\}$ 使得 $c \in \bigcap_{l\in\mathbb{N}} D_{j_1 j_2 \cdots j_l}$. 由 (8.4), 当 $l \leqslant k$ 时有 $j_l = i_l$. 从而 $f(c) \in \bigcap_{l\in\mathbb{N}} A_{j_1 j_2 \cdots j_l} \subseteq A_{i_1 i_2 \cdots i_k}$. 故 $f(D_{i_1 i_2 \cdots i_k}) \subseteq A_{i_1 i_2 \cdots i_k}$.

因为 C 是紧空间, 由推论 1.1.9, 为完成定理的证明, 只需说明 f 是连续的满射.

对于每一 $x \in X$, 由 (8.3), 存在 $\mathbb{N}$ 中的序列 $\{i_k\}$ 使得 $x \in \bigcap_{k\in\mathbb{N}} A_{i_1 i_2 \cdots i_k}$. 由 (8.4), 存在 $c \in \bigcap_{k\in\mathbb{N}} D_{i_1 i_2 \cdots i_k}$, 于是 $f(c) = x$. 故 f 是满的函数. 另一方面, 对于每一 $c \in C$, 设 $f(c) = x$, 则存在 $\mathbb{N}$ 中唯一的序列 $\{i_k\}$ 使得 $c \in \bigcap_{k\in\mathbb{N}} D_{i_1 i_2 \cdots i_k}$ 且 $\{x\} = \bigcap_{k\in\mathbb{N}} A_{i_1 i_2 \cdots i_k}$. 让 U 是 x 在 X 中的邻域, 则 $\bigcap_{k\in\mathbb{N}} A_{i_1 i_2 \cdots i_k} \subseteq U$. 由 X 的紧性, 存在 $k \in \mathbb{N}$ 使得 $A_{i_1 i_2 \cdots i_k} \subseteq U$ (练习 1.1.2). 由于 $D_{i_1 i_2 \cdots i_k}$ 是 c 在 C 中的开邻域且 $f(D_{i_1 i_2 \cdots i_k}) \subseteq A_{i_1 i_2 \cdots i_k} \subseteq U$, 所以 f 在点 c 是连续的. 故 f 是连续的.   □

由于 Cantor 三分集同胚于积空间 D^ω, 其中 $D = \{0, 1\}$ 赋予离散拓扑 (练习 2.6.1), 所以每一非空的紧度量空间是积空间 D^ω 的闭映像.

定理 2.6.9[39]   无理数空间 $\mathbb{P}$ 与 Baire 零维空间 $\mathbb{N}^\omega$ 同胚.

证明   由定理 2.5.7, 存在 $\mathbb{P}$ 上的度量 d 使得 $(\mathbb{P}, d)$ 是完全度量空间. 因为 $\mathrm{Ind}\,\mathbb{P} = 0$ 且 $\mathbb{P}$ 是 Lindelöf 空间, 由引理 2.2.6, 存在 $\mathbb{P}$ 的覆盖列 $\{\mathscr{F}_k\}$ 满足:

(9.1) $\mathscr{F}_k = \{F_{i_1 i_2 \cdots i_l} : i_l \in \mathbb{N}, l \leqslant k\}$;

(9.2) $d(F_{i_1 i_2 \cdots i_k}) < 1/k$;

(9.3) $F_{i_1 i_2 \cdots i_k}$ 是互不相交的非空开闭集族 $\{F_{i_1 i_2 \cdots i_k j}\}_{j\in\mathbb{N}}$ 的并.

为叙述的方便, 记集 $\mathbb{N}^{\mathbb{N}}$ 为 $\mathbb{N}^\omega$. 若 $\alpha = (i_k) \in \mathbb{N}^\omega$, 由于 $\{F_{i_1 i_2 \cdots i_k}\}_{k\in\mathbb{N}}$ 是完全度量空间 $(\mathbb{P}, d)$ 的单调递减的非空闭集列且 $d(F_{i_1 i_2 \cdots i_k}) < 1/k$, 由 Cantor 定理 (定理 2.5.3), $\bigcap_{k\in\mathbb{N}} F_{i_1 i_2 \cdots i_k}$ 是单点集, 设其为 $\{x_\alpha\}$. 定义函数 $f : \mathbb{N}^\omega \to \mathbb{P}$ 如下: $f(\alpha) = x_\alpha \in \bigcap_{k\in\mathbb{N}} F_{i_1 i_2 \cdots i_k}$. 显然, f 是既单且满的函数. 设 $\alpha = (i_k) \in \mathbb{N}^\omega$, $m \in \mathbb{N}$. 令

$$B(i_1, i_2, \cdots, i_m) = \{\beta = (j_k) \in \mathbb{N}^\omega : \text{当 } k \leqslant m \text{ 时有 } j_k = i_k\}.$$

(9.4) $f(B(i_1, i_2, \cdots, i_m)) = F_{i_1 i_2 \cdots i_m}$.

若 $\beta = (j_k) \in B(i_1, i_2, \cdots, i_m)$, 则 $f(\beta) \in \bigcap_{k\in\mathbb{N}} F_{j_1 j_2 \cdots j_k} \subseteq F_{i_1 i_2 \cdots i_m}$, 于是 $f(B(i_1, i_2, \cdots, i_m)) \subseteq F_{i_1 i_2 \cdots i_m}$. 另一方面, 若 $x \in F_{i_1 i_2 \cdots i_m}$, 则存在 $\mathbb{N}$ 的序列 $\{j_k\}$ 使得当 $k \leqslant m$ 时有 $j_k = i_k$ 且 $x \in \bigcap_{k\in\mathbb{N}} F_{j_1 j_2 \cdots j_k}$. 令 $\beta = (j_k) \in \mathbb{N}^\omega$, 那么 $\beta \in B(i_1, i_2, \cdots, i_m)$ 且 $f(\beta) = x$, 于是 $F_{i_1 i_2 \cdots i_m} \subseteq f(B(i_1, i_2, \cdots, i_m))$. 因此 $f(B(i_1, i_2, \cdots, i_m)) = F_{i_1 i_2 \cdots i_m}$.

(9.5) f 是开映射.

设 $\alpha = (i_k) \in \mathbb{N}^\omega$ 且 U 是 $x = f(\alpha)$ 在 $\mathbb{P}$ 中的邻域, 则 $\{x\} = \bigcap_{k \in \mathbb{N}} F_{i_1 i_2 \cdots i_k} \subseteq U$. 由 (9.2), 存在 $m \in \mathbb{N}$ 使得 $x \in F_{i_1 i_2 \cdots i_k} \subseteq U$. 由 (9.4), $f(B(i_1, i_2, \cdots, i_m)) = F_{i_1 i_2 \cdots i_m} \subseteq U$. 因为 $B(i_1, i_2, \cdots, i_m)$ 是 α 在 $\mathbb{N}^\omega$ 中的邻域, 所以 f 在点 α 连续. 故 f 是连续的. 由例 2.1.12,

$$\{B(i_1, i_2, \cdots, i_m) : \alpha = (i_k) \in \mathbb{N}^\omega, m \in \mathbb{N}\}$$

是空间 $\mathbb{N}^\omega$ 的基, 所以 f 是开映射.

综上所述, $\mathbb{P}$ 与 $\mathbb{N}^\omega$ 同胚. $\qquad\qquad\qquad\qquad\qquad\qquad\qquad\qquad$ □

练　习

2.6.1　证明: Cantor 三分集同胚于积空间 D^ω, 其中 $D = \{0, 1\}$ 赋予离散拓扑.

2.6.2　证明: 每一非空的完全的可分度量空间是无理数空间 $\mathbb{P}$ 的闭映像.

2.6.3　证明: 有理数空间 $\mathbb{Q}$ 是无理数空间 $\mathbb{P}$ 的连续映像.

第 3 章 Ponomarev 方法

作为研究度量空间拓扑性质的深入, 本章将探讨空间与映射的分类问题, 即寻求度量空间在确定映射下像空间的内在刻画, 或把确定的空间表示为度量空间的映像. 这是一内容非常丰富的课题, 限于篇幅本章仅围绕在映射理论中占重要位置的商映射、开映射、闭映射、紧覆盖映射等映射展开, 介绍 V. Ponomarev, A. Arhangel'skiǐ, E. Michael, K. Nagami, L. Foged 及国内学者的部分工作. 由于这些工作大部分是利用由 V. Ponomarev (俄, 1947–) 首创的把确定的不可度量空间表示为 Baire 零维空间的子空间的映像的方法来实现的, 所以本章定名为 Ponomarev 方法.

本章约定: 所有空间是满足 T_2 分离性质的拓扑空间.

3.1 广义序列性质

度量空间的开映像是第一可数空间 (引理 2.4.10), 而开映射是商映射, 所以寻求度量空间的商映像势必讨论比第一可数空间弱的空间类. 由引理 1.6.6, 度量空间的商映像是 k 空间, 但是并非每一 k 空间是度量空间的商空间 (定理 3.2.2). 描述度量空间的商空间是下面要介绍的序列空间.

对于空间 X, 若 X 中的序列 $\{x_n\}$ 收敛于 x, 并且 U 是 x 在 X 中的邻域, 则存在 $m \in \mathbb{N}$ 使得当 $n \geqslant m$ 时有 $x_n \in U$. S. Franklin[80] 通过对这一比开集弱的性质的提炼, 引入序列开集的概念, 并导致序列空间的建立.

设 P 是空间 X 的子集. 若 X 中的序列 $\{x_n\}$ 收敛于 x, 称 $\{x_n\}$ 是终于 P 的, 如果存在 $m \in \mathbb{N}$ 使得 $\{x\} \cup \{x_n : n \geqslant m\} \subseteq P$. P 称为 X 中的点 x 的序列邻域, 若 X 中的序列 $\{x_n\}$ 收敛于 x, 则 $\{x_n\}$ 是终于 P 的. P 称为 X 的序列开集, 若 P 是 P 中每一点的序列邻域. P 称为 X 的序列闭集, 若 $X \setminus P$ 是 X 的序列开集.

设 P 是空间 X 的子集. 易验证, 若 P 是点 x 的邻域, 则 P 是 x 的序列邻域; 若 P 是 X 的开集, 则 P 是 X 的序列开集; 若 P 是 X 的闭集, 则 P 是 X 的序列闭集.

为了便于叙述, 有时对于序列 $\{x_n\}$ 与序列所组成的集 $\{x_n : n \in \mathbb{N}\}$ 等同看待, 可以从上下文中区别出它们的确切含意.

引理 3.1.1　　对于空间 X 的子集 P, 下述条件相互等价:

(1) P 是 X 的序列闭集.

(2) 由 P 中点组成的 X 的收敛序列的极限点在 P 中.

(3) 如果 S 是 X 中含极限点的收敛序列, 那么 $S \cap P$ 是 S 的闭集.

证明 (1) $\Rightarrow$ (3). 设 P 是空间 X 的序列闭集且 S 是 X 中含极限点的收敛序列. 若 $S \cap P$ 不是 S 的闭集, 则 $S \cap P$ 是无限集且存在 $S \cap P$ 的聚点 $x \in S \setminus P$. 记 $S \cap P = \{x_n : n \in \mathbb{N}\}$. 因为 X 是 T_2 空间, 序列 $\{x_n\}$ 收敛于 x. 由于 $X \setminus P$ 是 x 的序列邻域, 于是 $\{x_n\}$ 是终于 $X \setminus P$ 的, 这与所有的 $x_n \in P$ 相矛盾.

(3) $\Rightarrow$ (2). 设 P 满足: 如果 S 是 X 中含极限点的收敛序列, 那么 $S \cap P$ 是 S 的闭集. 如果 P 中的序列 $\{x_n\}$ 在 X 中收敛于点 x, 令 $S = \{x\} \cup \{x_n : n \in \mathbb{N}\}$, 则 $S \cap P$ 是 S 的闭集. 由于每一 $x_n \in S \cap P$, 于是 $x \in S \cap P \subseteq P$.

(2) $\Rightarrow$ (1). 若 P 不是 X 的序列闭集, 则 $X \setminus P$ 不是 X 的序列开集, 于是存在 $x \in X \setminus P$ 使得 $X \setminus P$ 不是 x 的序列邻域. 从而存在 X 中收敛于 x 的序列 $\{x_n\}$ 使得 $\{x_n\}$ 不是终于 $X \setminus P$ 的. 因此存在 $\{x_n\}$ 的子序列 $\{x_{n_i}\}$ 使得每一 $x_{n_i} \in P$, 即存在由 P 中点组成的 X 的收敛序列使其极限点不在 P 中. $\qquad\square$

上述序列闭集的特征 (2) 可简述为序列闭集关于收敛序列是封闭的.

定义 3.1.2[80] 空间 X 称为**序列空间**, 若 X 的每一序列开集是 X 的开集.

显然, 空间 X 是序列空间当且仅当 X 的每一序列闭集是 X 的闭集. 由引理 3.1.1, 序列空间关于全体含极限点组成的收敛序列的集族具有弱拓扑 (定义 1.6.4).

定理 3.1.3 空间 X 是序列空间当且仅当 X 是每一紧子集是序列子空间的 k 空间.

证明 由 k 空间的定义 (定义 1.6.4), 每一序列空间是 k 空间. 由于序列空间性质是闭遗传性质, 所以序列空间的每一紧子集也是序列子空间. 反之, 设 k 空间 X 的每一紧子集是序列子空间. 若 F 是 X 的序列闭集, 对于 X 的任一紧子集 K, 由引理 3.1.1, $F \cap K$ 是 K 的序列闭集. 由于 K 是序列空间, 所以 $F \cap K$ 是 K 的闭集. 因为 X 是 k 空间, 所以 F 是 X 的闭集. 故 X 是序列空间. $\qquad\square$

下述例子说明 k 空间未必是序列空间.

例 3.1.4 存在不是序列空间的紧空间.

让 A 是不可数集. 对于每一 $\alpha \in A$, 令 D_α 是集 $\{0, 1\}$ 赋予离散拓扑的空间. 由 Tychonoff 定理, 积空间 $X = \prod_{\alpha \in A} D_\alpha$ 是紧空间. 设每一 $p_\alpha : X \to D_\alpha$ 是投影映射. 置 $Z = \{x \in X : 仅有可数个 \alpha \in A 使得 p_\alpha(x) = 1\}$. 则 Z 是 X 的序列闭的稠密的真子集. 首先, 由于 A 的不可数性, 易知 Z 是 X 的真子集. 其次, 设 $\{z_n\}$ 是由 Z 中点组成的 X 中的收敛序列, 让 z 是序列 $\{z_n\}$ 的极限点. 对于每一 $n \in \mathbb{N}$, 存在 A 的可数子集 A_n 使得当 $\alpha \in A \setminus A_n$ 时有 $p_\alpha(z_n) = 0$. 令 $A' = \bigcup_{n \in \mathbb{N}} A_n$, 则 A' 是 A 的可数子集, 且当 $\alpha \in A \setminus A'$, $n \in \mathbb{N}$ 时有 $p_\alpha(z_n) = 0$. 由于积空间中点的收敛是依坐标收敛的, 所以当 $\alpha \in A \setminus A'$ 时有 $p_\alpha(z) = 0$. 从 Z 的定义, $z \in Z$. 故 Z 关于收敛序列是封闭的. 由引理 3.1.1, Z 是 X 的序列闭集.

再次, 对于 X 的任一非空的基本开集 $V = \prod_{\alpha \in A} V_\alpha$, 存在 A 的有限子集 F 使得当 $\alpha \in A \setminus F$ 时有 $V_\alpha = D_\alpha$. 取点 $y = (y_\alpha) \in X$ 使得当 $\alpha \in F$ 时 $y_\alpha \in V_\alpha$, 当 $\alpha \in A \setminus F$ 时 $y_\alpha = 0$. 那么 $y \in Z \cap V$, 于是 $Z \cap V \neq \varnothing$. 故 Z 是 X 的稠密子集.

下面证明 X 不是序列空间. 若 X 是序列空间, 于是 Z 是 X 的闭集, 而 Z 又是 X 的稠密子集, 从而 $X = Z$, 矛盾. 故 X 不是序列空间.   □

序数空间 $[0, \omega_1]$ 也是一个非序列空间的紧空间. 每一紧子集是序列子空间的非 k 空间的例子见练习 1.6.7.

序列空间的定义与收敛序列有关. 在 2.4 节中为了研究度量空间的可数双商的闭映像, 引入强 Fréchet-Urysohn 空间性质 (定义 2.4.3): 空间 X 称为强 Fréchet-Urysohn 空间, 若 $\{A_n\}$ 是 X 中递减的集列且 $x \in \bigcap_{n \in \mathbb{N}} \overline{A_n}$, 则存在 $x_n \in A_n$, $n \in \mathbb{N}$, 使得在 X 中序列 $\{x_n\}$ 收敛于 x. 这也是与收敛序列有关的拓扑性质, 它的引入源于如下与收敛序列相关的 Fréchet-Urysohn 空间.

定义 3.1.5[12, 80]   空间 X 称为 Fréchet-Urysohn 空间, 若 $A \subseteq X$ 且 $x \in \overline{A}$, 则存在 A 中点组成的序列 $\{x_n\}$ 使得在 X 中 $\{x_n\}$ 收敛于 x.

Franklin[80] 称上述定义的空间为 Fréchet 空间, 并且广泛使用[74]. 这空间与泛函分析中出现的 Fréchet 空间有完全不同的意义. 泛函分析中的 Fréchet 空间意为完全的可度量的局部凸的拓扑向量空间. 俄罗斯等东欧的一些学者更常把这空间称为 Fréchet-Urysohn 空间. 显然, 强 Fréchet-Urysohn 空间是 Fréchet-Urysohn 空间.

定理 3.1.6   Fréchet-Urysohn 空间是序列空间.

证明   设 X 是 Fréchet-Urysohn 空间. 若 F 是 X 的序列闭集且 $x \in \overline{F}$, 则存在 F 中点组成的序列 $\{x_n\}$ 使得在 X 中 $\{x_n\}$ 收敛于 x. 由引理 3.1.1, $x \in F$, 所以 $\overline{F} = F$, 即 F 是 X 的闭集. 故 X 是序列空间.   □

综合上面的结果, 第一可数空间 $\Rightarrow$ 强 Fréchet-Urysohn 空间 $\Rightarrow$ Fréchet-Urysohn 空间 $\Rightarrow$ 序列空间 $\Rightarrow$ k 空间. 这些空间性质统称为广义序列性质[173]. 相反的蕴含关系都不成立. 例 3.2.10 表明强 Fréchet-Urysohn 空间未必是第一可数空间.

例 3.1.7   Arens 空间 S_2: 非 Fréchet-Urysohn 空间的序列空间.

取 $X = \{0\} \cup \mathbb{N} \cup \mathbb{N}^2$. 对于每一 $n, m \in \mathbb{N}$, 令

$$V(n, m) = \{n\} \cup \{(n, k) \in \mathbb{N}^2 : k \geqslant m\}.$$

集 X 赋予下述拓扑称为 Arens 空间[7]: $\mathbb{N}^2$ 中的点是 X 的孤立点; 对于 $n \in \mathbb{N}$, 点 n 的邻域基元形如 $V(n, m)$, $m \in \mathbb{N}$; 点 0 的邻域基元形如 $\{0\} \cup \bigcup_{n \geqslant i} V(n, m_n)$, 其中 $i, m_n \in \mathbb{N}$, 见图 3.1.1. 1950 年 R. Arens (美, 1919–2000) 构造了这空间. Arens 空间简记为 S_2. 易验证, S_2 是 T_2 空间. 由于上述取定的邻域基元均是 S_2 的开闭集, 所以 S_2 是正则空间.

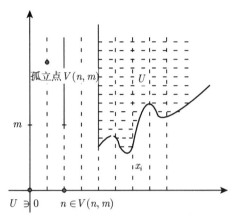

图 3.1.1 Arens 的空间 S_2

(7.1) S_2 不是 Fréchet-Urysohn 空间.

设 $\{x_i\}$ 是 $\mathbb{N}^2$ 中的序列. 若序列 $\{x_i\}$ 收敛于 0, 那么对于每一 $n \in \mathbb{N}$, 集 $V(n, 1)$ 中仅含有序列 $\{x_i\}$ 的有限项, 于是存在 $m_n \in \mathbb{N}$ 使得所有的 $x_i \notin V(n, m_n)$. 令 $U = \{0\} \cup \bigcup_{n \in \mathbb{N}} V(n, m_n)$, 则 U 是 0 在 S_2 中的开邻域, 但是所有的 $x_i \notin U$, 矛盾. 故 $\mathbb{N}^2$ 中不存在序列收敛于 0. 因为 $0 \in \overline{\mathbb{N}^2}$, 所以 S_2 不是 Fréchet-Urysohn 空间.

(7.2) S_2 是序列空间.

设 P 是 S_2 的序列开集且 $x \in P$. 若 $x \in \mathbb{N}^2$, 显然 P 是 x 的邻域. 若 $x = n \in \mathbb{N}$, 由于序列 $\{(n, m)\}_{m \in \mathbb{N}}$ 在 S_2 中收敛于 n, 而 P 是 n 的序列邻域, 所以存在 $m \in \mathbb{N}$ 使得 $V(n, m) \subseteq P$, 于是 P 是 x 的邻域. 若 $x = 0$, 由于序列 $\{n\}$ 在 S_2 中收敛于 0, 而 P 是 0 的序列邻域, 所以存在 $i \in \mathbb{N}$ 使得当 $n \geqslant i$ 时 $n \in P$. 而 P 是 P 中每一点的序列邻域, 于是当 $n \geqslant i$ 时存在 $m_n \in \mathbb{N}$ 使得 $V(n, m_n) \subseteq P$. 令 $W = \{0\} \cup \bigcup_{n \geqslant i} V(n, m_n)$, 那么 W 是 0 在 S_2 中的邻域且 $W \subseteq P$, 于是 P 是 0 的邻域. 故 P 是 P 中每一点的邻域, 所以 P 是 S_2 的开集. 因而 S_2 是序列空间. □

例 3.1.8 序列扇 S_ω: 非强 Fréchet-Urysohn 空间的 Fréchet-Urysohn 空间.

取 $X = \{0\} \cup \mathbb{N}^2$. 对于每一 $n, m \in \mathbb{N}$, 令 $W(n, m) = \{(n, k) \in \mathbb{N}^2 : k \geqslant m\}$. 集 X 赋予下述拓扑称为序列扇[27]: $\mathbb{N}^2$ 中的点是 X 的孤立点; 点 0 的邻域基元形如 $\{0\} \cup \bigcup_{n \in \mathbb{N}} W(n, m_n)$, 其中 $m_n \in \mathbb{N}$, 见图 3.1.2. 序列扇简记为 S_ω. 易验证, S_ω 是 T_2 空间. 由于上述取定的邻域基元均是 S_ω 的开闭集, 所以 S_ω 是正则空间.

(8.1) S_ω 是 Fréchet-Urysohn 空间.

对于 S_ω 的子集 A 及 $x \in \overline{A}$, 不妨设 $x \in \overline{A} \setminus A$, 则 $x = 0$. 若对于每一 $n \in \mathbb{N}$, $W(n, 1) \cap A$ 是有限集, 则存在 $m_n \in \mathbb{N}$ 使得 $W(n, m_n) \cap A = \varnothing$. 令 $U = \{0\} \cup \bigcup_{n \in \mathbb{N}} W(n, m_n)$, 则 U 是 0 在 S_ω 中的邻域且 $U \cap A = \varnothing$, 矛盾. 从而存

在 $n \in \mathbb{N}$ 使得 $W(n,1) \cap A$ 是无限集. 记 $W(n,1) \cap A = \{x_i : i \in \mathbb{N}\}$, 则 $\{x_i\}$ 在 S_ω 中收敛于 0. 因而 S_ω 是 Fréchet-Urysohn 空间.

(8.2) S_ω 是局部紧的可分可度量化空间的闭映像.

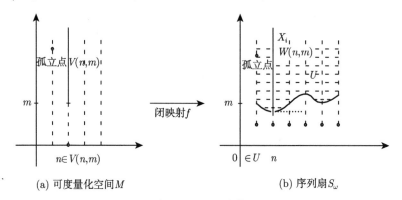

(a) 可度量化空间 M (b) 序列扇 S_ω

图 3.1.2   闭映像

取 $M = \mathbb{N} \cup \mathbb{N}^2$. 对于每一 $n, m \in \mathbb{N}$, 令 $V(n,m) = \{n\} \cup \{(n,k) \in \mathbb{N}^2 : k \geqslant m\}$. 集 M 赋予下述拓扑: $\mathbb{N}^2$ 中的点是 M 的孤立点; 对于 $n \in \mathbb{N}$, 点 n 的邻域基元形如 $V(n,m)$, $m \in \mathbb{N}$, 见图 3.1.2. 易验证, M 是具有可数基的局部紧的正则空间. 由 Tychonoff-Urysohn 度量化定理, M 是局部紧的可分可度量化空间. 定义 $f : M \to S_\omega$ 使得当 $x \in \mathbb{N}^2$ 时 $f(x) = x$, 当 $x \in \mathbb{N}$ 时 $f(x) = 0$, 则 f 是闭映射 (练习 3.1.9).

(8.3) S_ω 不是强 Fréchet-Urysohn 空间.

由于 $\partial f^{-1}(0) = \mathbb{N}$ 不是紧集, 由定理 2.4.7 和定理 2.4.16, S_ω 不是强 Fréchet-Urysohn 空间.

(8.4) S_ω 是 S_2 的完备映像.

Arens 空间 S_2 的构造如例 3.1.7. 定义 $g : S_2 \to S_\omega$ 使得当 $x \in \mathbb{N}^2$ 时 $g(x) = x$, 当 $x \in \{0\} \cup \mathbb{N}$ 时 $g(x) = 0$, 则 g 是完备映射 (练习 3.1.9).

练   习

3.1.1   设 P 是空间 X 的子集. 若 X 中的每一收敛于 x 的序列存在子序列终于 P, 则 P 是 x 在 X 中的序列邻域.

3.1.2   证明: 可数紧的序列空间的序列紧空间.

3.1.3   序列空间的开子空间或闭子空间是序列空间.

3.1.4   证明: Arens 空间 S_2 的子空间 $\{0\} \cup \mathbb{N}^2$ 不是序列空间.

3.1.5   证明: 空间 X 是 Fréchet-Urysohn 空间当且仅当 X 的每一子空间是序列空间.

3.1.6 证明: 空间 X 是 Fréchet-Urysohn 空间当且仅当 X 的每一点的序列邻域是该点的邻域.

3.1.7 证明: 离散空间的一点紧化是 Fréchet-Urysohn 空间.

3.1.8 用强 Fréchet-Urysohn 空间的定义直接证明序列扇 S_ω 不是强 Fréchet-Urysohn 空间.

3.1.9 证明: 例 3.1.8 定义的两个函数 $f : M \to S_\omega$ 和 $g : S_2 \to S_\omega$ 分别是闭映射和完备映射.

3.1.10 证明: 空间 X 是强 Fréchet-Urysohn 空间当且仅当积空间 $X \times \mathbb{S}_1$ 是 Fréchet-Urysohn 空间.

3.2 商 映 像

本节介绍度量空间商映像的内在刻画, 由此可导出度量空间的伪开映像、可数双商映像的刻画. 这些刻画涉及适当的广义序列性质.

引理 3.2.1 商映射保持序列空间性质.

证明 设 $f : X \to Y$ 是商映射, 其中 X 是序列空间. 若 U 是 Y 的序列开集, 则 $f^{-1}(U)$ 是 X 的序列开集. 因为 X 是序列空间, 所以 $f^{-1}(U)$ 是 X 的开集. 由于 f 是商映射, 于是 U 是 Y 的开集. 故 Y 是序列空间. □

如下定理表明序列空间可精确为可度量化空间的商映像.

定理 3.2.2[80] 对于空间 X, 下述条件相互等价:

(1) X 是序列空间.

(2) X 是局部紧的可度量化空间的商空间.

(3) X 是可度量化空间的商空间.

证明 (1) $\Rightarrow$ (2). 设 X 是序列空间. 由引理 3.1.1, X 关于全体含极限点的收敛序列组成的集族 $\mathscr{S}$ 具有弱拓扑. 让 M 是覆盖 $\mathscr{S}$ 的拓扑和, f 是从 M 到 X 上的自然映射. 因为 X 是 T_2 空间, 所以每一含极限点的收敛序列是紧的可度量化空间 (练习 2.1.7), 于是 M 是局部紧的可度量化空间. 再由引理 1.6.7, f 是商映射. 故 X 是局部紧的可度量化空间的商空间.

(2) $\Rightarrow$ (3) 是显然的. 下面证明 (3) $\Rightarrow$ (1). 因为第一可数空间是序列空间, 由引理 3.2.1, 所以可度量化空间的商空间是序列空间. □

由定理 3.2.2, 例 3.1.4 中的紧空间 X 不能表示为可度量化空间的商空间.

例 3.2.3 Arens 空间 S_2 (例 3.1.7): 局部紧的可分的可度量化空间的商空间.

让 $X_1 = \{0\} \cup \mathbb{N}$. 集 X_1 赋予下述拓扑: $\mathbb{N}$ 中的点是 X_1 的孤立点; 0 在 X_1 中的邻域基元形如 $\{0\} \cup \{k \in \mathbb{N} : k \geqslant m\}$, $m \in \mathbb{N}$. 则 X_1 是紧的可度量化空间. 让 $X_2 = \mathbb{N} \times (\{0\} \cup \mathbb{N})$. 集 X_2 赋予下述拓扑: $\mathbb{N}^2$ 中的点是 X_2 的孤立点; 对于每一

$n \in \mathbb{N}$, $(n, 0)$ 在 X_2 中的邻域基元形如 $\{(n, 0)\} \cup \{(n, k) \in \mathbb{N}^2 : k \geqslant m\}$, $m \in \mathbb{N}$. 则 X_2 是具有可数基的局部紧的正则空间. 由 Tychonoff-Urysohn 度量化定理, X_2 是局部紧的可分的可度量化空间. 置 $M = X_1 \oplus X_2$, 则 M 是局部紧的可分的可度量化空间, 见图 3.2.1.

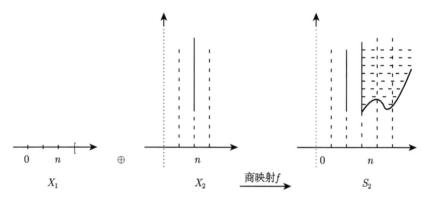

图 3.2.1   度量空间的商空间

定义 $f : M \to S_2$ 使得当 $x \in X_1 \oplus (X_2 \setminus (\mathbb{N} \times \{0\}))$ 时 $f(x) = x$, 当 $x = (n, 0) \in \mathbb{N} \times \{0\}$ 时 $f(x) = n$, 则 f 是商映射 (练习 3.2.1). □

与 Fréchet-Urysohn 空间最密切的映射是伪开映射.

定义 3.2.4[12]   映射 $f : X \to Y$ 称为伪开映射, 若对于每一 $y \in Y$, 如果 U 是 $f^{-1}(y)$ 在 X 中的邻域, 则 $f(U)$ 是 y 在 Y 中的邻域.

显然, 可数双商映射 (定义 2.4.12) 是伪开映射. 下面几个引理说明伪开映射与闭映射、商映射及 Fréchet-Urysohn 空间的关系.

引理 3.2.5   闭映射是伪开映射. 伪开映射是商映射.

证明   设 $f : X \to Y$ 是闭映射. 若 $y \in Y$ 且 U 是 $f^{-1}(y)$ 在 X 中的邻域, 由引理 1.3.1, $y \in Y \setminus f(X \setminus U^\circ) \subseteq f(U)$. 因为 f 是闭映射, 所以 $f(U)$ 是 y 在 Y 中的邻域. 故 f 是伪开映射.

设 $f : X \to Y$ 是伪开映射. 对于 Y 的子集 U, 若 $f^{-1}(U)$ 是 X 的开集, 那么对于每一 $y \in U$ 有 $f^{-1}(y) \subseteq f^{-1}(U)$. 因为 $f^{-1}(U)$ 是 $f^{-1}(y)$ 在 X 中的邻域且 f 是伪开映射, 所以 U 是 y 在 Y 中的邻域, 即 U 是 U 中每一点的邻域. 从而 U 是 Y 的开集. 故 f 是商映射. □

引理 3.2.6   设 $f : X \to Y$ 是商映射. 若 Y 是 Fréchet-Urysohn 空间, 则 f 是伪开映射.

证明   对于 $y \in Y$ 及 $f^{-1}(y)$ 在 X 中的开邻域 U, 若 $y \in Y \setminus f(U)^\circ = \overline{Y \setminus f(U)}$, 因为 Y 是 Fréchet-Urysohn 空间, 存在 $Y \setminus f(U)$ 中的序列 $\{y_n\}$ 使其收敛于 y, 这时每一 $y_n \neq y$. 置 $Z = \{y_n : n \in \mathbb{N}\}$, $F = f^{-1}(Z)$, 那么 $\overline{F} \subseteq F \cup f^{-1}(y)$. 因为

$U \cap F = \varnothing$, 所以 $U \cap \overline{F} = \varnothing$, 于是 $f^{-1}(y) \cap \overline{F} \subseteq U \cap \overline{F} = \varnothing$, 从而 $\overline{F} \subseteq F$, 即 F 是 X 的闭集. 由于 f 是商映射, Z 是 Y 的闭集, 矛盾. 故 $y \in f(U)^\circ$. 因此 f 是伪开映射. □

引理 3.2.6 及引理 2.4.14 中, 像空间的 T_2 分离性不可减弱为 T_1 分离性. 让 Y 是自然数集 ω 赋予有限补拓扑的空间, 则 Y 是第一可数的 T_1 空间. 令 $X_0 = Y \setminus \{0\}$, $X_1 = \{2k : k \in \omega\}$, 都赋予 Y 的子空间拓扑. 再令 $X = X_0 \oplus X_1$, $f : X \to Y$ 是自然映射. 易验证 f 是商映射. 由于 X_1 是 $f^{-1}(0)$ 在 X 中的邻域, 但是 $f(X_1)$ 不是 0 在 Y 中的邻域, 所以 f 不是伪开映射.

引理 3.2.7　伪开映射保持 Fréchet-Urysohn 空间性质.

证明　设 $f : X \to Y$ 是伪开映射, 其中 X 是 Fréchet-Urysohn 空间. 设 $A \subseteq Y$ 且 $y \in \overline{A}$. 如果 $f^{-1}(y) \cap \overline{f^{-1}(A)} = \varnothing$, 即 $f^{-1}(y) \subseteq X \setminus \overline{f^{-1}(A)}$, 由于 f 是伪开映射, 那么 $y \in [f(X \setminus \overline{f^{-1}(A)})]^\circ \subseteq [f(X \setminus f^{-1}(A))]^\circ = (Y \setminus A)^\circ = Y \setminus \overline{A}$, 矛盾. 于是存在 $x \in f^{-1}(y) \cap \overline{f^{-1}(A)}$. 因为 X 是 Fréchet-Urysohn 空间, 存在 $f^{-1}(A)$ 中的序列 $\{x_n\}$ 使其收敛于 x, 因此 A 中的序列 $\{f(x_n)\}$ 收敛于 $f(x) = y$. 故 Y 是 Fréchet-Urysohn 空间. □

利用定理 3.2.2 及关于 Fréchet-Urysohn 空间和伪开映射的系列结果, 可获得可度量化空间的伪开映像的刻画.

推论 3.2.8[12, 80]　对于空间 X, 下述条件相互等价:

(1) X 是 Fréchet-Urysohn 空间.

(2) X 是局部紧的可度量化空间的伪开映像.

(3) X 是可度量化空间的伪开映像.

证明　由定理 3.2.2 及引理 3.2.6 得 (1) ⇒ (2). (2) ⇒ (3) 是显然的. 由可度量化空间是 Fréchet-Urysohn 空间及引理 3.2.7 得 (3) ⇒ (1). □

推论 3.2.9[247]　对于空间 X, 下述条件相互等价:

(1) X 是强 Fréchet-Urysohn 空间.

(2) X 是局部紧的可度量化空间的可数双商映像.

(3) X 是可度量化空间的可数双商映像.

证明　由定理 3.2.2 及引理 2.4.14 得 (1) ⇒ (2). (2) ⇒ (3) 是显然的. 由可度量化空间是强 Fréchet-Urysohn 空间及引理 2.4.15 得 (3) ⇒ (1). □

例 3.2.10　蝶形空间的商空间: 非第一可数空间的强 Fréchet-Urysohn 空间.

首先构造蝶形空间, 然后说明蝶形空间的商空间是一个非第一可数的强 Fréchet-Urysohn 空间[179].

对于 $x = (t, s) \in \mathbb{R}^2$ 及 $\varepsilon > 0$, 定义蝶形集:

$$Bt(x, \varepsilon) = \{x\} \cup \{(t', s') \in \mathbb{R}^2 : 0 < |t - t'| < \varepsilon, |s - s'|/|t - t'| < \varepsilon\}.$$

取 $X = \mathbb{R}^2$. 集 X 赋予下述蝶形拓扑[183]: 对于 $x = (t,s) \in X$, 若 $s \neq 0$, x 在 X 中具有欧几里得拓扑的邻域; 若 $s = 0$, x 在 X 中的邻域基元为蝶形集 $Bt(x,1/n)$, $n \in \mathbb{N}$, 见图 3.2.2. 具有蝶形拓扑的空间称为**蝶形空间**. 易验证, X 是第一可数的正则空间.

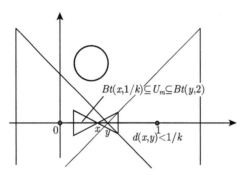

图 3.2.2   McAuley 的蝶形空间

令 $A = \mathbb{I} \times \{0\}$. 由于 X 在子空间 A 上诱导了欧几里得拓扑, 所以 A 是 X 的紧子集.

(10.1) A 在 X 中不具有可数的邻域基.

若 A 在 X 中具有可数邻域基 $\{U_n\}_{n \in \mathbb{N}}$. 对于每一 $x \in A$, $Bt(x,2)$ 是 A 在 X 中的邻域, 存在 $n(x) \in \mathbb{N}$ 使得 $U_{n(x)} \subseteq Bt(x,2)$. 因为 A 是不可数集, 存在 $m \in \mathbb{N}$ 使得 $Z = \{x \in A : n(x) = m\}$ 是 A 的不可数子集, 且 $U_m \subseteq \bigcap_{x \in Z} Bt(x,2)$. 设 x 是 Z 在 A 中的一个聚点, 那么存在 $k \in \mathbb{N}$ 使得 $Bt(x,1/k) \subseteq U_m$. 取定 Z 中不同于 x 的点 y 使得欧几里得距离 $d(x,y) < 1/k$, 那么 $Bt(x,1/k) \subseteq U_m \subseteq Bt(y,2)$, 矛盾 (图 3.2.2). 故 A 在 X 中不具有可数的邻域基.

令 $Y = X/A$, 且 $q : X \to X/A$ 是自然商映射. 由于 A 是 X 的闭集, 于是 q 是闭映射 (练习 1.3.2). 记 $y_0 = q(0,0)$.

(10.2) Y 是强 Fréchet-Urysohn 空间.

由于 A 是 X 的紧子集, 所以 q 是完备映射, 于是 q 是双商映射 (引理 2.4.13). 因为 X 是第一可数空间, 所以 Y 是强 Fréchet-Urysohn 空间 (引理 2.4.15).

(10.3) Y 不是第一可数空间.

若 Y 是第一可数空间, 则点 y_0 在 Y 中具有可数邻域基 $\{V_n\}_{n \in \mathbb{N}}$. 若 U 是子集 A 在 X 中的邻域, 于是 $q^{-1}(y_0) \subseteq U$. 因为 q 是闭映射, 由定理 1.3.2, 存在 y_0 在 Y 中的邻域 V 使得 $q^{-1}(V) \subseteq U$, 从而存在 $m \in \mathbb{N}$ 使得 $q^{-1}(V_m) \subseteq U$. 因此 $\{q^{-1}(V_n)\}_{n \in \mathbb{N}}$ 是 A 在 X 中的可数邻域基, 与 (10.1) 相矛盾. 故 Y 不是第一可数空间.   □

练　习

3.2.1　证明: 例 3.2.3 定义的函数 $f: M \to S_2$ 是商映射.

3.2.2　设映射 $f: X \to Y$. 证明: f 是伪开映射当且仅当对于 Y 的每一非空子集 B, $f_B: f^{-1}(B) \to B$ 是商映射.

3.2.3　证明: 两个伪开映射的复合函数是伪开映射.

3.2.4　设空间 X 具有可数基, 空间 Y 是强 Fréchet-Urysohn 空间. 若 $f: X \to Y$ 是商映射, 则 Y 具有可数基.

3.2.5　证明: 两个可数双商映射的复合函数是可数双商映射.

3.2.6　设 $f: X \to Y$ 是边缘紧的伪开映射. 若 Y 是 T_1 空间, 则 f 是双商映射.

3.2.7　不附加分离公理, 证明: 序列空间是 k 空间.

3.3　开　映　像

度量空间的开映像是第一可数空间 (引理 2.4.10). 是否每一第一可数空间是某一可度量化空间的开映像? 1960 年 V. Ponomarev 证明了每一第一可数空间确实是 Baire 零维空间 (例 2.1.12) 的某一子空间的开映像.

Ponomarev 的基本方法如下: 设 $\mathscr{B}$ 是第一可数空间 X 的基. 记 $\mathscr{B} = \{B_\alpha\}_{\alpha \in A}$, 赋予指标集 A 离散拓扑. 令

$$M = \{\alpha = (\alpha_i) \in A^\omega : \{B_{\alpha_i}\}_{i \in \mathbb{N}} \text{ 构成 } X \text{ 中某点 } x_\alpha \text{ 的邻域基}\},$$

其中 M 赋予离散空间 A 的可数次积空间 A^ω (Baire 零维空间) 所诱导的子空间拓扑. 对于每一 $\alpha = (\alpha_i) \in M$, 定义函数 $f: M \to X$ 使得 $f(\alpha) = x_\alpha$. 然后, 证明 f 是开映射.

本节介绍与度量空间的开映像相关的第一可数空间、具有点可数基的空间的映射性质及度量化定理. 为了今后应用的需要, 下面将 Ponomarev 的方法一般化.

设 $\mathscr{P}$ 是空间 X 的网络. 记 $\mathscr{P} = \{P_\alpha\}_{\alpha \in A}$, 指标集 A 赋予离散拓扑. 令

$$M = \{\alpha = (\alpha_i) \in A^\omega : \{P_{\alpha_i}\}_{i \in \mathbb{N}} \text{ 构成 } X \text{ 中某点 } x_\alpha \text{ 的网络}\}.$$

则 M 是度量空间. 对于每一 $\alpha = (\alpha_i) \in M$, 由于 X 是 T_1 空间, 若 $x \in X \setminus \{x_\alpha\}$, 则存在 $i \in \mathbb{N}$ 使得 $P_{\alpha_i} \subseteq X \setminus \{x\}$, 于是 $\{x_\alpha\} = \bigcap_{i \in \mathbb{N}} P_{\alpha_i}$. 故 x_α 是唯一确定的. 定义函数 $f: M \to X$ 使得 $f(\alpha) = x_\alpha$. $(f, M, X, \mathscr{P})$ 称为 Ponomarev 系[171].

引理 3.3.1　设 $(f, M, X, \mathscr{P})$ 是 Ponomarev 系.

(1) 若对于每一 $x \in X$, 存在 $\mathscr{P}$ 的可数子集构成 x 在 X 中的网络, 则 f 是映射.

(2) 若 $\mathscr{P}$ 是 X 的基且 X 是第一可数空间, 则 f 是开映射.

(3) 若 X 的子集 C 仅与 $\mathscr{P}$ 中可数个元相交, 则 $f^{-1}(C)$ 是 M 的可分子空间.

证明　记 $\mathscr{P} = \{P_\alpha\}_{\alpha \in A}$.

(1) 对于每一 $x \in X$, 存在 $\mathscr{P}$ 的可数子集 $\{P_{\alpha_i}\}_{i \in \mathbb{N}}$ 构成 x 在 X 中的网络. 令 $\alpha = (\alpha_i) \in A^\omega$, 那么 $\alpha \in M$ 且 $f(\alpha) = x$, 所以 f 是满的函数. 另一方面, 对于 $\alpha = (\alpha_i) \in M$, 设 $f(\alpha) = x$. 让 U 是 x 在 X 中的邻域, 因为 $\{P_{\alpha_i}\}_{i \in \mathbb{N}}$ 是 x 在 X 中的网络, 存在 $m \in \mathbb{N}$ 使得 $x \in P_{\alpha_m} \subseteq U$. 令

$$V = \{\gamma \in M : \gamma \text{ 的第 } m \text{ 个坐标是 } \alpha_m\}.$$

由于 A 赋予离散拓扑, 于是 V 是 M 中含有 α 的开集. 对于每一 $\gamma = (\gamma_i) \in V$, $f(\gamma) \in \bigcap_{i \in \mathbb{N}} P_{\gamma_i} \subseteq P_{\alpha_m}$, 所以 $f(V) \subseteq P_{\alpha_m} \subseteq U$. 故 f 是连续的. 因而 f 是映射.

(2) 由 (1), f 是映射. 下面证明 f 是开映射. 对于每一 $\alpha = (\alpha_i) \in M$, $n \in \mathbb{N}$, 令

$$B(\alpha_1, \alpha_2, \cdots, \alpha_n) = \{(\beta_i) \in M : \text{当 } i \leqslant n \text{ 时有 } \beta_i = \alpha_i\}.$$

则 $f(B(\alpha_1, \alpha_2, \cdots, \alpha_n)) = \bigcap_{i \leqslant n} P_{\alpha_i}$.

事实上, 对于每一 $\beta = (\beta_i) \in B(\alpha_1, \alpha_2, \cdots, \alpha_n)$, $f(\beta) \in \bigcap_{i \in \mathbb{N}} P_{\beta_i} \subseteq \bigcap_{i \leqslant n} P_{\alpha_i}$, 于是 $f(B(\alpha_1, \alpha_2, \cdots, \alpha_n)) \subseteq \bigcap_{i \leqslant n} P_{\alpha_i}$. 另一方面, 若 $x \in \bigcap_{i \leqslant n} P_{\alpha_i}$, 由于 X 在点 x 具有可数局部基且 $\mathscr{P}$ 是 X 的基, 存在 $\mathscr{P}$ 的可数子集构成 x 在 X 中的局部基. 取定 $\mathscr{P}$ 的可数子集 $\{P_{\beta_i}\}_{i \in \mathbb{N}}$ 使得当 $i \leqslant n$ 时 $\beta_i = \alpha_i$ 且 $\{P_{\beta_i} : i > n\}$ 是 x 在 X 中的邻域基. 令 $\beta = (\beta_i) \in A^\omega$, 那么 $\beta \in B(\alpha_1, \alpha_2, \cdots, \alpha_n)$ 且 $f(\beta) = x$. 于是 $\bigcap_{i \leqslant n} P_{\alpha_i} \subseteq f(B(\alpha_1, \alpha_2, \cdots, \alpha_n))$. 因此 $f(B(\alpha_1, \alpha_2, \cdots, \alpha_n)) = \bigcap_{i \leqslant n} P_{\alpha_i}$. 由例 2.1.12, $\{B(\alpha_1, \alpha_2, \cdots, \alpha_n) : (\alpha_i) \in M, \ n \in \mathbb{N}\}$ 是度量空间 M 的基, 所以 f 是开映射.

(3) 设 X 的子集 C 仅与 $\mathscr{P}$ 中可数个元相交. 不妨设 $C \neq \varnothing$. 令 $F = \{\alpha \in A : P_\alpha \cap C \neq \varnothing\}$, 则 F 是 A 的可数子集. 对于每一 $\alpha = (\alpha_i) \in f^{-1}(C)$, $\bigcap_{i \in \mathbb{N}} P_{\alpha_i} = \{f(\alpha)\} \subseteq C$, 于是每一 $P_{\alpha_i} \cap C \neq \varnothing$, 所以 $\alpha_i \in F$, 从而 $\alpha \in F^\omega \cap M$. 故 $f^{-1}(C) \subseteq F^\omega \cap M$. 因为 F^ω 具有可数基, 所以 $f^{-1}(C)$ 是 M 的可分子空间. □

由引理 3.3.1 的 (1) 和 (2), 立即得到下述的 Hanai-Ponomarev 定理.

定理 3.3.2(Hanai-Ponomarev 定理[109, 233])　X 是第一可数空间当且仅当 X 是某一可度量化空间的开映像. □

S. Hanai (日, 1908–1995)[109] 和 V. Ponomarev[233] 独立地对 T_0 空间证明了定理 3.3.2. E. Michael[200] 证明了每一第一可数空间是某一 T_2 的第一可数空间的开映像, 因而不假定满足分离性质, 定理 3.3.2 也是正确的. 对照 定理 2.6.9 (R. Baire), 定理 2.6.1 (Morita 定理) 及 Hanai-Ponomarev 定理, 关于 Baire 零维空间的构造及映射性质的证明有许多类似之处. 从无理数空间, 到度量空间, 再到第一可

数空间, 反映了人们在认识上的飞跃, 可以认为 Baire, Morita 及 Ponomarev 等关于度量空间的映射定理是一脉相承的.

由 3.2 节, 若空间 X 是可度量化空间的商 (或伪开, 可数双商) 映像, 则 X 必是局部紧的可度量化空间的商 (或伪开, 可数双商) 映像. 然而, 第一可数空间未必是某一局部紧的可度量化空间的开映像. 设 $X = \mathbb{R}^{\omega}$, 其中 $\mathbb{R}$ 赋予欧几里得拓扑, 则 X 是第一可数空间. 因为 X 不是局部紧空间 (练习 1.6.2), 由于开映射保持局部紧性质 (练习 1.6.1), 所以 X 不可能是某一局部紧的可度量化空间的开映像.

设 $\mathscr{P}$ 是空间 X 的子集族, $\mathscr{P}$ 称为**点可数的**, 若 X 的每一点仅属于 $\mathscr{P}$ 中的可数个元. 若空间 X 具有一个点可数的子集族是 X 的基, 则称 X 具有**点可数基**.

引理 3.3.3   可分空间的点可数开集族是可数的.

证明   设 X 是可分空间, $\mathscr{P}$ 是 X 的点可数的开集族. 让 D 是 X 的可数的稠密子集, 那么 X 的每一非空开集与 D 相交, 于是 $\mathscr{P} = \{P \in \mathscr{P} : P \cap D \neq \varnothing\}$. 由于 D 是可数集且 $\mathscr{P}$ 是点可数的, 所以 $\mathscr{P}$ 是可数的.   □

定义 3.3.4   映射 $f : X \to Y$ 称为 s **映射**, 若每一 $f^{-1}(y)$ 是 X 的可分子集.

定理 3.3.5[233]   空间 X 具有点可数基当且仅当 X 是可度量化空间的开 s 映像.

证明   设空间 X 具有点可数基 $\mathscr{P}$. 让 $(f, M, X, \mathscr{P})$ 是 Ponomarev 系. 由引理 3.3.1, $f : M \to X$ 是开 s 映射. 反之, 设存在可度量化空间 M 和开 s 映射 $f : M \to X$. 由于 M 是可度量化空间, 由 Bing-Nagata-Smirnov 度量化定理 (定理 2.3.3), 设 $\mathscr{B}$ 是 M 的 σ 局部有限基. 令 $\mathscr{P} = f(\mathscr{B})$. 因为 f 是开映射, 所以 $\mathscr{P}$ 是空间 X 的基. 又因为 f 是 s 映射, 对于每一 $y \in Y$, $f^{-1}(y)$ 是 M 的可分子空间. 由引理 3.3.3, $\mathscr{B}$ 中仅有可数个元与 $f^{-1}(y)$ 相交, 即 y 仅属于 $\mathscr{P}$ 中可数个元. 从而 $\mathscr{P}$ 是 X 的点可数基.   □

上述证明表明开 s 映射保持具有点可数基性质. 这一结果对于可数双商 s 映射也是成立的 (定理 3.3.8). 下面讨论度量空间的可数双商 s 映像. 先引用与选择公理等价的 Zorn 引理.

引理 3.3.6(Zorn 引理[298])   如果偏序集 X 的每一链都有上界, 则 X 具有极大元.   □

设 K 是空间 X 的子集, X 的子集族 $\mathscr{F}$ 称为 K 的**极小内部覆盖**[54], 若 $\bigcup \mathscr{F}$ 是 K 在 X 中的邻域, 但对于每一 $F \in \mathscr{F}$, $K \not\subseteq [\bigcup(\mathscr{F} \setminus \{F\})]^{\circ}$.

引理 3.3.7[54]   设空间 X 具有点可数集族 $\mathscr{P}$ 满足: 对于每一 $x \in X$ 及 x 在 X 中的邻域 U, 存在 $\mathscr{P}$ 的有限子集 $\mathscr{F}$ 使得 $x \in \bigcap \mathscr{F}$, $x \in (\bigcup \mathscr{F})^{\circ}$ 且 $\bigcup \mathscr{F} \subseteq U$, 则 X 具有点可数基.

证明   令 $\Phi = \{\mathscr{F} \subseteq \mathscr{P} : \mathscr{F}$ 是 $\mathscr{P}$ 的有限子集$\}$.

(7.1) X 是第一可数空间.

对于每一 $x \in X$, 置

$$\mathscr{B}_x = \left\{ \left(\bigcup \mathscr{F}\right)^\circ : \mathscr{F} \in \Phi, x \in \bigcap \mathscr{F} \text{ 且 } x \in \left(\bigcup \mathscr{F}\right)^\circ \right\}.$$

则 $\mathscr{B}_x$ 是 x 在 X 中的可数邻域基, 所以 X 是第一可数空间.

对于每一 $\mathscr{F} \in \Phi$, 置

$$\mathscr{H}(\mathscr{F}) = \{ H \subseteq X : \mathscr{F} \text{ 是 } H \text{ 的极小内部覆盖} \},$$
$$V(\mathscr{F}) = \left[\bigcup (\mathscr{H}(\mathscr{F}) \cap \mathscr{P}) \right]^\circ.$$

(7.2) $\mathscr{V} = \{ V(\mathscr{F}) : \mathscr{F} \in \Phi \}$ 是 X 的基.

对于每一 $x \in X$ 及 x 在 X 中的邻域 U, 存在 $\mathscr{F} \in \Phi$ 使得 $x \in \left(\bigcup \mathscr{F}\right)^\circ \subseteq U$. 不妨设 $\mathscr{F}$ 是 $\{x\}$ 的极小内部覆盖. 取 $\mathscr{B} \in \Phi$ 使得 $x \in \bigcap \mathscr{B}$, $x \in \left(\bigcup \mathscr{B}\right)^\circ$ 且 $\bigcup \mathscr{B} \subseteq \left(\bigcup \mathscr{F}\right)^\circ$. 若 $B \in \mathscr{B}$, 那么 $\mathscr{F}$ 是 B 的极小内部覆盖, 即 $B \in \mathscr{H}(\mathscr{F})$. 于是 $\left(\bigcup \mathscr{B}\right)^\circ \subseteq V(\mathscr{F})$, 从而 $x \in V(\mathscr{F}) \subseteq U$. 故 $\mathscr{V}$ 是 X 的基.

(7.3) $\mathscr{V}$ 是 X 的点可数集族.

对于每一 $x \in X$, 若 $x \in V(\mathscr{F})$, 则存在 $K \in \mathscr{H}(\mathscr{F}) \cap \mathscr{P}$ 使得 $x \in K$. 由于 x 仅属于 $\mathscr{P}$ 的可数个元, 所以为了证明 x 仅属于 $\mathscr{V}$ 的可数个元, 只需证明 $(*)$: 对于 $K \subseteq X$, 仅有可数个 $\mathscr{F} \in \Phi$ 使得 $K \in \mathscr{H}(\mathscr{F})$.

若不然, 则存在不可数个 $\mathscr{F} \in \Phi$ 使得 $K \in \mathscr{H}(\mathscr{F})$. 由于 $\Phi = \bigcup \{ \mathscr{F} \subseteq \mathscr{P} : |\mathscr{F}| = n \in \mathbb{N} \}$, 存在 $m \in \mathbb{N}$ 和 Φ 的不可数子集 Φ' 使得当 $\mathscr{F} \in \Phi'$ 时有 $|\mathscr{F}| = m$ 且 $K \in \mathscr{H}(\mathscr{F})$. 由 Zorn 引理, 设 $\mathscr{M}$ 是 $\mathscr{P}$ 的满足对于不可数个 $\mathscr{F} \in \Phi'$ 有 $\mathscr{M} \subseteq \mathscr{F}$ 的极大子集, 则 $0 \leqslant |\mathscr{M}| < m$. 令 $\Phi'' = \{ \mathscr{F} \in \Phi' : \mathscr{M} \subseteq \mathscr{F} \}$. 则 Φ'' 是不可数的且 $K \not\subseteq \left(\bigcup \mathscr{M}\right)^\circ$. 取定 $y \in K \setminus \left(\bigcup \mathscr{M}\right)^\circ$, 则有 $y \in \overline{X \setminus \bigcup \mathscr{M}}$. 由 (7.1), 存在 $X \setminus \bigcup \mathscr{M}$ 中的序列 L 使其收敛于 y, 从而 $y \in \overline{L}$. 对于每一 $\mathscr{F} \in \Phi''$, 由于 $y \in K \subseteq \left(\bigcup \mathscr{F}\right)^\circ$, 所以 $L \cap \bigcup \mathscr{F} \neq \varnothing$, 于是 L 与 $\mathscr{F}$ 中的某些元相交. 由于 $\mathscr{P}$ 的点可数性及 Φ'' 的不可数性, 存在 $P \in \mathscr{P}$ 使得 P 与 L 相交且 Φ'' 中有不可数个元含有 P. 这时 $P \notin \mathscr{M}$ 且在 Φ'' 中有不可数个元含有 $\mathscr{M} \cup \{P\}$, 这与 $\mathscr{M}$ 的极大性相矛盾.

综上所述, $\mathscr{V}$ 是空间 X 的点可数基.   □

定理 3.3.8[75]   可数双商的 s 映射保持具有点可数基性质.

证明   设空间 X 具有点可数基 $\mathscr{B}$. 让 $f : X \to Y$ 是可数双商 s 映射. 令 $\mathscr{P} = f(\mathscr{B})$. 由引理 3.3.3, $\mathscr{P}$ 是空间 Y 的点可数集族. 对于每一 $y \in Y$ 及 y 在 Y 中的邻域 U, 有 $f^{-1}(y) \subseteq f^{-1}(U)$. 由于 $\mathscr{B}$ 是 X 的基, 存在 $\mathscr{B}$ 的子集 $\mathscr{B}'$ 使得 $f^{-1}(y) \subseteq \bigcup \mathscr{B}' \subseteq f^{-1}(U)$. 不妨设 $\mathscr{B}'$ 的每一元与 $f^{-1}(y)$ 相交. 由 f 是 s 映射及引理 3.3.3, $\mathscr{B}'$ 是可数的. 又由于 f 是可数双商映射, 存在 $\mathscr{B}'$ 的有限子集 $\mathscr{B}''$ 使得 $y \in \left[f\left(\bigcup \mathscr{B}''\right) \right]^\circ \subseteq f\left(\bigcup \mathscr{B}''\right) \subseteq U$. 置 $\mathscr{F} = f(\mathscr{B}'')$. 则 $\mathscr{F}$ 是 $\mathscr{P}$ 的有限子集, $y \in \bigcap \mathscr{F}$, $y \in \left(\bigcup \mathscr{F}\right)^\circ$ 且 $\bigcup \mathscr{F} \subseteq U$. 由引理 3.3.7, Y 具有点可数基.   □

因为开映射是可数双商映射, 由定理 3.3.8 和定理 3.3.5, 有下述推论.

推论 3.3.9 空间 X 具有点可数基当且仅当 X 是可度量化空间的可数双商的 s 映像. □

为了讨论度量空间的商 s 映像 (3.5 节) 和闭映像 (3.6 节) 的需要, 下面对引理 3.3.7 进行适当的提炼. 引理 3.3.7 的 (7.3) 的 (∗) 式表明: 对于 X 的子集 K, 仅有可数个由 $\mathscr{P}$ 的元组成的 K 的有限极小内部覆盖. 这一结论的证明利用了引理 3.3.7 的 (7.1): X 是第一可数空间. 当 X 未必是第一可数空间时, 使用如下介绍的极小覆盖概念, 可获得与 (∗) 式相类比的 Miščenko 引理. 从发展过程看, 引理 3.3.7 的提出正是受到 Miščenko 引理的启发. Miščenko 引理是处理点可数覆盖的重要工具, 它的叙述形式及证明方法以后还将多次使用 (如练习 3.3.5 和引理 3.5.3). 对于空间 X 的子集 K, X 的子集族 $\mathscr{F}$ 称为 K 的**极小覆盖**[207], 若 $\mathscr{F}$ 覆盖 K, 但对于每一 $F \in \mathscr{F}$, $\mathscr{F} \setminus \{F\}$ 不是 K 的覆盖.

引理 3.3.10(Miščenko 引理[207]) 如果 $\mathscr{P}$ 是空间 X 的点可数集族, 那么 X 的每一非空子集仅有可数个由 $\mathscr{P}$ 的元组成的有限极小覆盖.

证明 设 K 是空间 X 的非空子集且 $\{\mathscr{P}_\alpha\}_{\alpha \in A}$ 是由 $\mathscr{P}$ 的元组成的 K 的有限极小覆盖全体. 若引理不成立, 则存在 $n \in \mathbb{N}$ 使得集族 $\Phi = \{\mathscr{P}_\alpha : \alpha \in A, |\mathscr{P}_\alpha| = n\}$ 是不可数的. 对于每一 $P \in \mathscr{P}$, 令 $\Phi(P) = \{\mathscr{P}_\alpha \in \Phi : P \in \mathscr{P}_\alpha\}$. 取定 $x_1 \in K$, 则 $\Phi = \bigcup\{\Phi(P) : x_1 \in P \in \mathscr{P}\}$. 由于 $\mathscr{P}$ 是点可数的, 于是存在 $P_1 \in \mathscr{P}$ 使得 $x_1 \in P_1$ 且 $\Phi(P_1)$ 是不可数的. 若 $n = 1$, 则 $|\Phi(P_1)| = 1$, 矛盾, 故 $n > 1$. 由于 $\Phi(P_1)$ 的每一元是 K 的极小覆盖, 故存在 $x_2 \in K \setminus P_1$. 令 $\Phi(P_1, P) = \{\mathscr{P}_\alpha \in \Phi(P_1) : P \in \mathscr{P}_\alpha\}$, 则 $\Phi(P_1) = \bigcup\{\Phi(P_1, P) : x_2 \in P \in \mathscr{P}\}$. 因此, 存在 $P_2 \in \mathscr{P}$ 使得 $x_2 \in P_2$, $P_2 \neq P_1$ 且 $\Phi(P_1, P_2)$ 是不可数的. 继续上述过程, 可得到点集 $\{x_i\}_{i \leqslant n}$ 及集族 $\{P_i\}_{i \leqslant n}$ 满足: 每一 $x_i \in P_i \in \mathscr{P}$, 当 $i \neq j \leqslant n$ 时 $P_i \neq P_j$ 且 $\Phi(P_1, P_2, \cdots, P_n)$ 是不可数的, 但是 $|\Phi(P_1, P_2, \cdots, P_n)| = 1$, 矛盾. 因此仅有可数个由 $\mathscr{P}$ 的元组成的 K 的有限极小覆盖. □

A. Miščenko[207] 利用引理 3.3.10 证明了具有点可数基的紧空间是可度量化空间 (推论 3.3.13). 事实上, 可获得较深刻的度量化定理 3.3.12. 为此, 对基的概念做下述推广.

定义 3.3.11[225] 设 $\mathscr{P}$ 是空间 X 的子集族. $\mathscr{P}$ 称为 X 的 **k 网络**, 若对于 X 的每一紧子集 K 及 K 在 X 中的邻域 U, 存在 $\mathscr{P}$ 的有限子集 $\mathscr{F}$ 使得 $K \subseteq \bigcup \mathscr{F} \subseteq U$. 若 k 网络 $\mathscr{P}$ 的每一元都是空间 X 的闭集, 则称 $\mathscr{P}$ 是 X 的**闭 k 网络**.

若 X 是正则空间, $\mathscr{P}$ 是 X 的 k 网络, 则 $\overline{\mathscr{P}}$ 是 X 的闭 k 网络. 显然, 空间 X 的基是 X 的 k 网络; X 的 k 网络是 X 的网络. 已知具有可数网络的紧空间是可度量化空间 (定理 2.3.7). 集族的点可数性是可数性的一般化. 每一空间都具有点可数的网络, 所以并非每一具有点可数网络的紧空间是可度量化空间 (例 3.1.4), 但是下述定理表明具有点可数 k 网络的空间在度量化问题中充当重要的角色.

定理 3.3.12[102]　　具有点可数 k 网络的紧空间是可度量化空间.

证明　设 X 是具有点可数 k 网络 $\mathscr{P}$ 的紧空间, 则 X 是正则空间. 令

$$\mathscr{B} = \left\{ \left(\bigcup \mathscr{H}'\right)^\circ : \mathscr{H}' \subseteq \mathscr{H}, \mathscr{H} \text{ 是 } X \text{ 的有限的极小覆盖} \right\}.$$

由 Miščenko 引理, $\mathscr{B}$ 是可数的. 往证 $\mathscr{B}$ 是 X 的基. 对于每一 $x \in X$ 及 x 在 X 中的邻域 U, 存在 X 的开集 V 使得 $x \in V \subseteq \overline{V} \subseteq U$. 因为 $\overline{V}$ 是 X 的紧子集且 $\mathscr{P}$ 是 X 的 k 网络, 存在 $\mathscr{P}$ 的有限子集 $\mathscr{F}$ 使得 $\overline{V} \subseteq \bigcup \mathscr{F} \subseteq U$, 于是存在 $\mathscr{F}$ 的子集 $\mathscr{H}'$ 使得 $V \subseteq \bigcup \mathscr{H}' \subseteq U$ 且 $\mathscr{H}'$ 是 V 的极小覆盖. 对于每一 $H \in \mathscr{H}'$, 存在 $x_H \in V \setminus \bigcup(\mathscr{H}' \setminus \{H\})$, 于是 $x_H \in H$. 令 $C = \{x_H : H \in \mathscr{H}'\}$. 由于 X 的紧子集 $X \setminus V \subseteq X \setminus C$, 存在 $\mathscr{P}$ 的有限子集 $\mathscr{H}''$ 使得 $X \setminus V \subseteq \bigcup \mathscr{H}'' \subseteq X \setminus C$. 让 $\mathscr{H} = \mathscr{H}' \bigcup \mathscr{H}''$, 则 $\mathscr{H}$ 是 X 的有限覆盖, 于是存在 $\mathscr{H}$ 的子集 $\mathscr{G}$ 使其是 X 的极小覆盖. 如果 $H \in \mathscr{H}'$, 则 H 是 $\mathscr{H}$ 中含有 x_H 的唯一元, 于是 $H \in \mathscr{G}$, 从而 $\mathscr{H}' \subseteq \mathscr{G}$ 且 $x \in V \subseteq (\bigcup \mathscr{H}')^\circ \subseteq U$. 故 $\mathscr{B}$ 是 X 的基, 所以 X 是具有可数基的正则空间. 由 Tychonoff-Urysohn 度量化定理 (推论 2.3.4), X 是可度量化空间.　□

推论 3.3.13[207]　　具有点可数基的紧空间是可度量化空间.　□

推论 3.3.14[75]　　完备映射保持点可数基性质.

证明　设 X 是具有点可数基的空间且 $f : X \to Y$ 是完备映射. 由引理 2.4.13, f 是可数双商映射. 对于每一 $y \in Y$, $f^{-1}(y)$ 是 X 的具有点可数基的紧子空间, 所以 $f^{-1}(y)$ 是可度量化的紧子空间, 于是 $f^{-1}(y)$ 是 X 的可分子空间. 从而 f 是 s 映射. 由定理 3.3.8, Y 具有点可数基.　□

练　习

3.3.1　设 $\mathscr{F} = \{F_n\}_{n \in \mathbb{N}}$ 是空间 X 的递减的集列且 $x \in F_n, n \in \mathbb{N}$. 证明: (1) $\mathscr{F}$ 是 x 在 X 中的网络当且仅当若序列 $\{x_n\}$ 使得每一 $x_n \in F_n$, 则 $\{x_n\}$ 收敛于 x; (2) 若 $\mathscr{F}$ 是 x 在 X 中的网络, 或者每一 F_n 是无限集, 或者存在 $n \in \mathbb{N}$ 使得 F_n 是单点集.

3.3.2　设 $f : X \to Y$ 是紧覆盖映射 (定义 2.4.8). 若 $\mathscr{P}$ 是空间 X 的 k 网络, 则 $f(\mathscr{P})$ 是空间 Y 的 k 网络.

3.3.3　证明: 具有点可数 k 网络的 k 空间是序列空间.

3.3.4　直接用 Miščenko 引理证明: 具有点可数基的紧空间是可度量化空间.

3.3.5　设 A 是空间 X 的子集, X 的子集族 $\mathscr{F}$ 称为 A 的极小 sn 覆盖[288], 若 $\bigcup \mathscr{F}$ 是 A 中每一点的序列邻域, 但对于每一 $F \in \mathscr{F}$, $\bigcup(\mathscr{F} \setminus \{F\})$ 不是 A 中某点的序列邻域. 设 $\mathscr{P}$ 是空间 X 的点可数集族. 证明: 空间 X 的每一非空子集仅有可数个由 $\mathscr{P}$ 的元组成的有限的极小 sn 覆盖[288].

3.3.6 设 X 是正则的 k 空间. 若 X 有点可数集族 $\mathscr{P}$ 满足: 对于每一 $x \in X$ 及 x 在 X 中的邻域 U, 存在 $\mathscr{P}$ 的有限子集 $\mathscr{F}$ 使得 $x \in (\bigcup \mathscr{F})^\circ$ 且 $\bigcup \mathscr{F} \subseteq U$, 则 X 具有点可数基[55].

3.3.7 证明: 具有点可数基的局部紧空间是可度量化空间.

3.3.8 证明: 具有点可数 k 网络的局部紧空间是可度量化空间.

3.4 紧覆盖映像

完备映射是 k 映射 (定理 1.3.6). 1964 年 E. Michael 引入紧覆盖映射的概念 (定义 2.4.8). 完备映射保持可度量性 (定理 2.4.2). 度量空间的紧覆盖映像具有怎样的内在刻画? 本节将首先介绍 1973 年 E. Michael 和 K. Nagami (永见启应, 日, 1925–) 的工作, 然后介绍几类与紧覆盖映射相关的映射类.

定理 3.4.1[203] 空间 X 是可度量化空间的紧覆盖映像当且仅当 X 的每一紧子集可度量化.

证明 设 $f: M \to X$ 是紧覆盖映射, 其中 M 是可度量化空间. 对于 X 的每一非空紧子集 K, 存在 M 的紧子集 L 使得 $f(L) = K$. 由于 L 的紧性及推论 1.1.9, $f|_L: L \to K$ 是完备映射. 又由于 L 是可度量化空间, 所以 K 是可度量化空间.

反之, 设空间 X 的每一紧子集是可度量化的. 让 $\mathscr{K}$ 是 X 的全体非空紧子集组成的集族. 令 M 是 X 的覆盖 $\mathscr{K}$ 的拓扑和, 且 f 是从 M 到 X 上的自然映射, 则 M 是可度量化空间, f 是紧覆盖映射. 故 X 是可度量化空间的紧覆盖映像. □

引理 3.4.2 设 $f: X \to Y$ 是紧覆盖映射. 若 Y 是 k 空间, 则 f 是商映射.

证明 对于空间 Y 的子集 F, 设 $f^{-1}(F)$ 是 X 的闭集. 对于 Y 的每一紧子集 K, 由于 f 是紧覆盖映射, 存在 X 的紧子集 L 使得 $f(L) = K$. 这时 $L \cap f^{-1}(F)$ 是 X 的紧子集, 于是 $f(L \cap f^{-1}(F)) = K \cap F$ 是 Y 的紧子集. 因为 Y 是 T_2 空间, 所以 $K \cap F$ 是 K 的闭集. 由于 Y 是 k 空间, 于是 F 是 Y 的闭集. 故 f 是商映射. □

由引理 1.6.6 (引理 3.2.7, 引理 2.4.15) 和引理 3.4.2 (引理 3.2.6, 引理 2.4.14), 有下述推论.

推论 3.4.3 空间 X 是可度量化空间的紧覆盖的商 (伪开, 可数双商) 映像当且仅当 X 是每一紧子集可度量化的 k (Fréchet-Urysohn, 强 Fréchet-Urysohn) 空间. □

由定理 3.1.3, 上述推论中的 k 空间条件可换为序列空间条件.

为了获得度量空间的紧覆盖的开映像的内在刻画, 同时也为了 3.5 节寻求度量空间的商 s 映像的内在特征做准备, 引入 cfp 覆盖的概念.

定义 3.4.4 设 K 是空间 X 的子集. X 的子集族 $\mathscr{F}$ 称为 K 的 cfp 覆盖[289],

若 $\mathscr{F}$ 被 K 的闭集组成的有限覆盖精确加细[1].

设 $\mathscr{P}$ 是空间 X 的子集族, K 是 X 的子集. $\mathscr{P}$ 称为 K (在 X 中) 的 **外 cfp** **网络**[171], 若 H 是 K 的紧子集, V 是 H 在 X 中的邻域, 则存在 $\mathscr{P}$ 的 (有限) 子集 $\mathscr{F}$ 使得 $\mathscr{F}$ 是 H 的 cfp 覆盖且 $\bigcup\mathscr{F}\subseteq V$[2].

在讨论覆盖及精确加细的情形下, 约定: cfp 覆盖均是有限的. cfp 意为 "闭的有限分解" 的英文缩写.

引理 3.4.5　设 $(f, M, X, \mathscr{P})$ 是 Ponomarev 系. 若 K 是 X 的紧子集且存在 $\mathscr{P}$ 的可数子集 $\mathscr{P}_K$ 使其是 K 的外 cfp 网络, 则存在 M 的紧子集 L 使得 $f(L) = K$.

证明　记 $\mathscr{P} = \{P_\alpha\}_{\alpha\in A}$. 不妨设 K 是 X 的非空子集. 由于 $\mathscr{P}_K$ 是可数的, $\mathscr{P}_K$ 的元组成 K 的 cfp 覆盖的全体是可数的, 记为 $\{\mathscr{P}_i\}_{i\in\mathbb{N}}$, 其中每一 $\mathscr{P}_i = \{P_\alpha\}_{\alpha\in A_i}$ 被 K 的非空闭集组成的有限覆盖 $\mathscr{F}_i = \{F_\alpha\}_{\alpha\in A_i}$ 精确加细. 置

$$L = \left\{(\alpha_i)\in\prod_{i\in\mathbb{N}} A_i : \bigcap_{i\in\mathbb{N}} F_{\alpha_i}\neq\varnothing\right\}.$$

(5.1) L 是紧子集 $\prod_{i\in\mathbb{N}} A_i$ 的闭集, 从而 L 是 A^ω 的紧子集.

设 $\alpha = (\alpha_i)\in\prod_{i\in\mathbb{N}} A_i\setminus L$, 则 $\bigcap_{i\in\mathbb{N}} F_{\alpha_i} = \varnothing$. 由 K 的紧性及定理 1.1.2, 存在 $i_0\in\mathbb{N}$ 使得 $\bigcap_{i\leqslant i_0} F_{\alpha_i} = \varnothing$. 令 $W = \{(\beta_i)\in\prod_{i\in\mathbb{N}} A_i : 对于 i\leqslant i_0 有 \beta_i = \alpha_i\}$. 则 W 是 $\prod_{i\in\mathbb{N}} A_i$ 中含有点 α 的开集且 $W\cap L = \varnothing$. 从而 L 是 $\prod_{i\in\mathbb{N}} A_i$ 的闭集.

(5.2) $L\subseteq M$ 且 $f(L)\subseteq K$.

设 $\alpha = (\alpha_i)\in L$, 则 $\bigcap_{i\in\mathbb{N}} F_{\alpha_i}\neq\varnothing$. 取定 $x\in\bigcap_{i\in\mathbb{N}} F_{\alpha_i}$. 如果证明了 $\{P_{\alpha_i}\}_{i\in\mathbb{N}}$ 是 x 在 X 中的网络, 那么 $\alpha\in M$ 且 $f(\alpha) = x\in K$, 于是有 $L\subseteq M$ 且 $f(L)\subseteq K$. 设 V 是 x 在 X 中的邻域. 由于 K 是 X 的正则子空间, 存在 x 在 K 中的开邻域 W 使得 $\overline{W} = \mathrm{cl}_K(W)\subseteq V$. 因为 $\mathscr{P}_K$ 是 K 的外 cfp 网络, 存在 $\mathscr{P}_K$ 的子集 $\mathscr{P}'$ 使得 $\mathscr{P}'$ 是 $\overline{W}$ 的 cfp 覆盖且 $\bigcup\mathscr{P}'\subseteq V$. 又因为 K 的紧子集 $K\setminus W\subseteq X\setminus\{x\}$, 存在 $\mathscr{P}_K$ 的子集 $\mathscr{P}''$ 使得 $\mathscr{P}''$ 是 $K\setminus W$ 的 cfp 覆盖且 $\bigcup\mathscr{P}''\subseteq X\setminus\{x\}$. 令 $\mathscr{P}^* = \mathscr{P}'\bigcup\mathscr{P}''$. 则 $\mathscr{P}^*$ 是 K 的 cfp 覆盖, 于是存在 $k\in\mathbb{N}$ 使得 $\mathscr{P}_k = \mathscr{P}^*$. 由于 $x\in F_{\alpha_k}\subseteq P_{\alpha_k}\in\mathscr{P}_k$, 所以 $P_{\alpha_k}\in\mathscr{P}'$, 故 $P_{\alpha_k}\subseteq V$. 从而 $\{P_{\alpha_i}\}_{i\in\mathbb{N}}$ 是 x 在 X 中的网络.

(5.3) $K\subseteq f(L)$.

设 $x\in K$. 对于每一 $i\in\mathbb{N}$, 存在 $\alpha_i\in A_i$ 使得 $x\in F_{\alpha_i}$. 令 $\alpha = (\alpha_i)$, 则 $\alpha\in L$ 且由 (5.2) 所证知 $f(\alpha) = x$. 因此 $K\subseteq f(L)$.

---

① 燕鹏飞[287] 引入紧有限分解的概念. 空间 X 的覆盖 $\mathscr{P}$ 称为 X 的紧有限分解, 若对于 X 中的每个紧子集 K, 存在 $\mathscr{P}$ 的子集 $\mathscr{F}$ 使得 $\mathscr{F}$ 被 K 的闭集组成的有限覆盖精确加细.

② 林寿, 燕鹏飞[171] 最先把外 cfp 网络称为性质 CC. 本书第一版也使用性质 CC 这一名称. 本书第二版基于外基概念 (定义 3.4.6) 及空间 X 的 cfp 网络概念 (定义 3.5.1) 改称为外 cfp 网络.

综上所述, L 是 M 的紧子集且 $f(L) = K$. □

E. Michael 和 K. Nagami[203] 在建立度量空间的紧覆盖映像理论中引入外基的概念作为过渡.

定义 3.4.6[203] 空间 X 的开集族 $\mathscr{B}$ 称为 X 的子集 K (在 X 中) 的外基, 若对于每一 $x \in K$ 及 x 在 X 中的邻域 U, 存在 $B \in \mathscr{B}$ 使得 $x \in B \subseteq U$.

显然, 空间 X 的基是 X 的任一子集在 X 中的外基. 对于空间 X 的子集 K, 应注意区别下述三个不同的概念: ① K 的基; ② K 在 X 中的 (邻域) 基; ③ K 的外基. 下述引理说明了它们之间的一种关系.

引理 3.4.7 设 K 是空间 X 的可度量化的紧子集. 若 K 在 X 中具有可数的邻域基, 则 K 在 X 中具有可数外基.

证明 因为 K 是空间 X 的可度量化的紧子集, 由定理 2.2.8, K 具有可数基. 设 $\{U_n\}_{n \in \mathbb{N}}$ 是 K 的可数基, 且 $\{V_n\}_{n \in \mathbb{N}}$ 是 K 在 X 中的可数开邻域基. 令 $A = \{(n, m) \in \mathbb{N}^2 : \overline{U}_m \subseteq U_n\}$. 若 $(n, m) \in A$, 则 $\overline{U}_m \subseteq U_n$, 于是 $\overline{U}_m \cap (K \setminus U_n) = \varnothing$. 因为 $\overline{U}_m$ 和 $K \setminus U_n$ 都是 T_2 空间 X 的紧子集, 由定理 1.1.4, 存在 X 的开集 $U_{n,m}$ 使得 $\overline{U}_m \subseteq U_{n,m} \subseteq \overline{U}_{n,m} \subseteq X \setminus (K \setminus U_n)$. 置 $W(n, m, k) = U_{n,m} \cap V_k$, $k \in \mathbb{N}$. 形如上述 $W(n, m, k)$ 的集的有限交全体组成的 X 的开集族记为 $\mathscr{H}$, 则 $\mathscr{H}$ 是可数的. 往证 $\mathscr{H}$ 是 K 在 X 中的外基.

对于每一 $p \in K$ 及 p 在 X 中的开邻域 U, 定义

$$B = \{\alpha \in A \times \mathbb{N} : p \in W(\alpha)\},$$
$$H(F) = \bigcap\{W(\alpha) : \alpha \in F\}, \quad F \subseteq B.$$

设不存在 B 的有限子集 F 使得 $H(F) \subseteq U$, 取 $p(F) \in H(F) \setminus U$. 置

$$Q(F) = \{p(F') : F' \text{ 是 } B \text{ 的有限子集且 } F \subseteq F'\}.$$

则 $U \cap \overline{Q(F)} = \varnothing$ 且 $K \cap \overline{Q(F)} \neq \varnothing$. 否则, 存在 $k \in \mathbb{N}$ 使得 $V_k \cap \overline{Q(F)} = \varnothing$. 由 K 的正则性及 $\{U_n\}_{n \in \mathbb{N}}$ 是 K 的基, 存在 $(n, m) \in \mathbb{N}^2$ 使得 $p \in \overline{U}_m \subseteq U_n$. 记 $\alpha = (n, m, k)$, $F' = F \cup \{\alpha\}$. 则 $\alpha \in B$ 且 $p(F') \in W(\alpha) \cap Q(F) \subseteq V_k \cap Q(F) = \varnothing$, 矛盾.

显然, 若 $F_1 \subseteq F_2$, 则 $Q(F_1) \supseteq Q(F_2)$, 因此 $\{K \cap \overline{Q(F)} : F \text{ 是 } B \text{ 的有限子集}\}$ 具有有限交性质. 由 K 的紧性, $K \cap \bigcap\{\overline{Q(F)} : F \text{ 是 } B \text{ 的有限子集}\} \neq \varnothing$. 另一方面, 对于 $x \in K \setminus \{p\}$, 再由 K 的正则性, 存在 $(n, m) \in \mathbb{N}^2$ 使得 $p \in U_m \subseteq \overline{U}_m \subseteq U_n \subseteq K \setminus \{x\}$, 于是 $\overline{U}_{n,m} \subseteq X \setminus (K \setminus U_n) \subseteq X \setminus \{x\}$. 取定 $k \in \mathbb{N}$, 让 $\alpha = (n, m, k)$.

那么 $\alpha \in B$ 且 $x \notin \overline{U}_{n,m}$. 由于

$$Q(\{\alpha\}) = \{p(F') : F' \text{ 是 } B \text{ 的有限子集且 } \alpha \in F'\}$$
$$\subseteq H(\{\alpha\}) = W(\alpha) \subseteq U_{n,m},$$

于是 $x \notin \overline{Q(\{\alpha\})}$, 因此 $(K \setminus \{p\}) \cap \bigcap \{\overline{Q(\{F\})} : F \text{ 是 } B \text{ 的有限子集}\} = \varnothing$. 这时 $\bigcap \{K \cap \overline{Q(F)} : F \text{ 是 } B \text{ 的有限子集}\} = \{p\} \subseteq U$. 再由 K 的紧性, 存在 B 的有限子集 F 使得 $p \in K \cap \overline{Q(F)} \subseteq U$ (练习 1.1.2), 从而 $U \cap \overline{Q(F)} \neq \varnothing$, 矛盾. 因此存在 B 的有限子集 F 使得 $H(F) \subseteq U$. 故 $\mathscr{H}$ 是 K 在 X 中的外基, 所以 K 在 X 中具有可数外基. □

引理 3.4.8 设 K 是空间 X 的子集. 若 $\mathscr{B}$ 是 K 的外基, 则 $\mathscr{B}$ 是 K 的外 cfp 网络.

证明 设 H 是 K 的紧子集, 且 V 是 H 在 X 中的邻域. 若 $x \in H$, 则存在 $B_x \in \mathscr{B}$ 使得 $x \in B_x \subseteq V$. 由于 H 的正则性, 存在 H 的开集 V_x 使得 $x \in V_x \subseteq \overline{V}_x \subseteq B_x$. 于是 $\{V_x\}_{x \in H}$ 是紧子集 H 的开覆盖, 所以它存在有限的子覆盖 $\{V_{x_i}\}_{i \leqslant n}$. 从而 $H = \bigcup_{i \leqslant n} \overline{V}_{x_i} \subseteq \bigcup_{i \leqslant n} B_{x_i} \subseteq V$, 且 $\{\overline{V}_{x_i}\}_{i \leqslant n}$ 是 $\{B_{x_i}\}_{i \leqslant n}$ 的精确加细. 故 $\mathscr{B}$ 是 K 的外 cfp 网络. □

定理 3.4.9[203] 空间 X 是可度量化空间的紧覆盖的开映像当且仅当 X 的每一紧子集可度量化且在 X 中具有可数邻域基.

证明 设存在可度量化空间 M 和紧覆盖的开映射 $f : M \to X$. 由定理 3.4.1, X 的每一紧子集可度量化. 设 K 是 X 的紧子集, 则存在 M 的紧子集 L 使得 $f(L) = K$. 由定理 2.3.13, L 在 M 中具有可数邻域基 $\{V_n\}_{n \in \mathbb{N}}$, 而 f 是开映射, 于是 $\{f(V_n)\}_{n \in \mathbb{N}}$ 是 K 在 X 中的可数邻域基.

反之, 设空间 X 的每一紧子集可度量化且在 X 中具有可数邻域基. 对于 X 的每一紧子集 K, 由引理 3.4.7, K 在 X 中具有可数外基 $\mathscr{P}_K$. 再由引理 3.4.8, $\mathscr{P}_K$ 是 K 的外 cfp 网络. 令 $\mathscr{P} = \bigcup \{\mathscr{P}_K : K \text{ 是 } X \text{ 的紧子集}\}$. 设 $(f, M, X, \mathscr{P})$ 是 Ponomarev 系. 由引理 3.3.1 和引理 3.4.5, f 是紧覆盖的开映射. 故 X 是可度量化空间的紧覆盖的开映像. □

下面两个例子将说明定理 3.4.9 中的两个条件是相互独立的. Hanai-Ponomarev 定理 (定理 3.3.2) 表明度量空间的开映像精确为第一可数空间. 对照推论 3.4.3 和定理 3.4.9, 下述例子说明每一紧子集可度量化的第一可数空间未必是可度量化空间的紧覆盖的开映像.

例 3.4.10 蝶形空间 X (例 3.2.10) 具有下述性质:

(1) 每一紧子集可度量化的第一可数空间;

(2) 紧子集 $\mathbb{I} \times \{0\}$ 在 X 中不具有可数的邻域基.

例 3.2.10 已说明 X 是第一可数的正则空间, 且 X 的紧子集 $\mathbb{I} \times \{0\}$ 在 X 中不具有可数的邻域基. 为了证明 X 的每一紧子集可度量化, 由定理 2.3.7, 只需证明 X 具有可数网络. 由于 X 的子空间 $\mathbb{R} \times \{0\}$ 和 $X \setminus (\mathbb{R} \times \{0\})$ 都具有欧几里得拓扑, 设 $\mathscr{P}$ 和 $\mathscr{F}$ 分别是它们的可数基, 那么 $\mathscr{P} \bigcup \mathscr{F}$ 是 X 的可数网络. □

下述例子表明空间 X 的每一紧子集具有可数邻域基并不蕴含 X 的紧子集自身具有可数基.

例 3.4.11 Alexandroff-Urysohn 双箭空间 X:

(1) 不可度量化的紧空间;

(2) 每一闭子集在 X 中具有可数邻域基.

取 $X = \mathbb{I} \times \{0, 1\} \setminus \{(0, 0), (1, 1)\}$. 集 X 赋予如下的字典序 $<$: 对于每一 $(a, b), (s, t) \in X$, $(a, b) < (s, t)$ 当且仅当 $a < s$, 或 $a = s$ 且 $b < t$. 全序集 $(X, <)$ 赋予序拓扑称为 Alexandroff-Urysohn **双箭空间**[5].

对于 $x = (a, b) \in X$, x 的邻域基元形如 (图 3.4.1):

$[(a - 1/n, 1), x] = \{x\} \bigcup \{(s, t) : a - 1/n < s < a, t = 0, 1\}$, $n \in \mathbb{N}$, $b = 0$;

$[x, (a + 1/n, 0)] = \{x\} \bigcup \{(s, t) : a < s < a + 1/n, t = 0, 1\}$, $n \in \mathbb{N}$, $b = 1$.

在分析 X 的性质之前, 先介绍右半区间拓扑. 取 S 是实数集, 以 $\mathscr{B} = \{[a, b) : a, b \in S\}$ 为基生成 S 的拓扑, 称为**右半开区间拓扑**[252] 或 Sorgenfrey **直线拓扑**[251], 空间 S 称为 Sorgenfrey **直线**. 显然, S 是可分的正则空间. 下面证明 S 是遗传 Lindelöf 空间.

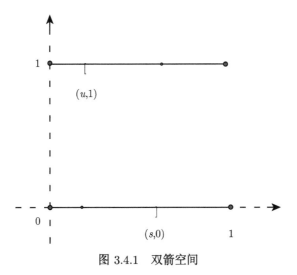

图 3.4.1 双箭空间

记 τ^* 是 $\mathbb{R}$ 的欧几里得拓扑. 设 $L \subseteq S$. 若 $\mathscr{B}$ 的子集 $\{U_\alpha\}_{\alpha \in A}$ 覆盖 L, 令 $U = \bigcup_{\alpha \in A} \mathrm{int}_{\tau^*}(U_\alpha)$. 由于 U 是 $(\mathbb{R}, \tau^*)$ 的 Lindelöf 子空间, 则某可数集族

$\{\operatorname{int}_{\tau^*}(U_{\alpha_n})\}_{n\in\mathbb{N}}$ 覆盖 U. 令 $B = L\backslash U$. 若 $b \in B$, 则存在 $s_b > b$ 使得 $(b, s_b) \cap B = \varnothing$. 从而 $\{(b, s_b) : b \in B\}$ 是 $\mathbb{R}$ 中互不相交的开区间集. 由 S 的可分性, B 是可数的. 所以存在 $\{U_\alpha\}_{\alpha\in A}$ 的可数子集覆盖 L. 故 L 是 Lindelöf 空间.

若实数集 S 赋予以 $\{(a, b] : a, b \in S\}$ 为基生成的拓扑, 则称 S 是*左半开区间拓扑空间*.

下面转入讨论 Alexandroff-Urysohn 双箭空间的性质.

(1) X 是不可度量化的紧空间. 因为 X 的子空间 $(0, 1] \times \{1\}$ 具有右半开区间拓扑, 由定理 2.2.8, 所以 X 不是可度量化空间. 因为右半开区间拓扑空间和左半开区间拓扑空间都是遗传 Lindelöf 空间, 所以 X 是遗传 Lindelöf 空间. 对 X 的无限子集 Y, $p_1(Y)$ 作为 $\mathbb{I}$ 的无限集关于欧几里得拓扑具有聚点 a, 于是 $(a, 0)$ 或 $(a, 1)$ 是 Y 在 X 的聚点. 故 X 是可数紧空间, 从而 X 是紧空间.

(2) X 的每一闭集在 X 中具有可数邻域基. 先证明 X 是 perfect 空间. 设 G 是 X 的任意开集. 对于每一 $x \in G$, 存在 X 的开集 V_x 使得 $x \in V_x \subseteq \overline{V}_x \subseteq G$. 因为 X 是遗传 Lindelöf 空间, 所以 G 的开覆盖 $\{V_x\}_{x\in G}$ 具有可数的子覆盖 $\{V_{x_i}\}_{i\in\mathbb{N}}$, 于是 $G = \bigcup_{i\in\mathbb{N}} \overline{V}_{x_i}$ 是 X 的 F_σ 集. 现在, 设 F 是 X 的闭集, 则存在 X 的开集列 $\{G_n\}_{n\in\mathbb{N}}$ 使得 $F = \bigcap_{n\in\mathbb{N}} G_n$. 由正规性, 不妨设每一 $\overline{G}_{n+1} \subseteq G_n$. 如果 U 是 X 中含有 F 的开子集, 则 $\bigcap_{n\in\mathbb{N}} \overline{G}_n = F \subseteq U$, 于是 $X = U \cup \bigcup_{n\in\mathbb{N}}(X \setminus \overline{G}_n)$. 由 X 的紧性, 存在 $m \in \mathbb{N}$ 使得 $X = U \cup \bigcup_{n\leqslant m}(X \setminus \overline{G}_n) = U \cup (X \setminus \overline{G}_m)$, 从而 $G_m \subseteq U$. 故 $\{G_n\}_{n\in\mathbb{N}}$ 是 F 在 X 中的邻域基. $\qquad\square$

为了以后更进一步讨论可度量化空间的商映像的需要, 本节的第二部分介绍紧覆盖映射的几种推广.

定义 3.4.12   设映射 $f : X \to Y$[①].

(1) f 称为*序列覆盖映射*[247], 若 Y 的每一收敛序列是 X 的某一收敛序列在 f 下的像.

(2) f 称为*伪序列覆盖映射*[102], 若 Y 的每一含极限点的收敛序列是 X 的某一紧子集在 f 下的像.

(3) f 称为*序列商映射*[45], 若 S 是 Y 的收敛序列, 则存在 X 的收敛序列 T 使得 $f(T)$ 是 S 的子序列.

显然, 紧覆盖映射和序列覆盖映射都是伪序列覆盖映射; 序列覆盖映射是序列商映射. 下述充要条件说明与商映射对比, 把 3.4.12(3) 定义的映射称为序列商映射是合适的.

---

① 1971 年 F. Siwiec (美, 1941–)[247] 称满足定义 3.4.12(1) 的映射为序列覆盖映射. 1984 年 G. Gruenhage, E. Michael 和 Y. Tanaka[102] 称满足定义 3.4.12(2) 的映射为序列覆盖映射. 由于名称上的混淆, 2002 年 Y. Ikeda, C. Liu 和 Y. Tanaka[121] 称满足定义 3.4.12(2) 的映射为伪序列覆盖映射. 高国士 (1919–2003)[83] 称满足定义 3.4.12(3) 的映射为弱序列覆盖映射.

引理 3.4.13[45]   设映射 $f: X \to Y$, 那么 f 是序列商映射当且仅当若 $f^{-1}(F)$ 是 X 的序列闭集, 则 F 是 Y 的序列闭集.

证明   设 f 是序列商映射且 $f^{-1}(F)$ 是 X 的序列闭集. 如果 F 的序列 S 在 Y 中收敛于点 y, 则存在 X 的收敛序列 T 使得 $f(T)$ 是 S 的子序列. 设序列 T 在 X 中收敛于 x, 那么 $f(x) = y$. 由于 $S \subseteq F$, 于是 $T \subseteq f^{-1}(F)$. 由引理 3.1.1, $x \in f^{-1}(F)$, 因此 $y \in F$. 故 F 是 Y 的序列闭集.

反之, 设 Y 中的序列 $\{y_n\}$ 收敛于 y. 不妨设每一 $y_n \neq y$. 令 $F = \{y_n : n \in \mathbb{N}\}$, 则 F 不是 Y 的序列闭集. 由假设, $f^{-1}(F)$ 不是 X 的序列闭集, 从而存在 $f^{-1}(F)$ 中的序列 $\{x_i\}$ 使其收敛于某点 $x \notin f^{-1}(F)$. 这时 $\{f(x_i) : i \in \mathbb{N}\}$ 是无限集, 所以可设序列 $\{f(x_i)\}$ 是 $\{y_n\}$ 的子列. 故 f 是序列商映射. □

引理 3.4.14   设映射 $f: X \to Y$.

(1) 若 X 是序列空间, 且 f 是商映射, 则 f 是序列商映射.

(2) 若 Y 是序列空间, 且 f 是伪序列覆盖或序列商映射, 则 f 是商映射.

证明   (1) 设 $f^{-1}(F)$ 是 X 的序列闭集, 由于 X 是序列空间, 则 $f^{-1}(F)$ 是 X 的闭集. 因为 f 是商映射, 于是 F 是 Y 的闭集, 从而 F 是 Y 的序列闭集. 由引理 3.4.13, f 是序列商映射.

(2) 设 f 是伪序列覆盖映射或序列商映射, 则 f 具有性质 $(*)$: 若 S 是 Y 的含极限点的收敛序列, 则存在 X 的紧子集 L 使得 $f(L)$ 是 S 的子序列. 设 $F \subseteq Y$ 使得 $f^{-1}(F)$ 是 X 的闭集. 若由 F 中点组成的序列 $\{y_n\}$ 在 Y 中收敛于 y, 由性质 $(*)$, 则存在 X 中的紧子集 L 使得 $f(L)$ 是 $\{y\} \cup \{y_n : n \in \mathbb{N}\}$ 中的子序列. 设 $f(L) = \{y\} \cup \{y_{n_i} : i \in \mathbb{N}\}$, 那么对于每一 $i \in \mathbb{N}$, 存在 $x_i \in L \cap f^{-1}(y_{n_i})$. 由于 L 的紧性, 设 x 是序列 $\{x_i\}$ 在 X 中的一个聚点, 则 $x \in f^{-1}(y) \cap f^{-1}(F)$, 于是 $y \in F$. 从而 F 是 Y 的序列闭集. 因为 Y 是序列空间, 所以 F 是 Y 的闭集. 故 f 是商映射. □

下述引理说明在一定条件下伪序列覆盖映射是序列商映射, 如度量空间上的每一伪序列覆盖映射是序列商映射.

引理 3.4.15   设空间 X 的每一紧子集是序列紧的. 若 $f: X \to Y$ 是伪序列覆盖映射, 则 f 是序列商映射.

证明   设 $\{y_n\}$ 是空间 Y 中的收敛于某点 y 的序列, 则存在空间 X 的紧子集 L 使得 $f(L) = \{y\} \cup \{y_n : n \in \mathbb{N}\}$. 对于每一 $n \in \mathbb{N}$, 取定 $x_n \in f^{-1}(y_n) \cap L$. 因为 L 是序列紧的, 所以序列 $\{x_n\}$ 存在收敛的子序列 $\{x_{n_i}\}$, 于是 $\{f(x_{n_i})\}$ 是 $\{y_n\}$ 的收敛的子序列. 故 f 是序列商映射. □

本节最后举几个例子说明上述几类映射之间的不蕴含关系. 为了说明序列商映射未必是伪序列覆盖映射, 先介绍 Mrówka 空间.

例 3.4.16   Mrówka 空间 $\psi(\mathbb{N})$:

(1) 局部紧的可展空间;

(2) 每一紧子集可度量化且在 $\psi(\mathbb{N})$ 中具有可数邻域基;

(3) 不具有点可数基;

(4) 存在非伪序列覆盖的序列商映射 $f: \psi(\mathbb{N}) \to \mathbb{S}_1$.

$\mathbb{N}$ 的无限子集族 $\mathscr{A}$ 称为 $\mathbb{N}$ 的几乎互不相交族, 若 $\mathscr{A}$ 中任两不同元之交是 $\mathbb{N}$ 的有限子集. 由 Zorn 引理 (引理 3.3.6), 设 $\mathscr{A}$ 是 $\mathbb{N}$ 的极大的几乎互不相交族, 则 $\mathscr{A}$ 是不可数的. 否则, 记 $\mathscr{A} = \{A_n\}_{n \in \mathbb{N}}$. 对于每一 $n \in \mathbb{N}$, 由于 $A_n \setminus \bigcup_{i<n} A_i = A_n \setminus \bigcup_{i<n}(A_i \cap A_n)$ 是无限集, 所以存在 $x_n \in A_n \setminus \bigcup_{i<n} A_i$. 令 $C = \{x_n : n \in \mathbb{N}\}$, 则 C 是 $\mathbb{N}$ 的无限子集且对于每一 $n \in \mathbb{N}$, $C \cap A_n$ 是有限集, 那么 $C \notin \mathscr{A}$ 且 $\mathscr{A} \cup \{C\}$ 是 $\mathbb{N}$ 的几乎互不相交族, 这与 $\mathscr{A}$ 的极大性相矛盾.

置 $\psi(\mathbb{N}) = \mathscr{A} \cup \mathbb{N}$. $\psi(\mathbb{N})$ 赋予下述拓扑称为 Mrówka 空间[215]: $\mathbb{N}$ 中的点是 $\psi(\mathbb{N})$ 的孤立点; 对于每一 $A \in \mathscr{A}$, A 在 $\psi(\mathbb{N})$ 中的邻域基元形如 $\{A\} \cup (A \setminus F)$, 其中 F 是 A 的有限子集.

(1) $\psi(\mathbb{N})$ 是局部紧的可展空间. 显然, $\psi(\mathbb{N})$ 是 T_2 空间. 由于上述定义的邻域基元都是 $\psi(\mathbb{N})$ 的紧子集, 所以 $\psi(\mathbb{N})$ 是局部紧空间. 下面验证 $\psi(\mathbb{N})$ 是可展空间. 不妨设 $\bigcup \mathscr{A} = \mathbb{N}$. 对于每一 $n \in \mathbb{N}$, 定义 $\mathscr{U}_n = \{\{A\} \cup (A \setminus F_n) : A \in \mathscr{A}\} \cup \{\{x\} : x \in F_n\}$, 其中 $F_n = \{1, 2, \cdots, n\}$, 则 $\mathscr{U}_n$ 是 $\psi(\mathbb{N})$ 的开覆盖. 对于每一 $x \in \psi(\mathbb{N})$, 当 $x \in F_n$ 时有 $\operatorname{st}(x, \mathscr{U}_n) = \{x\}$; 当 $x \in \mathscr{A}$ 时有 $\operatorname{st}(x, \mathscr{U}_n) = \{x\} \cup (x \setminus F_n)$. 于是 $\{\mathscr{U}_n\}$ 是 $\psi(\mathbb{N})$ 的展开, 从而 $\psi(\mathbb{N})$ 是可展空间.

(2) 设 K 是 $\psi(\mathbb{N})$ 的紧子空间. 由于 $\mathscr{A}$ 是 $\psi(\mathbb{N})$ 的闭离散子空间, 所以 $K \cap \mathscr{A}$ 是有限集, 于是 K 是 $\psi(\mathbb{N})$ 的可数集. 由于 $\psi(\mathbb{N})$ 是第一可数空间, 所以 K 具有可数基. 由 Tychonoff-Urysohn 度量化定理 (推论 2.3.4), K 是可度量化的. 易验证, K 在 $\psi(\mathbb{N})$ 中也具有可数邻域基 (练习 3.4.2).

(3) 由于 $\mathbb{N}$ 是 $\psi(\mathbb{N})$ 的可数的稠密子集, 所以 $\psi(\mathbb{N})$ 是可分空间. 若 $\psi(\mathbb{N})$ 具有点可数基, 由引理 3.3.3, 则 $\psi(\mathbb{N})$ 具有可数基, 于是 $\psi(\mathbb{N})$ 的子空间 $\mathscr{A}$ 也具有可数基. 但是, $\mathscr{A}$ 是 $\psi(\mathbb{N})$ 的不可数的闭离散子空间, 矛盾. 故 $\psi(\mathbb{N})$ 不具有点可数基.

(4) 定义 $f: \psi(\mathbb{N}) \to \mathbb{S}_1$ 使得 $f(\psi(\mathbb{N}) \setminus \mathbb{N}) = \{0\}$ 且 $f(n) = 1/n$, $n \in \mathbb{N}$, 见图 3.4.2. 由 $\mathscr{A}$ 的极大性, 在 $\psi(\mathbb{N})$ 中 $\mathbb{N}$ 的任一无限子集有聚点在 $\psi(\mathbb{N}) \setminus \mathbb{N}$ 中 (练习 3.4.3). 由于 $\psi(\mathbb{N})$ 是第一可数空间, 于是 $\mathbb{N}$ 中的每一由互不相同点组成的序列有子序列使其收敛于 $\psi(\mathbb{N}) \setminus \mathbb{N}$ 中的点, 所以 f 是序列商映射. 但是 f 不是伪序列覆盖映射. 否则, 由于 $\mathbb{S}_1$ 是收敛序列, 存在 $\psi(\mathbb{N})$ 的紧子集 L 使得 $f(L) = \mathbb{S}_1$, 于是 $\mathbb{N} \subseteq L$. 因为 $\mathbb{N}$ 是 $\psi(\mathbb{N})$ 的稠密子集, 所以 $\psi(\mathbb{N}) = L$, 从而 $\psi(\mathbb{N})$ 是紧空间, 矛盾. 故 f 不是伪序列覆盖映射. $\qquad\square$

例 3.4.17 (1) 开映射未必是伪序列覆盖映射或序列商映射.

设 $X = \{0\} \cup \mathbb{N}^2$. 对于每一 $n, m \in \mathbb{N}$, 令 $V(n, m) = \{(n, k) \in \mathbb{N}^2 : k \geqslant m\}$. 集 X

赋予如下拓扑: $\mathbb{N}^2$ 中的点是 X 的孤立点; 点 0 的邻域基元形如 $\{0\}\cup\bigcup_{n\geqslant i} V(n,m_n)$, 其中 $i, m_n \in \mathbb{N}$. 显然, X 是 Arens 空间 S_2 (例 3.1.7) 的子空间, 见图 3.4.3. 先证明 X 的紧子集是有限集. 设 K 是 X 的紧子集. 由于每一 $V(n,1)$ 是 X 的闭离散子集, 所以 $V(n,1)\cap K$ 是有限集, 于是 0 不是 K 的聚点. 又由于 $\mathbb{N}^2$ 中的点是 X 的孤立点, 因此 K 在 X 中没有聚点, 故 K 是 X 的有限子集. 让 $Y = \mathbb{S}_1$. 定义 $f : X \to Y$ 使得 $f(0) = 0$ 且每一 $f(n,m) = 1/n$, 则 f 是开映射. 由于 X 中的紧子集是有限集, 所以 f 既不是伪序列覆盖映射也不是序列商映射.

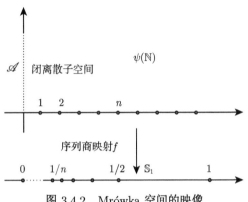

图 3.4.2   Mrówka 空间的映像

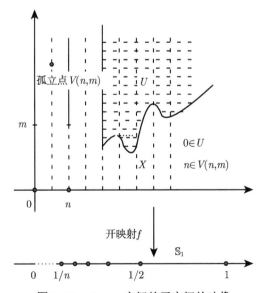

图 3.4.3   Arens 空间的子空间的映像

(2) 完备映射未必是序列商映射.

考虑最大紧化 $\beta\mathbb{N}$ (例 1.2.8). 定义 $f : \beta\mathbb{N} \to \mathbb{S}_1$ 使得 $f(\beta\mathbb{N} \setminus \mathbb{N}) = \{0\}$ 且每一 $f(n) = 1/n$, 则 f 是映射. 由于 $\beta\mathbb{N}$ 是紧空间, 所以 f 是完备映射. 又由于 $\beta\mathbb{N}$ 中不存在非平凡的收敛序列, 于是 f 不是序列商映射.

(3) 序列覆盖映射未必是紧覆盖映射或商映射.

设 $Y = \beta\mathbb{N}$. 空间 X 是集 $\beta\mathbb{N}$ 赋予离散拓扑, 则 X 是度量空间. 令 $f : X \to Y$ 是恒等映射. 由于 $\beta\mathbb{N}$ 中不存在非平凡的收敛序列, 所以 f 是序列覆盖映射. 又由于 X 中的紧子集都是有限集, 于是 f 不是紧覆盖映射. 再由于 X 的闭集 $\mathbb{N}$ 不是 Y 的闭集, 从而 f 不是商映射.

(4) 紧覆盖且序列覆盖映射未必是商映射.

取定 $p \in \beta\mathbb{N} \setminus \mathbb{N}$. 令 $Y = \mathbb{N} \cup \{p\}$ 是 Michael 空间 (例 1.3.14). 让 X 是集 Y 赋予离散拓扑, $f = \mathrm{id}_X : X \to Y$. 由于 Y 不是离散空间, 于是 f 不是商映射. 又由于 Y 的每一紧子集是有限集 (练习 1.6.7), 于是 f 是紧覆盖且序列覆盖映射.

作为本节的结束, 下面举一例说明分离性质 T_2 的重要性.

让 Y 是集 ω 赋予有限补拓扑的空间, 则 Y 是第一可数的 T_1 紧空间. 令 $X_1 = \{2n : n \in \omega\}$, $X_2 = \{0\} \cup \{2n+1 : n \in \omega\}$ 都是 Y 的子空间. 再令 $X = X_1 \oplus X_2$, 且 $f : X \to Y$ 是自然映射. 由于 X_1 (或 X_2) 中的每一非平凡序列都收敛于 X_1 (或 X_2) 中的任意点, 所以 f 是序列商映射. 又由于 X 的任意子集都是 X 的紧子集, 所以 f 是紧覆盖映射. 让 $U = \{2n+1 : n \in \omega\}$, 则 U 不是 Y 的开集, 但是 $f^{-1}(U) = X_2 \setminus \{0\}$ 开于 X, 所以 f 不是商映射. 让 $F = \{2n : n \in \omega\}$, 则 F 不是 Y 的序列闭集, 但是 $f^{-1}(F) = X_1 \cup \{0\}$ 闭于 X. 这表明引理 3.4.2, 引理 3.4.13 和引理 3.4.14(2) 中假设空间 Y 满足 T_2 分离性质不可减弱为 T_1 分离性质.   □

练　习

3.4.1   设 K 是空间 X 的紧子集. 若 K 在 X 中具有可数外基, 则 K 是 X 的可度量化的子集且 K 在 X 中具有可数的邻域基 (引理 3.4.7 的逆命题).

3.4.2   设 K 是第一可数空间 X 的可数的紧子集. 证明: K 在 X 中具有可数邻域基.

3.4.3 $\psi(\mathbb{N})$ 是 Mrówka 空间. 证明: (1) $\mathbb{N}$ 的任一无限子集有聚点在 $\psi(\mathbb{N}) \setminus \mathbb{N}$ 中; (2) $\psi(\mathbb{N})$ 是伪紧空间; (3) $\psi(\mathbb{N})$ 的一点紧化是序列空间, 但不是 Fréchet-Urysohn 空间; (4) 例 3.4.16 中定义的映射 $f : \psi(\mathbb{N}) \to \mathbb{S}_1$ 是闭映射, 但不是边缘紧映射.

3.4.4   证明: $\beta\mathbb{N}$ 的每一单点集是序列开集, 从而 $\beta\mathbb{N}$ 不是序列空间.

3.4.5   利用 Miščenko 引理证明: 设空间 X 具有点可数的闭 k 网络, 则 X 是可度量化空间的紧覆盖的 s 映像[202].

3.4.6   映射 $f : X \to Y$ 称为几乎开映射[11], 若对于每一 $y \in Y$, 存在 $x \in f^{-1}(y)$ 使得如果 U 是 x 在 X 中的邻域, 则 $f(U)$ 是 y 在 Y 中的邻域. 证明: (1) 几乎开映射保持第一可

数性; (2) 空间 X 是每一紧子集可度量化的第一可数空间当且仅当 X 是度量空间的紧覆盖的几乎开映像[295].

3.4.7 证明: 每一 (不附加分离公理的) 空间是某一度量空间的序列覆盖映像.

3.4.8 Sorgenfrey 直线是否是第二范畴集?

3.5 商 s 映像

本节介绍可度量化空间的开 s 映像和商 s 映像的内在特征. 关于可度量化空间的开 s 映像的刻画, 定理 3.3.5 已表明这类空间具有点可数基, 问题在于紧覆盖的开 s 映射会产生怎样新的信息. 这种设想是有必要的, 因为度量空间的开映像与度量空间的紧覆盖的开映像是不同的空间类, 见定理 3.3.2 和定理 3.4.9. 困难之处在于构造合适的紧覆盖映射. 定理 3.4.9 已揭示良好的开端. 外基是建立可度量化空间上紧覆盖开映像的合适媒介, 对于未必开的紧覆盖映像的刻画则需要如下与定义 3.4.4 相关的 cfp 网络的概念.

定义 3.5.1[289]   设 $\mathscr{P}$ 是空间 X 的覆盖. $\mathscr{P}$ 称为 X 的 **cfp 网络**, 若 $\mathscr{P}$ 是 X 的外 cfp 网络, 即若 K 是 X 的紧子集且 V 是 K 在 X 中的邻域, 则存在 $\mathscr{P}$ 的子集 $\mathscr{F}$ 使得 $\mathscr{F}$ 是 K 的 cfp 覆盖且 $\bigcup \mathscr{F} \subseteq V$.

cfp 网络与 k 网络 (定义 3.3.11) 密切相关. 显然, 空间 X 的闭 k 网络是 X 的 cfp 网络; X 的 cfp 网络是 X 的 k 网络.

由引理 3.4.8, 有下述结果.

引理 3.5.2   空间 X 的基是 X 的 cfp 网络.   □

下述关于点可数集族的 cfp 性质与著名的 Miščenko 引理 (引理 3.3.10) 类似. 对于空间 X 的子集 K, X 的子集族 $\mathscr{F}$ 称为 K 的**极小 cfp 覆盖**[289], 若 $\mathscr{F}$ 是 K 的 cfp 覆盖, 但对于每一 $F \in \mathscr{F}$, $\mathscr{F} \setminus \{F\}$ 不是 K 的 cfp 覆盖. 对于非空的紧子集, 燕鹏飞和林寿[289] 证明了点可数覆盖的这种极小性质.

引理 3.5.3[280]   如果 $\mathscr{P}$ 是空间 X 的点可数覆盖, 那么 X 的每一非空子集仅有可数个由 $\mathscr{P}$ 的元组成的极小 cfp 覆盖.

证明   设 K 是空间 X 的非空子集且 $\{\mathscr{P}_\alpha : \alpha \in A\}$ 是由 $\mathscr{P}$ 的元组成的 K 的极小 cfp 覆盖全体. 若引理不成立, 则存在 $n \in \mathbb{N}$ 使得集族 $\Phi = \{\mathscr{P}_\alpha : \alpha \in A, |\mathscr{P}_\alpha| = n\}$ 是不可数的. 对于 $P \in \mathscr{P}$, 令 $\Phi(P) = \{\mathscr{P}_\alpha : P \in \mathscr{P}_\alpha \in \Phi\}$. 取定 $x_1 \in K$, 则 $\Phi = \bigcup \{\Phi(P) : x_1 \in P \in \mathscr{P}\}$. 由于 $\mathscr{P}$ 是点可数的, 于是存在 $P_1 \in \mathscr{P}$ 使得 $x_1 \in P_1$ 且 $|\Phi(P_1)| > \omega$. 若 $n = 1$, 则 $|\Phi(P_1)| = 1$, 矛盾. 故 $n > 1$. 设 $\Phi(P_1) = \{\mathscr{P}_\alpha : \alpha \in A_1\}$, 其中每一 $\mathscr{P}_\alpha = \{P_{\alpha,i} : i \leqslant n\}$ 被 K 的闭子集组成的有限覆盖 $\mathscr{F}_\alpha = \{F_{\alpha,i} : i \leqslant n\}$ 加细且 $P_{\alpha,1} = P_1$.

对于每一 $\alpha \in A_1$, 令 $F_\alpha = \bigcup_{2 \leqslant i \leqslant n} F_{\alpha,i}$. 这时 $\bigcap_{\alpha \in A_1} F_\alpha \neq \varnothing$. 事实上, 若

$\bigcap_{\alpha \in A_1} F_\alpha = \varnothing$, 那么 $K = \bigcup_{\alpha \in A_1}(K \setminus F_\alpha) \subseteq \bigcup_{\alpha \in A_1} F_{\alpha,1} \subseteq \bigcup_{\alpha \in A_1} P_{\alpha,1} = P_1$. 这与 $\mathscr{P}_\alpha$ 是 K 的极小 cfp 覆盖相矛盾, 所以 $\bigcap_{\alpha \in A_1} F_\alpha \neq \varnothing$.

取定 $x_2 \in \bigcap_{\alpha \in A_1} F_\alpha$. 对于每一 $P \in \mathscr{P} \setminus \{P_1\}$, 令 $\Phi(P_1, P) = \{\mathscr{P}_\alpha : P \in \mathscr{P}_\alpha \in \Phi(P_1)\}$. 则 $\Phi(P_1) = \bigcup\{\Phi(P_1, P) : x_2 \in P \in \mathscr{P} \setminus \{P_1\}\}$. 事实上, 任取 $\mathscr{P}_\alpha \in \Phi(P_1)$, 由于 $x_2 \in F_\alpha = \bigcup_{2 \leqslant i \leqslant n} F_{\alpha,i}$, 存在 $i_0 \in \mathbb{N}$ 使得 $2 \leqslant i_0 \leqslant n$ 且 $x_2 \in F_{\alpha,i_0}$, 这时 $F_{\alpha,i_0} \subseteq P_{\alpha,i_0} \neq P_1$, 从而 $\mathscr{P}_\alpha \in \Phi(P_1, P_{\alpha,i_0})$. 再由 $\Phi(P_1)$ 的不可数性, 存在 $P_2 \in \mathscr{P}$ 使得 $x_2 \in P_2$, $P_2 \neq P_1$ 且 $|\Phi(P_1, P_2)| > \omega$.

继续上述过程, 可得到点集 $\{x_i\}_{i \leqslant n}$ 及集族 $\{P_i\}_{i \leqslant n}$ 满足: 每一 $x_i \in P_i \in \mathscr{P}$, 当 $i \neq j$ 时 $P_i \neq P_j$ 且 $|\Phi(P_1, P_2, \cdots, P_n)| > \omega$, 但是 $|\Phi(P_1, P_2, \cdots, P_n)| = 1$, 矛盾. 故由 $\mathscr{P}$ 的元组成的 K 的极小 cfp 覆盖至多是可数的. □

引理 3.5.4[289]   设 $\mathscr{P}$ 是空间 X 的点可数的 cfp 网络. 若 $(f, M, X, \mathscr{P})$ 是 Ponomarev 系, 则 f 是紧覆盖的 s 映射.

证明   记 $\mathscr{P} = \{P_\alpha\}_{\alpha \in A}$. 由引理 3.3.1, $f : M \to X$ 是 s 映射. 由引理 3.4.5, 为了证明 f 是紧覆盖映射, 只需证明: 若 K 是 X 的非空紧子集, 则存在 $\mathscr{P}$ 的可数子集 $\mathscr{P}_K$ 使其是 K 的外 cfp 网络.

由引理 3.5.3, 记由 $\mathscr{P}$ 的元组成的 K 的极小 cfp 覆盖族为 $\{\mathscr{P}_i\}_{i \in \mathbb{N}}$. 令 $\mathscr{P}_K = \bigcup_{i \in \mathbb{N}} \mathscr{P}_i$, 则 $\mathscr{P}$ 的可数子集 $\mathscr{P}_K$ 是 K 的外 cfp 网络. 事实上, 对于 K 的任意非空紧子集 H 及 H 在 X 中的邻域 V, 因为 K 是 X 的紧子集, 所以 K 是 X 的正规子集, 于是存在 H 在 K 中的开邻域 W 使得 $\mathrm{cl}_K(W) \subseteq V$. 由于 $\mathscr{P}$ 是 X 的 cfp 网络, 存在 $\mathscr{P}$ 的子集 $\mathscr{P}'$ 使得 $\mathscr{P}'$ 是 $\mathrm{cl}_K(W)$ 的 cfp 覆盖且 $\bigcup \mathscr{P}' \subseteq V$. 又由于紧集 $K \setminus W \subseteq X \setminus H$, 存在 $\mathscr{P}$ 的子集 $\mathscr{P}''$ 使得 $\mathscr{P}''$ 是 $K \setminus W$ 的 cfp 覆盖且 $\bigcup \mathscr{P}'' \subseteq X \setminus H$. 令 $\mathscr{P}^* = \mathscr{P}' \bigcup \mathscr{P}''$, 则 $\mathscr{P}^*$ 是 K 的 cfp 覆盖, 于是存在 $k \in \mathbb{N}$ 使得 $\mathscr{P}_k \subseteq \mathscr{P}^*$. 设 $\mathscr{P}_k = \{P_\alpha\}_{\alpha \in A'}$ 被 K 的闭集组成的有限覆盖 $\{K_\alpha\}_{\alpha \in A'}$ 精确加细. 再令 $\mathscr{F} = \{P_\alpha \in \mathscr{P}_k : K_\alpha \cap H \neq \varnothing\}$, 那么 $\mathscr{F}$ 是 H 的 cfp 覆盖且 $\bigcup \mathscr{F} \subseteq V$. 故 $\mathscr{P}_K$ 是 K 的外 cfp 网络.

综上所述, f 是紧覆盖的 s 映射. □

本节开头提出的疑问回答如下.

定理 3.5.5(Michael-Nagami 定理[203])   空间 X 具有点可数基当且仅当 X 是可度量化空间的紧覆盖的开 s 映像.

证明   由定理 3.3.5, 可度量化空间的紧覆盖的开 s 映像具有点可数基. 反之, 设 $\mathscr{B}$ 是空间 X 的点可数基. 让 $(f, M, X, \mathscr{B})$ 是 Ponomarev 系. 由引理 3.3.1, f 是开 s 映射. 再由引理 3.5.2 和引理 3.5.4, f 是紧覆盖映射. 故 X 是可度量化空间的紧覆盖的开 s 映像. □

利用 Michael-Nagami 定理, 可立刻得到 Miščenko 的度量化定理 (推论 3.3.13): 具有点可数基的紧空间是可度量化空间. 事实上, 设 X 是具有点可数基的紧空间.

由定理 3.5.5, 存在可度量化空间 M 和紧覆盖的开 s 映射 $f: M \to X$. 再由定理 3.4.1, 紧空间 X 是可度量化的.

由定理 3.3.5 和定理 3.5.5, 可度量化空间的开 s 映像是可度量化空间的紧覆盖的开 s 映像. E. Michael 和 K. Nagami[203] 提出问题: 可度量化空间的商 s 映像是否是可度量化空间的紧覆盖的商 s 映像? 这涉及如下问题.

问题 3.5.6 (1) 可度量化空间的商 s 映像的内在刻画?

(2) 可度量化空间的紧覆盖的商 s 映像的内在刻画?

(3) 上述两种刻画是否等价?

其中问题 (1) 是 A. Arhangel'skiĭ[14] 在名著 "映射与空间" 中提出的问题. 本节的第二部分介绍这方面的进展. 首先应当提到的是陈怀鹏[57] 已构造例子说明: 可度量化空间的商 s 映像未必是可度量化空间的紧覆盖的商 s 映像. 这表明问题 (3) 是否定的. 利用前述关于 Ponomarev 系的工作, 问题 (2) 可获得较满意的解决.

定理 3.5.7[289] 空间 X 是可度量化空间的紧覆盖 s 映像当且仅当 X 具有点可数的 cfp 网络.

证明 由引理 3.5.4 得到充分性. 下面证明必要性. 设空间 X 是可度量化空间 M 在紧覆盖 s 映射 f 下的像. 因为 M 是可度量化空间, 由 Bing-Nagata-Smirnov 度量化定理 (定理 2.3.3), 让 $\mathscr{P}$ 是 M 的 σ 局部有限基. 由引理 3.5.2, $\mathscr{P}$ 是 M 的 cfp 网络. 由于紧覆盖映射保持 cfp 网络 (练习 3.5.1), 所以 $f(\mathscr{P})$ 是 X 的 cfp 网络. 又由于 f 是 s 映射, 于是 $f(\mathscr{P})$ 是 X 的点可数集族. 故 $f(\mathscr{P})$ 是 X 的点可数的 cfp 网络. □

下述推论是问题 3.5.6(2) 的回答.

推论 3.5.8[289] 空间 X 是可度量化空间的紧覆盖的商 s 映像当且仅当 X 是具有点可数 cfp 网络的 k 空间.

证明 由定理 3.5.7 和引理 1.6.6 得到必要性. 由定理 3.5.7 和引理 3.4.2 得到充分性. □

问题 3.5.6(1) 的最终解决依赖于 cs^* 网络的引入.

定义 3.5.9 设 $\mathscr{P}$ 是空间 X 的子集族.

(1) $\mathscr{P}$ 称为 X 的 **cs 网络**[247], 若对于 X 的开集 U 及 X 中的序列 $\{x_n\}$ 使其收敛于点 $x \in U$, 则存在 $P \in \mathscr{P}$ 使得序列 $\{x_n\}$ 是终于 P 的且 $P \subseteq U$, 即存在 $m \in \mathbb{N}$ 使得 $\{x\} \cup \{x_n : n > m\} \subseteq P \subseteq U$.

(2) $\mathscr{P}$ 称为 X 的 **cs^* 网络**[85], 若对于 X 的开集 U 及 X 中的序列 $\{x_n\}$ 使其收敛于点 $x \in U$, 则存在 $P \in \mathscr{P}$ 使得序列 $\{x_n\}$ 的某子序列是终于 P 的且 $P \subseteq U$.

显然, 空间 X 的基是 cs 网络; X 的 cs 网络是 cs^* 网络; X 的 cs^* 网络是网络. 下面介绍 cs^* 网络的一些基本性质.

引理 3.5.10 空间 X 的 cfp 网络是 X 的 cs^* 网络.

证明　设 $\mathscr{P}$ 是空间 X 的 cfp 网络. 对于 X 的开集 U 及 X 中的序列 $\{x_n\}$ 使其收敛于点 $x \in U$. 让 $K = \{x\} \cup \{x_n \in U : n \in \mathbb{N}\}$. 则 X 的紧子集 $K \subseteq U$, 于是存在 $\mathscr{P}$ 的子集 $\mathscr{P}'$ 使得 $\mathscr{P}'$ 是 K 的 cfp 覆盖且 $\bigcup \mathscr{P}' \subseteq U$. 记 $\mathscr{P}' = \{P_i\}_{i \leqslant m}$, 且 $\mathscr{P}'$ 被 K 的闭集组成的覆盖 $\{K_i\}_{i \leqslant m}$ 精确加细. 由于每一 K_i 是 X 的闭集, 存在 $i \leqslant m$ 使得序列 $\{x_n\}$ 的某子序列是终于 K_i 的, 从而这个子序列是终于 P_i 的且 $P_i \subseteq U$. 故 $\mathscr{P}$ 是 X 的 cs^* 网络. □

引理 3.5.11　设 $\mathscr{P}$ 是空间 X 的点可数 cs^* 网络, 那么 $\mathscr{P}$ 是 X 的 k 网络当且仅当 X 的每一紧子集是序列紧的.

证明　设 $\mathscr{P}$ 是空间 X 的 k 网络. 对于 X 的每一紧子集 K, $\mathscr{P}|_K = \{P \cap K : P \in \mathscr{P}\}$ 是 K 的点可数的 k 网络. 由定理 3.3.12, K 是可度量化的子空间. 再由定理 2.2.9, K 是序列紧的.

反之, 设 X 的每一紧子集是序列紧的. 对于 X 的紧子集 K 及 K 在 X 中的邻域 U, 记 $\mathscr{H} = \{P \in \mathscr{P} : P \subseteq U\}$. 对于每一 $x \in K$, 记可数集 $\{P \in \mathscr{H} : x \in P\} = \{P_n(x)\}_{n \in \mathbb{N}}$. 若不存在 $\mathscr{H}$ 的有限子集 $\mathscr{F}$ 使得 $K \subseteq \bigcup \mathscr{F}$, 则可选取 K 中的序列 $\{x_k\}$ 使得当 $n, j < k$ 时 $x_k \notin P_n(x_j)$. 这时每一 $P_n(x)$, $x \in K$, 仅含有序列 $\{x_k\}$ 的有限项. 因为 K 是序列紧的, 所以 $\{x_k\}$ 存在收敛的子序列 $\{x_{k_i}\}$. 设 $\{x_{k_i}\}$ 收敛于 $x \in K \subseteq U$. 由于 $\mathscr{P}$ 是 X 的 cs^* 网络, 存在 $P \in \mathscr{P}$ 使得 $\{x_{k_i}\}$ 的某子序列是终于 P 的且 $P \subseteq U$, 于是 $P \in \mathscr{H}$ 且存在 $n \in \mathbb{N}$ 使得 $P_n(x) = P$. 从而 $P_n(x)$ 含有 $\{x_k\}$ 中的无限项, 矛盾. 因此存在 $\mathscr{P}$ 的有限子集 $\mathscr{F}$ 使得 $K \subseteq \bigcup \mathscr{F} \subseteq U$. 故 $\mathscr{P}$ 是 X 的 k 网络. □

由于紧的序列空间是序列紧空间 (练习 3.1.2), 所以引理 3.5.11 的充要条件也等价于 X 的每一紧子集是序列子空间.

引理 3.5.12　序列商映射保持 cs^* 网络.

证明　设 $f : X \to Y$ 是序列商映射, 且 $\mathscr{P}$ 是空间 X 的 cs^* 网络. 让 $\mathscr{F} = f(\mathscr{P})$. 设 U 是 Y 的开集且 Y 中的序列 $\{y_n\}$ 收敛于点 $y \in U$. 由于 f 是序列商映射, 存在 X 中的收敛序列 $\{x_m\}$ 使得序列 $\{f(x_m)\}$ 是 $\{y_n\}$ 的子序列. 设 $\{x_m\}$ 收敛于 x, 则 $f(x) = y$, 于是 $x \in f^{-1}(U)$. 因为 $\mathscr{P}$ 是 X 的 cs^* 网络, 存在 $P \in \mathscr{P}$ 使得 $\{x_m\}$ 的某子序列是终于 P 的且 $P \subseteq f^{-1}(U)$, 从而 $\{y_n\}$ 的某子序列是终于 $f(P) \in \mathscr{F}$ 的且 $f(P) \subseteq U$. 故 $\mathscr{F}$ 是 Y 的 cs^* 网络. □

完备映射未必保持 cs^* 网络. 如例 3.4.17(2) 定义的完备映射 $f : \beta\mathbb{N} \to \mathbb{S}_1$. 令 $\mathscr{P} = \{\{x\} : x \in \beta\mathbb{N}\}$. 由于 $\beta\mathbb{N}$ 中不存在非平凡的收敛序列, 所以 $\mathscr{P}$ 是 $\beta\mathbb{N}$ 的点可数的 cs 网络. 但是, $f(\mathscr{P})$ 不是 $\mathbb{S}_1$ 的 cs^* 网络. 由定理 3.3.12, $\beta\mathbb{N}$ 不具有点可数的 k 网络. 在 3.6 节, 将给出一个具有点可数 k 网络, 但是不具有点可数 cs^* 网络的空间 (引理 3.6.9).

引理 3.5.13　设 $\mathscr{P}$ 是空间 X 的点可数的 cs^* 网络. 若 K 是 X 中某一含极

限点的收敛序列所成之集, 则存在 $\mathscr{P}$ 的可数子集 $\mathscr{P}_K$ 使其是 K 的外 cfp 网络.

证明   由于 $\mathscr{P}$ 是 X 的点可数集族, 置 $\mathscr{P}_K = \{P \in \mathscr{P} : P \cap K \neq \varnothing\}$, 则 $\mathscr{P}_K$ 是 $\mathscr{P}$ 的可数子集. 设 H 是 K 的非空紧子集, V 是 H 在 X 中的邻域. 若 H 是有限集, 由于 X 是 T_2 空间且 $\mathscr{P}$ 是 X 的网络, 存在 $\mathscr{P}$ 的有限子集 $\mathscr{F}$ 使得 $\mathscr{F}$ 中每一元与 H 的交是单点集且 $H \subseteq \bigcup \mathscr{F} \subseteq V$. 于是 $\mathscr{P}_K$ 的子集 $\mathscr{F}$ 是 H 的 cfp 覆盖且 $\bigcup \mathscr{F} \subseteq V$. 若 H 是无限集, 记 $H = \{x\} \cup \{x_n : n \in \mathbb{N}\}$, 其中序列 $\{x_n\}$ 收敛于 x. 令 $\mathscr{P}' = \{P \in \mathscr{P} : x \in P \subseteq V\} = \{P_i\}_{i \in \mathbb{N}}$. 若对于每一 $k \in \mathbb{N}$, $\{x_n\}$ 不终于 $\bigcup_{i \leqslant k} P_i$, 则存在子序列 $\{x_{n_k}\}$ 使得每一 $x_{n_k} \in X \setminus \bigcup_{i \leqslant k} P_i$, 于是每一 P_i 仅含有 $\{x_{n_k}\}$ 的有限项. 由于 $\mathscr{P}$ 是 X 的 cs^* 网络, 存在 $P \in \mathscr{P}$ 使得 $\{x_{n_k}\}$ 的某子序列是终于 P 的且 $P \subseteq V$, 于是存在 $m \in \mathbb{N}$ 使得 $P = P_m$, 从而 P_m 含有 $\{x_{n_k}\}$ 的无限项, 矛盾. 因此存在 $k \in \mathbb{N}$ 使得 $\{x_n\}$ 是终于 $\bigcup_{i \leqslant k} P_i$ 的, 从而对于每一 $i \leqslant k$, $H \cap P_i$ 是 H 的非空闭集. 这时 $H \setminus \bigcup_{i \leqslant k} P_i$ 是有限集. 不妨设 $H \setminus \bigcup_{i \leqslant k} P_i$ 非空, 则存在 $\mathscr{P}$ 的子集 $\mathscr{F}$ 使得 $\mathscr{F}$ 是 $H \setminus \bigcup_{i \leqslant k} P_i$ 的 cfp 覆盖, $\bigcup \mathscr{F} \subseteq V$ 且 $\mathscr{F}$ 的每一元与 H 相交. 令 $\mathscr{F}^* = \{P_i : i \leqslant k\} \bigcup \mathscr{F}$, 则 $\mathscr{P}_K$ 的子集 $\mathscr{F}^*$ 是 H 的 cfp 覆盖且 $\bigcup \mathscr{F}^* \subseteq V$. 故 $\mathscr{P}_K$ 是 K 的外 cfp 网络. $\square$

定理 3.5.14[153]   对于空间 X, 下述条件相互等价:

(1) X 是可度量化空间的伪序列覆盖 s 映像.

(2) X 是可度量化空间的序列商 s 映像.

(3) X 具有点可数的 cs^* 网络.

证明   由引理 3.4.15 得 (1) $\Rightarrow$ (2). 由可度量化空间具有点可数基及引理 3.5.12 得 (2) $\Rightarrow$ (3). 下面证明 (3) $\Rightarrow$ (1). 设空间 X 具有点可数的 cs^* 网络 $\mathscr{P}$. 让 $(f, M, X, \mathscr{P})$ 是 Ponomarev 系. 由引理 3.3.1, f 是 s 映射. 再由引理 3.5.13 及引理 3.4.5, f 是伪序列覆盖映射. $\square$

至此, 利用引理 3.2.1、引理 3.4.14 和定理 3.5.14, 可获得问题 3.5.6(1) 较完整的回答.

推论 3.5.15[102, 261]   对于空间 X, 下述条件相互等价:

(1) X 是可度量化空间的商 s 映像.

(2) X 是可度量化空间的伪序列覆盖 (或序列商) 商 s 映像.

(3) X 是具有点可数 cs^* 网络的序列空间. $\square$

推论 3.5.15 表明, 虽然可度量化空间的商 s 映像做不到是某一可度量化空间的 "紧覆盖" 的商 s 映像, 但是可以做到是某一可度量化空间的 "伪序列覆盖" 的商 s 映像. 最大紧化 $\beta \mathbb{N}$ 是具有点可数 cs^* 网络的 k 空间, 但是 $\beta \mathbb{N}$ 不是序列空间 (练习 3.4.4), 所以推论 3.5.15(3) 中的 "序列空间" 条件不可减弱为 "k 空间". 对于具有点可数 cs 网络的空间 (定义 3.5.9), 也可以建立类似定理 3.5.14 和推论 3.5.15 的结果, 不过这时相应于伪序列覆盖映射的是序列覆盖映射 (定义 3.4.12)[156].

由于陈怀鹏[57] 已构造例子说明可度量化空间的商 s 映像未必是可度量化空间的紧覆盖的商 s 映像, 由推论 3.5.15 和推论 3.5.8, 具有点可数 cs^* 网络的序列空间未必具有点可数的 cfp 网络. 然而, 具有点可数 cs^* 网络的 Fréchet-Urysohn 空间是否具有点可数的 cfp 网络还是一个尚未解决的问题.

注 3.5.16　在 3.4 节和 3.5 节中, 我们以相当大的篇幅论述可度量化空间的紧覆盖映像. 20 世纪的最后 30 年关于可度量化空间的紧覆盖映像的研究大体上经历 3 个阶段, 即从外基到 cs^* 网络, 再从 cs^* 网络到 cfp 网络.

1973 年 E. Michael 和 K. Nagami 为了获得度量空间的紧覆盖开映像的内在刻画, 引入外基 (定义 3.4.6) 的概念, 由此产生的与紧覆盖映射相关的技术关键是证明下述引理.

引理 A　若第一可数空间 X 具有基 $\mathscr{U}$, 则存在满足下述条件的可度量化空间 M 和开映射 $f: M \to X$:

(A1) 若 X 的紧子集 K 具有可数外基 $\mathscr{U}_K \subseteq \mathscr{U}$, 则存在 M 的紧子集 L 使得 $f(L) = K$;

(A2) 若 X 的非空子集 C 仅与 $\mathscr{U}$ 中可数个元相交, 则 $f^{-1}(C)$ 具有可数基.

为了证明引理 A, 先是利用 König 引理 (练习 1.1.7) 证明下述引理.

引理 B　设 K 是空间 X 的紧子集. 若 K 在 X 中具有可数外基 $\mathscr{U}$, 则存在满足下述条件的 $\mathscr{U}$ 的有限子集列 $\{\mathscr{U}_n\}$:

(B1) $K \subseteq \bigcup \mathscr{U}_n$, $n \in \mathbb{N}$;

(B2) 对于每一 $x \in K$, 若 $x \in U_n \in \mathscr{U}_n$, $n \in \mathbb{N}$, 则 $\{U_n\}_{n \in \mathbb{N}}$ 是 x 在 X 中的邻域基;

(B3) 对于每一 $x \in K$, 存在集列 $\{U_n\}$ 使得 $x \in \overline{U_{n+1} \cap K} \subseteq U_n \in \mathscr{U}_n$, $n \in \mathbb{N}$.

由引理 A 及 Miščenko 引理 (引理 3.3.10) 证明 Michael-Nagami 定理 (定理 3.5.5): 空间 X 具有点可数基当且仅当 X 是可度量化空间的紧覆盖的开 s 映像. 而后, 提出著名的 Michael-Nagami 问题[206]: 可度量化空间的商 s 映像是否是可度量化空间的紧覆盖的商 s 映像? G. Gruenhage, E. Michael 和 Y. Tanaka[102] 引入伪序列覆盖映射 (定义 3.4.12(2), 文中称为序列覆盖映射) 的概念, 证明了推论 3.5.15 的 (1) 等价于 (2), 即空间 X 是可度量化空间的商 s 映像当且仅当 X 是可度量化空间的伪序列覆盖的商 s 映像, 同时获得度量空间的商 s 映像的内在刻画. 这刻画是借助 "弱拓扑" (定义 1.6.4) 来描述的, 形式上较为复杂. Y. Tanaka[261] 利用 cs^* 网络 (定义 3.5.9) 的概念证明推论 3.5.15 的 (1) 等价于 (3), 即空间 X 是可度量化空间的商 s 映像当且仅当 X 是具有点可数 cs^* 网络的序列空间, 获得 A. Arhangel'skiǐ[14] 提出问题 (问题 3.5.6(1)) 一个较满意的回答. G. Gruenhage, E. Michael 和 Y. Tanaka 的结果刺激了国际上关于 Michael-Nagami 问题的研究, 尤其是带动国内关于紧覆盖映射的探讨. 林寿[153] 证明了定理 3.5.14 的 (1) 等价于

(3): 空间 X 是可度量化空间的伪序列覆盖 s 映像当且仅当 X 具有点可数的 cs^* 网络. 该结果证明的关键部分是发现 cs^* 网络的下述性质.

引理 C 设 $\mathscr{P}$ 是空间 X 的点可数 cs^* 网络. 若 X 中的序列 $\{x_n\}$ 收敛于点 x, 记 $K = \{x\} \cup \{x_n : n \in \mathbb{N}\}$, 则存在 $\mathscr{P}$ 的有限子集列 $\{\mathscr{P}_n\}$ 满足:

(C1) $\{\bigcup \mathscr{P}_n\}_{n \in \mathbb{N}}$ 是 K 在 X 中的网络;

(C2) $\mathscr{P}_n$ 的每一元与 K 的交是非空的闭集;

(C3) 对于每一 $y \in K$, 若 $y \in P_n \in \mathscr{P}_n$, $n \in \mathbb{N}$, 则 $\{P_n\}_{n \in \mathbb{N}}$ 是 y 在 X 中的网络.

引理 C 中核心的条件是 (C2). 它保证对于每一 $n \in \mathbb{N}$, K 可以分解为有限个闭集的并, 且这些闭集所成的集族精确加细 $\mathscr{P}_n$. 由此, 通过 Ponomarev 方法可构造可度量化空间 M 和 s 映射 $f: M \to X$ 使得存在 M 的紧子集 L 有 $f(L) = K$. 对于 X 的任意紧子集 K 情况如何? 即怎样合适的条件确保用 Ponomarev 方法构造的映射是紧覆盖映射?

条件 (C1) 类似 "k 网络" (定义 3.3.11) 的条件. E. Michael[202] 曾用 "闭 k 网络" (定义 3.3.11) 的概念证明了具有点可数闭 k 网络的 k 空间是可度量化空间的紧覆盖的商 s 映像 (练习 3.4.5). 闭 k 网络的闭性确保了所构造的可度量化空间中适当紧子集的存在. 然而, 度量空间的紧覆盖的商 s 映像未必具有点可数的闭 k 网络[292], 所以寻求弱于闭 k 网络而强于 cs^* 网络的集族性质应是回答上述疑问的途径之一. 回忆引理 B 的条件 (B1), 它足以保证 "紧子集 K 分解为有限个闭集的并, 且这些闭集所成的集族精确加细 $\mathscr{U}_n$". 闭 k 网络也具有这一性质. 从引理 C 条件 (C2), 在具有点可数 cs^* 网络的空间中, 对于由收敛序列构成的紧子集同样具有这一性质. 同时, 结合引理 A 条件 (A1) 中 "可数外基 $\mathscr{U}_K$" 这一性质, 刘川和戴牧民[175] 引入 "强 k 网络" 的概念.

定义 D 设 $\mathscr{P}$ 是空间 X 的子集族. $\mathscr{P}$ 称为 X 的强 k 网络[175], 若对于 X 的每一紧子集 K, 存在 $\mathscr{P}$ 的可数子集 $\mathscr{P}_K$ 满足下述条件, 记为 (∗): 如果 H 是 K 的紧子集, V 是 H 在 X 中的邻域, 则存在 $\mathscr{P}_K$ 的有限子集 $\{P_i\}_{i \leqslant n}$ 和 H 的闭覆盖 $\{F_i\}_{i \leqslant n}$ (简称为 H 的有限分解) 使得每一 $F_i \subseteq P_i \subseteq V$.

为了便于叙述, 定义 3.4.4 中分别把定义 D 中的条件 (∗) 和 H 的有限覆盖 $\{P_i\}_{i \leqslant n}$ 称为外 cfp 网络和 cfp 覆盖.

借此, 刘川和戴牧民证明了下述紧覆盖映射定理.

定理 E[175] 空间 X 是可度量化空间的紧覆盖的 s 映像当且仅当 X 具有点可数的强 k 网络.

虽然强 k 网络的引入十分自然和合理, 但是单从定义中涉及的术语 "任意紧子集 K 的任意紧子集 H" 就感觉它似乎有点复杂. 燕鹏飞和林寿[289] 引入 "紧有限分解网络", 后正式定名为 cfp 网络 (定义 3.5.1). 显然, 强 k 网络是 cfp 网络. 无论是 E. Michael 和 K. Nagami 证明定理 3.4.9, 还是刘川和戴牧民证明定理 E, 在构造可度量化空间的紧子集时, 引理 A 中的条件 "可数外基 $\mathscr{U}_K$" 或定义 D 中的条件 "可数子集 $\mathscr{P}_K$" 均发挥了巨大的作用, 而在 Michael-Nagami 定理 (定理 3.5.5) 的证明中使用 Miščenko 引理 (引理 3.3.10), 把空间 X 的点可数基 $\mathscr{U}$ 转化为对于 X 的任意子集 K 仅有可数个由 $\mathscr{U}$ 的元组成的有限极小覆盖, 由此做出 $\mathscr{U}$ 的可数外基 $\mathscr{U}_K$. 对于点可数的 cfp 网络, 利用 Miščenko 引理的思想, 燕鹏飞和林寿[289] 证明了相应的引理 3.5.3: 如果 $\mathscr{P}$ 是空间 X 的点可数集族, 那么 X 的每一紧子集仅有可数个由 $\mathscr{P}$ 的元组成的极小 cfp 覆盖, 由此证明了定理 3.5.7: 空间 X 是可度量化空间的紧覆盖 s 映像当且仅当 X 具有点可数的 cfp 网络. 这不仅给出了可度量化空间的紧覆盖的商 s 映像一个较为简单的内在刻画, 同时可导出关于可度量化空间的 s 映像研究方面的系列结论, 如以下工作.

    1973 年 E. Michael 和 K. Nagami[203] 关于可度量化空间的紧覆盖开 (或开 s) 映像的刻画.

    1977 年 E. Michael[202] 关于可度量化空间的紧覆盖 s 映像的充分条件.

    1984 年 G. Gruenhage, E. Michael 和 Y. Tanaka[102] 关于可度量化空间的商 (或伪序列覆盖) s 映像的刻画.

    1987 年 Y. Tanaka[261] 关于可度量化空间的商 s 映像的刻画.

    1993 年林寿[153] 关于可度量化空间的伪序列覆盖 s 映像的刻画.

    1996 年刘川和戴牧民[175] 关于可度量化空间的紧覆盖 s 映像的刻画.

    上述工作结合 1999 年陈怀鹏[57] 构造的 "一个可度量化空间的商 s 映像, 不能表示为任一可度量化空间的紧覆盖的商 s 映像" 的例子构成了度量空间的紧覆盖映射及商 s 映射研究的主线索.

    从空间 X 的点可数的强 k 网络 $\mathscr{P}$ 出发, 构造 Ponomarev 系 $(f, M, X, \mathscr{P})$, 则 $f: M \to X$ 是一个紧覆盖的 s 映射. 从定理 3.5.7 和定理 E, 具有点可数强 k 网络的空间一致于具有点可数 cfp 网络的空间[172]. 上述保证 f 是紧覆盖映射的集族, 其本质是强 k 网络, 或 cfp 网络, 或其他的集族? 葛英研究了这一问题, 获得下述肯定的回答.

    定理 F 设 $(f, M, X, \mathscr{P})$ 是一个 Ponomarev 系.

    (F1) $\mathscr{P}$ 是点可数的当且仅当 f 是 s 映射[91];

    (F2) $\mathscr{P}$ 是 X 的强 k 网络当且仅当 f 是紧覆盖映射[92].

    本书没有按时间的发展顺序对相关的结果一一叙述, 先是直接引入 cfp 覆盖及外 cfp 网络 (定义 3.4.4), 从现代的观点阐述与紧覆盖映射相关的问题及获得的结果, 使读者便于了解问题的实质, 避免大量的重复, 而后再重述 20 世纪后 30 年关于这一问题发展的主要进程, 以便读者对于问题的本来面目有所把握.

练 习

3.5.1 证明: 紧覆盖映射保持 cfp 网络.

3.5.2 证明: 度量空间的商 s 映像具有点可数 k 网络.

3.5.3 设 $\mathscr{P}$ 是空间 X 的覆盖. $\mathscr{P}$ 称为 X 的**严格 k 网络**[197]①, 若对于 X 的每一紧子集 K 及 K 在 X 中的邻域 V, 存在 $P \in \mathscr{P}$ 使得 $K \subseteq P \subseteq V$. 证明: 对于空间 X, 下述条件相互等价: (1) X 具有可数严格 k 网络; (2) X 具有可数 cs 网络; (3) X 具有可数 cs^* 网络; (4) X 具有可数 k 网络; (5) X 具有可数 cfp 网络.

3.5.4 证明: 具有点可数 cs^* 网络的强 Fréchet-Urysohn 空间具有点可数基.

3.5.5 设 $\mathscr{P}$ 是空间 X 的点可数 cs^* 网络. 若 K 是 X 的由某一含极限点的收敛序列组成的紧子集, 证明: 若 U 是 K 在 X 中的邻域, 则存在 $\mathscr{P}$ 的有限子集 $\mathscr{F}$ 使得 $K \subseteq \bigcup \mathscr{F} \subseteq U$ 且 $\mathscr{F}$ 中的每一元与 K 的交是非空的闭集. 由此再证明: 存在 $\mathscr{P}$ 的有限子集列 $\{\mathscr{P}_n\}$ 满足:

(1) $\{\bigcup \mathscr{P}_n\}_{n \in \mathbb{N}}$ 是 K 在 X 中的网络;

(2) $\mathscr{P}_n$ 的每一元与 K 的交是非空的闭集;

(3) 对于每一 $y \in K$, 若 $y \in P_n \in \mathscr{P}_n$, $n \in \mathbb{N}$, 则 $\{P_n\}_{n \in \mathbb{N}}$ 是 y 在 X 中的网络.

3.5.6 设 $\mathscr{P}$ 是空间 X 的子集族. $\mathscr{P}$ 称为 X 的 wcs^* **网络**[168], 若对于 X 的开集 U 及 X 中的序列 $\{x_n\}$ 使其收敛于点 $x \in U$, 则存在 $P \in \mathscr{P}$ 使得 P 含有序列 $\{x_n\}$ 的无限项且 $P \subseteq U$, 即存在 $P \in \mathscr{P}$ 和子序列 $\{x_{n_i}\}$ 使得 $\{x_{n_i} : i \in \mathbb{N}\} \subseteq P \subseteq U$. 证明: (1) 对于空间 X, X 的 k 网络和 cs^* 网络都是 X 的 wcs^* 网络; (2) 设 $\mathscr{P}$ 是空间 X 的点可数集族, 则 $\mathscr{P}$ 是 X 的 k 网络当且仅当 $\mathscr{P}$ 是 X 的 wcs^* 网络且 X 的每一紧子集是序列紧的.

3.6 闭 映 像

寻求可度量化空间的闭映像的内在特征是 A. Arhangel'skiǐ[14] 在其著名论文 "Mappings and spaces" 中提出的又一个问题. N. Lašnev[142] 首先研究了这一问题, 并且给出 Arhangel'skiǐ 问题的一个解. 尽管 Lašnev 的解不是一个完美的答案, 但是他提出遗传闭包保持集族的概念 (定义 3.6.1). L. Foged[78] 恰是利用这一概念与 k 网络 (定义 3.3.11) 的结合, 获得 Arhangel'skiǐ 问题满意的回答. 本节介绍 Foged 的工作及关于可度量化空间的闭 s 映像的相关结果.

可度量化空间的闭映像称为 Lašnev 空间. 由 Stone 定理 (定理 2.2.5) 及 Michael 定理 (定理 1.5.8), Lašnev 空间是仿紧空间.

定义 3.6.1[142] 设 $\mathscr{P}$ 是空间 X 的子集族. $\mathscr{P}$ 称为 X 的**遗传闭包保持集族**, 若对于每一 $H(P) \subseteq P \in \mathscr{P}$, 集族 $\{H(P) : P \in \mathscr{P}\}$ 是闭包保持的.

① 1966 年 E. Michael[197] 提出这一概念, 并以伪基 (pseudo-base) 命名. 本书按 A. Arhangel'skiǐ 的建议, 改称其为严格 k 网络 (strict k-network). 显然, 严格 k 网络或强 k 网络都是 cfp 网络; cfp 网络是 k 网络.

遗传闭包保持集族简记为 HCP 集族. 显然, 空间 X 的局部有限集族是 HCP 集族; X 的 HCP 集族是闭包保持集族. 当 $\mathscr{P} = \{P_\alpha\}_{\alpha \in A}$ 是 X 的 HCP 集族时, 对于每一 $x_\alpha \in P_\alpha$, 集族 $\{\{x_\alpha\}\}_{\alpha \in A}$ 是 X 的闭包保持集族, 于是集 $\{x_\alpha : \alpha \in A\}$ 是 X 的闭离散子集 (练习 1.5.2).

引理 3.6.2 闭映射保持 HCP 集族.

证明 设 $f : X \to Y$ 是闭映射, $\mathscr{P}$ 是空间 X 的 HCP 集族. 记 $\mathscr{P} = \{P_\alpha\}_{\alpha \in A}$. 令 $\mathscr{F} = f(\mathscr{P})$. 对于每一 $\alpha \in A$, 设 $H_\alpha \subseteq f(P_\alpha)$, 让 $L_\alpha = f^{-1}(H_\alpha) \cap P_\alpha$, 那么 $f(L_\alpha) = H_\alpha$ 且 $L_\alpha \subseteq P_\alpha$. 因为 $\mathscr{P}$ 是 X 的 HCP 集族, 所以 $\{L_\alpha\}_{\alpha \in A}$ 是 X 的闭包保持集族, 于是 $\bigcup_{\alpha \in A} \overline{H_\alpha} = \bigcup_{\alpha \in A} \overline{f(L_\alpha)} = \bigcup_{\alpha \in A} f(\overline{L_\alpha}) = f(\bigcup_{\alpha \in A} \overline{L_\alpha}) = f(\overline{\bigcup_{\alpha \in A} L_\alpha}) = \overline{\bigcup_{\alpha \in A} f(L_\alpha)} = \overline{\bigcup_{\alpha \in A} H_\alpha}$. 因此 $\{H_\alpha\}_{\alpha \in A}$ 是闭包保持的. 故 $\mathscr{F}$ 是 Y 的 HCP 集族. $\qquad\square$

引理 3.6.3 在正则空间中 HCP 集族的闭包仍是 HCP 集族.

证明 设 $\mathscr{P}$ 是正则空间 X 的 HCP 集族. 记 $\mathscr{P} = \{P_\alpha\}_{\alpha \in A}$. 若 $\mathscr{P}$ 的闭包 $\{\overline{P_\alpha}\}_{\alpha \in A}$ 不是 X 的 HCP 集族, 那么对于每一 $\alpha \in A$, 存在 $H_\alpha \subseteq \overline{P_\alpha}$ 使得 $\bigcup_{\alpha \in A} H_\alpha$ 不是 X 的闭集. 取 $x \in \overline{\bigcup_{\alpha \in A} H_\alpha} \setminus \bigcup_{\alpha \in A} \overline{H_\alpha}$. 对于每一 $\alpha \in A$, 由 X 的正则性, 存在 X 的分别包含 $\{x\}$ 和 $\overline{H_\alpha}$ 的不相交的开集 V_α 和 U_α, 于是 $H_\alpha \subseteq U_\alpha \cap \overline{P_\alpha} \subseteq \overline{U_\alpha \cap P_\alpha}$. 这时 $x \in \overline{\bigcup_{\alpha \in A} H_\alpha} \subseteq \overline{\bigcup_{\alpha \in A} \overline{U_\alpha \cap P_\alpha}} = \overline{\bigcup_{\alpha \in A} \overline{U_\alpha \cap P_\alpha}}$, 从而有 $\beta \in A$ 使得 $x \in \overline{U_\beta \cap P_\beta}$, 因此 $U_\beta \cap P_\beta \cap V_\beta \neq \varnothing$, 矛盾. 故 $\mathscr{P}$ 的闭包仍是 X 的 HCP 集族. $\qquad\square$

引理 3.6.4 设 $\mathscr{P}$ 是 Fréchet-Urysohn 空间 X 的 HCP 集族. 令 $\mathscr{F} = \{\bigcap \mathscr{P}' : \mathscr{P}'$ 是 $\mathscr{P}$ 的有限子集$\}$, 则 $\mathscr{F}$ 也是 X 的 HCP 集族.

证明 若不然, 则存在 $\mathscr{F}$ 的子集 $\{F_\alpha\}_{\alpha \in A}$, $H_\alpha \subseteq F_\alpha, \alpha \in A$, 以及 $x \in \overline{\bigcup_{\alpha \in A} H_\alpha} \setminus \bigcup_{\alpha \in A} \overline{H_\alpha}$. 因为 X 是 Fréchet-Urysohn 空间, 存在 $\bigcup_{\alpha \in A} H_\alpha$ 中的序列 $\{x_n\}$ 使其收敛于 x. 从而, 对于每一 $n \in \mathbb{N}$, 存在 $\alpha_n \in A$ 使得 $x_n \in H_{\alpha_n}$. 这时每一 H_α 中仅含有 $\{x_n\}$ 中的有限项, 于是不妨设上述的 α_n 是互不相同的. 又因为每一 F_α 是 $\mathscr{P}$ 中有限个元的交, 所以存在 $\{x_n\}$ 的子序列 $\{x_{n_i}\}$ 和 $\mathscr{P}$ 的无限子集 $\{P_i : i \in \mathbb{N}\}$ 使得每一 $x_{n_i} \in P_i$. 由于 $\mathscr{P}$ 是 X 的 HCP 集族, 从而 $\{x_{n_i} : i \in \mathbb{N}\}$ 是 X 的闭离散子集, 矛盾. $\qquad\square$

引理 3.6.5 设 $\mathscr{P}$ 是空间 X 的 HCP 集族. 若 K 是 X 的紧子集, 则存在 K 的有限子集 F 使得 $K \setminus F$ 仅与 $\mathscr{P}$ 中的有限个元相交.

证明 若不然, 则存在 X 中的序列 $\{x_n\}$ 和 $\mathscr{P}$ 的可数无限子集 $\{P_n : n \in \mathbb{N}\}$ 使得 $x_1 \in K \cap P_1$; $x_{n+1} \in (K \setminus \{x_i : i \leqslant n\}) \cap P_{n+1}, n \in \mathbb{N}$. 由于 $\mathscr{P}$ 是 X 的 HCP 集族, 所以 $\{x_n : n \in \mathbb{N}\}$ 是 X 的闭离散子集, 这与 K 的紧性相矛盾. $\qquad\square$

特别地, 若 $\mathscr{P}$ 是空间 X 的 HCP 集族, 且 $\{x_n\}$ 是 X 中由互不相同点组成的收敛序列, 则存在 $m \in \mathbb{N}$ 使得集 $\{x_n : n \geqslant m\}$ 仅与 $\mathscr{P}$ 中的有限个元相交, 因而

$\mathscr{P}$ 中仅有有限个元含有序列 $\{x_n\}$ 的无限项.

空间 X 的可数个 HCP 集族的并称为 X 的 σ-HCP 集族.

定理 3.6.6(Foged 定理[78]) 空间 X 是可度量化空间的闭映像当且仅当 X 是具有 σ-HCP k 网络的正则的 Fréchet-Urysohn 空间.

证明 设空间 X 是可度量化空间的闭映像, 于是存在可度量化空间 M 和闭映射 $f: M \to X$. 由于 M 是可度量化空间, 所以 X 是仿紧空间, 于是 X 是正则空间. 由引理 3.2.5 和引理 3.2.7, X 是 Fréchet-Urysohn 空间. 由 Bing-Nagata-Smirnov 度量化定理 (定理 2.3.3), M 具有 σ 局部有限基 $\mathscr{B}$. 让 $\mathscr{P} = f(\mathscr{B})$. 由引理 3.6.2, $\mathscr{P}$ 是 X 的 σ-HCP 集族. 由推论 2.4.9, f 是紧覆盖映射. 又由于紧覆盖映射保持 k 网络 (练习 3.3.2), 所以 $\mathscr{P}$ 是 X 的 k 网络. 故 X 具有 σ-HCP k 网络.

反之, 设正则空间 X 是具有 σ-HCP k 网络的 Fréchet-Urysohn 空间. 由引理 3.6.3 和引理 3.6.4, 设 X 具有 k 网络 $\mathscr{P} = \bigcup_{n \in \mathbb{N}} \mathscr{P}_n$, 其中每一 $\mathscr{P}_n$ 是 X 的关于有限交封闭的 HCP 闭集族且 $\mathscr{P}_n \subseteq \mathscr{P}_{n+1}$. 对于每一 $n \in \mathbb{N}$ 和 $P \in \mathscr{P}_n$, 令

$$R_n(P) = P \setminus \left(\bigcup\{Q \in \mathscr{P}_n : P \not\subseteq Q\}\right)^{\circ}, \quad \mathscr{R}_n = \{R_n(P) : P \in \mathscr{P}_n\}.$$

对于每一 $n \in \mathbb{N}$ 及 X 的开集 U, 令 $U_n = \bigcup\{P \in \mathscr{P}_n : P \subseteq U\}$. 则集列 $\{U_n\}$ 是单调递增的. 若 X 中的序列 Z 收敛于 $x \in U \setminus Z$, 则存在 $m \in \mathbb{N}$ 使得

(6.1) Z 是终于 $(U_m)^{\circ} \cup \{x\}$ 的;

(6.2) Z 是终于 $(V_m)^{\circ} \cup \{x\}$ 的且 $V_m \subseteq U$, 其中 $V_m = \bigcup\{R \in \mathscr{R}_m : R \cap Z$ 是无限集$\}$.

(6.1) 的证明 若不然, 那么可选取 Z 的子序列 $\{z_n\}$ 使得每一 $z_n \in U \setminus (U_n)^{\circ} \subseteq \overline{U \setminus U_n}$. 因为 X 是 Fréchet-Urysohn 空间, 对于每一 $n \in \mathbb{N}$, 存在 $U \setminus U_n$ 中的序列 $\{z_{n,k}\}_{k \in \mathbb{N}}$ 使其收敛于 z_n. 从而 $x \in \overline{\{z_{n,k} : n, k \in \mathbb{N}\}}$, 于是存在集 $\{z_{n,k} : n, k \in \mathbb{N}\}$ 中的序列 $\{z_{n_j,k_j}\}_{j \in \mathbb{N}}$ 使其收敛于 x 且 $n_j \to +\infty$. 又因为 $\mathscr{P}$ 是 X 的 k 网络, 存在 $m \in \mathbb{N}$ 使得序列 $\{z_{n_j,k_j}\}$ 是终于 U_m 的, 这与当 $n_j \geqslant m$ 时有 $z_{n_j,k_j} \in U \setminus U_m$ 相矛盾.

(6.2) 的证明 设 $m \in \mathbb{N}$ 满足 (6.1) 式. 显然, $U_m \subseteq \bigcup \mathscr{P}_m$. 记

$$W_m = \left(\bigcup \mathscr{P}_m\right)^{\circ} \setminus \bigcup\{Q \in \mathscr{P}_m \bigcup \mathscr{R}_m : Q \cap Z$ 是有限集$\},$$

则 W_m 是 X 的开集. 由引理 3.6.5, 存在 Z 的有限子集 F 及 $\mathscr{P}_m \bigcup \mathscr{R}_m$ 的有限子集 $\mathscr{Q}$ 使得当 $Q \in (\mathscr{P}_m \bigcup \mathscr{R}_m) \setminus \mathscr{Q}$ 时有 $Q \cap Z \subseteq F$, 于是集 $\bigcup\{Q \in \mathscr{P}_m \bigcup \mathscr{R}_m : Q \cap Z$ 是有限集$\}$ 中仅含有 Z 中的有限个点. 由 (6.1), 序列 Z 是终于 $W_m \cup \{x\}$ 的. 下面先证明 $W_m \subseteq V_m$. 设 $y \in W_m$. 若 $y \in Q \in \mathscr{P}_m$, 则 $Q \cap Z$ 是无限集. 再由引理 3.6.5, 这些 Q 仅有限个, 于是 $\mathscr{P}_m$ 在 y 是点有限的. 令 $P_y = \bigcap\{P \in \mathscr{P}_m : y \in P\}$.

则 $P_y \in \mathscr{P}_m$ 且 $y \notin \bigcup\{Q \in \mathscr{P}_m : P_y \not\subseteq Q\}$, 所以 $y \in R_m(P_y)$, 于是 $R_m(P_y) \cap Z$ 是无限集, 因此 $R_m(P_y) \subseteq V_m$. 这说明 $W_m \subseteq V_m$. 从而 Z 是终于 $(V_m)^\circ \cup \{x\}$ 的. 下面再证明 $V_m \subseteq U$. 对于每一 $R \in \mathscr{R}_m$, 其中 $R \cap Z$ 是无限集, 设 $R = R_m(P)$, 则存在 $Q \in \mathscr{P}_m$ 使得 $P \subseteq Q \subseteq U$. 否则

$$(U_m)^\circ = \left(\bigcup\{Q \in \mathscr{P}_m : Q \subseteq U\}\right)^\circ \subseteq \left(\bigcup\{Q \in \mathscr{P}_m : P \not\subseteq Q\}\right)^\circ \subseteq X \setminus R.$$

由 (6.1), Z 是终于 $(X \setminus R) \cup \{x\}$ 的, 于是 $R \cap Z$ 是有限集, 矛盾. 因此, $R \subseteq P \subseteq Q \subseteq U$. 故 $V_m \subseteq U$.

现在, 对于每一 $n \in \mathbb{N}$, 令 $\mathscr{H}_n = \mathscr{R}_n \bigcup \{X \setminus (\bigcup \mathscr{R}_n)^\circ\}$, 并且记 $\mathscr{H}_n = \{R_\alpha\}_{\alpha \in A_n}$, 则 $\mathscr{H}_n$ 是 X 的覆盖. 赋予集 A_n 离散拓扑. 类似构造 Ponomarev 系的方法, 置

$$M = \left\{\alpha = (\alpha_n) \in \prod_{n \in \mathbb{N}} A_n : \{R_{\alpha_n}\}_{n \in \mathbb{N}} \text{ 是 } X \text{ 中某点 } x_\alpha \text{ 的网络}\right\}.$$

则 M 是可度量化空间, 并且对于每一 $\alpha \in M$, x_α 是唯一确定的. 定义函数 $f : M \to X$ 使得 $f(\alpha) = x_\alpha$. 下面证明 f 是闭映射.

(6.3) f 是映射.

对于每一 $\alpha = (\alpha_n) \in M$, 由于 $\{R_{\alpha_n}\}_{n \in \mathbb{N}}$ 是 $f(\alpha)$ 在 X 中的网络, 所以 f 在点 α 是连续的. 从而 f 是连续函数. 设 $x \in X$. 若 x 是 X 的孤立点, 那么存在 $m \in \mathbb{N}$ 使得 $\{x\} \in \mathscr{P}_m$, 于是 $R_m(\{x\}) = \{x\}$, 所以存在 $\alpha_m \in A_m$ 使得 $R_{\alpha_m} = \{x\}$. 取定 $\beta = (\beta_n) \in \prod_{n \in \mathbb{N}} A_n$ 使得 $\beta_m = \alpha_m$ 且 $x \in \bigcap_{n \in \mathbb{N}} R_{\beta_n}$, 则 $\beta \in M$ 且 $f(\beta) = x$. 若 x 不是 X 的孤立点, 则存在 $X \setminus \{x\}$ 中的序列 $\{x_k\}$ 使其收敛于 x. 取定 $\alpha_n \in A_n$, $n \in \mathbb{N}$, 使得 $R_{\alpha_n} \cap \{x_k : k \in \mathbb{N}\}$ 是无限集. 如果这点做不到, 则取定 $\alpha_n \in A_n$ 使得 $x \in R_{\alpha_n}$. 由于 R_{α_n} 是 X 的闭集, 那么总有 $x \in R_{\alpha_n}$. 对于 x 在 X 中的开邻域 U, 由 (6.2), 存在 $m \in \mathbb{N}$ 使得 $\{x_k\}$ 是终于 $(V_m)^\circ \cup \{x\}$ 的且 $V_m \subseteq U$. 由引理 3.6.5, V_m 是 $\mathscr{R}_m$ 中某有限个元的并, 于是这有限个元中必有一个是 R_{α_m}, 从而 $x \in R_{\alpha_m} \subseteq U$. 因此, $\{R_{\alpha_n}\}_{n \in \mathbb{N}}$ 是 x 在 X 中的网络. 令 $\beta = (\beta_n)$, 则 $\beta \in M$ 且 $f(\beta) = x$. 因而, f 是满函数. 故 f 是映射.

(6.4) f 是闭映射.

设 F 是 M 的闭集. 若 $f(F)$ 不是 X 的闭集, 则存在 $x \in \overline{f(F)} \setminus f(F)$. 因为 X 是 Fréchet-Urysohn 空间, 存在 $f(F)$ 中的序列 $\{x_i\}$ 使其在 X 中收敛于 x. 对于每一 $i \in \mathbb{N}$, 取定 $\beta_i = (\alpha_{i,n}) \in F \cap f^{-1}(x_i)$, 那么对于每一 $n \in \mathbb{N}$ 有 $x_i \in R_{\alpha_{i,n}} \in \mathscr{H}_n$. 由引理 3.6.5, 存在 $m_1 \in \mathbb{N}$ 使得 $\{R \in \mathscr{H}_1 : R \cap \{x_i : i > m_1\} \neq \varnothing\}$ 是有限集, 而每一 $x_i \in R_{\alpha_{i,1}}$, 所以有 $\mathbb{N}$ 的无限子集 $\mathbb{N}_1$ 和 $\alpha_1 \in A_1$ 使得对于每一 $i \in \mathbb{N}_1$ 有 $\alpha_{i,1} = \alpha_1$. 由归纳法, 可选取 $\mathbb{N}$ 的递减的无限子集列 $\{\mathbb{N}_n\}$ 和 $\beta = (\alpha_n) \in \prod_{n \in \mathbb{N}} A_n$ 使得对每一 $i \in \mathbb{N}_n$ 有 $\alpha_{i,n} = \alpha_n$. 对于每一 $n \in \mathbb{N}$, 由于当 $i \in \mathbb{N}_n$ 时有 $x_i \in R_{\alpha_n}$, 且 R_{α_n} 是

X 的闭集, 因而 $x \in R_{\alpha_n}$. 选取递增的自然数列 $\{k_j\}$ 使得每一 $k_j \in \mathbb{N}_j$. 设 U 是 x 在 X 中的开邻域, 因为序列 $\{x_{k_j}\}$ 收敛于 x, 由 (6.2), 存在 $m \in \mathbb{N}$ 使得 $V_m \subseteq U$. 若 $j \geqslant m$, 则 $k_j \in \mathbb{N}_j \subseteq \mathbb{N}_m$, 于是 $x_{k_j} \in R_{\alpha_{k_j,m}} = R_{\alpha_m}$, 从而 $R_{\alpha_m} \subseteq V_m \subseteq U$. 故 $\{R_{\alpha_n}\}_{n \in \mathbb{N}}$ 是 x 在 X 中的网络, 即 $\beta \in M$. 对于固定的 $n \in \mathbb{N}$, 当 $k_j \geqslant n$ 时有 $\alpha_{k_j,n} = \alpha_n$, 即积空间 $\prod_{n \in \mathbb{N}} A_n$ 中的序列 $\{\beta_{k_j}\}_{j \in \mathbb{N}}$ 的第 n 个坐标所组成的序列 $\{\alpha_{k_j,n}\}_{j \in \mathbb{N}}$ 在 A_n 中收敛于 α_n. 这表明序列 $\{\beta_{k_j}\}$ 收敛于 β, 从而 $\beta \in F$. 因此 $x = f(\beta) \in f(F)$, 矛盾. 故 f 是闭映射.

综上所述, 空间 X 是可度量化空间的闭映像. □

下面介绍 Foged 定理的几个应用. 具有可数 k 网络的正则空间称为 $\aleph_0$ 空间[197]. 具有 σ 局部有限 k 网络的正则空间称为 $\aleph$ 空间[225]. 可分的可度量化空间是 $\aleph_0$ 空间. 可度量化空间和 $\aleph_0$ 空间都是 $\aleph$ 空间. 具有可数 k 网络的空间, 具有可数 cs 网络的空间, 具有可数 cs^* 网络的空间, 具有可数 cfp 网络的空间, 具有可数严格 k 网络的空间都是一致的 (练习 3.5.3).

推论 3.6.7 空间 X 是可分可度量化空间的闭映像当且仅当 X 是 Fréchet-Urysohn 的 $\aleph_0$ 空间.

证明 设存在可分可度量化空间 M 和闭映射 $f : M \to X$. 显然, X 是 Fréchet-Urysohn 的正则空间. 让 $\mathscr{B}$ 是 M 的可数基, 令 $\mathscr{P} = f(\mathscr{B})$. 由于 f 是紧覆盖映射 (推论 2.4.9) 且 $\mathscr{B}$ 是 M 的 k 网络, 于是 $\mathscr{P}$ 是空间 X 的可数 k 网络 (练习 3.3.2). 故 X 是 $\aleph_0$ 空间.

反之, 设 X 是 Fréchet-Urysohn 的 $\aleph_0$ 空间, 于是 X 具有 k 网络 $\mathscr{P} = \bigcup_{n \in \mathbb{N}} \mathscr{P}_n$, 其中每一 $\mathscr{P}_n$ 是 X 的关于有限交封闭的有限的闭集族且 $\mathscr{P}_n \subseteq \mathscr{P}_{n+1}$. 这时, 在 Foged 定理证明中所构造 X 的覆盖列 $\{\mathscr{H}_n\}$ 是 X 的有限子集列 (使用定理 3.6.6 的记号), 于是每一 A_n 是有限集. 因此 M 是可分可度量化空间. 故 X 是可分可度量化空间的闭映像. □

定义 3.6.8 设映射 $f : X \to Y$.

(1) f 称为 L 映射, 若每一 $f^{-1}(y)$ 是 X 的 Lindelöf 子集.

(2) f 称为边缘 L 映射, 若每一 $\partial f^{-1}(y)$ 是 X 的 Lindelöf 子集.

显然, 可度量化空间上的 L 映射与 s 映射是一致的. L 映射和边缘紧映射都是边缘 L 映射. 在练习 1.4.7 和练习 2.4.5 中已介绍过 L 映射的一些性质.

可度量化空间的闭 s 映像的内在特征涉及特殊的空间 S_{ω_1}. 序列扇 S_ω (例 3.1.8) 同胚于把可数个含极限点的非平凡收敛序列的拓扑和, 将其非孤立点粘成一点得到的商空间. 把 ω_1 个含极限点的非平凡收敛序列的拓扑和, 将非孤立点粘成一点得到的商空间称为 ω_1 扇, 记为 S_{ω_1}.

引理 3.6.9 S_{ω_1} 是不具有点可数 cs^* 网络的 Lašnev 空间.

证明 对于每一 $\alpha < \omega_1$, 设 X_α 是含极限点 x_α 的非平凡的收敛序列. 记

$L = \{x_\alpha : \alpha < \omega_1\}$, 则 $S_{\omega_1} = (\bigoplus_{\alpha < \omega_1} X_\alpha)/L$. 因为 L 是可度量化空间 $\bigoplus_{\alpha < \omega_1} X_\alpha$ 的闭子空间, 所以 S_{ω_1} 是可度量化空间 $\bigoplus_{\alpha < \omega_1} X_\alpha$ 的闭映像. 故 S_{ω_1} 是 Lašnev 空间.

设 s 是 S_{ω_1} 中唯一的非孤立点. 对于每一 $\alpha < \omega_1$, 令 $Y_\alpha = X_\alpha \setminus \{s\}$. 若 S_{ω_1} 具有点可数的 cs^* 网络 $\mathscr{P}$, 记

$$\{P \in \mathscr{P} : s \in P \text{ 且对于无限个 } \alpha < \omega_1 \text{ 有 } Y_\alpha \cap P \neq \varnothing\} = \{P_n\}_{n \in \mathbb{N}}.$$

通过归纳, 可选取 S_{ω_1} 的子集 $C = \{y_n : n \in \mathbb{N}\}$ 使得每一 $y_n \in P_n \setminus \{s\}$ 且不同的 y_n 属于不同的 Y_α. 这时, C 是 S_{ω_1} 的闭集. 令 $V = S_{\omega_1} \setminus C$, $H = \bigcup\{P \in \mathscr{P} : s \in P \subseteq V\}$. 若 $P \in \mathscr{P}$ 且 $s \in P \subseteq V$, 则每一 $P_n \neq P$, 于是 P 仅与有限个 Y_α 相交. 由 $\mathscr{P}$ 的点可数性, H 仅与可数个 Y_α 相交, 因此有 $\beta < \omega_1$ 使得 $Y_\beta \cap H = \varnothing$. 设 $V \cap Y_\beta = \{x_n : n \in \mathbb{N}\}$. 显然, 序列 $\{x_n\}$ 收敛于 s. 由于 V 是 s 的开邻域, 存在 $P \in \mathscr{P}$ 使得 $\{x_n\}$ 的某子序列是终于 P 的且 $P \subseteq V$, 从而 $P \subseteq H$, 于是 $Y_\beta \cap H \neq \varnothing$, 矛盾. 故 S_{ω_1} 不具有点可数的 cs^* 网络.　　　　□

易验证, S_{ω_1} 具有点可数的 k 网络. 由引理 3.6.9, S_{ω_1} 不具有点可数的闭 k 网络, 于是 S_{ω_1} 不是 $\aleph$ 空间.

普通归纳法的一般化是超限归纳法. 设对于每一序数 α, 给定命题 $P(\alpha)$. 如果下述条件成立, 则对于所有序数 α, $P(\alpha)$ 都正确. ① 对于 $\alpha = 0$, $P(0)$ 是正确的; ② 对于 $\alpha < \alpha_0$ 的任意序数 α, 若 $P(\alpha)$ 是正确的, 则 $P(\alpha_0)$ 是正确的.

空间 X 的子集族 $\mathscr{P}$ 称为局部可数的, 若对于每一 $x \in X$, 存在 x 在 X 中的邻域 V 使得 V 仅与 $\mathscr{P}$ 中可数个元相交. 空间 X 的可数个局部可数集族的并称为 X 的 σ 局部可数集族. 显然, 局部有限集族是局部可数集族; 局部可数集族是点可数集族.

引理 3.6.10　设 $f : X \to Y$ 是闭映射. 若 X 是可度量化空间, 则空间 Y 不含有闭子空间同胚于 S_{ω_1} 当且仅当 f 是边缘 L 映射.

证明　设空间 Y 不含有闭子空间同胚于 S_{ω_1}. 若 f 不是边缘 L 映射, 则存在 $y \in Y$ 使得 $\partial f^{-1}(y)$ 不是 X 的 Lindelöf 子空间, 于是存在 $\partial f^{-1}(y)$ 的不可数的闭离散子集 $\{x_\alpha : \alpha \in A\}$ (定理 2.2.8). 因为 X 是仿紧空间, 所以 X 是集态正规空间 (定理 2.3.9), 于是存在 X 的离散的开子集族 $\{V_\alpha\}_{\alpha \in A}$ 使得每一 $x_\alpha \in V_\alpha$. 对于每一 $\alpha \in A$, 若 U 是 y 在 Y 中的邻域, 那么 $f^{-1}(U) \cap V_\alpha$ 是 x_α 在 X 中的邻域, 于是 $f^{-1}(U) \cap (V_\alpha \setminus f^{-1}(y)) \neq \varnothing$, 即 $U \cap (f(V_\alpha) \setminus \{y\}) \neq \varnothing$, 所以 $y \in \overline{f(V_\alpha) \setminus \{y\}}$. 因为 Y 是 Fréchet-Urysohn 空间, 存在由 $f(V_\alpha) \setminus \{y\}$ 中点组成的序列 $\{y_{\alpha,n}\}_{n \in \mathbb{N}}$ 使其收敛于 y. 令 $T_\alpha = \{y_{\alpha,n} : n \in \mathbb{N}\}$, 那么 $T_\alpha \subseteq f(V_\alpha) \setminus \{y\}$. 因为 $\{V_\alpha\}_{\alpha \in A}$ 是 X 的离散集族, 由引理 3.6.2, $\{f(V_\alpha)\}_{\alpha \in A}$ 是 Y 的 HCP 集族. 再由引理 3.6.3, $\{\overline{f(V_\alpha)}\}_{\alpha \in A}$ 也是 Y 的 HCP 集族, 从而 $\{T_\alpha \cup \{y\}\}_{\alpha \in A}$ 是 Y 的 HCP 集族. 对于每一 $\alpha \in A$,

由引理 3.6.5, 存在 T_α 的有限子集 F_α 和 A 的有限子集 A_α 使得当 $\beta \in A \setminus A_\alpha$ 时有 $(T_\alpha \setminus F_\alpha) \cap T_\beta = \varnothing$. 令 $K_\alpha = T_\alpha \setminus F_\alpha$. 由 Zermelo 良序定理 (引理 1.5.5), 把指标集 A 良序化. 再由超限归纳法, 选取 A 的基数为 ω_1 的子集 B, 使得 $\{K_\alpha\}_{\alpha \in B}$ 是 Y 中互不相交的集族. 由于 $\{K_\alpha \cup \{y\}\}_{\alpha \in B}$ 是 Y 的 HCP 集族且每一 $K_\alpha \cup \{y\}$ 是 Y 的含极限点 y 的非平凡的收敛序列, 于是 Y 的闭子空间 $\{y\} \cup \bigcup_{\alpha \in B} K_\alpha$ 同胚于 S_{ω_1} (练习 3.6.7).

反之, 设 f 是边缘 L 映射. 由引理 2.4.5, 存在 M 的闭子空间 Z 使得 $f|_Z : Z \to X$ 是闭 L 映射. 让 $\mathscr{B}$ 是可度量化空间 Z 的 σ 局部有限基. 令 $\mathscr{P} = f(\mathscr{B})$. 由于 f 是紧覆盖映射 (推论 2.4.9), 于是 $\mathscr{P}$ 是空间 Y 的 k 网络 (练习 3.3.2). 又由于闭 L 映射保持局部可数集族 (练习 3.6.6), 则 $\mathscr{P}$ 是 Y 的 σ 局部可数 k 网络, 于是 $\overline{\mathscr{P}}$ 是 Y 的点可数的闭 k 网络, 从而 Y 的任一子空间也具有点可数的闭 k 网络. 由引理 3.6.9, Y 不含有闭子空间同胚于 S_{ω_1}. $\qquad\square$

定理 3.6.11[86, 150]   空间 X 是可度量化空间的闭 s 映像当且仅当 X 是 Fréchet-Urysohn 的 $\aleph$ 空间.

证明   设存在可度量化空间 M 和闭 s 映射 $f : M \to X$. 显然, X 是仿紧的 Fréchet-Urysohn 空间. 由于 M 是可度量化空间, M 具有 σ 局部有限基 $\mathscr{B}$. 令 $\mathscr{P} = f(\mathscr{B})$. 因为 f 是紧覆盖映射, 所以 $\mathscr{P}$ 是 X 的 k 网络. 又因为 f 是闭 L 映射, 于是 $\mathscr{P}$ 是 X 的 σ 局部可数 k 网络. 记 $\mathscr{P} = \bigcup_{n \in \mathbb{N}} \mathscr{P}_n$, 其中每一 $\mathscr{P}_n$ 是 X 的局部可数集族且 $\mathscr{P}_n \subseteq \mathscr{P}_{n+1}$. 对于每一 $n \in \mathbb{N}$, 由于 $\mathscr{P}_n$ 是局部可数的, 存在 X 的开覆盖 $\mathscr{U}_n$ 使得 $\mathscr{U}_n$ 的每一元仅与 $\mathscr{P}_n$ 中可数个元相交. 又由于 X 是仿紧空间, 不妨设 $\mathscr{U}_n$ 是 X 的局部有限的开覆盖. 令 $\mathscr{F}_n = \{P \cap U : P \in \mathscr{P}_n, U \in \mathscr{U}_n\}$. 下面验证 $\mathscr{F}_n$ 是 X 的 σ 局部有限集族. 事实上, 记 $\mathscr{U}_n = \{U_\alpha\}_{\alpha \in A_n}$. 对于每一 $\alpha \in A_n$, 记 $\{P \in \mathscr{P}_n : P \cap U_\alpha \neq \varnothing\} = \{P_{\alpha,k}\}_{k \in \mathbb{N}}$. 对于每一 $m \in \mathbb{N}$, 令 $\mathscr{H}_{n,m} = \{P_{\alpha,m} \cap U_\alpha\}_{\alpha \in A_n}$. 由于 $\mathscr{U}_n$ 是局部有限的, 所以 $\mathscr{H}_{n,m}$ 也是局部有限的. 又由于 $\mathscr{F}_n = \bigcup_{m \in \mathbb{N}} \mathscr{H}_{n,m}$, 故 $\mathscr{F}_n$ 是 X 的 σ 局部有限集族.

令 $\mathscr{F} = \bigcup_{n \in \mathbb{N}} \mathscr{F}_n$. 下面证明 $\mathscr{F}$ 是 X 的 k 网络. 对于 X 的紧子集 K 及 K 在 X 中的邻域 U, 由于 $\mathscr{P}$ 是 X 的 k 网络, 存在 $n \in \mathbb{N}$ 和 $\mathscr{P}_n$ 的有限子集 $\mathscr{P}'$ 使得 $K \subseteq \bigcup \mathscr{P}' \subseteq U$. 又由于 $\mathscr{U}_n$ 是 X 的开覆盖, 存在 $\mathscr{U}_n$ 的有限子集 $\mathscr{U}'$ 使得 $K \subseteq \bigcup \mathscr{U}'$. 令 $\mathscr{H}' = \{P \cap U : P \in \mathscr{P}', U \in \mathscr{U}'\}$. 则 $\mathscr{H}'$ 是 $\mathscr{F}_n$ 的有限子集且 $K \subseteq \bigcup \mathscr{H}' \subseteq U$. 这表明 $\mathscr{F}$ 是 X 的 k 网络. 故 X 具有 σ 局部有限 k 网络. 因此 X 是 $\aleph$ 空间.

反之, 设 X 是 Fréchet-Urysohn 的 $\aleph$ 空间. 由 Foged 定理 (定理 3.6.6), 存在可度量化空间 M 和闭映射 $f : M \to X$. 由于 $\aleph$ 空间的子空间仍是 $\aleph$ 空间, 又由于 S_{ω_1} 不是 $\aleph$ 空间, 所以 X 不含有闭子空间同胚于 S_{ω_1}. 由引理 3.6.10, f 是边缘 L 映射. 再由引理 2.4.5, 存在 M 的闭子空间 Z 使得 $f|_Z : Z \to X$ 是 L 映射. 这时

$f|_Z$ 是闭 s 映射. 故 X 是可度量化空间的闭 s 映像.   □

作为本章的结束, 本节最后介绍 Bing-Nagata-Smirnov 度量化定理 (定理 2.3.3) 的一个实质推广. 由 Foged 定理和定理 2.4.16, 有下述引理.

引理 3.6.12　　具有 σ-HCP k 网络的正则的强 Fréchet-Urysohn 空间是可度量化空间.   □

定理 3.6.13(Burke-Engelking-Lutzer 度量化定理[53])　　空间 X 是可度量化空间当且仅当 X 是具有 σ-HCP 基的正则空间.

证明　　由 Bing-Nagata-Smirnov 度量化定理和引理 3.6.12, 只需证明具有 σ-HCP 基的空间 X 是第一可数空间. 设 $\mathscr{B} = \bigcup_{n \in \mathbb{N}} \mathscr{B}_n$ 是 X 的基, 其中每一 $\mathscr{B}_n$ 是 X 的 HCP 开集族. 先证明 X 的每一单点集是 G_δ 集, 即若 $x \in X$, 则存在 X 的开集列 $\{G_n\}$ 使得 $\{x\} = \bigcap_{n \in \mathbb{N}} G_n$. 对于每一 $n \in \mathbb{N}$, 令 $G_n = X \backslash \overline{\bigcup\{B \in \mathscr{B}_n : x \notin \overline{B}\}}$. 由于 $\mathscr{B}_n$ 是闭包保持的, 所以 G_n 是 x 在 X 中的开邻域. 若 $y \in X \backslash \{x\}$, 则存在 y 的开邻域 V 使得 $x \notin \overline{V}$, 于是存在 $n \in \mathbb{N}$ 和 $B \in \mathscr{B}_n$ 使得 $y \in B \subseteq V$, 从而 $x \notin \overline{B}$, 因此 $y \notin G_n$. 故 $\{x\} = \bigcap_{n \in \mathbb{N}} G_n$.

下面证明 X 的点 x 在 X 中具有可数邻域基. 不妨设 x 是 X 的聚点. 对于每一 $n \in \mathbb{N}$, 则 x 仅属于 $\mathscr{B}_n$ 中的有限个元. 否则, 存在 $\mathscr{B}_n$ 的可数子集 $\{B_i\}_{i \in \mathbb{N}}$ 使得每一 B_i 含有点 x. 令 $H_1 = B_1 \cap G_1$, 并且 $H_{i+1} = H_i \cap B_{i+1} \cap G_{i+1}$, $i \in \mathbb{N}$. 由于 H_{i+1} 是 x 的邻域, 于是 $x \notin \overline{H_i \backslash H_{i+1}}$. 又由于 $H_i \backslash H_{i+1} \subseteq B_i$, 且 $\{B_i\}_{i \in \mathbb{N}}$ 是 X 的 HCP 集族, 于是

$$x \notin \bigcup_{i \in \mathbb{N}} \overline{H_i \backslash H_{i+1}} = \overline{\bigcup_{i \in \mathbb{N}} H_i \backslash H_{i+1}} = \overline{H_1 \backslash \bigcap_{i \in \mathbb{N}} H_i} = \overline{H_1 \backslash \{x\}}.$$

这与 x 是 X 的聚点相矛盾. 从而 x 仅属于 $\mathscr{B}$ 中的可数个元, 即 x 在 X 中具有可数邻域基. 故 X 是第一可数空间.   □

例 3.6.14　　Michael 空间[193]: 具有 σ 闭包保持基的不可度量化的正则空间.

令 $X = \mathbb{N} \cup \{p\}$ 是 Michael 空间 (例 1.3.14), 其中 $p \in \beta\mathbb{N} \backslash \mathbb{N}$. 显然, X 是正则空间. 由于 X 不是第一可数空间 (例 1.3.14), 于是 X 不是可度量化空间. 因为 $\mathbb{N}$ 是 X 的孤立点集, p 在 X 中的开邻域基是 X 的闭包保持集族, 于是 X 具有 σ 闭包保持基.   □

本章较详细地介绍 Ponomarev 方法在研究可度量化空间的映像理论中的独特作用. Ponomarev 方法的研究一方面丰富了映射理论, 另一方面带来以基作为出发点的集族性质的深刻变化. 20 世纪的后 40 年, 广义度量空间理论的进展正是伴随着这种变化而产生的. 网络[9]、k 网络[225]、严格 k 网络[197]、cs 网络[247]、cs^* 网络[85]、wcs^* 网络[168]、强 k 网络[175] 和 cfp 网络[289] 等一批具有鲜明个性的集族性质所刻画的拓扑空间类推动了一般拓扑学的迅猛发展[160]. 这些集族性质在本书的第二部分讨论函数空间的拓扑性质时也发挥着至关重要的作用.

注 3.6.15   拓扑空间论著作.

20 世纪 40 年代, N. Bourbaki 出版了多卷本的 *Topologie Générale*[48, 49]. 1955 年 J.L. Kelley (美, 1917–1999) 的 *General Topology*[130] 和 1966 年 J. Dugundji (美, 1919–1985) 的 *Topology*[71] 是国外出版较早、影响较大的论述拓扑空间基本理论的著作, 其主要内容有拓扑空间、拓扑空间中的收敛、积空间与商空间、分离公理、可数空间、连通性、紧空间、度量空间和函数空间等, 中心内容是介绍 20 世纪 30 年代一般拓扑学的重要成就, 包含有 Urysohn 引理 (引理 1.2.11), Tietze-Urysohn 扩张定理, Tychonoff-Urysohn 度量化定理 (推论 2.3.4), Tychonoff 定理 (定理 1.1.12), Tychonoff 紧扩张定理 (定理 1.3.9) 等精彩结果. 这些内容也是国内从 20 世纪 70 年代末以来出版的几十种点集拓扑学教科书的核心内容, 其中使用较为广泛的有熊金城 (1938–) 的《点集拓扑讲义》[286]. 由于受写作年代或使用对象的限制, 上述书籍少有涉及 20 世纪 50 年代后一般拓扑学的成就.

1944 年, J. Dieudonné (法, 1906–1992) 引进仿紧性概念是一般拓扑学进入全盛期的重要标志. 随着拓扑空间论的迅猛发展, 为出版高水平的学术论著积累了丰富的素材、奠定了坚实的基础. 自 20 世纪 70 年代以来, 优秀的一般拓扑学著作不断涌现, 最具代表性的是 R. Engelking (波, 1935–) 的著作. 1968 年 Engelking 的 *Outline of General Topology* 由 North-Holland 出版公司和波兰科学出版社联合出版. 经过大量的补充, 1975 年 Engelking 在波兰科学出版社出版 *Topologia Ogólna* (波兰文), 1977 年该书由作者自译为英文版的 *General Topology* (Warszawa: Polish Scientific Publishers) 出版, 1986 年又由作者补充部分新文献后由 A.V. Arhangel'skiĭ (俄, 1938–) 等译为俄文出版, 1989 年 Engelking 的 *General Topology*[74] 英文第二版出版. 该书全面论述一般拓扑学的基本内容, 在问题 (练习) 部分补充了现代的一些研究方向, 如线性序空间、Σ 积、基数函数、逆系、超空间与集值映射等, 内容丰富, 课题广泛, 史料确切, 引文全面 (附有文献 972 篇), 但正文内容大多是 1960 年前的结果, 对于如何快速进入一般拓扑学的相关课题的研究还需学习进一步的著作.

对我国的拓扑空间论发展产生较大影响的介绍现代一般拓扑学的著作也许算是 1974 年儿玉之宏 (日, 1929–) 和永见启应撰写的《位相空间论》[134]. 该书由方嘉琳 (1925–2014) 译成中文《拓扑空间论》, 1984 年在科学出版社出版, 先后列入现代数学译丛和数学名著译丛.《拓扑空间论》简要地介绍传统拓扑空间论的基本内容, 有下述两个极为显著的特点. 一是较早地突出仿紧空间与度量空间、可展空间的相互关系. 二是强调映射与空间的思想, 在全书的后三分之一部分, 以 Arhangel'skiĭ 引入的点可数型空间、p 空间入手, 建立了用映射揭示空间类之间联系的研究框架, 对于满足可数可积性质的约 10 个广义度量空间类进行详细的讨论, 首创在拓扑空间论专著中论述广义度量空间理论的新尝试. 该书也仅是介绍至 1972 年拓扑空间论的主要内容. 长田润一 (日, 1925–2007) 的 *Modern General Topology* (Amsterdam: Elsevier Science Publishers B V) 为反映现代的思想, 虽初版于 1968 年, 但经过多次修改, 第一次修订出版于 1974 年①, 第二次修订出版于 1985 年. 每一次修订都增加了不少覆盖与映射在研究拓扑空间论中作用的内容, 编排体系也与以往拓扑空间论的著作有所不同. 一是较早地突出收敛、覆盖、映射以统一全书的思想. 二是介绍仿紧空间、亚紧空间、次仿紧空间和 θ 加细空间等一系列典型的覆盖性质. 三是阐述 20 世纪 60 至 70 年代引进的一大批广义度量空间类, 以遗传性、可数可积性、映射性质及可数闭和定理等为线索来验证这些空间类是否具有这些运算性质. 四是为体现内容的完整性, 还介绍了连续函数格、函数空间、函数扩张理论、选择理论、逆极限理论、线性序空间、基数函数、Dyadic 空间和拓扑空间的测度论等内容. 由于吸收许多现代的结果, 所以内容不可避免地显得庞杂, 以至于各部分之间交叉过多, 不便于初学者了解一般拓扑学的主要内容的来龙去脉.

1980 年以来, 国际上介绍现代拓扑空间论的著作层出不穷. 下面列举一些具有特色的著作 (不含综述报告) 供读者学习时参考. 1984 年, K. Kunen 和 J.E. Vaughan[138] 编辑的 *Handbook of Set-theoretic Topology* 中由 D.K. Burke[52] 撰写的 *Covering properties*, 由 G. Gruenhage[100] 撰写的 *Generalized metric spaces* 和由 T.C. Przymusiński[234] 撰写的 *Products of normal spaces* 等. 1989 年, K. Morita (日, 1915–1995) 和 J. Nagata[214] 编辑的 *Topics in General Topology* 中分别由 M. Atsuji[37] 和 T. Hoshina[116] 撰写的 *Normality of product spaces I, II*; 由 Y. Yasui[291] 撰写的 *Generalized paracompactness*; 分别由 J. Nagata[219] 和 Y. Tanaka[262] 撰写的 *Metrization I, II*; 分别由 J. Nagata[220] 和 K. Tamano[259] 撰写的 *Generalized metric spaces I, II* 等. 2016 年, 林寿和恽自求撰写的 *Generalized Metric Spaces and Mappings*[173]. 20 世纪 90 年代以来, 国内也出版了一些涉及拓扑空间论的著作. 1991 年, 蒋继光 (1935–) 撰写的《一般拓扑学专题选讲》[124]. 1992 年, 王世强 (1927–) 和杨守廉 (1935–2009) 撰写的《独立于 ZFC 的数学问题》[278]. 1995 年, 林寿撰写的《广义度量空间与映射》[155, 162]. 2000 年, 汪林和杨富春撰写的《拓扑空间中的反例》[277]. 2000 年, 高国士 (1919–2003) 撰写的《拓扑空间论》[83, 84]. 2002 年, 林寿撰写的《点可数覆盖与序列覆盖映射》[160, 163]. 2003 年, 戴牧民 (1937–) 撰写的《集论拓扑学引论》[66]. 2004 年, 林寿撰写的《度量空间与函数空间的拓扑》[161]. 2009 年, 郭宝霖撰写的《绝对邻域收缩核理论》[104]. 2012 年, 林福财撰写的《拓扑代数与广义度量空间》[148]. 2014 年, 李丕余, 谢利红, 牟磊和薛昌涛撰写的 *Some Topics in Paratopological and Semitopological Groups*[146]. 2017 年, 杨忠强和杨寒彪撰写的《度量空间的拓扑学》[290]. 2017 年, 林寿和恽自求撰写的 *Generalized*

---

① 该修订版前 4 章的中文译本《现代一般拓扑学 (上)》, 由徐荣权, 金长泽, 刘玉琏, 孙天正译, 1981 年在东北师范大学印刷 (内部) 发行.

Metric Spaces and Mappings[174]. 这些著作总的特点是反映了拓扑空间论某些专题的研究成果.

练 习

3.6.1 设 $\mathscr{P}$ 是空间 X 的 HCP 集族. 对于每一 $n \in \mathbb{N}$, 置 $\mathscr{P}_n = \{\bigcap_{i \leqslant n} P_i : P_i \in \mathscr{P}, i \leqslant n\}$. 证明: $\mathscr{P}_n$ 是 X 的 HCP 集族.

3.6.2 证明: 可数紧空间的 HCP 覆盖有有限子覆盖.

3.6.3 设 $\mathscr{P}$ 是空间 X 的 HCP 集族. 令

$$D = \{x \in X : \mathscr{P} \text{ 在 } x \text{ 不是点有限的}\}, \quad \mathscr{F} = \{P \setminus D : P \in \mathscr{P}\}.$$

若 K 是 X 的紧子集, 证明: (1) $K \cap D$ 是有限集; (2) K 仅与 $\mathscr{F}$ 中有限个元相交.

3.6.4 证明: Lašnev 空间具有点可数的 k 网络[78].

3.6.5 证明: 完备映射保持 $\aleph$ 空间性质.

3.6.6 设 $f : X \to Y$ 是闭 L 映射. 若 $\mathscr{P}$ 是空间 X 的局部可数集族, 则 $f(\mathscr{P})$ 是空间 Y 的局部可数集族.

3.6.7 证明: 引理 3.6.10 证明中空间 Y 的闭子空间 $\{y\} \cup \bigcup_{\alpha \in B} K_\alpha$ 同胚于 S_{ω_1}.

3.6.8 设 $f : X \to Y$ 是闭映射, 其中 X 是可度量化空间. 证明: 空间 Y 不含有闭子空间同胚于 S_ω 当且仅当 f 是边缘紧映射.

第 4 章　一致空间与函数空间

本书第二部分由第 4 至 6 章组成, 目的是介绍连续函数空间的拓扑性质. 这与前 3 章讨论的紧空间与度量空间的拓扑性质是密切相关的. 拓扑化从一个拓扑空间到另一个拓扑空间的连续函数集的思想来自函数序列的点态收敛和一致收敛的概念. 早在 1878 年 U. Dini (意, 1845–1918), 1883 年 G. Ascoli (意, 1843–1896), 1885 年 K. Weierstrass, 1889 年 C. Arzelà (意, 1847–1912) 就开始从事函数空间理论的研究. 特别是 1897 年 J. Hadamard (法, 1865–1963) 在第一届国际数学家大会 (ICM) 上, 考虑闭区间 $[0, 1]$ 上全体连续函数所构成的族, 并于 1903 年定义了这个空间上的函数. 1906 年 M. Fréchet[81] (法, 1878–1973) 利用集合论的观念, 将前人结果统一成为一个抽象的理论, 把它们的共同点归纳起来并且加以推广, 形成名副其实的泛函分析. Fréchet 在抽象空间中引进具有欧几里得空间距离性质的 "距离" 观念, 并研究上确界度量拓扑. 在一般拓扑学发展早期, 拓扑学家讨论的函数空间拓扑首先是点态收敛拓扑和一致收敛拓扑. 1945 年 R. Fox[79] (美, 1913–1973) 定义了连续实值函数集合上的紧开拓扑, 引导人们关注函数空间的拓扑性质. 1976 年 A. Arhangel'skii[15] 的论文 *On some topological spaces that arise in functional analysis* 是一般拓扑学对于函数空间系统研究的标志, 其中心问题之一是寻求拓扑性质 P 和 Q 使得空间 X 具有性质 P 当且仅当函数空间 $C(X, \mathbb{R})$ 具有性质 Q. 由于 $C(X, \mathbb{R})$ 上具有较丰富的结构, 在此只能介绍一些最基本的内容. 为讨论上述中心问题的需要, 本章主要介绍与函数空间相关的一致空间、拓扑群及函数空间上的基本拓扑与自然映射.

4.1　一 致 空 间

一致空间可以作为介于拓扑空间与度量空间之间的一类空间. 自 1937 年法国 Bourbaki 学派的领导人之一 A. Weil[282] (法, 1906–1998) 引进一致空间以来, 它的理论可以不依赖于拓扑空间理论, 但是与拓扑空间有密切的联系. 本节介绍的一致空间仅仅是为了讨论函数空间理论的需要而选取适当的部分.

设 X 是一非空集. 集 $\Delta = \{(x, x) : x \in X\}$ 称为 X^2 的对角线. 对于 X^2 的子集 A 和 B, 及 $x \in X$, 记

$$A^{-1} = \{(y, x) : (x, y) \in A\};$$

$$A \circ B = \{(x,y): \ \text{存在} \ z \in X \ \text{使得} \ (x,z) \in A \ \text{且} \ (z,y) \in B\};$$

$$A[x] = \{y \in X: \ (x,y) \in A\}.$$

若 $A = A^{-1}$, 则 A 称为对称的.

定义 4.1.1 设 μ 是集 X^2 的一个非空子集族且满足下述条件:

(U1) 若 $U \in \mu$, 则 $\Delta \subseteq U$;

(U2) 若 $U \in \mu$, 则 $U^{-1} \in \mu$;

(U3) 若 $U \in \mu$, 则存在 $V \in \mu$ 使得 $V \circ V \subseteq U$;

(U4) 若 $U, V \in \mu$, 则 $U \cap V \in \mu$;

(U5) 若 $U \in \mu$ 且 $U \subseteq V \subseteq X^2$, 则 $V \in \mu$.

μ 称为 X 上的**一致结构**, (X, μ) 称为**一致空间**.

设 (X, μ) 是一致空间, μ 的子集 β 称为 μ 的**基**, 如果对于每一 $U \in \mu$, 存在 $B \in \beta$ 使得 $B \subseteq U$. μ 的子集 δ 称为 μ 的**子基**, 若 δ 的元的所有有限交的族为 μ 的基. 这些概念与拓扑空间中基与子基的定义是相似的.

引理 4.1.2 对于非空集 X, X^2 的子集族 δ 是 X 的某个一致结构的子基, 如果 δ 满足:

(US1) $\Delta \subseteq \bigcap \delta$;

(US2) 若 $U \in \delta$, 则存在 $V \in \delta$ 使得 $V \subseteq U^{-1}$;

(US3) 若 $U \in \delta$, 则存在 $V \in \delta$ 使得 $V \circ V \subseteq U$. □

集 X 的每一一致结构可诱导 X 上的一个拓扑结构. 设 (X, μ) 是一致空间. 令

$$\tau = \{G \subseteq X: \ \text{任给} \ x \in G \ \text{存在} \ U \in \mu \ \text{使得} \ U[x] \subseteq G\},$$

则 τ 是 X 上的一个拓扑. 事实上, 显然, $\varnothing, X \in \tau$. 其次, 设 $G_1, G_2 \in \tau$. 对于每一 $x \in G_1 \cap G_2$, 存在 $U_1, U_2 \in \mu$ 使得 $U_1[x] \subseteq G_1$ 且 $U_2[x] \subseteq G_2$. 记 $V = U_1 \cap U_2$, 则 $V \in \mu$ 且 $V[x] \subseteq G_1 \cap G_2$. 故 $G_1 \cap G_2 \in \tau$. 再次, 设 $\{G_\alpha\}_{\alpha \in A} \subseteq \tau$. 对于每一 $x \in \bigcup_{\alpha \in A} G_\alpha$, 存在 $\alpha_0 \in A$ 使得 $x \in G_{\alpha_0}$, 于是存在 $U_0 \in \mu$ 使得 $U_0[x] \subseteq G_{\alpha_0} \subseteq \bigcup_{\alpha \in A} G_\alpha$. 故 $\bigcup_{\alpha \in A} G_a \in \tau$. 为了避免混淆, "空间" 仍表示拓扑空间, 而一致空间中的 "一致" 一般不省略.

定义 4.1.3 设 (X, μ) 是一致空间. 令

$$\tau_\mu = \{G \subseteq X: \ \text{任给} \ x \in G \ \text{存在} \ U \in \mu \ \text{使得} \ U[x] \subseteq G\}.$$

τ_μ 称为由一致结构 μ **诱导**的 X 上的拓扑; τ_μ 也称为一致结构 μ 的拓扑或一致拓扑.

若未特别说明, 一致空间上的拓扑指一致拓扑. 设 f 是定义在一致空间 (X, μ) 到一致空间 (Y, ν) 的函数, 称 f 关于 μ 和 ν 是**一致连续**的, 若对于每一 $F \in \nu$, 存

在 $M \in \mu$ 使得 $\phi(M) \subseteq F$, 其中定义积映射

$$\phi : X^2 \to Y^2 \ \text{为} \ \phi(x, z) = (f(x), f(z)).$$

f 关于 μ 和 ν 是一致连续的, 当且仅当对于每一 $F \in \nu$ 有 $\phi^{-1}(F) \in \mu$, 当且仅当对于每一 $F \in \nu$ 集 $\{(x, z) \in X^2 : \phi(x, z) \in F\} \in \mu$.

引理 4.1.4　设 (X, μ) 和 (Y, ν) 都是一致空间. 若函数 $f : (X, \mu) \to (Y, \nu)$ 一致连续, 则 f 是连续的.

证明　对于 Y 的开集 V, 若 $x \in f^{-1}(V)$, 则存在 $F \in \nu$ 使得 $F[f(x)] \subseteq V$. 由于 f 是一致连续的, 存在 $M \in \mu$ 使得 $\phi(M) \subseteq F$. 下面证明 $M[x] \subseteq f^{-1}(V)$. 若 $z \in M[x]$, 则 $(x, z) \in M$, 于是 $\phi(x, z) = (f(x), f(z)) \in F$, 即 $f(z) \in F[f(x)] \subseteq V$, 因而 $z \in f^{-1}(V)$. 这表明 $f^{-1}(V)$ 是 X 的开集. 故 f 是连续函数. □

引理 4.1.5　设 (X, μ) 是一致空间. 对于每一 $x \in X$, 令 $\mu_x = \{U[x] : U \in \mu\}$, 则 μ_x 是 X 的一致拓扑 τ_μ 在 x 的邻域基.

证明　对于每一 $x \in X$ 和 $U \in \mu$, 只需证明 $U[x]$ 是 x 的邻域. 让

$$G = \{y \in X : \ \text{存在} \ V \in \mu \ \text{使得} \ V[y] \subseteq U[x]\},$$

则 $x \in G \subseteq U[x]$. 下面证明 $G \in \tau_\mu$. 设 $y \in G$, 则存在 $V \in \mu$ 使得 $V[y] \subseteq U[x]$, 于是存在 $W \in \mu$ 使得 $W \circ W \subseteq V$. 若 $u \in W[y]$ 且 $v \in W[u]$, 则 $(y, u), (u, v) \in W$, 于是 $(y, v) \in W \circ W \subseteq V$, 所以 $v \in V[y] \subseteq U[x]$, 从而 $W[u] \subseteq U[x]$, 因此 $u \in G$, 所以 $W[y] \subseteq G$. 故 G 是 X 的开集. □

引理 4.1.6　设 (X, μ) 是一致空间. 令

$$\lambda = \{V \in \mu : V \ \text{是} \ X^2 \ \text{中对称的开集}\},$$

$$\beta = \{V \in \mu : V \ \text{是} \ X^2 \ \text{中对称的闭集}\}.$$

则 λ 和 β 都是 μ 的基.

证明　(1) 设 $U \in \mu$, 则存在 $V \in \mu$ 使得 $V \circ V \circ V \subseteq U \cap U^{-1}$. 由于 $V \cap V^{-1}$ 是 μ 的对称元, 所以不妨设 V 是对称的. 设 $(x, y) \in V$, 若 $(u, v) \in V[x] \times V[y]$, 由于 V 是对称的, 则 $(u, v) \in V \circ V \circ V$, 所以 $V[x] \times V[y] \subseteq V \circ V \circ V \subseteq U \cap U^{-1}$. 因为 $V[x] \times V[y]$ 是 (x, y) 在积空间 X^2 中的邻域, 所以 $V \subseteq (U \cap U^{-1})^\circ \subseteq U$. 又因为从 X^2 到 X^2 的函数 $(x, y) \mapsto (y, x)$ 是同胚的, 所以 $(U \cap U^{-1})^\circ$ 是对称的, 因而 $(U \cap U^{-1})^\circ \in \lambda$. 故 λ 是 μ 的一个基.

(2) 设 $U \in \mu$, 则存在 μ 的对称元 V 使得 $V \circ V \circ V \subseteq U$. 设 $(x, y) \in \overline{V}$ (关于一致拓扑 τ_μ 的闭包, 下同), 那么存在 $(s, t) \in (V[x] \times V[y]) \cap V$, 于是 $(x, y) \in V \circ V \circ V$. 这说明 $\overline{V} \subseteq V \circ V \circ V \subseteq U$. 因为从 X^2 到 X^2 的函数 $(x, y) \mapsto (y, x)$ 是同胚的, 所以 $\overline{V} = \overline{V^{-1}} = \overline{V}^{-1}$, 因而 $\overline{V} \in \beta$. 故 β 是 μ 的一个基. □

若 X 的一致结构 μ 的元 V 是 X^2 的闭集, 对于每一固定的 $x \in X$, 由于从空间 X 到积空间 X^2 的函数 $y \mapsto (x, y)$ 是连续的, 所以 $V[x]$ 是 X 的闭集.

引理 4.1.7 设 (X, μ) 是一致空间, 则一致拓扑 τ_μ 是 T_0 的当且仅当对角线 $\Delta = \bigcap \mu$.

证明 设 (X, τ_μ) 是 T_0 空间. 对于每一 $(x, y) \in X^2 \setminus \Delta$, 存在对称的 $U \in \mu$ 使得 $y \notin U[x]$ 或 $x \notin U[y]$, 于是 $(x, y) \notin U$, 所以 $\Delta = \bigcap \mu$. 反之, 若 $\Delta = \bigcap \mu$, 则对于 X 中不同的点 x 和 y, 存在 $U \in \mu$ 使得 $(x, y) \notin U$. 选取对称的 $V \in \mu$ 使得 $V \circ V \subseteq U$. 若存在 $z \in V[x] \cap V[y]$, 那么 $(x, z), (z, y) \in V$, 于是 $(x, y) \in V \circ V \subseteq U$, 矛盾. 因此 $V[x] \cap V[y] = \varnothing$. 这表明 (X, τ_μ) 是 T_2 空间, 从而 (X, τ_μ) 是 T_0 空间. $\square$

设 (X, τ) 是一个拓扑空间. 若存在 X 上的一致结构 μ 使得 μ 诱导的拓扑 τ_μ 就是 τ, 则称 μ 是与 X 的拓扑相容的一致结构. 每一度量诱导出一个一致结构. 设 (X, ρ) 是一个度量空间. 对于实数 $r > 0$, 定义

$$U_r = \{(x, y) \in X^2 : \rho(x, y) < r\}.$$

显然, $U_r \circ U_r \subseteq U_{2r}$. 令

$$\mu = \{U \subseteq X^2 : \text{存在 } r > 0 \text{ 使得 } U_r \subseteq U\}.$$

则 μ 是 X 上的一致结构. μ 称为 (X, ρ) 的通常的一致结构. μ 的每一元都是对角线 Δ 在积空间 X^2 中的邻域. X^2 的子集族 $\{U_r : r > 0\}$ 是 X 的通常一致结构的基. 对于每一 $x \in X$, $r > 0$, $U_r[x] = B(x, r)$, 所以 μ 是与 X 的拓扑相容的一致结构. 一致空间 (X, μ) 称为可 (伪) 度量化的, 若存在 X 上的 (伪) 度量 ρ 使得 μ 是由 ρ 诱导的一致结构.

引理 4.1.8(度量化引理) 设 $\{U_n\}$ 是集 X^2 中对称的集列且满足

$$U_1 = X^2; \quad \Delta \subseteq U_{n+1} \circ U_{n+1} \circ U_{n+1} \subseteq U_n, \quad n \in \mathbb{N}.$$

则存在 X 上的伪度量 p 使得

$$U_{n+1} \subseteq \{(x, y) \in X^2 : p(x, y) \leqslant 1/2^{n+1}\} \subseteq U_n, \quad n \in \mathbb{N}.$$

证明 定义函数 $f : X^2 \to [0, 1]$ 使得

$$f(x, y) = \begin{cases} 0, & (x, y) \in \bigcap_{i \in \mathbb{N}} U_i, \\ 1/2^i, & (x, y) \in U_i \setminus U_{i+1}, i \in \mathbb{N}. \end{cases}$$

显然, $f(x,x) = 0$, $f(x,y) = f(y,x)$, 且 $(x,y) \in U_i$ 当且仅当 $f(x,y) \leqslant 1/2^i$. 对于任意的 $x,y \in X$, 定义

$$p(x,y) = \inf\left\{\sum_{i=1}^{k} f(x_{i-1},x_i) : x_0, x_1, \cdots, x_k \in X, k \in \mathbb{N} \text{ 且 } x_0 = x, x_k = y\right\}.$$

则 $p(x,x) = 0$, $p(x,y) = p(y,x)$ 且 p 满足三角形不等式, 所以 p 是 X 上的伪度量.

下面先用归纳法证明: 对于每一 $k \in \mathbb{N}$ 有下式成立, 记为 $(*)$:

$$f(x,y) \leqslant 2\sum_{i=1}^{k} f(x_{i-1},x_i), \text{ 其中 } x_0, x_1, \cdots, x_k \in X \text{ 且 } x_0 = x, x_k = y.$$

若 $k = 1$, $(*)$ 式显然成立. 设对于每一正整数 $k \leqslant m$ 都有 $(*)$ 式成立, 要证当 $k = m+1$ 时 $(*)$ 式成立. 令 $a = \sum_{i=1}^{m+1} f(x_{i-1},x_i)$. 如果 $2a \geqslant 1$, 由于 $f(x,y) \leqslant 1$, 则 $(*)$ 式成立. 如果 $a = 0$, 则对于 $i = 1,2,\cdots,m+1$ 有 $f(x_{i-1},x_i) = 0$, 于是对于每一 $n \in \mathbb{N}$ 有 $(x_{i-1},x_i) \in U_n$, 从而 $(x,y) \in U_n \circ U_n \circ \cdots \circ U_n$ ($m+1$ 个 U_n). 因此 $(x,y) \in \bigcap_{n \in \mathbb{N}} U_n$, 即 $f(x,y) = 0$. 设 $0 < 2a < 1$. 显然, 或者 $2f(x_0,x_1) \leqslant a$, 或者 $2f(x_m,x_{m+1}) \leqslant a$. 由于 $(*)$ 式关于 x,y 的对称性, 不妨设 $2f(x_0,x_1) \leqslant a$. 设 j 是使得 $2\sum_{i=1}^{j} f(x_{i-1},x_i) \leqslant a$ 的最大正整数, 那么 $2\sum_{i=1}^{j+1} f(x_{i-1},x_i) > a$, 从而 $2\sum_{i=j+2}^{m+1} f(x_{i-1},x_i) < a$. 由归纳假设,

$$f(x_0,x_j) \leqslant 2\sum_{i=1}^{j} f(x_{i-1},x_i) \leqslant a, \quad f(x_{j+1},x_{m+1}) \leqslant 2\sum_{i=j+2}^{m+1} f(x_{i-1},x_i) < a.$$

此外, 由于 $a = \sum_{i=1}^{m+1} f(x_{i-1},x_i)$, 所以 $f(x_j,x_{j+1}) \leqslant a$. 设 l 是使得 $1/2^l \leqslant a$ 的最小自然数, 则 $l \geqslant 2$, 且

$$f(x_0,x_j) \leqslant 1/2^l, \ f(x_j,x_{j+1}) \leqslant 1/2^l, \ f(x_{j+1},x_{m+1}) \leqslant 1/2^l,$$

从而 (x_0,x_j), (x_j,x_{j+1}), $(x_{j+1},x_{m+1}) \in U_l$, 于是 $(x,y) = (x_0,x_{m+1}) \in U_{l-1}$, 因此 $f(x,y) \leqslant 1/2^{l-1} \leqslant 2a$. 故 $(*)$ 式成立.

由 p 的定义及 $(*)$ 式, $f(x,y)/2 \leqslant p(x,y) \leqslant f(x,y)$. 对于每一 $n \in \mathbb{N}$, 置

$$E_n = \{(x,y) \in X^2 : p(x,y) \leqslant 1/2^{n+1}\}.$$

如果 $(x,y) \in U_{n+1}$, 那么 $f(x,y) \leqslant 1/2^{n+1}$, 于是 $p(x,y) \leqslant 1/2^{n+1}$, 所以 $(x,y) \in E_n$. 如果 $(x,y) \in E_n$, 那么 $p(x,y) \leqslant 1/2^{n+1}$, 则 $f(x,y) \leqslant 1/2^n$, 所以 $(x,y) \in U_n$. 故 $U_{n+1} \subseteq E_n \subseteq U_n$. □

定理 4.1.9(Weil 度量化定理[282])　一致空间 X 可度量化当且仅当 X 是 T_0 空间且 X 的一致结构具有可数基.

证明 设一致空间 X 是可度量化空间, 则由 X 的度量诱导出的一致结构具有可数基. 反之, 设 T_0 空间 X 的一致结构具有可数基 $\{U_n\}_{n\in\mathbb{N}}$. 显然, $\Delta = \bigcap_{n\in\mathbb{N}} U_n$, 不妨设每一 U_n 是对称的且 $U_1 = X^2$; $U_{n+1} \circ U_{n+1} \circ U_{n+1} \subseteq U_n$, $n \in \mathbb{N}$. 由度量化引理 (引理 4.1.8), 存在 X 上的伪度量 p 使得

$$U_{n+1} \subseteq \{(x,y) \in X^2 : p(x,y) \leqslant 1/2^{n+1}\} \subseteq U_n, \quad n \in \mathbb{N}.$$

这时, p 是 X 上的度量且诱导出 X 上的一致结构. 故一致空间 X 是可度量化空间. $\qquad\square$

若仅设一致结构 (X, μ) 具有可数基, 则由 μ 诱导的一致拓扑是伪度量空间.

定理 4.1.10 空间 X 的拓扑 τ 是 X 的一致拓扑当且仅当 (X, τ) 是完全正则空间.

证明 设 X 上的拓扑 τ 由 X 的一致结构 μ 导出. 对于每一 $x \in X$ 及 X 中不含有点 x 的闭集 F, 由引理 4.1.5 和引理 4.1.6, 存在 μ 的由对称开集组成的集列 $\{U_n\}$ 使得每一 $U_{n+1} \circ U_{n+1} \subseteq U_n$ 且 $U_1[x] \subseteq X \setminus F$. 由引理 4.1.2, $\{U_n\}_{n\in\mathbb{N}}$ 是 X 上某一一致结构的子基. 记由 $\{U_n\}_{n\in\mathbb{N}}$ 生成的 X 上的一致结构为 ν, 则 ν 具有可数基. 由定理 4.1.9, ν 诱导的 X 上的拓扑 η 是伪度量拓扑, 于是 X 上存在关于 η 连续的函数 $f : X \to [0,1]$ 使得 $f(x) = 0$ 且 $f(X \setminus U[x]) \subseteq \{1\}$. 这时拓扑 τ 精于 η, 所以 f 关于 τ 连续, $f(x) = 0$ 且 $f(F) \subseteq \{1\}$. 故 (X, τ) 是完全正则空间.

反之, 设 (X, τ) 是完全正则空间. 让 $\{p_s\}_{s\in S}$ 是 X 上全体连续的 (即每一 $p_s : X^2 \to [0, +\infty)$ 是连续的) 伪度量的集. 对于每一 $s \in S$, $r > 0$, 令

$$U_{s,r} = \{(x,y) \in X^2 : p_s(x,y) < r\}.$$

则 $\{U_{s,r} : s \in S, \ r > 0\}$ 是 X 上某个一致结构 μ 的子基. 下面证明 $\tau = \tau_\mu$. 对于每一 $x \in X$, $U_{s,r}[x] = B_{p_s}(x,r) \in \tau$, 所以 $\tau_\mu \subseteq \tau$. 另一方面, 对于任意的 $z \in O \in \tau$, 由于 τ 是完全正则的拓扑, 存在 X 上关于 τ 连续的函数 $f : X \to [0,1]$ 使得 $f(z) = 0$ 且 $f(X \setminus O) \subseteq \{1\}$. 定义 $p : X^2 \to [0, +\infty)$ 使得 $p(x,y) = |f(x) - f(y)|$, $x, y \in X$. 则 p 是 X 上连续的伪度量, 于是存在 $s \in S$ 使得 $p = p_s$. 这时 $z \in U_{s,1/2}[z] \subseteq O$. 从而 $\tau \subseteq \tau_\mu$. 故 $\tau = \tau_\mu$. $\qquad\square$

一般说来, 完全正则空间上可能存在不同的相容的一致结构.

例 4.1.11 存在离散, 但不可度量化的一致空间[130].

设 X 是序数集 $[0, \omega_1)$. 对于每一 $\alpha < \omega_1$, 令

$$U_\alpha = \{(x,y) \in X^2 : x = y, \ \text{或} \ x \geqslant \alpha \ \text{且} \ y \geqslant \alpha\},$$

则 $\Delta \subseteq U_\alpha = U_\alpha \circ U_\alpha = U_\alpha^{-1}$. 再令 $\beta = \{U_\alpha : \alpha < \omega_1\}$, 则 β 是 X 上某一一致结构 μ 的基. 设 $\{W_n\}_{n\in\mathbb{N}}$ 是 μ 的任意可数族. 对于每一 $n \in \mathbb{N}$, 存在 $\alpha_n < \omega_1$ 使

得 $U_{\alpha_n} \subseteq W_n$. 令 $\alpha = \sup_{n \in \mathbb{N}}\{\alpha_n\}$, 则 $\alpha < \omega_1$. 取 $\gamma \in (\alpha, \omega_1)$, 则对于每一 $n \in \mathbb{N}$, $U_\gamma \subseteq U_{\alpha_n} \subseteq W_n$, 于是 $W_n \not\subseteq U_\gamma$, 见图 4.1.1. 这表明 μ 没有可数基. 由 Weil 度量化定理 (定理 4.1.9), 一致空间 (X, μ) 不是可度量化的. 对于每一 $\alpha < \omega_1$, 取 $\delta \in (\alpha, \omega_1)$, 则 $U_\delta[\alpha] = \{\alpha\}$ 是一致拓扑 τ_μ 的开集, 所以拓扑空间 (X, τ_μ) 是离散空间. 显然, $\{\Delta\}$ 也是 X 上某一一致结构 ν 的基. 一致空间 (X, ν) 是可度量化空间. X 上的一致拓扑 τ_ν 是离散拓扑, 即 $\tau_\mu = \tau_\nu$. 显然, $\nu \neq \mu$. 故 X 上存在不同的相容的一致结构. $\qquad\square$

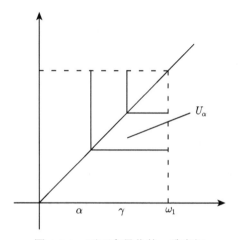

图 4.1.1　不可度量化的一致空间

然而, T_2 紧空间上仅有唯一相容的一致结构.

定理 4.1.12　设 (X, τ) 是 T_2 的紧空间. 则 μ 是与 τ 相容的一致结构当且仅当 μ 的每一元是对角线 Δ 在积空间 X^2 中的邻域.

证明　必要性来自引理 4.1.6 中的 λ 是 μ 的基, 这里没有利用 X 是 T_2 紧空间的条件.

反之, 设 $\mu = \{U \subseteq X^2 : U$ 是 Δ 在 X^2 中的邻域$\}$. 由于 (X, τ) 是 T_2 的紧空间, 于是 (X, τ) 是完全正则空间. 由定理 4.1.10, X 上存在与 τ 相容的一致结构 ν. 若 $V \in \nu$, 由必要性, $V \in \mu$. 从而 $\nu \subseteq \mu$. 另一方面, 让 $\beta = \{B \in \nu : B$ 是 X^2 的闭集$\}$. 由引理 4.1.6, β 是 ν 的基. 设 $U \in \mu$. 由引理 4.1.7, $\bigcap \beta = \Delta \subseteq U$. 因为 X^2 是紧空间, 所以存在 β 的有限子集 $\{B_i\}_{i \leqslant n}$ 使得 $\bigcap_{i \leqslant n} B_i \subseteq U$ (练习 1.1.2). 这表明 $U \in \nu$. 从而 $\mu \subseteq \nu$. 故 $\mu = \nu$. $\qquad\square$

推论 4.1.13　从 T_2 的紧一致空间到一致空间的每一连续函数是一致连续的.

证明　设 $f : (X, \mu) \to (Y, \nu)$ 是连续的函数, 其中 (X, μ) 是 T_2 的紧一致空间. 对于每一 $F \in \nu$, 由定理 4.1.12 的必要性, F 是 Y^2 的对角线的邻域. 定义 $\phi : X^2 \to Y^2$ 为 $\phi(x, z) = (f(x), f(z))$, 则 ϕ 是连续的, 于是 $\phi^{-1}(F)$ 是 X^2 的对角

线的邻域. 再由定理 4.1.12 的充分性, $\phi^{-1}(F) \in \mu$. 故 f 是一致连续的.   □

Weil 的一致空间理论是基于集 X^2 的子集族建立的. J. Tukey[272] 利用集 X 的覆盖也建立了与 A. Weil 的理论相平行的一致空间理论.

<h2 align="center">练 习</h2>

4.1.1 设 (X,μ) 是一致空间. 对于每一 $A \subset X$, 证明: $A^\circ = \{x \in X$: 存在 $U \in \mu$ 使得 $U[x] \subseteq A\}$.

4.1.2 验证引理 4.1.2.

4.1.3 设 (X,μ) 是一致空间, p 是 X 上的伪度量, p 称为关于 μ 一致的, 如果对于每一 $r > 0$, 存在 $U \in \mu$ 使得当 $(x,y) \in U$ 时有 $p(x,y) < r$. 证明: 若 p 是 X 上关于 μ 一致的伪度量, 则 $p: X^2 \to [0, +\infty)$ 是连续的.

4.1.4 设一致空间 (X,μ) 具有可数基. 利用 Tukey 度量化定理 (定理 2.3.13) 证明: 若 X 是 T_0 空间, 则 X 是可度量化的拓扑空间.

4.1.5 设 (X,μ) 是一致空间且 $U \in \mu$, 则存在 X 上关于 μ 一致的伪度量 p 使得 $\{(x,y) \in X^2 : p(x,y) < 1\} \subseteq U$.

<h1 align="center">4.2 拓 扑 群</h1>

回忆群的定义. 设 G 是一个非空集. G 的一个二元运算 "·" 是指 $G \times G$ 到 G 的一个函数. G 称为一个**群**, 如果存在 G 上的二元运算 "·" 满足:

(G1) $(x \cdot y) \cdot z = x \cdot (y \cdot z)$, x, y, $z \in G$ (结合律);

(G2) 存在 $e \in G$ 使得对于每一 $x \in G$ 有 $e \cdot x = x \cdot e = x$;

(G3) 对于每一 $x \in G$, 存在 $x^{-1} \in G$ 使得 $x \cdot x^{-1} = x^{-1} \cdot x = e$.

群 $(G, \cdot)$ 常简记为群 G. e 称为群 G 的单位元, x^{-1} 称为 x 的逆元. 为了叙述的简明, 对于群 $(G, \cdot)$ 及任意的 $x, y \in G$, 简记 $x \cdot y = xy$. 若群 G 关于二元运算是对称的, 即每一 $xy = yx$, 则 G 称为**交换群** 或 Abel **群**. 交换群称为**加群**, 如果将群的二元运算叫做加法, 用符号 "+" 表示. 在加群中, 单位元 e 一般用 0 来表示, x 的逆元一般用 $-x$ 来表示. 设 A, B 是群 G 的子集, 记

$$AB = \{ab : a \in A, b \in B\}, \quad A^{-1} = \{a^{-1} : a \in A\}.$$

19 世纪末李群理论的发展为一般拓扑群的研究提供了充分的准备. 1925 年 O. Schreier (奥地利, 1901–1929) 和 1927 年 F. Leja (波, 1885–1979) 分别独立地给出第一个 Hausdorff 拓扑群的现代定义.

定义 4.2.1[144, 245] 对于非空集 G, 如果 G 既是一个群又是一个拓扑空间, 并且满足下述条件, 则称 G 是一个**拓扑群**:

(TG1) 积空间 $G \times G$ 到空间 G 的函数 $(x,y) \mapsto xy$ 是连续的;

(TG2) 空间 G 到空间 G 的函数 $x \mapsto x^{-1}$ 是连续的.

条件 (TG1) 和 (TG2) 表明群结构与拓扑结构是相容的. 它们等价于从积空间 $G \times G$ 到空间 G 的函数 $(x,y) \mapsto xy^{-1}$ 是连续的.

如实数集 $\mathbb{R}$ 关于通常的加法和欧几里得拓扑是拓扑群, 记为 $(\mathbb{R}, +)$. 对于任一群 G, 取离散拓扑就成了拓扑群.

引理 4.2.2　设 G 是一抽象群, β 是 G 中包含单位元的集族且满足如下性质:

(GB1) 若 $U_1, U_2 \in \beta$, 则存在 $V \in \beta$ 使得 $V \subseteq U_1 \cap U_2$;

(GB2) 若 $U \in \beta$, 则存在 $V \in \beta$ 使得 $V^2 \subseteq U$;

(GB3) 若 $U \in \beta$, 则存在 $V \in \beta$ 使得 $V^{-1} \subseteq U$;

(GB4) 若 $U \in \beta$ 且 $x \in U$, 则存在 $V \in \beta$ 使得 $Vx \subseteq U$;

(GB5) 若 $x \in G$ 且 $U \in \beta$, 则存在 $V \in \beta$ 使得 $xVx^{-1} \subseteq U$.

记 $\tau = \{U \subseteq G : 任给 x \in U 存在 V \in \beta 使得 Vx \subseteq U\}$, 那么 τ 是 G 上的一个群拓扑且 β 是单位元处的开邻域基.

证明　首先验证 τ 是一个拓扑. 这只需验证 τ 关于有限交的封闭性. 设 $U_1, U_2 \in \tau$. 若 $x \in U_1 \cap U_2$, 则存在 $V_1, V_2 \in \beta$ 使得 $V_1 x \subseteq U_1$ 和 $V_2 x \subseteq U_2$. 由 (GB1), 存在 $V \in \beta$ 使得 $V \subseteq V_1 \cap V_2$, 所以 $Vx \subseteq V_1 x \cap V_2 x \subseteq U_1 \cap U_2$. 故 $U_1 \cap U_2 \in \tau$. 由 (GB4), $\beta \subseteq \tau$, 从而 β 是单位元处的开邻域基.

(2.1) 若 $x \in G$ 且 $U \in \beta$, 则 $Ux \in \tau$, $xU \in \tau$. 因此 $\{Ux : x \in G, U \in \beta\}$ 是拓扑空间 G 的基.

任取 $y \in Ux$, 那么 $yx^{-1} \in U$. 由 (GB4), 存在 $V \in \beta$ 使得 $Vyx^{-1} \subseteq U$, 即 $Vy \subseteq Ux$. 从而 $Ux \in \tau$. 这也证明了 $\{Ux : x \in G, U \in \beta\}$ 是 G 的基.

任取 $y \in xU$, 那么 $x^{-1}y \in U$. 由 (GB4), 存在 $W \in \beta$ 使得 $Wx^{-1}y \subseteq U$. 再由 (GB5), 存在 $W_1 \in \beta$ 使得 $x^{-1}W_1 x \subseteq W$, 因此 $x^{-1}W_1 y = x^{-1}W_1 xx^{-1}y \subseteq Wx^{-1}y \subseteq U$, 从而 $W_1 y \subseteq xU$. 故 $xU \in \tau$.

(2.2) G 满足条件 (TG1).

设 $x, y \in G$, 且 O 是 xy 的开邻域. 存在 $W \in \beta$ 使得 $Wxy \subseteq O$. 由 (GB2), 存在 $U \in \beta$ 使得 $U^2 \subseteq W$. 再由 (GB5), 存在 $V \in \beta$ 使得 $xVx^{-1} \subseteq U$. 因此 $UxVx^{-1} \subseteq U^2 \subseteq W$, 即 $UxVy \subseteq Wxy \subseteq O$. 由 (2.1) 知, (2.2) 成立.

(2.3) G 满足条件 (TG2).

对于 $x \in G$ 和 $U \in \beta$, 有 $(Ux)^{-1} = x^{-1}U^{-1}$. 由 (2.1), 只需证明 $x^{-1}U^{-1} \in \tau$. 任取 $y \in x^{-1}U^{-1}$, 则 $y^{-1}x^{-1} \in U$. 由 (GB4), 存在 $V \in \beta$ 使得 $Vy^{-1}x^{-1} \subseteq U$. 再由 (GB3), 存在 $W \in \beta$ 使得 $W^{-1} \subseteq V$, 从而 $W^{-1}y^{-1}x^{-1} \subseteq Vy^{-1}x^{-1} \subseteq U$, 即 $W^{-1}y^{-1} = UxVx^{-1}xy \subseteq Ux$, 因此 $yW \subseteq x^{-1}U^{-1}$. 又由 (2.1), $x^{-1}U^{-1} \in \tau$.

综上所述, τ 是 G 上的一个群拓扑且 β 是单位元处的开邻域基. $\qquad\square$

引理 4.2.3 拓扑群是齐性空间.

证明 设 G 是拓扑群. 考虑 G 到自身的**右乘函数** r_s. 对于每一 $s \in G$, 定义

$$r_s : G \to G \text{ 使得 } r_s(x) = xs;$$

$$\varphi_1 : G \to G \times G \text{ 使得 } \varphi_1(x) = (x, s);$$

$$\varphi_2 : G \times G \to G \text{ 使得 } \varphi_2(x, s) = xs.$$

则 $r_s = \varphi_2 \circ \varphi_1$. 显然, φ_1 和 φ_2 都是连续函数, 因此 r_s 是连续的. 又 $(r_s)^{-1} = r_{s^{-1}}$ 也是连续的, 于是 r_s 是同胚. 对于任意的 $x, y \in G$, 有 $x^{-1}y \in G$ 且 $r_{x^{-1}y}(x) = y$. 故 G 是齐性空间. □

由此, 若 $\mathscr{B}$ 是拓扑群 G 在单位元 e 处的邻域基, 则对于每一 $x \in G$, $\{xB : B \in \mathscr{B}\}$ 是 G 在 x 处的邻域基.

定理 4.2.4[281] 拓扑群是一致空间.

证明 设 (G, τ) 是拓扑群. 让 $\mathscr{B}$ 是 G 的单位元 e 的邻域基. 对于每一 $B \in \mathscr{B}$, 令 $B_l = \{(x, y) \in G \times G : x^{-1}y \in B\}$, 则 $(B_l)^{-1} = (B^{-1})_l$. 令

$$\mu = \{U \subseteq G \times G : \text{ 存在 } B \in \mathscr{B} \text{ 使得 } B_l \subseteq U\},$$

则 μ 是 G 上的一致结构. 为此只需证明: 若 $B \in \mathscr{B}$, 则存在 $V \in \mathscr{B}$ 使得 $V_l \circ V_l \subseteq B_l$. 定义 $f : G \times G \to G$ 使得每一 $f(x, y) = xy$. 由拓扑群的条件 (TG1), f 是连续函数, 而 $f(e, e) = e \in B$, 所以存在 $V \in \mathscr{B}$ 使得 $f(V \times V) = VV \subseteq B$. 若 $(x, y) \in V_l \circ V_l$, 则存在 $z \in G$ 使得 $x^{-1}z \in V$ 且 $z^{-1}y \in V$, 于是 $x^{-1}y = (x^{-1}z)(z^{-1}y) \in VV \subseteq B$, 所以 $(x, y) \in B_l$. 故 $V_l \circ V_l \subseteq B_l$.

对于每一 $x \in G$, $\{B_l[x] : B \in \mathscr{B}\}$ 是一致拓扑 τ_μ 在 x 的邻域基. 由于每一 $B_l[x] = xB$ 且 $\{xB : B \in \mathscr{B}\}$ 是 τ 在 x 的邻域基, 故 $\tau = \tau_\mu$. 因此, 拓扑群 G 是一致空间. □

定理 4.2.4 中的一致结构称为 G 上的**左一致结构**.

推论 4.2.5 拓扑群是完全正则空间. □

推论 4.2.6(Birkhoff-Kakutani 度量化定理[44, 132]) 拓扑群是可度量化空间当且仅当它是第一可数的 T_0 空间.

证明 只需证明充分性. 设拓扑群 (G, τ) 是第一可数的 T_0 空间. 让 $\{B_i\}_{i \in \mathbb{N}}$ 是 G 在单位元 e 的可数邻域基. 令 $U_n = \{(x, y) \in G \times G : x^{-1}y \in B_n\}$, $n \in \mathbb{N}$. 由定理 4.2.4 的证明, $\{U_n\}_{n \in \mathbb{N}}$ 是 G 上一致结构的基, 于是 T_0 空间 G 的一致结构具有可数基. 由 Weil 度量化定理 (定理 4.1.9), G 是可度量化空间. □

为了今后的应用, 下面介绍与拓扑群相关的拓扑环与拓扑向量空间.

非空集 G 称为一个环, 如果存在 G 上的二元运算 "+" (加法) 和 "·" (乘法) 满足:

(R1) $(G, +)$ 是一个加群;

(R2) 对于任意的 $a, b, c \in G$ 有

$$a \cdot (b \cdot c) = (a \cdot b) \cdot c \ (\text{乘法结合律});$$

(R3) 对于任意的 $a, b, c \in G$ 有

$$a \cdot (b + c) = a \cdot b + a \cdot c,$$

$$(b + c) \cdot a = b \cdot a + c \cdot a \ (\text{分配律}).$$

对于非空集 G, 如果 G 既是一个环又是一个拓扑空间, 并且满足下述条件, 则称 G 是一个拓扑环:

(TR1) 积空间 $G \times G$ 到空间 G 的函数 $(x, y) \mapsto x - y$ 是连续的;

(TR2) 积空间 $G \times G$ 到空间 G 的函数 $(x, y) \mapsto xy$ 是连续的.

本书只讨论实数域 $\mathbb{R}$ 上的线性空间. 对于非空集 G, 设 $(G, +)$ 是一个线性空间且 (G, τ) 是一个拓扑空间, G 称为一个拓扑向量空间, 如果满足下述条件:

(TV1) 积空间 $G \times G$ 到空间 G 的函数 $(x, y) \mapsto x + y$ 是连续的;

(TV2) 积空间 $\mathbb{R} \times G$ 到空间 G 的函数 $(r, x) \mapsto rx$ 是连续的.

拓扑向量空间也称为线性拓扑空间. 条件 (TV1) 和 (TV2) 表明 G 的线性运算关于 G 的拓扑是连续的. 为了标明 G 取拓扑 τ, 有时也把拓扑向量空间记为 (G, τ).

引理 4.2.7　拓扑向量空间是拓扑群.　　　　　　　　　　　　　　　　□

练　习

4.2.1　设 G 是拓扑群. 考虑 G 到自身的*左乘函数* l_s. 对于每一 $s \in G$, 定义 $l_s : G \to G$ 使得 $l_s(x) = sx$, $x \in G$. 证明: 左乘函数是同胚.

4.2.2　设 G 是拓扑群. 如果 A, B 是 G 的子集, $x \in G$, 那么

(1) 若 A 是 G 的开集 (闭集), 则 Ax 和 xA 也是 G 的开集 (闭集);

(2) 若 A 是 G 的开集, 则 AB 和 BA 都是 G 的开集;

(3) 若 A, B 都是 G 的紧集, 则 AB 是 G 的紧集.

4.2.3　设 G 是拓扑群, 则下述条件相互等价:

(1) G 是 T_0 空间.

(2) G 是 T_1 的完全正则空间.

(3) $\{e\}$ 是闭集, 其中 e 是 G 的单位元.

4.2.4　在定理 4.2.4 的证明中, 若以 $B_r = \{(x, y) \in G \times G : xy^{-1} \in B\}$ 代替 B_l, 则 μ 同样生成 G 上的一致结构, 称为 G 上的*右一致结构*.

4.2.5　由 Tukey 度量化定理 (定理 2.3.13) 证明 Birkhoff-Kakutani 度量化定理 (推论 4.2.6).

4.3 集开拓扑

4.3 节、4.4 节将介绍函数空间的拓扑. 对于空间 X 和 L, 记 $C(X, L)$ 是从 X 到 L 的全体连续函数的集. 在不引起混淆时也记 $C(X, L) = C(X)$, 而对于实数空间 $\mathbb{R}$, 总是记 $C(X) = C(X, \mathbb{R})$. 对于 $A \subseteq X$ 和 $B \subseteq L$, 记

$$[A, B] = \{f \in C(X, L) : f(A) \subseteq B\}.$$

易验证

$$[A, B_1 \cap B_2] = [A, B_1] \cap [A, B_2],$$
$$[A_1 \cup A_2, B] = [A_1, B] \cap [A_2, B].$$

如果 $x \in X$ 且 $B \subseteq L$, 简记 $[\{x\}, B] = [x, B]$.

回忆网络的概念 (定义 2.3.6). 设 X 是拓扑空间, X 的非空子集的族 α 称为 X 的网络, 若对于每一 $x \in X$ 及 x 在 X 中的邻域 U, 存在 $A \in \alpha$ 使得 $x \in A \subseteq U$. 若 X 的网络 α 中的每一元是 X 的闭集 (紧集), 则称 α 是 X 的闭网络 (紧网络).

定义 4.3.1 $C(X, L)$ 的拓扑称为**集开拓扑**[8], 如果存在空间 X 的闭网络 α 使得 $\delta = \{[A, V] : A \in \alpha$ 且 V 是 L 中的开集$\}$ 作为这一拓扑的子基.

具有这拓扑的连续函数空间记为 $C_\alpha(X, L)$. X 称为**底拓扑空间**或**底空间**. δ 称为 $C_\alpha(X, L)$ 的**基本子基**, 而 δ 中有限个元的交集称为 $C_\alpha(X, L)$ 的**基本开集**.

如果 Z 是 X 的子空间, 仍然用 $C_\alpha(Z, L)$ 表示 $C_\beta(Z, L)$, 其中 $\beta = \alpha|_Z$.

如果将 X 的闭网络取为 X 的有限集 (或单点集) 的全体, 所生成的 $C(X, L)$ 的集开拓扑称为**点开拓扑**或**点态收敛拓扑**. 具有这拓扑的连续函数空间记为 $C_p(X, L)$. 另一方面, 如果将 X 的闭网络取为 X 的所有非空紧集的全体, 所生成的 $C(X, L)$ 的集开拓扑称为**紧开拓扑**或**紧收敛拓扑**. 具有这拓扑的连续函数空间记为 $C_k(X, L)$. A. Arhangel'skiǐ 等俄罗斯学者主要关心空间 $C_p(X, \mathbb{R})$ 的拓扑性质, 而 R.A. McCoy 等学者主要关心 $C_k(X, \mathbb{R})$ 的拓扑性质. 除了上述两种经典的集开拓扑外, 还有许多有趣的集开拓扑, 甚至弱集开拓扑也引起人们的关注, 如 C 紧开拓扑[226, 228]、Cauchy 收敛拓扑[60, 147]、紧 G_δ 开拓扑[87, 126]、伪紧开拓扑[135]、σ 紧开拓扑[136, 137]、λ^* 开拓扑[227] 等. 对于空间 $C_\alpha(X, L)$ 的系统研究起始于 R.A. McCoy 和 I. Ntantu[189].

可以从 Tychonoff 积空间的角度来理解点态收敛拓扑. 设 X 是一个集, L 是一个拓扑空间. 从 X 到 L 的所有函数构成的集记为 L^X, L^X 也是笛卡儿积 $\prod_{x \in X} L_x$, 其中每一 $L_x = L$. 对于每一 $x \in X$, 让 $p_x : \prod_{x \in X} L_x \to L_x$ 为 L^X 到第 x 个坐标空间的投影, 即对于任意的 $f \in L^X$, $p_x(f) = f(x)$. L^X 的积拓扑 (见引理 1.1.11 前)

是以 $\mathscr{S} = \{p_x^{-1}(U) : x \in X, U \text{ 是 } L \text{ 中的开集}\}$ 为子基生成的拓扑. 由于积空间 L^X 中的收敛是依坐标收敛, 于是把 L^X 的拓扑 τ 称为 L^X 的**点态收敛拓扑**, 而空间 (L^X, τ) 称为从集 X 到空间 L 的具有点态收敛拓扑的函数空间. 因为在 $C(X, L)$ 中, $p_x^{-1}(U) = [x, U]$, 所以在上述两种方式定义下, L^X 的子集 $C(X, L)$ 作为具有点态收敛拓扑的连续函数空间是一致的.

对于空间 X 和 L, 记 $X \preceq L$, 如果 X 和 L 是同一集且 L 的拓扑是较精于 X 的拓扑.

定理 4.3.2　如果 α 是空间 X 的闭网络, 则 $C_p(X, L) \preceq C_\alpha(X, L)$.

证明　设 $x \in X$ 且 V 是 L 的开集. 若 $f \in [x, V]$, 那么 $f(x) \in V$, 于是存在 $A \in \alpha$ 使得 $x \in A \subseteq f^{-1}(V)$, 从而 $f \in [A, V] \subseteq [x, V]$. 这表明 $[x, V]$ 是 $C_\alpha(X, L)$ 的开集. 故 $C_p(X, L) \preceq C_\alpha(X, L)$. □

因此, 点态收敛拓扑是最小的集开拓扑. 最大的集开拓扑是取所有的非空闭集组成的网络生成的集开拓扑. 具有最大的集开拓扑的连续函数空间记为 $C_w(X, L)$. 显然, $C_p(X, L) \preceq C_k(X, L) \preceq C_w(X, L)$.

下面讨论集开拓扑的分离性. 由于 $C_p(X, L)$ 是积空间 L^X 的子空间, 所以若 L 是 T_0 空间 (T_1 空间、T_2 空间、正则空间、完全正则空间), 则 $C_p(X, L)$ 也是 T_0 空间 (T_1 空间、T_2 空间、正则空间、完全正则空间).

引理 4.3.3　设 X 是一个集, L 是一个拓扑空间. 若 A 是 X 的子集, B 是 L 的闭集, 则 $[A, B]$ 是具有点态收敛拓扑的空间 L^X 的闭集.

证明　显然, $[A, B] = \bigcap_{x \in A} p_x^{-1}(B)$, 其中 p_x 是从积空间 L^X 到第 x 个坐标空间的投影. 由于每一 $p_x^{-1}(B)$ 是 L^X 的闭集, 所以 $[A, B]$ 是 L^X 的闭集. □

由此, 在 L^X 的子空间 $C(X, L)$ 中, 若 B 是 L 的闭集, 则 $[A, B]$ 是 $C_p(X, L)$ 的闭集; 若 α 是空间 X 的闭网络, 由定理 4.3.2, $[A, B]$ 也是 $C_\alpha(X, L)$ 的闭集.

引理 4.3.4　设 α 是空间 X 的紧网络, $A \in \alpha$. 定义 $g : C_\alpha(X, \mathbb{I}) \to \mathbb{I}$ 使得 $g(f) = \sup_{x \in A}\{f(x)\}$, 则 g 是连续函数.

证明　设 (a, b) 是 $\mathbb{R}$ 的任意开区间. 对于 $f \in C_\alpha(X, \mathbb{I})$, 由 A 的紧性, $\sup_{x \in A}\{f(x)\} < b$ 当且仅当对于每一 $x \in A$ 有 $f(x) < b$. 令 $F = \{y \in \mathbb{I} : y \leqslant a\}$, $B = \{y \in \mathbb{I} : y < b\}$, 则 $g^{-1}(\mathbb{I} \cap (a, b)) = (C_\alpha(X, \mathbb{I}) \setminus [A, F]) \cap [A, B]$. 由引理 4.3.3, $g^{-1}(\mathbb{I} \cap (a, b))$ 是 $C_\alpha(X, \mathbb{I})$ 的开集. 故 g 是连续的. □

定理 4.3.5[6]　若 α 是空间 X 的闭网络, L 是 T_2 空间, 则 $C_\alpha(X, L)$ 是 T_2 空间. 若 α 是空间 X 的紧网络, L 是完全正则空间, 则 $C_\alpha(X, L)$ 是完全正则空间.

证明　设 L 是 T_2 空间, 则 $C_p(X, L)$ 是 T_2 空间. 由定理 4.3.2, $C_\alpha(X, L)$ 是 T_2 空间.

设 α 是空间 X 的紧网络, $[A, V]$ 是空间 $C_\alpha(X, L)$ 的基本子基中的元且 $f \in [A, V]$. 因为 L 是完全正则空间且紧集 $f(A) \subseteq V$, 存在 $\phi \in C(L, \mathbb{I})$ 使得 $\phi(f(A)) =$

$\{0\}$ 且 $\phi(L \setminus V) \subseteq \{1\}$. 定义函数 $\zeta : C_\alpha(X, L) \to \mathbb{I}$ 为 $\zeta(h) = \sup_{x \in A}\{\phi(h(x))\}$, $h \in C_\alpha(X, L)$. 由引理 4.3.4, $\zeta(h) = g \circ \phi(h)$ 是连续的且 $\zeta(f) = 0$. 如果 $h \in C_\alpha(X, L) \setminus [A, V]$, 则存在 $x \in A$ 使得 $h(x) \in L \setminus V$, 于是 $\phi(h(x)) = 1$. 这表明 $\zeta(C_\alpha(X, L) \setminus [A, V]) \subseteq \{1\}$. 故 $C_\alpha(X, L)$ 是完全正则空间. $\hfill\square$

定理 4.3.6　若 X 是完全正则空间, 则 $C_p(X)$ 是积空间 $\mathbb{R}^X$ 的稠密子空间.

证明　只需证明积空间 $\mathbb{R}^X$ 中的任何一个非空的基本开集都与 $C_p(X)$ 相交.

由于 $\mathscr{S} = \{p_x^{-1}(U) : x \in X, U$ 是 $\mathbb{R}$ 的开集$\}$ 是 $\mathbb{R}^X$ 的子基, 对于 $\mathbb{R}^X$ 的基本开集 W, 记 $W = \bigcap_{i \leqslant n} p_{x_i}^{-1}(U_i)$, 其中每一 $x_i \in X$ 且 U_i 是 $\mathbb{R}$ 的非空开集. 不妨设这些 x_i 是互不相同的, 并取定 $r_i \in U_i \setminus \{1\}$. 由于 X 是完全正则空间, 存在连续函数 $g : X \to \mathbb{R}$ 使得 $g_i(x_i) = r_i$ 且 $g_i(x_j) = 1$, $j \neq i$. 定义 $g : X \to \mathbb{R}$ 使得 $g(x) = g_1(x)g_2(x) \cdots g_n(x)$, $x \in X$. 显然, $g \in C_p(X)$ 且每一 $g(x_i) = r_i \in U_i$, 于是 $g \in C_p(X, \mathbb{R}) \cap W$. 因而 $\overline{C_p(X)} = \mathbb{R}^X$. $\hfill\square$

定理 4.3.7　设 α 和 β 都是完全正则空间 X 的闭网络. 若 T_1 空间 L 含有非平凡的道路且 $C_\alpha(X, L) \preceq C_\beta(X, L)$, 则 α 的每一元含于 β 的元的有限并中.

证明　设 $p : \mathbb{I} \to L$ 是 L 中的道路且 $p(0) \neq p(1)$. 让 f 在 X 上取常值 $p(0)$ 且 $V = L \setminus \{p(1)\}$. 若 $A \in \alpha$, 则 $[A, V]$ 是 f 在 $C_\alpha(X, L)$ 中的邻域, 于是 $[A, V]$ 是 f 在 $C_\beta(X, L)$ 中的邻域, 从而存在 f 在 $C_\beta(X, L)$ 中的基本邻域 $W = \bigcap_{i \leqslant n}[B_i, V_i] \subseteq [A, V]$. 这时 $p(0) \in \bigcap_{i \leqslant n} V_i$. 令 $B = \bigcup_{i \leqslant n} B_i$, 则 $A \subseteq B$. 若不然, 则存在 $x \in A \setminus B$. 由 X 的完全正则性, 存在 $g \in C(X, \mathbb{I})$ 使得 $g(B) = \{0\}$ 且 $g(x) = 1$. 从而 $p \circ g \in W \setminus [A, V]$, 矛盾. 因此 $A \subseteq \bigcup_{i \leqslant n} B_i$. $\hfill\square$

推论 4.3.8　设 X 是完全正则空间. 若 T_1 空间 L 含有非平凡的道路, 那么

(1) 空间 $C_p(X, L) = C_k(X, L)$ 当且仅当 X 的每一紧集是有限集;

(2) 空间 $C_w(X, L) = C_k(X, L)$ 当且仅当 X 是紧空间.

证明　(1) 若 $C_p(X) = C_k(X)$, 由定理 4.3.7, X 的每一紧集是有限集. 反之, 若空间 X 的每一紧集是有限集, 于是 $C_k(X)$ 的基本子基中的元 $[K, V]$ 是 $C_p(X)$ 的开集, 所以 $C_k(X) \preceq C_p(X)$. 再由定理 4.3.2, $C_p(X) \preceq C_k(X)$, 所以 $C_p(X) = C_k(X)$.

(2) 若 $C_w(X) = C_k(X)$, 由定理 4.3.7, X 是紧空间. 若 X 是紧空间, 由紧开拓扑的定义, $C_w(X) = C_k(X)$. $\hfill\square$

例 4.3.9　设 $D = \{0, 1\}$ 赋予离散拓扑, 则 $C(\mathbb{I}, D)$ 是二元集.

(1) $C_p(\mathbb{I}, D)$ 不是积空间 $D^{\mathbb{I}}$ 的稠密子集.

(2) $C_p(\mathbb{I}, D) = C_k(\mathbb{I}, D)$, 但是 $\mathbb{I}$ 是无限的紧空间. $\hfill\square$

例 4.3.10[23]　设 $X = [0, 3]$, $B = [1, 2]$, 赋予欧几里得拓扑. 置

$$\alpha = \{\{x\} : x \in X\} \bigcup \{X\}, \quad \beta = \alpha \bigcup \{B\}.$$

则 $C_\alpha(X) \neq C_\beta(X)$.

证明　设 $V = \mathbb{R} \setminus \{1\}$, 且 $G = \{f \in C_\alpha(X) : 1 \notin f(B)\} = [B, V]$, 则 G 是 $C_\beta(X)$ 的开集. 取定函数 $f \in C(X)$ 使得 $f(B) = \{0\}$ 且 $f(0) = 1$. 若 G 是 $C_\alpha(X)$ 的开集, 则存在 $C_\alpha(X)$ 的基本开集族 $\{[A_i, W_i]\}_{i \leqslant k}$ 使得 $f \in \bigcap_{i \leqslant k}[A_i, W_i] \subseteq G$. 不妨设 $A_1 = X$. 由于 $f \in [X, W_1]$, 所以 $1 \in f(X) \subseteq W_1$. 由 α 的定义, 设当 $1 < i \leqslant k$ 时有 $A_i = \{x_i\}$, 于是存在 $y \in B \setminus \{x_i : 1 < i \leqslant k\}$. 让 Y 是 $\mathbb{R}$ 中含有点 1, 各 $f(x_i), 1 < i \leqslant k$, 的最小区间. 取定函数 $g \in C(X, Y)$ 使得

$$g(y) = 1; \quad g(x_i) = f(x_i) \in W_i, \quad 1 < i \leqslant k.$$

因为 X 是连通的, 所以 $f(X)$ 是 $\mathbb{R}$ 的连通子空间, 于是 $g(X) \subseteq Y \subseteq f(X) \subseteq W_1$, 从而 $g \in \bigcap_{i \leqslant k}[A_i, W_i]$. 但是 $1 = g(y) \in g(B)$, 则 $g \notin G$, 矛盾. 因而, G 不是 $C_\alpha(X)$ 的开集, 故 $C_\alpha(X) \neq C_\beta(X)$. $\qquad\square$

集 L 上附加的代数结构常诱导连续函数集 $C(X, L)$ 上相应的结构. 例如, 如果 $(L, +)$ 是一个拓扑群, 对于每一 $f, g \in C(X, L)$, 定义 $f + g \in C(X, L)$ 使得每一 $(f + g)(x) = f(x) + g(x)$, 则 L 上的群结构诱导了 $C(X, L)$ 上的群结构.

若 $(L, +)$ 是一个拓扑群, A 和 B 都是 L 的子集, 且 $z \in L$. 记

$$A + B = \{x + y : x \in A, y \in B\},$$
$$-A = \{-x : x \in A\},$$
$$z + A = \{z + x : x \in A\}.$$

空间 X 的闭网络 α 称为**遗传闭的**, 若 α 的每一元的每一非空闭集仍是 α 的元.

定理 4.3.11　若 α 是正则空间 X 的遗传闭的紧网络, G 是一个 Abel 拓扑群, 则 $C_\alpha(X, G)$ 也是一个 Abel 拓扑群.

证明　因为 $(G, +)$ 是一个 Abel 拓扑群, 诱导了 $C(X, G)$ 上的一个二元运算 "$+$". $(C(X, G), +)$ 是一个 Abel 群. 下面证明从积空间 $C_\alpha(X, G) \times C_\alpha(X, G)$ 到空间 $C_\alpha(X, G)$ 的函数 $(f, g) \mapsto f - g$ 是连续的. 设 $A \in \alpha$, V 是 G 的开集, 且 $f - g \in [A, V]$. 对于每一 $x \in A$, 有 $f(x) - g(x) \in V$. 由于从 $G \times G$ 到 G 的函数 $(y, z) \mapsto y - z$ 是连续的, 存在 G 的分别包含 $f(x)$ 和 $g(x)$ 的开集 U_x 和 W_x 使得 $U_x - W_x \subseteq V$. 再由 f 和 g 的连续性及 X 的正则性, 存在 x 在 X 中的闭邻域 F_x 使得 $f(F_x) \subseteq U_x$ 且 $g(F_x) \subseteq W_x$. 因为 A 是 X 的紧集, A 的覆盖 $\{F_x\}_{x \in A}$ 存在有限子覆盖 $\{F_{x_i}\}_{i \leqslant n}$. 令 $S = \bigcap_{i \leqslant n}[A \cap F_{x_i}, U_{x_i}]$, $T = \bigcap_{i \leqslant n}[A \cap F_{x_i}, W_{x_i}]$, 则 S 和 T 分别是 f 和 g 在 $C_\alpha(X, G)$ 中的邻域且 $S - T \subseteq [A, V]$. 事实上, 设 $h \in S - T$, 则存在 $s \in S$ 和 $t \in T$ 使得 $h = s - t$. 对于每一 $x \in A$, 存在 $i \leqslant n$ 使得 $x \in F_{x_i}$, 于是 $h(x) = s(x) - t(x) \in U_{x_i} - W_{x_i} \subseteq V$. 这表明 $h \in [A, V]$. 故 $C_\alpha(X, G)$ 是一个拓扑群. $\qquad\square$

让 f_0 表示空间 X 上的零函数, 即 $f_0(X) = \{0\} \subset \mathbb{R}$. 如果 α 是 X 的关于有限并封闭的闭网络, $W = \bigcap_{i \leqslant n}[B_i, V_i]$ 是 f_0 的基本邻域, 让 $B = \bigcup_{i \leqslant n} B_i$, $V = \bigcap_{i \leqslant n} V_i$, 那么 $B \in \alpha$ 且 $0 \in V$, 于是 $f_0 \in [B, V] \subseteq W$. 因而

$$\beta_0 = \{[A, V] : A \in \alpha, V \text{ 是 } \mathbb{R} \text{ 中 } 0 \text{ 处的开邻域}\}$$

是 f_0 在 $C_\alpha(X)$ 中的邻域基. 当 α 还是正则空间 X 上遗传闭的紧网络时, 由定理 4.3.11 和引理 4.2.3, $C_\alpha(X, \mathbb{R})$ 是齐性空间, 于是 $f + \beta_0$ 是 $C_\alpha(X, \mathbb{R})$ 在任一点 f 的邻域基.

引理 4.3.12 若 α 是正则空间 X 的遗传闭的紧网络, δ 是空间 L 的子基, 则 $\{[A, S] : A \in \alpha, S \in \delta\}$ 是 $C_\alpha(X, L)$ 的子基.

证明 对于每一 $A \in \alpha$, 让 V 是 L 的开集且 $f \in [A, V]$. 对于每一 $x \in A$, 由于 $f(x) \in V$, 存在 δ 的有限子集 δ_x 使得 $f(x) \in \bigcap \delta_x \subseteq V$, 于是存在 X 的开集 U_x 使得 $x \in U_x \subseteq \overline{U}_x \subseteq f^{-1}(\bigcap \delta_x)$. 因为 A 是 X 的紧集, A 的覆盖 $\{U_x\}_{x \in A}$ 存在有限子覆盖 $\{U_{x_i}\}_{i \leqslant n}$. 让

$$W = \bigcap \left\{ [A \cap \overline{U}_{x_i}, S] : S \in \delta_{x_i}, i \leqslant n \right\} = \bigcap_{i \leqslant n} \left[A \cap \overline{U}_{x_i}, \bigcap \delta_{x_i} \right].$$

那么 $f \in W \subseteq \bigcap_{i \leqslant n}[A \cap \overline{U}_{x_i}, V] = [A, V]$. 故 $\{[A, S] : A \in \alpha, S \in \delta\}$ 是 $C_\alpha(X, L)$ 的子基. $\qquad\square$

练　习

4.3.1 若 α 是空间 X 的闭网络, β 是 α 中任意有限个元并的全体组成的集族, 则对于每一空间 L, $C_\alpha(X, L) = C_\beta(X, L)$.

4.3.2 若 α 是空间 X 的紧网络, L 是正则空间, 则 $C_\alpha(X, L)$ 是正则空间.

4.3.3 设 α 和 β 都是空间 X 的闭网络. 若 α 的每一元含于 β 的元的有限并中且 β 是遗传闭的, 则 $C_\alpha(X, L) \preceq C_\beta(X, L)$.

4.3.4 设 X 是局部紧的 T_2 空间. 令 $\beta = \{\overline{B} : B \text{ 是 } X \text{ 的非空开集且 } \overline{B} \text{ 是 } X \text{ 的紧集}\}$, 则 $C_k(X, L) = C_\beta(X, L)$.

4.3.5 如果 α 是空间 X 的某些非空子集的族, 按定义 4.3.1 的方式可定义拓扑空间 $C_\alpha(X, Y)$. 设 X 是完全正则的 T_1 空间, Y 是含有非平凡道路的 T_2 空间. 证明: 下述条件相互等价[47]:

(1) $C_\alpha(X, Y)$ 是 T_1 空间.

(2) $C_\alpha(X, Y)$ 是 T_2 空间.

(3) α 是 X 的 π 网络, 即 X 的每一非空子集中含有 α 中的元.

4.3.6 设 α 是正则空间 X 的遗传闭的紧网络, G 是拓扑环, 则 $C_\alpha(X, G)$ 也是拓扑环.

4.4　一致收敛拓扑

设 α 是空间 X 的闭网络, μ 是与空间 L 的拓扑相容的一致结构. 由 X 的闭网络 α 和 L 的一致结构 μ 可诱导 $C(X, L)$ 上的一致结构, 进而诱导 $C(X, L)$ 上的一致拓扑.

设 $A \in \alpha$ 且 $M \in \mu$, 定义

$$\hat{M}(A) = \{(f, g) \in C(X, L) \times C(X, L) : (f(x), g(x)) \in M, x \in A\}.$$

易验证, ① $\Delta \subseteq \hat{M}(A)$; ② $\hat{M}(A)^{-1} = \widehat{M^{-1}}(A)$; ③ 若 $V \circ V \subseteq M$, 则 $\hat{V}(A) \circ \hat{V}(A) \subseteq \hat{M}(A)$; ④ $(U \hat{\cap} V)(A \cup B) \subseteq \hat{U}(A) \cap \hat{V}(B))$. 这表明 $\{\hat{M}(A) : A \in \alpha, M \in \mu\}$ 是 $C(X, L)$ 上某一一致结构的子基. 如果 α 还是关于有限并封闭的, 那么 $\{\hat{M}(A) : A \in \alpha, M \in \mu\}$ 是 $C(X, L)$ 上某一一致结构的基. 具有由这一致结构诱导的 $C(X, L)$ 上的一致拓扑称为 α 上 (关于 μ) 的一致拓扑或 α 上 (关于 μ) 的一致收敛拓扑, 相应的 (拓扑) 空间记为 $C_{\alpha,\mu}(X, L)$.

若 $A \in \alpha, M \in \mu$ 且 $f \in C(X, L)$, 那么

$$\hat{M}(A)[f] = \{g \in C(X, L) : (f, g) \in \hat{M}(A)\},$$

且 $\{\hat{M}(A)[f] : A \in \alpha, M \in \mu\}$ 是 f 在 $C_{\alpha,\mu}(X, L)$ 中的邻域子基. $C(X, L)$ 的子集 W 是 $C_{\alpha,\mu}(X, L)$ 的开集当且仅当对于每一 $f \in W$, 存在 $\{A_i\}_{i \leqslant n} \subseteq \alpha$ 和 $\{M_i\}_{i \leqslant n} \subseteq \mu$ 使得 $\bigcap_{i \leqslant n} \hat{M}_i(A_i)[f] \subseteq W$.

如果 $X \in \alpha$, 记 $C_\mu(X, L) = C_{\alpha,\mu}(X, L)$. $C_\mu(X, L)$ 上的拓扑称为 (关于 μ 的) 一致拓扑或 (关于 μ 的) 一致收敛拓扑. 记 $\hat{M} = \hat{M}(X)$, 则 $\{\hat{M} : M \in \mu\}$ 是诱导这一致结构的基, 并且 $C(X, L)$ 的子集 W 是 $C_\mu(X, L)$ 的开集当且仅当对于每一 $f \in W$, 存在 $M \in \mu$ 使得 $\hat{M}[f] \subseteq W$.

定理 4.4.1　设 α 和 β 都是完全正则空间 X 的闭网络且 μ 是含有非平凡道路的 T_2 空间 L 上相容的一致结构, 那么 $C_{\alpha,\mu}(X, L) \preceq C_{\beta,\mu}(X, L)$ 当且仅当 α 的每一元含于 β 的元的有限并中.

证明　充分性 (没有利用 X 的完全正则性及 L 是含有非平凡道路的 T_2 空间). 设 $A \in \alpha, M \in \mu$ 且 $f \in C(X)$. 由条件, 存在 $\{B_i\}_{i \leqslant n} \subseteq \beta$ 使得 $A \subseteq \bigcup_{i \leqslant n} B_i$. 由于 $\hat{M}(\bigcup_{i \leqslant n} B_i) = \bigcap_{i \leqslant n} \hat{M}(B_i)$, 于是

$$\bigcap_{i \leqslant n} \hat{M}(B_i)[f] = \left(\bigcap_{i \leqslant n} \hat{M}(B_i)\right)[f] = \hat{M}\left(\bigcup_{i \leqslant n} B_i\right)[f] \subseteq \hat{M}(A)[f].$$

故 $C_{\alpha,\mu}(X) \preceq C_{\beta,\mu}(X)$.

必要性. 设 $p : \mathbb{I} \to L$ 是 L 中的道路且 $p(0) \neq p(1)$. 由于 L 是 T_2 空间, 存在 $M \in \mu$ 使得 $(p(0), p(1)) \notin M$. 设 $A \in \alpha$. 让函数 f 在 X 上取常值 $p(0)$. 由于 $C_{\alpha,\mu}(X) \preceq C_{\beta,\mu}(X)$, $\hat{M}(A)[f]$ 是 f 在 $C_{\beta,\mu}(X)$ 中的邻域, 于是存在 f 在 $C_{\beta,\mu}(X)$ 中的基本邻域 $W = \bigcap_{i \leqslant n} \hat{F}_i(B_i)[f]$ 使得 $W \subseteq \hat{M}(A)[f]$. 令 $B = \bigcup_{i \leqslant n} B_i$, 则 $A \subseteq B$. 若不然, 则存在 $x \in A \setminus B$, 由 X 的完全正则性, 存在 $g \in C(X, \mathbb{I})$ 使得 $g(B) = \{0\}$ 且 $g(x) = 1$. 于是 $p \circ g \in W \setminus \hat{M}(A)[f]$, 矛盾. 因此 $A \subseteq B$. $\qquad\square$

由上述定理的充分性, 若 α 是空间 X 的闭网络且 μ 是空间 L 上相容的一致结构, 那么 $C_{\alpha,\mu}(X, L) \preceq C_\mu(X, L)$.

集开拓扑与一致拓扑有下述基本关系.

定理 4.4.2 设 α 是空间 X 的紧网络且 μ 是空间 L 上相容的一致结构, 那么 $C_\alpha(X, L) \preceq C_{\alpha,\mu}(X, L)$. 如果再设 α 是遗传闭的, 那么 $C_\alpha(X, L) = C_{\alpha,\mu}(X, L)$.

证明 设 $A \in \alpha$, V 是 L 的开集且 $f \in [A, V]$. 若 $x \in A$, 则 $f(x) \in V$, 所以存在 $M_x \in \mu$ 使得 $M_x[f(x)] \subseteq V$. 选取 $F_x \in \mu$ 使得 $F_x \circ F_x \subseteq M_x$. 由于 $f(A)$ 是 L 的紧集, 于是 $f(A)$ 的覆盖 $\{F_x[f(x)]\}_{x \in A}$ 存在有限子覆盖 $\{F_{x_i}[f(x_{x_i})]\}_{i \leqslant n}$. 令 $F = \bigcap_{i \leqslant n} F_{x_i}$, 则 $F \in \mu$. 下面证明 $\hat{F}(A)[f] \subseteq [A, V]$. 让 $g \in \hat{F}(A)[f]$ 且 $x \in A$. 由于 $f(x) \in \bigcup_{i \leqslant n} F_{x_i}[f(x_i)]$, 存在 $i \leqslant n$ 使得 $f(x) \in F_{x_i}[f(x_i)]$, 于是 $(f(x_i), f(x)) \in F_{x_i}$. 因为 $(f(x), g(x)) \in F \subseteq F_{x_i}$, 所以 $(f(x_i), g(x)) \in F_{x_i} \circ F_{x_i} \subseteq M_{x_i}$, 从而 $g(x) \in M_{x_i}[f(x_i)] \subseteq V$. 故 $g \in [A, V]$. 因此 $C_\alpha(X) \preceq C_{\alpha,\mu}(X)$.

如果再设 α 是遗传闭的, 同时设 $A \in \alpha$, $M \in \mu$ 且 $f \in C(X)$. 让 F 是 μ 的闭的对称元且 $F \circ F \circ F \subseteq M$. 因为 $f(A)$ 是 L 的紧集, 于是 $f(A)$ 的覆盖 $\{F[f(x)]\}_{x \in A}$ 存在有限子覆盖 $\{F[f(x_j)]\}_{j \leqslant m}$. 令 $A_j = A \cap f^{-1}(F[f(x_j)])$, $j \leqslant m$. 由于 α 是遗传闭的, 所以 $A_j \in \alpha$. 让

$$V_j = ((F \circ F)[f(x_j)])^\circ, \quad W = \bigcap_{i \leqslant n} [A_j, V_j].$$

那么 W 是 $C_\alpha(X)$ 的开集. 下面证明 $f \in W \subseteq \hat{M}(A)[f]$. 由练习 4.1.1, 每一

$$F[f(x_j)] \subseteq \{y \in L : \text{存在 } H \in \mu \text{ 使得 } H[y] \subseteq (F \circ F)[f(x_j)]\} = V_j,$$

所以 $f(A_j) = f(A) \cap F[f(x_j)] \subseteq V_j$, 于是 $f \in W$. 为了证明 $W \subseteq \hat{M}(A)[f]$, 让 $g \in W$ 且 $x \in A$, 则存在 $j \leqslant m$ 使得 $f(x) \in F[f(x_j)]$, 于是 $(f(x_j), f(x)) \in F$ 且 $x \in A_j$, 从而 $g(x) \in V_j \subseteq (F \circ F)[f(x_j)]$, 因此 $(f(x_j), g(x)) \in F \circ F$. 因为 F 是对称的, 所以 $(f(x), g(x)) \in F \circ F \circ F \subseteq M$. 故 $g \in \hat{M}(A)[f]$. 因此 $C_{\alpha,\mu}(X) \preceq C_\alpha(X)$, 故 $C_\alpha(X, L) = C_{\alpha,\mu}(X, L)$. $\qquad\square$

定理 4.4.2 表明, 若 μ 是空间 L 上相容的一致结构, 那么

$$C_k(X, L) = C_{k,\mu}(X, L).$$

即, 紧开拓扑也是紧集上的一致收敛拓扑. 由定理 4.4.1 和定理 4.4.2, 有下述推论.

推论 4.4.3   设 α 是空间 X 的紧网络且 μ 是空间 L 上相容的一致结构, 则 $C_\alpha(X,L) \preceq C_\mu(X,L)$. □

推论 4.4.4   完全正则空间 X 是紧空间当且仅当对于含有非平凡道路的 T_2 空间 L 上每一相容的一致结构 μ 有 $C_\mu(X,L) = C_k(X,L)$.

证明   如果 X 是紧空间, 对于空间 L 上每一相容的一致结构 μ 有 $C_\mu(X) = C_{k,\mu}(X)$. 再由定理 4.4.2, $C_{k,\mu}(X) = C_k(X)$, 所以 $C_\mu(X) = C_k(X)$. 另一方面, 若对于含有非平凡道路的空间 L 上相容的一致结构 μ 有 $C_k(X) = C_\mu(X)$, 设 α 是空间 X 的闭网络且 $X \in \alpha$, 由定义及定理 4.4.2,

$$C_{\alpha,\mu}(X) = C_\mu(X) = C_k(X) \preceq C_{k,\mu}(X).$$

再由定理 4.4.1, X 是紧空间. □

推论 4.4.5   若 X 是 T_2 紧空间, 则 $C_k(X,\mathbb{R})$ 是可度量化空间.

证明   由于 $\mathbb{R}$ 是度量空间, 所以 $C_\mu(X,\mathbb{R})$ 的一致结构具有可数基. 又由推论 4.4.4, $C_\mu(X,\mathbb{R}) = C_k(X,\mathbb{R})$. 再由 Weil 度量化定理 (定理 4.1.9) 和定理 4.3.5, $C_k(X,\mathbb{R})$ 是可度量化空间. □

一种特别的一致拓扑是上确界度量拓扑. 设 L 是度量空间. 不妨设 ρ 是 L 的一个有界度量 (定理 2.1.7). 由 ρ 诱导 $C(X,L)$ 的度量 $\tilde{\rho}: C(X,L) \times C(X,L) \to [0,+\infty)$ 定义如下:

$$\tilde{\rho}(f,g) = \sup_{x \in X}\{\rho(f(x),g(x))\},\ f,\ g \in C(X,L).$$

显然, $\tilde{\rho}$ 是 $C(X,L)$ 的度量, 称 $\tilde{\rho}$ 为 $C(X,L)$ 的上确界度量或一致收敛度量. 由上确界度量诱导的 $C(X,L)$ 的拓扑称为上确界度量拓扑, 产生的拓扑空间记为 $C_\rho(X,L)$.

每一度量自然诱导一个一致结构. $C(X,L)$ 的上确界度量拓扑与由 L 上的一致结构诱导的 $C(X,L)$ 的一致拓扑是相同的.

定理 4.4.6   对于空间 X, 如果 ρ 是 L 上的有界度量且 μ 是 L 上由 ρ 诱导的一致结构, 那么 $C_\rho(X,L) = C_\mu(X,L)$.

证明   对于每一 $\varepsilon > 0$, 让 $M_\varepsilon = \{(s,t) \in L \times L : \rho(s,t) < \varepsilon\}$. 显然, 集族 $\{M_\varepsilon : \varepsilon > 0\}$ 是一致结构 μ 的基. 设 $f \in C(X)$ 及 $\varepsilon > 0$, 下面证明 $B_{\tilde{\rho}}(f,\varepsilon) \subseteq \hat{M}_\varepsilon[f] \subseteq B_{\tilde{\rho}}(f,2\varepsilon)$. 让 $g \in B_{\tilde{\rho}}(f,\varepsilon)$, 那么 $\tilde{\rho}(f,g) < \varepsilon$, 因而对于每一 $x \in X$ 有 $\rho(f(x),g(x)) < \varepsilon$, 于是 $(f(x),g(x)) \in M_\varepsilon$, 从而 $(f,g) \in \hat{M}_\varepsilon$, 因此 $g \in \hat{M}_\varepsilon[f]$. 另一方面, 让 $g \in \hat{M}_\varepsilon[f]$, 那么 $(f,g) \in \hat{M}_\varepsilon$, 于是对于每一 $x \in X$ 有 $(f(x),g(x)) \in M_\varepsilon$, 从而 $\rho(f(x),g(x)) < \varepsilon$, 所以 $\tilde{\rho}(f,g) \leqslant \varepsilon < 2\varepsilon$, 因此 $g \in B_{\tilde{\rho}}(f,2\varepsilon)$. 这说明 $C_\rho(X,L) = C_\mu(X,L)$. □

对于度量空间 L, $C_\rho(X,L)$ 上的拓扑依赖于 L 上相容的度量 ρ 的选择. 即 L 上不同的相容度量可能产生 $C(X,L)$ 上不同的上确界拓扑. 下述例子说明了这一事实.

例 4.4.7[71] 让 ρ 是实数空间 $\mathbb{R}$ 的界为 1 的欧几里得度量, 即 $\rho(s,t) = \min\{1, |s-t|\}$. 让 ρ_1 是 $\mathbb{R}$ 的度量, 定义为 $\rho_1(s,t) = \left|\frac{s}{1+|s|} - \frac{t}{1+|t|}\right|$, 则 ρ_1 是 $\mathbb{R}$ 上相容的有界度量 (练习 2.1.2). 下面证明 $C_\rho(\mathbb{R}, \mathbb{R}) \neq C_{\rho_1}(\mathbb{R}, \mathbb{R})$.

让 $f \in C(\mathbb{R})$ 是恒等函数. 对于每一 $n \in \mathbb{N}$, 定义 $f_n \in C(\mathbb{R})$ 如下: 当 $x < n$ 时 $f_n(x) = x$, 当 $x \geqslant n$ 时 $f_n(x) = n$. 显然, $\tilde{\rho}(f, f_n) = 1$. 而当 $x \geqslant n$ 时有

$$\rho_1(f(x), f_n(x)) = \left|\frac{x}{1+x} - \frac{n}{1+n}\right| = \frac{x-n}{(1+n)(1+x)} < \frac{1}{1+n},$$

因此 $\tilde{\rho}_1(f, f_n) \leqslant 1/(1+n) < 1/n$. 因而 $f_n \in B_{\rho_1}(f, 1/n)$, 所以 $B_{\rho_1}(f, 1/n) \not\subseteq B_\rho(f, 1)$. 故 $C_\rho(\mathbb{R}, \mathbb{R}) \neq C_{\rho_1}(\mathbb{R}, \mathbb{R})$. □

这个例子也说明了空间 L 上相容的一致结构可能产生 $C(X, L)$ 上不同的一致拓扑. 一个很自然的问题: L 上怎样的相容的一致结构 (或度量) 产生 $C(X, L)$ 上相同的拓扑? 如果 X 是紧空间, 由推论 4.4.4, 空间 L 上所有相容的一致结构产生 $C(X, L)$ 上的紧开拓扑. 特别地, 由定理 4.4.6, 如果 X 是紧空间且 ρ 是空间 L 上相容的有界度量, 那么 $C_\rho(X, L) = C_k(X, L)$. 另一方面, 如果 L 是 T_2 紧空间, 那么 L 上仅有唯一相容的一致结构 (定理 4.1.12), 于是 L 上所有相容的一致结构产生 $C(X, L)$ 上相同的拓扑.

如果 α 是空间 X 的闭网络且 ρ 是空间 L 上的有界度量, 仍让 μ 是 L 上由 ρ 诱导的一致结构, 定义 $C_{\alpha,\rho}(X, L) = C_{\alpha,\mu}(X, L)$. 若 α 是 L 的遗传闭的紧网络, 由定理 4.4.2, $C_{\alpha,\rho}(X, L) = C_\alpha(X, L)$. 从而, 对于每一 $f \in C(X, L)$, f 在 $C_\alpha(X, L)$ 中的邻域基元形如

$$\hat{M}(A)[f] = \{g \in C(X, L) : \rho(f(x), g(x)) < \varepsilon, x \in A\},$$

其中 $A \in \alpha$ 且 $\varepsilon > 0$.

对于有界度量空间 (L, ρ), 在函数空间 L^X 上也可定义上确界度量 $\tilde{\rho}$. 度量空间 $(L^X, \tilde{\rho})$ 仍称为具有上确界度量的空间. 对于空间 X, 具有上确界度量的空间 L^X 中的序列收敛就是数学分析中的一致收敛, 所以也称具有上确界度量的空间 L^X 是一致收敛空间.

引理 4.4.8 设 X 是拓扑空间, (L, ρ) 是有界度量空间, 则 $C_\rho(X, L)$ 是具有上确界度量的空间 L^X 的闭集.

证明 由于 L^X 是度量空间, 只需证明 $C_\rho(X, L)$ 关于序列的收敛是封闭的. 设 $C_\rho(X, L)$ 中的序列 $\{f_n\}$ 收敛于 $f \in L^X$. 对于每一 $x \in X$ 及 $f(x)$ 在 L 中的邻域 U, 存在 $\varepsilon > 0$ 使得 $B(f(x), \varepsilon) \subseteq U$. 因为 $\{f_n\}$ 收敛于 f, 存在 $n_0 \in \mathbb{N}$ 使得当 $n > n_0$ 时 $\sup_{x \in X}\{\rho(f_n(x), f(x))\} < \varepsilon/3$. 由于 $f_{n_0+1} \in C(X, L)$, 存在 x 的邻域 V

使得 $f_{n_0+1}(V) \subseteq B(f_{n_0+1}(x), \varepsilon/3)$. 于是, 对于每一 $z \in V$ 有

$$\rho(f(z), f(x)) \leqslant \rho(f(z), f_{n_0+1}(z)) + \rho(f_{n_0+1}(z), f_{n_0+1}(x)) + \rho(f_{n_0+1}(x), f(x))$$
$$< \varepsilon.$$

即 $f(V) \subseteq B(f(x), \varepsilon) \subseteq U$, 所以 f 在 x 连续. 故 $f \in C(X, L)$. □

引理 4.4.9　设 (L, ρ) 是有界的完全度量空间, 则具有上确界度量的空间 L^X 也是完全度量空间.

证明　设 $\{f_n\}$ 是 L^X 的 Cauchy 序列 (定义 2.5.1). 对于每一 $x \in X$ 和 $n, m \in \mathbb{N}$, 由于 $\rho(f_n(x), f_m(x)) \leqslant \tilde{\rho}(f_n, f_m)$, 所以 $\{f_n(x)\}_{n \in \mathbb{N}}$ 是 L 的 Cauchy 序列, 于是 $\{f_n(x)\}_{n \in \mathbb{N}}$ 在 L 中存在极限, 设为 $f(x)$. 从而定义了函数 $f : X \to L$. 下面证明在 L^X 中 $\{f_n\}$ 收敛于 f. 对于任意的 $\varepsilon > 0$, 存在 $k \in \mathbb{N}$ 使得当 $n, m > k$ 时有 $\tilde{\rho}(f_n, f_m) < \varepsilon/2$. 对于每一 $x \in X$, 存在 $n_k > k$ 使得 $\rho(f_{n_k}(x), f(x)) < \varepsilon/2$, 于是当 $n > k$ 时有 $\rho(f_n(x), f(x)) \leqslant \rho(f_n(x), f_{n_k}(x)) + \rho(f_{n_k}(x), f(x)) < \varepsilon$. 从而当 $n > k$ 时有 $\tilde{\rho}(f_n, f) \leqslant \varepsilon$. 故 L^X 是完全度量空间. □

由引理 4.4.8, 引理 4.4.9 和完全性是闭遗传性质, 有下述结果.

定理 4.4.10　若 (L, ρ) 是有界的完全度量空间, 则 $C_\rho(X, L)$ 也是完全度量空间. □

本节最后从网的角度对函数空间中的点态收敛拓扑、紧开拓扑和一致收敛拓扑作一些说明. 回忆拓扑空间中网的概念. 它是序列概念的推广. 设 D 是非空的定向集, X 是一个拓扑空间. 由定向集 $(D, \leqslant)$ 到 X 内的函数 φ 称为 D 上的一个网或 Moore-Smith 网[208], 或简称网, 记为 $\varphi(D, \leqslant)$. 网可以理解为空间 X 的按指标集 D 定向的点集 $\{\varphi(d) : d \in D\}$, 简记为网 $\{x_d\}_{d \in D}$ 或网 $\{x_d\}$.

设 $\varphi(D, \leqslant)$ 是拓扑空间 X 中的网, $A \subseteq X$. 如果存在 $d_0 \in D$ 使得当 $d \geqslant d_0$ 时有 $\varphi(d) \in A$, 则称网 $\varphi(D, \leqslant)$ 弱终于 A. 如果对于每一 $d_0 \in D$, 存在 $d \in D$ 使得 $d \geqslant d_0$ 且 $\varphi(d) \in A$, 则称网 $\varphi(D, \leqslant)$ 共尾于 A. 若网 $\varphi(D, \leqslant)$ 弱终于点 x 的每一个邻域, 则称这网收敛于 x, 记为 $\varphi(D, \leqslant) \to x$. 如果网 $\varphi(D, \leqslant)$ 共尾于点 x 的每一个邻域, 则称 x 是这网的聚点. 网 "弱终于" 与 3.1 节中序列 "终于" 的概念略有不同.

引理 4.4.11　设 X 是拓扑空间. 若 A 是 X 的子集, 则

(1) X 的点 $x \in \overline{A}$ 当且仅当 A 中有网收敛于 x;

(2) X 的点 x 是 A 的聚点当且仅当 $A \setminus \{x\}$ 中有网收敛于 x.

证明　对于 $x \in X$, 设 x 在 X 中的邻域基为 $\mathscr{U}_x = \{U_d\}_{d \in D_x}$, 在 D_x 上定义序关系 $\leqslant$ 如下: 对于每一 $d_1, d_2 \in D_x$, $d_1 \leqslant d_2$ 当且仅当 $U_{d_2} \subseteq U_{d_1}$ (简称按反包含关系定义序关系), 则 $(D_x, \leqslant)$ 是一个定向集.

(1) 若 $x \in \overline{A}$, 则 x 的每一邻域与 A 相交, 于是对于每一 $d \in D_x$, 存在 $x_d \in U_d \cap A$. 这时 A 中的网 $\{x_d\}_{d \in D_x}$ 收敛于 x. 反之, 如果 A 中存在网收敛于 x, 那么 x 的每一邻域与 A 相交, 所以 $x \in \overline{A}$.

(2) 点 x 是集 A 的聚点当且仅当 $x \in \overline{A \setminus \{x\}}$, 当且仅当 $A \setminus \{x\}$ 中有网收敛于 x. $\qquad\square$

引理 4.4.12 设函数 $f : X \to Y$ 且 $x \in X$, 则 f 在点 x 连续当且仅当若 $\{x_d\}_{d \in D}$ 是 X 中收敛于 x 的网, 则在 Y 中网 $\{f(x_d)\}_{d \in D}$ 收敛于 $f(x)$.

证明 设 f 在点 x 连续且 $\{x_d\}_{d \in D}$ 是 X 中收敛于 x 的网. 若 V 是 $f(x)$ 在 Y 中的任一邻域, 则 $f^{-1}(V)$ 是 x 在 X 中的邻域, 于是存在 $d_0 \in D$ 使得当 $d \geqslant d_0$ 时有 $x_d \in f^{-1}(V)$, 从而 $f(x_d) \in V$. 因而网 $\{f(x_d)\}_{d \in D}$ 收敛于 $f(x)$.

反之, 若 f 在点 x 不连续, 则存在 $f(x)$ 在 Y 中的邻域 V_0 使得对于 x 在 X 中的任一邻域 U 有 $f(U) \not\subseteq V_0$. 设 x 在 X 中的邻域基为 $\mathscr{U}_x = \{U_d\}_{d \in D_x}$. 将 $\{U_d\}_{d \in D_x}$ 按反包含关系定义序关系 $\leqslant$, 则 $(D_x, \leqslant)$ 是一个定向集. 于是, 对于每一 $d \in D_x$, 存在 $x_d \in U_d$ 使得 $f(x_d) \notin V_0$. 这时 X 中的网 $\{x_d\}_{d \in D_x}$ 收敛于 x, 但是 Y 中的网 $\{f(x_d)\}_{d \in D_x}$ 不收敛于 $f(x)$. $\qquad\square$

设 $\{f_d\}_{d \in D}$ 是 $C(X, L)$ 中的网且 $f \in C(X, L)$. 如果在空间 $C_p(X, L)$ 中 $\{f_d\}_{d \in D}$ 收敛于 f, 则称 $\{f_d\}_{d \in D}$ **点态收敛**于 f. 如果 μ 是空间 L 上相容的一致结构且在空间 $C_\mu(X, L)$ 中 $\{f_d\}_{d \in D}$ 收敛于 f, 则称 $\{f_d\}_{d \in D}$ (关于 μ) **一致收敛**于 f. 此外, 若 α 是空间 X 的闭网络, 如果在空间 $C_{\alpha, \mu}(X, L)$ 中 $\{f_d\}_{d \in D}$ 收敛于 f, 则称 $\{f_d\}_{d \in D}$ 在 α 上 (关于 μ) 一致收敛于 f. 由定理 4.4.2, 在 $C_k(X, L)$ 中的收敛精确为在紧集上的一致收敛.

定理 4.4.13 如果 $\{f_d\}_{d \in D}$ 是 $C(X, L)$ 中的网且 $f \in C(X, L)$, 那么 $\{f_d\}_{d \in D}$ 点态收敛于 f 当且仅当对于每一 $x \in X$, 在 L 中 $\{f_d(x)\}_{d \in D}$ 收敛于 $f(x)$.

证明 设 $\{f_d\}_{d \in D}$ 点态收敛于 f. 对于每一 $x \in X$, 让 V 是 $f(x)$ 在 L 中的邻域. 由于 $f \in [x, V]$, 存在 $d_0 \in D$ 使得当 $d \geqslant d_0$ 时有 $f_d \in [x, V]$, 即 $f_d(x) \in V$. 因而在 L 中 $\{f_d(x)\}_{d \in D}$ 收敛于 $f(x)$.

反之, 设对于每一 $x \in X$, 在 L 中 $\{f_d(x)\}_{d \in D}$ 收敛于 $f(x)$. 让 $f \in \bigcap_{i \leqslant n} [x_i, V_i]$, 其中每一 $x_i \in X$ 且 V_i 是 L 的开集. 对于每一 $i \leqslant n$, 由于 $f(x_i) \in V_i$, 存在 $d_i \in D$ 使得当 $d \geqslant d_i$ 时有 $f_d(x_i) \in V_i$. 因为 D 是定向集, 存在 $d_0 \in D$ 使得 $d_0 \geqslant d_i$, $i \leqslant n$. 显然, 当 $d \geqslant d_0$ 时有 $f_d \in \bigcap_{i \leqslant n} [x_i, V_i]$. 故网 $\{f_d\}_{d \in D}$ 点态收敛于 f. $\qquad\square$

练 习

4.4.1 若 α 是空间 X 的闭网络, μ 是空间 L 上的一致结构. 验证: (1) $\{\hat{M}(A) : A \in \alpha, M \in \mu\}$ 是 $C(X, L)$ 上某一个一致结构的基; (2) 如果 $X \in \alpha$, 则 $\{\hat{M}(A) : M \in \mu\}$ 是

$C(X,L)$ 上某一个一致结构的基.

4.4.2   设 X 是紧空间, (L,ρ) 是度量空间, 则 $C_\rho(X,L) = C_k(X,L)$.

4.4.3   若实数空间 $\mathbb{R}$ 上每一相容的一致结构诱导出 $C_\mu(X,\mathbb{R})$ 上相同的拓扑, 则 X 是伪紧空间[184].

4.4.4   空间 $C_\mu(\mathbb{N})$ 是否是第二可数空间?

4.5   自 然 映 射

本节介绍几类在函数空间上自然定义的函数, 主要涉及内射、对角函数、诱导函数、赋值函数、和函数与积函数. 它们在研究函数空间的拓扑性质中起重要的作用.

1. 内射

设 X 和 L 都是拓扑空间. 对于每一 $t \in L$, 定义 $c_t : X \to L$ 使得每一 $c_t(x) = t$. 从 L 到 $C(X,L)$ 的内射是函数 $i : L \to C(X,L)$, 定义为对于每一 $t \in L$, $i(t) = c_t$. 显然, i 是单的函数.

定理 4.5.1   若 α 是空间 X 的闭网络且 L 是 T_2 空间, 则 $i : L \to C_\alpha(X,L)$ 是闭嵌入.

证明   为了证明 i 是嵌入, 只需证明对于每一 $A \in \alpha$ 和 L 的开集 V 有 $i^{-1}([A,V]) = V$, 从而 $i(V) = [A,V] \cap i(L)$. 这是因为 $t \in V$ 当且仅当 $c_t \in [A,V]$, 当且仅当 $t \in i^{-1}([A,V])$.

为了证明 $i(L)$ 是 $C_\alpha(X,L)$ 的闭集, 由定理 4.3.2, 只需证明 $i(L)$ 是 $C_p(X,L)$ 的闭集. 若 $f \in C(X,L) \setminus i(L)$, 则存在 $x,y \in X$ 使得 $f(x) \neq f(y)$, 于是存在 L 中不相交的开集 V 和 W 分别含有点 $f(x)$ 和 $f(y)$, 那么 $f \in [x,V] \cap [y,W] \subseteq C(X,L) \setminus i(L)$. 故 $i(L)$ 闭于 $C_p(X,L)$.   □

L 的 T_2 性质仅使用于证明嵌入的闭性. 由定理 4.5.1, 对于任何闭遗传的拓扑性质 P, 若 $C_\alpha(X,L)$ 具有性质 P, 则 L 必具有性质 P.

2. 对角函数

一般说来, 从拓扑空间 X 到 $C(X,L)$ 没有自然的内射, 但是在 1.3 节中定义的从 X 到 L 的积空间的对角函数有时是有用的. 设 F 是 $C(X,L)$ 的子集, 对角函数 $\Delta_F : X \to L^F$ 定义为对于每一 $x \in X$ 和 $f \in F$ 有 $\Delta_F(x)(f) = f(x)$. 当 $F = C(X,L)$ 时, 记 $\Delta_F = \Delta$. 尽管这符号与空间的对角线符号是一样的, 但从上下文中易了解确切的含义. 当 L^F 具有积拓扑时, 对每一 $f \in F$ 及投影 p_f 有 $p_f \circ \Delta_F = f$, 于是 Δ_F 是连续的. 对角引理 (引理 1.3.8) 给出 Δ_F 是嵌入的充分条件.

定理 4.5.2(对角引理) 如果 X 是 T_1 空间且 F 是 $C(X,L)$ 的分离点与闭集的子集, 则 $\Delta_F : X \to L^F$ 是嵌入. $\square$

3. 诱导函数

诱导函数是从复合函数产生的. 设 X, Y 和 L 都是拓扑空间. 定义复合函数 $\Phi : C(X,Y) \times C(Y,L) \to C(X,L)$ 使得对于每一 $f \in C(X,Y)$ 和 $g \in C(Y,L)$ 有 $\Phi(f,g) = g \circ f$.

拓扑空间 X 称为具有闭邻域基, 若存在 X 的闭集族 $\mathscr{F}$ 满足: 对于每一 $x \in X$ 及 x 在 X 中的任意邻域 U, 存在 $F \in \mathscr{F}$ 使得 $x \in F^\circ \subseteq F \subseteq U$. 易验证: 空间 X 具有闭邻域基当且仅当 X 是正则空间.

定理 4.5.3 若 α 是空间 X 的紧网络且 β 是空间 Y 的闭邻域基, 则 $\Phi : C_\alpha(X,Y) \times C_\beta(Y,L) \to C_\alpha(X,L)$ 是连续的.

证明 设 $\Phi(f,g) \in [A,W]$, 其中 $A \in \alpha$ 且 W 是 L 的开集. 由于 $g(f(A)) \subseteq W$, 于是 $f(A) \subseteq g^{-1}(W)$. 对于每一 $y \in f(A)$, 存在 y 在 Y 中的邻域 $B_y \in \beta$ 使得 $B_y \subseteq g^{-1}(W)$. 因为 $f(A)$ 是紧的, 存在 $f(A)$ 的有限子集 $\{y_i\}_{i \leqslant n}$ 使得 $f(A) \subseteq \bigcup_{i \leqslant n}(B_{y_i})^\circ$. 让 $S = [A, \bigcup_{i \leqslant n}(B_{y_i})^\circ] \times [\bigcup_{i \leqslant n} B_{y_i}, W]$, 那么 S 是 $C_\alpha(X,Y) \times C_\beta(Y,L)$ 的开集, $(f,g) \in S$ 且 $\Phi(S) \subseteq [A,W]$. 事实上, 若 $(f_1,g_1) \in S$, 则 $f_1(A) \subseteq \bigcup_{i \leqslant n}(B_{y_i})^\circ$ 且 $g_1(\bigcup_{i \leqslant n} B_{y_i}) \subseteq W$, 于是 $\Phi(f_1,g_1)(A) = g_1(f_1(A)) \subseteq W$, 所以 $\Phi(f_1,g_1) \in [A,W]$. 故 Φ 是连续的. $\square$

推论 4.5.4 若 Y 是局部紧的 T_2 空间, 则复合函数 $\Phi : C_k(X,Y) \times C_k(Y,L) \to C_k(X,L)$ 是连续的.

证明 设 $\beta = \{\overline{B} : B$ 是 Y 的非空开集且 $\overline{B}$ 是 Y 的紧集$\}$, 则 β 是 Y 的闭邻域基且 $C_k(Y,L) = C_\beta(Y,L)$ (练习 4.3.4). 由定理 4.5.3, $\Phi : C_k(X,Y) \times C_k(Y,L) \to C_k(X,L)$ 是连续的. $\square$

固定复合函数两个变量中的一个变量导出诱导函数的概念. 如果取定 $f \in C(X,Y)$, 则诱导函数 $f^* : C(Y,L) \to C(X,L)$ 定义为对于每一 $g \in C(Y,L)$ 有 $f^*(g) = \Phi(f,g) = g \circ f$.

显然, $(g \circ f)^* = f^* \circ g^*$. 第 5 章中将阐述诱导函数 f^* 在建立函数空间之间对偶拓扑性质中的作用. 本节先介绍 f^* 的一些基本性质, 主要涉及何时 f^* 是单射、连续函数或 (闭) 嵌入函数.

引理 4.5.5 设 Y 是完全正则的 T_1 空间, B 是 Y 的紧子集, 且 U 是 Y 的包含 B 的开集. 若 $f \in C(B,\mathbb{R})$, 则存在 $g \in C(Y,\mathbb{R})$ 使得 $g|_B = f$ 且 $g(Y \setminus U) \subseteq \{0\}$.

证明 由引理 1.3.11, 设 βY 是空间 Y 的 Čech-Stone 紧化. 这时, B 是 βY 的闭集且存在 βY 的开集 W 使得 $U = W \cap Y$. 由于 βY 是正规空间且 $B \subseteq W$, 存在 $h \in C(\beta Y, \mathbb{R})$ 使得 $h|_B = f$ 且 $h(\beta Y \setminus W) \subseteq \{0\}$. 让 $g = h|_Y$, 则 $g \in C(Y,\mathbb{R})$,

$g|_B = f$ 且 $g(Y \setminus U) \subseteq \{0\}$. □

函数 $f : X \to Y$ 称为几乎满的, 如果 $\overline{f(X)} = Y$. 空间 X 称为 Urysohn 空间, 如果对于 X 中不同的两点 x, y, 存在连续函数 $f : X \to \mathbb{I}$ 使得 $f(x) = 0$ 且 $f(y) = 1$. 显然, 完全正则的 T_1 空间是 Urysohn 空间; Urysohn 空间是 T_2 空间.

定理 4.5.6　设 $f \in C(X,Y)$, L 是含有非平凡道路的 T_2 空间.

(1) 若 Y 是完全正则空间, 则 $f^* : C(Y,L) \to C(X,L)$ 是单的当且仅当 f 是几乎满的.

(2) 若 α 是 Urysohn 空间 X 的闭网络且 $f^* : C(Y,L) \to C_\alpha(X,L)$ 是几乎满的, 则 f 是单的.

证明　(1) 充分性. 设 $g_1, g_2 \in C(Y,L)$ 满足 $f^*(g_1) = f^*(g_2)$. 对于每一 $y \in f(X)$, 存在 $x \in X$ 使得 $y = f(x)$, 于是 $g_1(y) = g_1(f(x)) = f^*(g_1)(x) = f^*(g_2)(x) = g_2(f(x)) = g_2(y)$. 因为 $f(X)$ 稠于 Y 且 L 是 T_2 空间, 所以 $g_1 = g_2$. 故 f^* 是单的.

必要性. 让 $p : \mathbb{I} \to L$ 是 L 中的道路且 $p(0) \neq p(1)$. 若 f 不是几乎满的, 则存在 $y \in Y \setminus \overline{f(X)}$. 由于 Y 的完全正则性, 存在 $\varphi \in C(Y,\mathbb{I})$ 使得 $\varphi(\overline{f(X)}) = \{0\}$ 且 $\varphi(y) = 1$. 让 $g = p \circ \varphi$ 且 c 是从 Y 映入 $\{p(0)\}$ 的常值函数, 那么 $g \neq c$. 对于每一 $x \in X$, $g(f(x)) = p(0) = c(f(x))$, 于是 $f^*(g) = f^*(c)$. 因而 f^* 不是单的.

(2) 让 x_1, x_2 是 X 中的不同点, 由于 X 是 Urysohn 空间且 L 含有非平凡的道路, 所以存在 $h \in C(X,L)$ 使得 $h(x_1) \neq h(x_2)$, 于是存在 L 中不交的开集 V 和 W 分别含有点 $h(x_1)$ 和 $h(x_2)$. 让 $S = [x_1, V] \cap [x_2, W]$. 由定理 4.3.2, S 是 h 在 $C_\alpha(X,L)$ 中的邻域. 因为 f^* 是几乎满的, 存在 $g \in C(Y,L)$ 使得 $f^*(g) \in S$, 从而 $g(f(x_1)) \in V$ 且 $g(f(x_2)) \in W$, 因此 $f(x_1) \neq f(x_2)$. 故 f 是单的. □

上述定理涉及较多条件, 但在具体的结论中不全使用到. 如, 定理 4.5.6(1) 的充分性利用了 L 是 T_2 空间; 定理 4.5.6(1) 的必要性利用了 Y 的完全正则性及 L 含有非平凡的道路; 定理 4.5.6(2) 利用了 L 是含有非平凡道路的 T_2 空间. 由例 4.3.9 中的空间 $C(\mathbb{I}, D)$, 易说明定理 4.5.6 中假设 "L 含有非平凡的道路" 是不可省略的. 在适当的附加条件下, 定理 4.5.6(2) 是可逆的 (练习 4.5.4). 一般说来, $f^* : C(Y,L) \to C(X,L)$ 不是满的. 如取 $X = (-1,0) \bigcup (0,1)$, $Y = (-1,1)$, 且 $L = \mathbb{R}$, 都具有欧几里得拓扑. 定义 $f : X \to Y$ 使得当 $x \in (-1,0)$ 时, $f(x) = 1 + x$; 当 $x \in (0,1)$ 时, $f(x) = -x$, 则 f 是连续的单射, 见图 4.5.1. 再定义 $h : X \to L$ 使得 $h(x) = x$, 则 $h \in C(X,L)$. 若 $f^* : C(Y,L) \to C(X,L)$ 是满射, 那么存在 $g \in C(Y,L)$ 使得 $f^*(g) = h$, 即对于每一 $x \in X$ 有 $g(f(x)) = x$. 于是, 当 $y \in (-1,0)$ 时, $g(y) = -y$; 当 $y \in (0,1)$ 时, $g(y) = y - 1$. 从而 g 在点 0 不连续, 矛盾. 故 $f^* : C(Y,L) \to C(X,L)$ 不是满射.

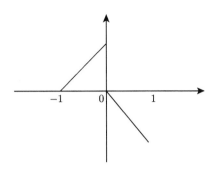

图 4.5.1 非满函数 f^*

为了讨论 f^* 的连续性, 下面对 k 网络的概念 (定义 3.3.11) 作一种自然的推广. 设 α 和 β 都是空间 X 的非空子集族, 称 β 是一个 α 网络, 如果对于每一 $A \in \alpha$ 及 A 在 X 中的邻域 U 存在 β 的有限子集 β' 使得 $A \subseteq \bigcup \beta' \subseteq U$. 这时也称 α 由 β 逼近.

定理 4.5.7 设 α, β 分别是空间 X, Y 的闭网络且 $f \in C(X, Y)$.

(1) 如果 β 是 $f(\alpha)$ 网络, 则 $f^* : C_\beta(Y, L) \to C_\alpha(X, L)$ 是连续的.

(2) 如果 $f(\alpha)$ 是 β 网络, 则 f^* 是相对开的.

(3) 如果 $f(\alpha)$ 与 β 可相互逼近, 则 f^* 是嵌入.

证明 只需证明 (1) 和 (2) 成立.

(1) 设 $f^*(g) \in [A, V]$, 其中 $g \in C_\beta(Y, L)$, $A \in \alpha$, 且 V 是 L 的开集. 由于 $g(f(A)) \subseteq V$, 于是 $f(A) \subseteq g^{-1}(V)$, 从而存在 $\{B_i\}_{i \leqslant n} \subseteq \beta$ 使得 $f(A) \subseteq \bigcup_{i \leqslant n} B_i \subseteq g^{-1}(V)$. 让 $S = \bigcap_{i \leqslant n} [B_i, V]$, 则 S 是 g 在 $C_\beta(Y)$ 中的邻域且 $f^*(S) \subseteq [A, V]$. 故 f^* 是连续的.

(2) 由于 $f(\alpha)$ 是 β 网络, 所以 f 是满射. 又由定理 4.5.6(1) 中充分性的证明, f^* 是单的, 因而只需对 $C_\beta(Y)$ 的基本子基的元证明. 若 $g \in [B, V]$, 其中 $B \in \beta$ 且 V 是 L 的开集, 那么 $B \subseteq g^{-1}(V)$, 于是存在 $\{A_i\}_{i \leqslant n} \subseteq \alpha$ 使得 $B \subseteq \bigcup_{i \leqslant n} f(A_i) \subseteq g^{-1}(V)$. 定义 $T = \bigcap_{i \leqslant n} [A_i, V]$, 则 T 是 $f^*(g)$ 在 $C_\alpha(X)$ 中的邻域且 $T \cap f^*(C_\beta(Y)) \subseteq f^*([B, V])$. 事实上, 若 $h \in C_\beta(Y)$ 且 $f^*(h) \in T$, 则 $h(B) \subseteq h(\bigcup_{i \leqslant n} f(A_i)) = \bigcup_{i \leqslant n} h(f(A_i)) \subseteq V$. 故 f^* 是相对开的函数. $\square$

推论 4.5.8 设 $f \in C(X, Y)$, 那么

(1) $f^* : C_p(Y, L) \to C_p(X, L)$ 是连续的, 且当 f 是满函数时 f^* 是嵌入.

(2) $f^* : C_k(Y, L) \to C_k(X, L)$ 是连续的, 且当 f 是紧覆盖映射时 f^* 是嵌入. $\square$

下面给出 f^* 是闭嵌入的条件. 先证明商映射的一个刻画.

引理 4.5.9 若 $f : X \to Y$ 是连续的满射, 则 f 是商映射当且仅当对于每一拓扑空间 L 和函数 $g : Y \to L$, $g \circ f$ 的连续性导出 g 的连续性.

证明　设 $f : X \to Y$ 是商映射. 若函数 $g : Y \to L$ 使得 $g \circ f$ 是连续的, 让 W 是 L 的开集, 那么 $f^{-1}(g^{-1}(W)) = (g \circ f)^{-1}(W)$ 是 X 的开集. 因为 f 是商映射, 所以 $g^{-1}(W)$ 是 Y 的开集, 从而 g 是连续的.

反之, 设 V 是 Y 的子集且 $f^{-1}(V)$ 是 X 的开集. 让 L 是集 Y 赋予由 f 诱导的商拓扑且让 $g : Y \to L$ 是恒等映射. 由于 $g \circ f$ 是商映射, 且 $(g \circ f)^{-1}(g(V)) = f^{-1}(V)$, 所以 $g(V)$ 是 L 的开集. 由 g 的连续性, $V = g^{-1}(g(V))$ 是 Y 的开集. 故 f 是商映射.　　　　　　　　　　　　□

定理 4.5.10　若 $f : X \to Y$ 是商映射且 L 是 T_2 空间, 则 $f^*(C(Y, L))$ 是 $C_p(X, L)$ 的闭集.

证明　让 $g \in C(X, L) \setminus f^*(C(Y, L))$. 设当 $x, z \in X$ 时若 $g(x) \neq g(z)$, 则 $f(x) \neq f(z)$. 对于每一 $y \in Y$, 如果存在 $r_1, r_2 \in g(f^{-1}(y))$, 则存在 $x, z \in f^{-1}(y)$ 使得 $r_1 = g(x)$ 且 $r_2 = g(z)$. 由于 $f(x) = f(z)$, 于是 $r_1 = g(x) = g(z) = r_2$, 故 $g(f^{-1}(y))$ 是单点集. 定义 $h : Y \to L$ 使得对于每一 $y \in Y$, $h(y) = g(f^{-1}(y))$. 因为 $g = h \circ f$ 且 f 是商映射, 由引理 4.5.9, h 是连续的, 于是 $g \in f^*(C(Y))$, 矛盾. 因而, 存在 $x, z \in X$ 使得 $g(x) \neq g(z)$ 且 $f(x) = f(z)$. 设 U 和 V 分别是 L 中 $g(x)$ 和 $g(z)$ 的不交邻域, 那么 $g \in [x, U] \cap [z, V]$, 且 $[x, U] \cap [z, V]$ 是 $C_p(X)$ 的开集. 如果 $q \in [x, U] \cap [z, V]$, 那么 $q(x) \neq q(z)$. 而 $f(x) = f(z)$, 于是 $q \notin f^*(C(Y))$. 因此 $[x, U] \cap [z, V] \cap f^*(C(Y)) = \varnothing$. 故 $f^*(C(Y))$ 是 $C_p(X)$ 的闭集.　　　　□

定理 4.5.10 中的点态收敛拓扑用更精的拓扑来代替仍成立. 该定理的逆命题见定理 6.1.4.

4. 赋值函数

设 X 和 L 都是拓扑空间, 定义**赋值函数** $e : X \times C(X, L) \to L$ 为对于每一 $x \in X$ 和 $f \in C(X, L)$, $e(x, f) = f(x)$.

关于赋值函数的连续性有下述充分条件.

定理 4.5.11　设 X 和 L 都是拓扑空间. 如果 α 是空间 X 的闭邻域基, 则 $e : X \times C_\alpha(X, L) \to L$ 是连续的.

证明　先把赋值函数表示为内射与恒等函数的复合函数. 让 $\mathbf{1}$ 表示由单点组成的拓扑空间, $i_X : X \to C(\mathbf{1}, X)$ 和 $i_L : L \to C(\mathbf{1}, L)$ 都是内射. 仍用 id 表示恒等函数, 并定义 $i_X \times \mathrm{id} : X \times C(X, L) \to C(\mathbf{1}, X) \times C(X, L)$ 为对于每一 $x \in X$ 及 $f \in C(X, L)$ 有 $(i_X \times \mathrm{id})(x, f) = (i_X(x), f)$. 再让 $\Phi : C(\mathbf{1}, X) \times C(X, L) \to C(\mathbf{1}, L)$ 是复合函数 (见定理 4.5.3 前). 那么赋值函数 $e = i_L^{-1} \circ \Phi \circ (i_X \times \mathrm{id})$. 事实上, 对于每一 $x \in X$ 和 $f \in C(X, L)$, $i_L^{-1} \circ \Phi \circ (i_X \times \mathrm{id})(x, f) = i_L^{-1} \circ \Phi(c_x, f) = i_L^{-1} \circ f \circ c_x = i_L^{-1} \circ c_{f(x)} = i_L^{-1} \circ i_L(f(x)) = f(x) = e(x, f)$. 这时, 赋值函数的连续性来自上式及定理 4.5.1, 定理 4.5.3.　　　　　　　　　□

再由推论 4.5.4, 有下述推论.

推论 4.5.12 如果 X 是局部紧的 T_2 空间, 则 $e : X \times C_k(X, L) \to L$ 是连续的. □

如果 X 和 L 都是拓扑空间并且对于每一 $x \in X$, 定义在 x 处的赋值函数 $e_x : C(X, L) \to L$ 为对于每一 $f \in C(X, L)$ 有 $e_x(f) = e(x, f) = f(x)$. 因为对于每一 $x \in X$ 和 L 的开集 V 有 $e_x^{-1}(V) = [x, V]$, 所以 $e_x : C_p(X, L) \to L$ 是连续的. 因而对于 $C(X, L)$ 的集开拓扑或一致收敛拓扑, e_x 总是连续的 (定理 4.3.2 和推论 4.4.3).

拓扑空间 Y 的子集 B 称为 Y 的一个收缩核, 如果存在连续函数 $r : Y \to B$ 使得对于每一 $y \in B$ 有 $r(y) = y$. 上述函数 r 称为 Y 到 B 的收缩. 这两个概念均是 1931 年 K. Borsuk (波, 1905–1982) 定义的. 引理 2.6.5 表明对于任一强零维度量空间 X 及非空闭子集 F, 存在 X 到 F 的闭收缩.

推论 4.5.13 若 $i : L \to C(X, L)$ 是内射且 $e_x : C(X, L) \to L$ 是在 x 处的赋值函数, 则 $e_x \circ i$ 是 L 上的恒等函数. 若 α 是空间 X 的闭网络, 则 $i \circ e_x : C_\alpha(X, L) \to i(L)$ 是收缩.

证明 对于第一部分, 如果 $y \in L$, 则 $e_x \circ i(y) = e_x(c_y) = c_y(x) = y$. 对于第二部分, 由定理 4.5.1, $i \circ e_x$ 是连续的. 如果 $f \in i(L)$, 则 $i \circ e_x(f) = i(f(x)) = c_{f(x)} = f$. □

因而, 如果 α 是空间 X 的闭网络, 则空间 L 可以认为是 $C_\alpha(X, L)$ 的收缩核. 特别地, 对于被连续函数所保持的性质 P, 为了使 $C_\alpha(X, L)$ 具有性质 P, 空间 L 必须具有性质 P.

虽然空间 X 不能自然地嵌入 $C_\alpha(X, L)$, 但是赋值函数可以达到 X 自然地嵌入 $C_\beta(C_\alpha(X, \mathbb{R}), \mathbb{R})$ 的目的.

对角函数 $\Delta : X \to L^{C(X, L)}$ 定义为对于每一 $x \in X$ 和 $f \in C(X, L)$ 有 $\Delta(x)(f) = f(x)$, 即 $\Delta(x) = e_x$. 如果 α 是完全正则 T_1 空间 X 的闭网络且 $\mathbb{R}$ 是实数空间, 由对角引理 (定理 4.5.2), Δ 是从 X 到 $C_p(C_\alpha(X, \mathbb{R}), \mathbb{R})$ 的嵌入. 事实上, 点态收敛拓扑可以适当地加强.

推论 4.5.14 如果 α 是完全正则的 T_1 空间 X 的闭邻域基, β 是空间 $C_\alpha(X, \mathbb{R})$ 的紧网络, 则 $\Delta : X \to C_\beta(C_\alpha(X, \mathbb{R}), \mathbb{R})$ 是嵌入.

证明 由对角引理, 只需证明 Δ 是连续的. 设 $\Delta(x) \in [B, V]$, 其中 $x \in X$, $B \in \beta$, 且 V 是 $\mathbb{R}$ 的开集. 由定理 4.5.11, 赋值函数 $e : X \times C_\alpha(X, \mathbb{R}) \to \mathbb{R}$ 是连续的. 由于 $\Delta(x) \in [B, V]$, 所以 $\{x\} \times B \subseteq e^{-1}(V)$. 再由 B 的紧性, 存在 x 在 X 中的邻域 U 使得 $U \times B \subseteq e^{-1}(V)$ (练习 1.1.6), 于是 $\Delta(U) \subseteq [B, V]$. 故 Δ 连续. □

由此, 如果 X 是局部紧的 T_2 空间, 则 $\Delta : X \to C_k(C_k(X, \mathbb{R}), \mathbb{R})$ 是嵌入. 作为诱导映射的应用, 上述结果可减弱至 X 是 k 空间 (定义 1.6.4).

推论 4.5.15　设 X 是完全正则的 T_1 空间. 若 X 是一个 k 空间, 则 $\Delta : X \to C_k(C_k(X,\mathbb{R}),\mathbb{R})$ 是嵌入.

证明　为了证明 Δ 是嵌入, 由对角引理, 只需证明 Δ 的连续性. 因为 X 是 k 空间, 由定理 1.6.8, 存在局部紧的 T_2 空间 Z 和商映射 $q : Z \to X$. 由引理 4.5.9, 又只需证明 $\Delta \circ q$ 是连续的. 让 $\Delta' : Z \to C_k(C_k(Z))$ 是 Z 上的对角函数. 由推论 4.5.14, Δ' 是连续的. 让 $q^* : C_k(X) \to C_k(Z)$ 和 $q^{**} : C_k(C_k(Z)) \to C_k(C_k(X))$ 分别是诱导函数和二次诱导函数. 再由推论 4.5.8(2), 它们都是连续的. 下面证明 $\Delta \circ q = q^{**} \circ \Delta'$. 如果 $z \in Z$ 且 $f \in C_k(X)$, 则 $q^{**} \circ \Delta'(z)(f) = \Delta'(z) \circ q^*(f) = \Delta'(z)(f \circ q) = f(q(z)) = \Delta \circ q(z)(f)$. 故 Δ 是嵌入.　□

5. 和函数

设 A 是空间 X 的子集. 函数 $j : A \to X$ 称为**包含函数**, 若 $j(x) = x$, $x \in A$.

设 $\mathscr{X}$ 是空间族, 让 $\bigoplus \mathscr{X}$ 表示空间族 $\mathscr{X}$ 的拓扑和 (定义 1.4.8). 对于每一 $X \in \mathscr{X}$, 让 $j_X : X \to \bigoplus \mathscr{X}$ 是包含函数. 如果 L 是一空间, 让 $L^{\mathscr{X}}$ 表示空间族 $\{L^X : X \in \mathscr{X}\}$.

和函数 $S : L^{\bigoplus \mathscr{X}} \to \prod L^{\mathscr{X}}$ 定义为对于每一 $f \in L^{\bigoplus \mathscr{X}}$ 和 $X \in \mathscr{X}$ 有 $p_{L^X}(S(f)) = f \circ j_X$. 对于两个因子的和函数 $S : L^{X_1 \oplus X_2} \to L^{X_1} \times L^{X_2}$, 若 $f \in L^{X_1 \oplus X_2}$ 且 $(x_1, x_2) \in X_1 \times X_2$, 则 $S(f)(x_1, x_2) = (f(x_1), f(x_2))$. 和函数是函数空间上一种用途广泛的函数指数性质. 和函数可以自然地限制到连续函数空间上. 如果 $\mathscr{X}$ 是空间族, 让 $C(\mathscr{X}, L)$ 表示集族 $\{C(X, L) : X \in \mathscr{X}\}$. 显然, 函数 $f \in L^{\bigoplus \mathscr{X}}$ 是连续的当且仅当对于每一 $X \in \mathscr{X}$, $f \circ j_X$ 是连续的.

定理 4.5.16　设 $\mathscr{X}$ 是空间族. 如果对于每一 $X \in \mathscr{X}$, α_X 是 X 的闭网络. 令 $\beta = \bigcup\{j_X(\alpha_X) : X \in \mathscr{X}\}$, 则和函数 $S : C_\beta(\bigoplus \mathscr{X}, L) \to \prod\{C_{\alpha_X}(X, L) : X \in \mathscr{X}\}$ 是同胚.

证明　显然, β 是空间 $\bigoplus \mathscr{X}$ 的闭网络. 先证明 $S : C(\bigoplus \mathscr{X}, L) \to \prod C(\mathscr{X}, L)$ 是双射. 定义函数 $T : \prod L^{\mathscr{X}} \to L^{\bigoplus \mathscr{X}}$ 使得对于每一 $g \in \prod L^{\mathscr{X}}$ 和 $X \in \mathscr{X}$ 有 $T(g) \circ j_X = p_{L^X}(g)$. 让 $f \in L^{\bigoplus \mathscr{X}}$, 那么对于每一 $X \in \mathscr{X}$ 有 $T(S(f)) \circ j_X = p_{L^X}(S(f)) = f \circ j_X$, 于是 $T \circ S(f) = T(S(f)) = f$. 另一方面, 让 $g \in \prod L^{\mathscr{X}}$, 那么对于每一 $X \in \mathscr{X}$ 有 $p_{L^X}(S(T(g))) = T(g) \circ j_X = p_{L^X}(g)$, 因而 $S \circ T(g) = S(T(g)) = g$. 从而 $T = S^{-1}$. 故 $S(C(\bigoplus \mathscr{X}, L)) = \prod C(\mathscr{X}, L)$ 且 S 是双射.

对于每一 $X \in \mathscr{X}$, $A \in \alpha_X$ 和 L 的开集 V, 有 $S^{-1}(p_{L^X}^{-1}([A, V])) = [j_X(A), V]$, 于是 $S([j_X(A), V]) = p_{L^X}^{-1}([A, V])$. 因此 S 是同胚.　□

定理 4.5.16 中, 拓扑和 $\bigoplus \mathscr{X}$ 中的集族 $\bigcup\{j_X(\alpha_X) : X \in \mathscr{X}\}$ 称为由网络族 $\{\alpha_X : X \in \mathscr{X}\}$ 诱导的空间 $\bigoplus \mathscr{X}$ 上的网络, 或**拓扑和网络**.

推论 4.5.17　如果 $\mathscr{X}$ 是空间族, 则和函数 $S : C_k(\bigoplus \mathscr{X}, L) \to \prod C_k(\mathscr{X}, L)$

和 $S : C_p(\bigoplus \mathscr{X}, L) \to \prod C_p(\mathscr{X}, L)$ 都是同胚.

证明 对于每一 $X \in \mathscr{X}$, 让 α_X 是 X 的所有非空紧子集的族. 令 $\beta = \bigcup\{j_X(\alpha_X) : X \in \mathscr{X}\}$. 显然, β 是 $\bigoplus \mathscr{X}$ 的闭网络, $\bigoplus \mathscr{X}$ 的所有非空紧子集的族包含 β 且由 β 逼近. 因而, 如果 $\mathrm{id} : \bigoplus \mathscr{X} \to \bigoplus \mathscr{X}$ 是恒等映射, 那么由定理 4.5.7(3), $\mathrm{id}^* : C_\beta(\bigoplus \mathscr{X}, L) \to C_k(\bigoplus \mathscr{X}, L)$ 是同胚. 再由定理 4.5.16, 和函数 $S : C_k(\bigoplus \mathscr{X}, L) \to \prod C_k(\mathscr{X}, L)$ 是同胚. 点态收敛拓扑的情形可类似地证明. □

6. 积函数

让 $\mathscr{L}$ 是空间族, $\prod \mathscr{L}$ 表示族 $\mathscr{L}$ 中空间的积空间. 对于每一 $L \in \mathscr{L}$, 让 $p_L : \prod \mathscr{L} \to L$ 是投影函数. 如果 X 是一空间, 用 $\mathscr{L}^X$ 表示族 $\{L^X : L \in \mathscr{L}\}$.

积函数 $P : (\prod \mathscr{L})^X \to \prod \mathscr{L}^X$ 定义为对于每一 $f \in (\prod \mathscr{L})^X$ 和 $L \in \mathscr{L}$, 有 $p_{L^X}(P(f)) = p_L(f)$. 对于两个因子的积函数 $P : (L_1 \times L_2)^X \to L_1^X \times L_2^X$, 若 $f \in (L_1 \times L_2)^X$ 且 $x, z \in X$, 则 $P(f)(x, z) = (p_1(f(x)), p_2(f(z)))$. 积函数也可以自然地限制到连续函数空间上. 如果 X 是一空间且 $\mathscr{L}$ 是空间族, 让 $C(X, \mathscr{L})$ 表示集族 $\{C(X, L) : L \in \mathscr{L}\}$.

定理 4.5.18 设 X 是一空间且 $\mathscr{L}$ 是空间族. 如果 α 是 X 的闭网络, 则 $P : C_\alpha(X, \prod \mathscr{L}) \to \prod C_\alpha(X, \mathscr{L})$ 是连续的. 如果 α 是正则空间 X 的遗传闭的紧网络, 则 P 是同胚.

证明 先证明 $P : C(X, \prod \mathscr{L}) \to \prod C(X, \mathscr{L})$ 是双射. 定义函数 $Q : \prod \mathscr{L}^X \to (\prod \mathscr{L})^X$ 使得对于每一 $g \in \prod \mathscr{L}^X$ 和 $L \in \mathscr{L}$ 有 $p_L \circ Q(g) = p_{L^X}(g)$. 若 $f \in (\prod \mathscr{L})^X$, 对于每一 $L \in \mathscr{L}$ 有 $p_L \circ Q \circ P(f) = p_{L^X} \circ (P(f)) = p_L \circ f$, 于是 $Q \circ P(f) = f$. 类似地, 可以证明对于每一 $g \in \prod \mathscr{L}^X$ 有 $P \circ Q(g) = g$. 因而 $Q = P^{-1}$. 故 $P(C(X, \prod \mathscr{L})) = \prod C(X, \mathscr{L})$ 且 P 是双射.

注意到, 对于每一 $L \in \mathscr{L}$, $A \in \alpha$ 和 L 的开集 V, $P^{-1}(p_{L^X}^{-1}([A, V])) = (p_{L^X} \circ P)^{-1}([A, V]) = [A, p_L^{-1}(V)]$. 事实上, $f \in [A, p_L^{-1}(V)]$, 当且仅当 $p_L \circ f(A) \subseteq V$, 当且仅当 $(p_{L^X} \circ P)(f)(A) \subseteq V$, 当且仅当 $f \in (p_{L^X} \circ P)^{-1}([A, V])$. 因此 P 是连续的. 若 α 是 X 的遗传闭的紧网络, 由引理 4.3.12,

$$\{[A, p_L^{-1}(V)] : A \in \alpha, V \text{ 是 } L \text{ 的开集且 } L \in \mathscr{L}\}$$

是 $C_\alpha(X, \prod \mathscr{L})$ 的子基. 由于 $P([A, p_L^{-1}(V)]) = p_{L^X}^{-1}([A, V])$, 所以 P 是同胚. □

练 习

4.5.1 设 μ 是 T_2 空间 L 上相容的一致结构, 则内射 $i : L \to C_\mu(X, L)$ 是闭嵌入.

4.5.2 若 $C(X, L)$ 的子集 F 分离空间 X 中的点, 则 Δ_F 是单的.

4.5.3　设 X 是 T_1 空间, F 是 $C(X, L)$ 的子集, 则 Δ_F 是嵌入当且仅当集族 $\{f^{-1}(U) : f \in F, U \in \tau(L)\}$ 是 X 的子基.

4.5.4　设 $f \in C(X, Y)$. 如果 α 是空间 X 的紧网络, Y 是完全正则的 T_1 空间且 f 是单的, 则 $f^* : C(Y, \mathbb{R}) \to C_\alpha(X, \mathbb{R})$ 是几乎满的.

4.5.5　设 α, β 分别是空间 X 和完全正则空间 Y 的紧网络. 若 $f \in C(X, Y)$, 那么 (1) $f^* : C_\beta(Y, \mathbb{R}) \to C_\alpha(X, \mathbb{R})$ 是连续的当且仅当 $f(\alpha)$ 由 β 逼近; (2) f^* 是相对开函数当且仅当 $\beta|_{f(X)}$ 由 $f(\alpha)$ 逼近; (3) 令 $X = Y$, $C_\alpha(X, \mathbb{R}) = C_\beta(X, \mathbb{R})$ 当且仅当 α 与 β 可相互逼近.

4.5.6　设 Y 是空间 X 的可数次拓扑和. 证明: 对于点态收敛拓扑或紧开拓扑, 函数空间 $C(X, \mathbb{R}^\omega)$ 同胚于 $C(Y, \mathbb{R})$.

4.6　几个经典定理

本节介绍函数空间理论中三个著名的经典定理: Stone-Weierstrass 定理、Ascoli 定理和 Nagata 定理.

$C(X, \mathbb{R})$ 的子集 F 称为**代数**, 如果 $f, g \in F$, $r \in \mathbb{R}$, 则 $f + g, fg, rf \in F$. 如果 $C(X, \mathbb{R})$ 的代数 F 含有非零常值函数, 则称 F 是**酉代数**. 显然, $C(X, \mathbb{R})$ 自身是酉代数.

引理 4.6.1　设 α 是正则空间 X 的遗传闭的紧网络. 如果 F 是函数空间 $C_\alpha(X)$ 的代数, 则 $\overline{F}$ 也是 $C_\alpha(X)$ 的代数.

证明　定义 $\varphi : C_\alpha(X) \times C_\alpha(X) \to C_\alpha(X)$ 为 $\varphi(f, g) = f + g$. 显然, φ 连续 (定理 4.3.11) 且 $\varphi(F \times F) \subseteq F$, 于是 $\varphi(\overline{F} \times \overline{F}) = \varphi(\overline{F \times F}) \subseteq \overline{\varphi(F \times F)} \subseteq \overline{F}$, 从而 $\overline{F}$ 中两个函数的和仍属于 $\overline{F}$. 同理, 利用对应关系 $(f, g) \mapsto fg$ 和 $(r, f) \mapsto rf$ 所定义的函数的连续性, 可以证明 $\overline{F}$ 关于两个函数积, 数乘也是封闭的 (练习 4.3.6). 故 $\overline{F}$ 是代数. ☐

引理 4.6.2　$\sqrt{t} \in C(\mathbb{I})$ 是 $\mathbb{I}$ 上多项式的一致收敛极限.

证明　由二项式定理, 对于每一 $x \in [0, 1)$ 有 $1 - \sqrt{1 - x} = \sum_{n \in \mathbb{N}} \left| \binom{1/2}{n} \right| x^n$. 由于上述级数是正项级数, 所以对于每一 $x \in [0, 1)$, 前 n 项部分和 $S_n(x)$ 满足 $0 \leqslant S_n(x) \leqslant 1 - \sqrt{1 - x} \leqslant 1$. 又由于每一 $S_n(x)$ 在 $x = 1$ 处是连续的, 所以 $S_n(1) \leqslant 1$. 于是 $\{S_n(1)\}$ 是单调有界的数列, 从而 $\{S_n(1)\}$ 是收敛序列, 因此幂级数 $\sum_{n \in \mathbb{N}} \left| \binom{1/2}{n} \right| x^n$ 在 $\mathbb{I}$ 上一致收敛. 这说明函数列 $\{S_n(1 - t)\}$ 在 $\mathbb{I}$ 上一致收敛于极限函数 $1 - \sqrt{t}$. 令 $P_n(t) = 1 - S_n(1 - t)$, $n \in \mathbb{N}$. 则多项式列 $\{P_n(t)\}$ 在 $\mathbb{I}$ 上一致收敛于 $\sqrt{t}$. ☐

引理 4.6.3　设 α 是空间 X 的紧网络. 如果 F 是函数空间 $C_\alpha(X)$ 中闭的酉代数, 那么

(1) 若 $f \in F$, 则 $|f| \in F$;

(2) 若 $f,g \in F$, 则 $\max\{f,g\}, \min\{f,g\} \in F$.

证明　设 $f \in F$. 为了证明 $|f| \in F$, 由 F 的闭性, 只需证明 $|f|$ 在 $C_\alpha(X)$ 中的任一基本邻域 $\bigcap_{i \leqslant m}[A_i, V_i]$ 与 F 相交. 令 $K = \bigcup_{i \leqslant m} A_i$. 由 K 的紧性, 存在 $b > 0$ 使得对于每一 $x \in K$ 有 $|f(x)| \leqslant b$. 由引理 4.6.2, 存在多项式列 $\{P_n(t)\}$ 在 $\mathbb{I}$ 上一致收敛于 $\sqrt{t}$, 于是 $\{bP_n(f^2/b^2)\}$ 在 K 上一致收敛于 $b\sqrt{f^2/b^2} = |f|$. 令 $\varepsilon = \min_{i \leqslant m}\{d(|f|(A_i), \mathbb{R} \setminus V_i)\}$, 其中 d 是 $\mathbb{R}$ 上的欧几里得度量. 显然, $\varepsilon > 0$. 存在 $k \in \mathbb{N}$ 使得当 $x \in K$ 时有 $|bP_k(f^2/b^2)(x) - |f|(x)| < \varepsilon$, 因此 $bP_k(f^2/b^2) \in F \cap \bigcap_{i \leqslant m}[A_i, V_i]$. 故 $|f| \in F$.

显然 $\max\{f,g\} = \dfrac{1}{2}(f+g+|f-g|)$, $\min\{f,g\} = \dfrac{1}{2}(f+g-|f-g|)$. 由 (1), 若 $f,g \in F$, 则 $\max\{f,g\}, \min\{f,g\} \in F$. □

定理 4.6.4(M.H. Stone-Weierstrass 定理)　设 α 是正则空间 X 的遗传闭的紧网络且 F 是 $C_\alpha(X)$ 的酉代数. 若 F 分离 X 中的点, 则 F 是 $C_\alpha(X)$ 的稠密子集.

证明　(4.1) 对于 X 中不同的点 y, z 和实数 a, b, 存在 $h \in F$ 使得 $h(y) = a$ 且 $h(z) = b$.

由于 F 分离 X 中的点, 存在 $g \in F$ 使得 $g(y) \neq g(z)$. 再由于 F 含有非零的常值函数, 于是

$$h = a + \frac{b-a}{g(z) - g(y)}(g - g(y))$$

是符合要求的函数.

为了证明 F 是 $C_\alpha(X)$ 的稠密子集, 只需证明 $\overline{F}$ 是 $C_\alpha(X)$ 的稠密子集, 即每一 $f \in C_\alpha(X)$ 的基本邻域 $\bigcap_{i \leqslant n}[A_i, V_i]$ 与 $\overline{F}$ 相交. 令

$$K = \bigcup_{i \leqslant n} A_i, \quad \varepsilon = \min_{i \leqslant n}\{d(f(A_i), \mathbb{R} \setminus V_i)\}.$$

显然, K 是 X 的紧子集且 $\varepsilon > 0$.

(4.2) 取定 $z \in K$, 存在 $g \in \overline{F}$ 使得 $g(z) = f(z)$ 且对于每一 $x \in K$ 有 $g(x) < f(x) + \varepsilon$.

由 (4.1), 对于每一 $x \in K$, 存在 $h_x \in F$ 使得 $h_x(z) = f(z)$ 且 $h_x(x) < f(x) + \varepsilon/2$. 因为 h_x 的连续性, 存在 x 在 X 中的邻域 V_x 使得当 $y \in V_x$ 时有 $h_x(y) < f(y) + \varepsilon$. 再由 K 的紧性, 存在 K 的有限子集 $\{x_k\}_{k \leqslant m}$ 使得 $\{V_{x_k}\}_{k \leqslant m}$ 覆盖 K. 定义 $g = \min_{k \leqslant m}\{h_{x_k}\}$. 显然, $g(z) = f(z)$. 由引理 4.6.1 和引理 4.6.3, $g \in \overline{F}$ 且对于每一 $x \in K$, 存在 $k \leqslant m$ 使得 $x \in V_{x_k}$, 于是 $g(x) \leqslant h_{x_k}(x) < f(x) + \varepsilon$.

最后证明 $\overline{F} \cap \bigcap_{i \leqslant n}[A_i, V_i] \neq \varnothing$. 对于每一 $z \in K$, 存在 $g_z \in \overline{F}$ 满足 (4.2). 由于 $g_z(z) = f(z)$, 于是 $f(z) - \varepsilon/2 < g_z(z)$, 所以存在 z 在 X 中的邻域 V_z 使得当 $y \in V_z$ 时有 $f(y) - \varepsilon < g_z(y)$. 由 K 的紧性, 存在有限子集族 $\{V_{x_j}\}_{j \leqslant l}$ 覆盖 K. 令 $g = \max_{j \leqslant l}\{g_{x_j}\}$. 易见 $g \in \overline{F}$. 对于每一 $x \in K$, 存在 $j \leqslant l$ 使得 $x \in V_{x_j}$, 于是

$f(x) - \varepsilon < g_{x_j}(x) \leqslant g(x)$. 再由 (4.2), $g(x) = \max_{j \leqslant l}\{g_{x_j}(x)\} < f(x) + \varepsilon$. 从而, 在 K 上有 $|f(x) - g(x)| < \varepsilon$. 这表明 $g \in \overline{F} \cap \bigcap_{i \leqslant n}[A_i, V_i]$.   □

定理 4.6.4 推广了 1885 年 K. Weierstrass 得到的数学分析中经典的 Weierstrass 逼近定理: 若 f 是闭区间 $[a,b]$ 上的连续函数, 则存在多项式列 $\{P_n(x)\}$ 使其在 $[a,b]$ 上一致收敛于 f. 而 M.H. Stone[257] 将其拓广为紧空间关于一致收敛拓扑的情形. 对于紧开拓扑的情形, 定理 4.6.4 的叙述可在 J.L. Kelley[130] 的著作 *General Topology* 中找到.

下述例子给出投影函数 (见推论 2.5.12 前) 的一个有趣性质.

例 4.6.5   对于无限集 A 及 Tychonoff 方体 $\mathbb{I}^A$, 若 $f \in C(\mathbb{I}^A, \mathbb{R})$, 则存在 A 的可数子集 B 和连续函数 $\varphi : p_B(\mathbb{I}^A) \to \mathbb{R}$ 使得 $f = \varphi \circ p_B$.

证明   令 $X = \mathbb{I}^A$. 对于 A 的每一非空有限子集 F, 记 $C_F = \{\varphi \circ p_F \in C(X) : \varphi \in C(\mathbb{I}^F)\}$. 令 $D = \bigcup\{C_F : F$ 是 A 的非空有限子集$\}$. 显然, D 是 $C_k(X, \mathbb{R})$ 的酉代数且分离 X 中的点. 由 Stone-Weierstrass 定理, D 是 $C_k(X)$ 的稠密子集. 因为 X 是紧空间, 对于每一 $n \in \mathbb{N}$, 存在 $f_n \in D$ 使得 $\sup_{x \in X}\{|f(x) - f_n(x)|\} < 1/n$, 于是存在 A 的非空有限子集 F_n 使得 $f_n \in C_{F_n}$. 令 $B = \bigcup_{n \in \mathbb{N}} F_n$. 显然, B 是 A 的可数子集.

(5.1) 若 $x, x' \in X$ 且 $p_B(x) = p_B(x')$, 则 $f(x) = f(x')$.

对于每一 $n \in \mathbb{N}$, $p_{F_n}(x) = p_{F_n}(x')$, 于是 $f_n(x) = f_n(x')$. 从而

$$|f(x) - f(x')| \leqslant |f(x) - f_n(x)| + |f_n(x') - f(x')| < 2/n.$$

故 $f(x) = f(x')$.

对于每一 $q \in p_B(X)$, 由 (5.1), $f(p_B^{-1}(q))$ 是单点集. 定义函数 $\varphi : p_B(X) \to \mathbb{R}$ 如下: $\varphi(q) = f(p_B^{-1}(q))$, $q \in p_B(X)$. 显然, $f = \varphi \circ p_B$.

(5.2) $\varphi : p_B(X) \to \mathbb{R}$ 是连续的.

对于每一 $q \in p_B(X)$, 记 $r = \varphi(q)$. 取定 $x \in X$ 使得 $p_B(x) = q$, 则 $f(x) = r$. 让 W 是 r 在 $\mathbb{R}$ 中的邻域, 则存在积空间 X 中的基本开集 U 使得 $x \in U$ 且 $f(U) \subseteq W$. 再让 U' 是 X 中的基本开集, 满足 $p_B(U') = p_B(U)$, $p_{A \backslash B}(U') = \mathbb{I}^{A \backslash B}$. 由 (5.1), $f(U') = f(U) \subseteq W$. 再由 φ 的定义,

$$\varphi(p_B(U)) = f(p_B^{-1}(p_B(U))) \subseteq f(p_B^{-1}(p_B(U'))) = f(U') \subseteq W.$$

而 $x \in U$, $q = p_B(x) \in p_B(U)$, 所以 $p_B(U)$ 是 q 在 $p_B(X)$ 中的邻域. 故 φ 是连续的.   □

上述例中的函数 f 的值由可数个坐标决定, 这性质称为 f 依赖于可数个坐标. 它是因子引理 (见定理 6.1.6) 的特例.

本节的第二部分介绍关于函数空间收敛性的 Ascoli 定理. 19 世纪末关于函数列收敛性问题的研究在意大利十分活跃, 重要的成就之一是 G. Ascoli[33] 引入等度连续性. 作为 Ascoli 定理的现代发展, 下面利用均匀连续性给出 $C_k(X, L)$ 中紧子集的刻画.

设 X, L 都是拓扑空间. L^X 的子集 F 称为均匀连续的[130], 若对于每一 $x \in X$, $r \in L$ 和 r 的邻域 V, 存在 x 的邻域 U 和 r 的邻域 W 使得当 $f \in F$ 且 $f(x) \in W$ 时有 $f(U) \subseteq V$, 即 $e(U \times (F \cap [x, W])) \subseteq V$, 其中 $e: X \times L^X \to L$ 是赋值函数, 见图 4.6.1. 显然, 均匀连续族中的每一元是连续的.

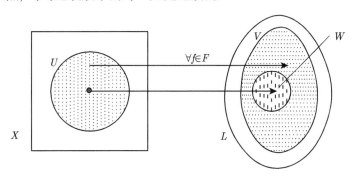

图 4.6.1 F 均匀连续

引理 4.6.6 设 L 是正则空间. 如果 F 是 $C(X, L)$ 的均匀连续子集, 那么 F 在 L^X 中的闭包也是均匀连续的.

证明 让 $\overline{F}$ 是 F 在 L^X 中的闭包. 对于每一 $x \in X$, $r \in L$ 和 r 的闭邻域 V, 由于 F 是均匀连续的, 存在 x 的邻域 U 和 r 的开邻域 W 使得当 $f \in F$ 且 $f(x) \in W$ 时有 $f(U) \subseteq V$. 设 $f \in \overline{F}$ 且 $f(x) \in W$. 由引理 4.4.11, 存在 F 中的网 $\{f_d\}_{d \in D}$ 点态收敛于 f. 再由定理 4.4.13, 存在 $d_0 \in D$ 使得当 $d \geqslant d_0$ 时有 $f_d(x) \in W$. 如果 $u \in U$, 则当 $d \geqslant d_0$ 时有 $f_d(u) \in V$, 于是由 V 的闭性知 $f(u) \in V$, 因而 $f(U) \subseteq V$. 这表明 $\overline{F}$ 是均匀连续的.

由此, F 在 L^X 中的闭包等于 F 在 $C_p(X, L)$ 中的闭包. $\qquad\square$

设 X, Y 和 L 都是拓扑空间, 指数函数 $E: L^{X \times Y} \to (L^X)^Y$ 定义为

$$E(f)(y)(x) = f(x, y), \quad f \in L^{X \times Y}, \quad x \in X \text{ 和 } y \in Y.$$

易验证, 指数函数是双射 (练习 4.6.1). 如果 $f \in C(X \times Y, L)$, 那么对于每一 $y \in Y$ 有 $E(f)(y) \in C(X, L)$. 因而 $E(C(X \times Y, L)) \subseteq C(X, L)^Y$. 为了简明起见, 指数函数在 $C(X \times Y, L)$ 上的限制仍记为 E. 下面讨论何时 $E(C(X \times Y, L)) \subseteq C(Y, C(X, L))$? 何时 $E(C(X \times Y, L)) = C(Y, C(X, L))$?

引理 4.6.7　设 Z 是紧空间, L 是正则空间. 若 $E : C(X \times Z, L) \to C(X, L)^Z$ 是指数函数, 则对于每一 $f \in C(X \times Z, L)$, $E(f)(Z)$ 是 $C(X, L)$ 的均匀连续的子集.

证明　设 $x \in X, r \in L$ 且 V 是 r 的开邻域. 取 L 的开集 W 使得 $r \in W \subseteq \overline{W} \subseteq V$. 让 $p_2 : X \times Z \to Z$ 是投影函数, 定义 $Y = p_2((\{x\} \times Z) \cap f^{-1}(\overline{W}))$. 显然, Y 是 Z 的紧子集. 由定理 1.3.3, 投影函数 $p_1 : X \times Y \to X$ 是闭映射, 于是 $U = X \setminus p_1((X \times Y) \setminus f^{-1}(V))$ 是 x 在 X 中的开邻域. 如果 $g \in E(f)(Z)$ 且 $g(x) \in W$, 那么存在 $z \in Z$ 使得 $g = E(f)(z)$, 于是 $f(x, z) = g(x) \in V$, 所以 $(x, z) \in f^{-1}(V)$. 若 $x' \in U$, 则 $x' \notin p_1((Y \times X) \setminus f^{-1}(V))$, 于是 $(x', z) \in f^{-1}(V)$, 从而 $g(x') = f(x', z) \in V$. 故 $g(U) \subseteq V$. 因此, $E(f)(Z)$ 是 $C(X, L)$ 的均匀连续的子集.　　□

引理 4.6.8　如果 F 是 $C_p(X, L)$ 的均匀连续的子集, 那么赋值函数 $e : X \times F \to L$ 是连续的. 反之, 如果 L 是正则空间, F 是 $C_p(X, L)$ 的紧子集且 $e : X \times F \to L$ 是连续的, 那么 F 是均匀连续的.

证明　设 F 是均匀连续的. 让 $(x, f) \in X \times F$ 且 V 是 $e(x, f) = f(x)$ 在 L 中的邻域, 则存在 x 的邻域 U 和 $f(x)$ 的邻域 W 使得当 $g \in F$ 且 $g(x) \in W$ 时有 $g(U) \subseteq V$, 从而 $e(U \times [x, W]) \subseteq V$. 事实上, 若 $(u, g) \in U \times [x, W]$, 则 $g(x) \in W$, 于是 $g(u) \in V$, 即 $e(u, g) \in V$. 故 e 是连续的.

因为 $E(e)(F) = F$, 其中 $E : C(X \times F, L) \to C(X, L)^F$ 是指数函数, 由引理 4.6.7, 逆命题成立.　　□

$C(X, L)$ 的子集 F 称为在 $x \in X$ 是点态有界的, 如果 $\overline{e_x(F)}$ 是 L 的紧子集, 其中 $e_x : C_p(X, L) \to L$ 是在 x 处的赋值函数. 回忆 $e_x(F) = \{f(x) : f \in F\}$. 有时, 记 $e_x(F)$ 为 $F(x)$. F 称为点态有界的, 如果 F 在 X 的每一点处是点态有界的. 因为 e_x 总是连续的 (见推论 4.5.12 后的说明), 如果 L 是 T_2 空间, 则 $C_p(X, L)$ 的每一个紧子集是点态有界的.

如果 α 是空间 X 的闭网络且 L 是 T_2 空间, 则 $C_p(X, L) \preceq C_\alpha(X, L)$ 且 $C_\alpha(X, L)$ 是 T_2 空间 (定理 4.3.2 和定理 4.3.5), 于是 $C_\alpha(X, L)$ 的紧子集是闭、点态有界的. 引理 4.6.8 表明在一定的条件下, $C_\alpha(X, L)$ 的紧子集也是均匀连续的.

引理 4.6.9　若 α 是空间 X 的紧网络且 L 是正则空间, 则 $C_\alpha(X, L)$ 的每一闭、点态有界且均匀连续的子集是紧的.

证明　先证明: 若 Y 是拓扑空间, $f \in C(X \times Y, L)$, 则 $E(f) : Y \to C_\alpha(X, L)$ 是连续的, 其中 $E : C(X \times Y, L) \to C_\alpha(X, L)^Y$ 是指数函数.

设 $y \in Y$ 且 $[B, W]$ 是 $E(f)(y)$ 在 $C_\alpha(X, L)$ 中的基本开邻域. 对于每一 $x \in B$, $f(x, y) \in W$, 存在 x 在 X 中的邻域 V_x 和 y 在 Y 中的邻域 U_x 使得 $f(V_x \times U_x) \subseteq W$. 因为 B 是紧的, 存在 B 的有限子集 $\{x_i\}_{i \leqslant n}$ 使得 $B \subseteq \bigcup_{i \leqslant n} V_{x_i}$. 让 $U = \bigcap_{i \leqslant n} U_{x_i}$, 则 U 是 y 的邻域且 $E(f)(U) \subseteq [B, W]$. 事实上, 对于每一 $y \in U$ 和 $x \in B$, 存在

$i \leqslant n$ 使得 $x \in V_{x_i}$, 于是 $E(f)(y)(x) = f(x, y) \in W$, 即 $E(f)(U)(B) \subseteq W$, 所以 $E(f)(U) \subseteq [B, W]$. 故 $E(f)$ 是连续的.

设 F 是 $C_\alpha(X, L)$ 的闭、点态有界且均匀连续的子集. 由引理 4.6.6, F 在 $C_p(X, L)$ 中的闭包 $\overline{F}$ 是均匀连续的. 又由引理 4.6.8, 赋值函数 $e : X \times \overline{F} \to L$ 是连续的, 于是 $E(e)$ 是连续的. 因为 $\overline{F}$ 是紧空间 $\prod\{\overline{e_x(F)} : x \in X\}$ 的闭集, 所以 $\overline{F}$ 是 $C_p(X, L)$ 的紧子集, 因而 $E(e)(\overline{F}) = \overline{F}$ 是 $C_\alpha(X, L)$ 的紧子集. 再由于 F 是 $\overline{F}$ 在 $C_\alpha(X, L)$ 中的闭集, 于是 F 是 $C_\alpha(X, L)$ 中的紧子集. □

若 α 是空间 X 的紧网络, 由引理 4.6.9 第一段的证明, 则对于每一空间 Y 有 $E(C(X \times Y, L)) \subseteq C(Y, C_\alpha(X, L))$. 因而, 对于每一空间 Y 有 $E(C(X \times Y, L)) \subseteq C(Y, C_k(X, L))$.

引理 4.6.10　设 X 是 T_2 空间. 若 $X \times Y$ 是 k 空间, 则指数函数 $E : C(X \times Y, L) \to C(Y, C_k(X, L))$ 是满函数.

证明　设 $g \in C(Y, C_k(X, L))$. 由于 $E : L^{X \times Y} \to (L^X)^Y$ 是双射, 所以 $E^{-1}(g) \in L^{X \times Y}$. 因为 $X \times Y$ 是 k 空间, 只需证明 $E^{-1}(g)|_{A \times B}$ 是连续的, 其中 A 和 B 分别是 X 和 Y 的非空紧集 (练习 1.6.3). 让 $j : A \to X$ 是包含映射. 由推论 4.5.8(2), 诱导函数 $j^* : C_k(X, L) \to C_k(A, L)$ 是连续的. 因为 A 是紧 T_2 的, 由推论 4.5.12, 赋值函数 $e : A \times C_k(A, L) \to L$ 是连续的. 让 $\mathrm{id} : A \to A$ 是恒等映射, 则 $E^{-1}(g)|_{A \times B} = e \circ (\mathrm{id} \times j^*) \circ (\mathrm{id} \times g|_B)$. 故 $E^{-1}(g) \in C(X \times Y, L)$. □

1883 年 G. Ascoli 证明了断言: 闭区间 $[a, b]$ 上的连续函数列含有一致收敛的子列当且仅当它在 $[a, b]$ 上是一致有界和等度连续的. 这就是著名的 Ascoli 定理或 Arzelà-Ascoli 定理. 它是建立紧算子谱理论的一个关键定理. 由 Bagley 和 Yang[38] 证明的下述定理是经典 Ascoli 定理的现代发展.

定理 4.6.11(Ascoli 定理)　设 X 是 T_2 的 k 空间, L 是正则的 T_1 空间, 那么 $C_k(X, L)$ 的子集是紧的当且仅当它是闭、点态有界且均匀连续的.

证明　由引理 4.6.9, 只需证明 $C_k(X, L)$ 的每一紧子集是闭、点态有界且均匀连续的. 设 F 是 $C_k(X, L)$ 的紧子集. 显然, F 是闭且点态有界的. 由 Cohen 定理 (定理 1.6.11), $X \times F$ 是 k 空间. 再由引理 4.6.10, 指数函数 $E : C(X \times F, L) \to C(F, C_k(X, L))$ 是满的. 让 $e : X \times F \to L$ 是赋值函数, 则 $E(e)$ 是从 F 到 $C_k(X, L)$ 的包含函数, 所以 $E(e) \in E(C(X \times F, L))$. 因为 E 是双射, 所以 e 是连续的. 由引理 4.6.8, F 必定是均匀连续的. □

本节的最后介绍 Nagata 定理. 它表明一定条件下函数空间 $C_p(X, \mathbb{R})$ 的代数与拓扑结构决定了底空间 X 的拓扑结构. 记 $C_p C_p(X) = C_p(C_p(X, \mathbb{R}), \mathbb{R})$. 如果 X 是完全正则的 T_1 空间, 由对角引理 (定理 4.5.2), $\Delta : X \to C_p C_p(X)$ 是嵌入, 所以 X 中的元 (实际上应为 $\Delta(X)$ 中的元) 可视为 $C_p(X)$ 上的实值连续函数. 这时, 对于每一 $x \in X$ 和 $f \in C_p(X)$ 有 $x(f) = f(x)$, 即 x 是 x 处的赋值函数. 借助函数空

间的代数运算, 对于 X 中的元通过嵌入可进行线性运算.

置

$$L_p(X) = \Big\{ \sum_{i \leqslant n} r_i x_i \in C_p C_p(X) : x_i \in X, r_i \in \mathbb{R}, i, n \in \mathbb{N} \Big\}.$$

$L_p(X)$ 是线性空间 $C_p C_p(X)$ 的由 X 生成的子空间. 关于 $C_p C_p(X)$ 中的加法运算和数乘运算, $L_p(X)$ 是线性拓扑空间 $C_p C_p(X)$ 中包含 X 的最小的线性子空间.

线性拓扑空间 L 的对偶空间是 L 上所有实值线性连续函数的集赋予点态收敛拓扑的空间, 记其为 L'.

引理 4.6.12   设 X 是完全正则的 T_1 空间, 则 $L_p(X) = (C_p(X))'$.

证明   显然, 对于每一 $x \in X$, x 是 $C_p(X)$ 上的实值线性连续函数. 因此, $L_p(X)$ 的元是 $C_p(X)$ 上的实值线性连续函数, 即 $L_p(X) \subseteq (C_p(X))'$.

反之, 设 $\varphi \in (C_p(X))'$. 令 f 是 $C_p(X)$ 上的零函数. 由于 φ 是线性的, 则 $\varphi(f) = 0$. 再由 φ 的连续性, 存在 X 的有限子集 S 和 0 在 $\mathbb{R}$ 中的开邻域 V 使得 $\varphi([S,V]) \subseteq (-1,1)$ (见定理 4.3.11 后的说明). 设 $S = \{x_1, x_2, \cdots, x_n\}$, 其中当 $i \neq j$ 时有 $x_i \neq x_j$.

对于每一 $i \leqslant n$, 取 $g_i \in C_p(X)$ 使得 $g_i(x_i) = 1$ 且 $g_i(S \setminus \{x_i\}) \subseteq \{0\}$. 令 $r_i = \varphi(g_i) \in \mathbb{R}$. 下面证明: 对于每一 $g \in C_p(X)$ 有 $\varphi(g) = \sum_{i \leqslant n} r_i g(x_i)$. 事实上, 置 $h = g - \sum_{i \leqslant n} g(x_i) g_i$, 则 $h \in C_p(X)$ 且对于每一 $i \leqslant n$ 有 $h(x_i) = 0$. 若 $k \in \mathbb{N}$, 则 $kh \in [S,V]$, 于是 $|\varphi(kh)| < 1$, 因此 $k|\varphi(h)| < 1$, 即 $|\varphi(h)| < 1/k$. 故 $\varphi(h) = 0$. 由于 φ 是线性的, 所以

$$\varphi(g) = \varphi\Big(\sum_{i \leqslant n} g(x_i) g_i \Big) = \sum_{i \leqslant n} g(x_i) \varphi(g_i) = \sum_{i \leqslant n} r_i g(x_i).$$

这表明 $\varphi(g) = (\sum_{i \leqslant n} r_i x_i)(g)$. 从而 $\varphi = \sum_{i \leqslant n} r_i x_i \in L_p(X)$. 因此 $(C_p(X))' \subseteq L_p(X)$. □

设 G 和 H 是两个关于各自的乘法运算封闭的集, 称函数 $f: G \to H$ 是一个同态, 若 $f(xy) = f(x)f(y)$, $x, y \in G$. 若同态 $f: G \to H$ 是一个双射, 则称 f 是一个同构. 如果存在 G 与 H 之间的同构, 则称 G 与 H 同构. 如果 G 和 H 是两个拓扑群, 且存在函数 $f: G \to H$ 既是同构又是同胚, 则称拓扑群 G 与 H **拓扑同构**. 如果 G 与 H 是两个拓扑环, 且存在函数 $f: G \to H$ 既是同胚又关于环的加法运算和乘法运算都是同构, 则称拓扑环 G 与 H **拓扑同构**.

定理 4.6.13(Nagata 定理[217])   设 X, Y 都是完全正则的 T_1 空间. 如果拓扑环 $C_p(X)$ 与 $C_p(Y)$ 拓扑同构, 则空间 X 与 Y 同胚.

证明   函数 $\varphi: C_p(X) \to \mathbb{R}$ 称为可乘的, 如果对于任意的 $f, g \in C_p(X)$ 有

$\varphi(fg) = \varphi(f)\varphi(g)$. 对于空间 X, 记

$$\tilde{X} = \{\varphi \in C_p C_p(X) : \varphi \text{ 是 } C_p(X) \text{ 上非零的线性可乘函数}\}.$$

由引理 4.6.12, $X \subseteq \tilde{X} \subseteq L_p(X)$. 对于空间 Y, 可类似地定义 $\tilde{Y}$, 则 $Y \subseteq \tilde{Y} \subseteq L_p(Y)$. 设 h 是拓扑环 $C_p(X)$ 到拓扑环 $C_p(Y)$ 的拓扑同构. 定义 $\Theta : \tilde{X} \to \tilde{Y}$ 使得 $\Theta(\varphi) = \varphi \circ h^{-1}$, 则 Θ 是拓扑空间 $\tilde{X}$ 到拓扑空间 $\tilde{Y}$ 的同胚 (练习 4.6.5). 为完成定理的证明, 只需证明 $X = \tilde{X}$ 且 $Y = \tilde{Y}$.

下面证明 $\tilde{X} \subseteq X$. 设 $\varphi \in \tilde{X}$, 则 $\varphi \neq 0$. 由于 $\varphi \in L_p(X)$, 存在 $n \in \mathbb{N}$ 使得 $\varphi = \sum_{i \leqslant n} r_i x_i$, 其中每一 $r_i \in \mathbb{R} \setminus \{0\}$, $x_i \in X$, 且当 $i \neq j$ 时有 $x_i \neq x_j$. 如果 $n > 1$, 则存在 X 中不相交的开集 V_1 和 V_2 使得对于 $i = 1, 2$ 有 $x_i \in V_i \subseteq X \setminus \{x_j : 3 \leqslant j \leqslant n\}$, 于是存在 $f_i \in C_p(X)$ 使得 $f_i(x_i) = 1/r_i$ 且 $f_i(X \setminus V_i) = \{0\}$. 这时 $\varphi(f_i) = \sum_{j \leqslant n} r_j f_i(x_j) = 1$, 所以 $\varphi(f_1 f_2) = \varphi(f_1)\varphi(f_2) = 1$. 然而 $f_1 f_2 \equiv 0$, 因而 $\varphi(f_1 f_2) = 0$, 矛盾. 故只能是 $n = 1$, 则 $\varphi = r_1 x_1$. 设 g 是 $C_p(X)$ 上取值恒为 1 的函数, 则 $g = g^2$ 且 $\varphi(g) = \varphi(g^2) = \varphi(g)\varphi(g)$. 另一方面, $\varphi(g) = r_1 x_1(g) = r_1 g(x_1) = r_1$. 从而 $r_1^2 = r_1$, 所以 $r_1 = 1$, 于是 $\varphi = x_1 \in X$. 因此 $\tilde{X} \subseteq X$. $\square$

$C_p(X)$ 是线性拓扑空间. 如果存在同胚的线性函数 $\varphi : C_p(X) \to C_p(Y)$, 则称 $C_p(X)$ 与 $C_p(Y)$ 线性同胚. 这时也称拓扑空间 X 与 Y 是 l 等价的. 显然, 两拓扑同构的连续函数环是线性同胚的.

例 4.6.14 存在不同胚, 但 l 等价的空间[205].

设 $X = [0, 1] \cup [2, 3]$, $Y = [0, 2] \cup \{3\}$ 都赋予欧几里得子空间拓扑. 显然, X 与 Y 不同胚. 定义 $\varphi : C_p(X) \to C_p(Y)$ 使得对于每一 $f \in C_p(X)$ 和 $y \in Y$ 有

$$\varphi(f)(y) = \begin{cases} f(y), & 0 \leqslant y \leqslant 1, \\ f(y+1) - (f(2) - f(1)), & 1 < y \leqslant 2, \\ f(2) - f(1), & y = 3. \end{cases}$$

则 φ 是线性同胚 (练习 4.6.6). $\square$

练 习

4.6.1 指数函数 $E : L^{X \times Y} \to (L^X)^Y$ 是双射.

4.6.2 在积空间 $\mathbb{R}^X$ 中, F 是 $\mathbb{R}^X$ 的紧子集当且仅当 F 是 $\mathbb{R}^X$ 的闭子集且对于每一 $x \in X$, $F[x] = \{f(x) : f \in F\}$ 是 $\mathbb{R}$ 的有界集.

4.6.3 设 X 是完全正则的 T_1 空间, $\varphi : C_p(X) \to \mathbb{R}$ 是线性函数. 证明: (1) φ 连续当且仅当 $\varphi^{-1}(0)$ 是 $C_p(X)$ 中的闭集; (2) 若 φ 不连续, 则 $\overline{\varphi^{-1}(0)} = C_p(X)$; (3) 若 φ 连续且 $\varphi \neq 0$, 则 φ 是开映射.

4.6.4   设 X 是完全正则的 T_1 空间. 证明: (1) X 是 $L_p(X)$ 的闭集; (2) $L_p(X)$ 是 $C_p C_p(X)$ 的闭集; (3) X 是 $C_p C_p(X)$ 的闭集.

4.6.5   证明: 定理 4.6.13 定义的函数 $\Theta : \tilde{X} \to \tilde{Y}$ 是同胚.

4.6.6   证明: 例 4.6.14 定义的函数 φ 是线性同胚.

第5章　$C_\alpha(X, \mathbb{R})$ 的基数函数

　　定义于拓扑空间到基数集之间的对应 f 称为**基数函数**, 若对于每一拓扑空间 X, 对应一个基数 $f(X)$ 使得如果空间 X 同胚于空间 Y, 则 $f(X) = f(Y)$. 基数函数将一些重要的拓扑性质, 如第二可数性、第一可数性、可分性等, 扩展到高基数的情形. R. Hodel[115] 指出: 在集论拓扑学中基数函数的思想是最有效和最重要的统一概念之一. 本章围绕函数空间的中心问题, 将从基数函数的角度建立拓扑空间 X 与函数空间 $C(X, \mathbb{R})$ 上基数函数间的一些基本关系, 主要涉及权、弱权、网络权、稠密度、胞腔度、特征、伪特征、tightness、Lindelöf 数等基数函数及可度量性、次可度量性、弱第一可数性、完全性等拓扑性质, 包括几个有趣的对偶定理.

　　回忆一些熟知的基数函数. 集合 S 的基数记为 $|S|$. 空间 X 的权定义为

$$w(X) = \omega + \min\{|\mathscr{B}| : \mathscr{B} \text{ 是空间 } X \text{的基}\}.$$

空间 X 的稠密度定义为

$$d(X) = \omega + \min\{|D| : D \text{ 是 } X \text{ 的稠密子集}\}.$$

空间 X 的特征定义为

$$\chi(X) = \sup\{\chi(X, x) : x \in X\},$$

其中 X 在点 x 处的特征

$$\chi(X, x) = \omega + \min\{|\mathscr{B}_x| : \mathscr{B}_x \text{ 是 } X \text{ 在 } x \text{ 处的邻域基}\}.$$

空间 X 的胞腔度定义为

$$c(X) = \omega + \sup\{|\mathscr{U}| : \mathscr{U} \text{ 是 } X \text{ 的互不相交的非空开集族}\}.$$

空间 X 的胞腔度记号 $c(X)$ 与空间 X 的紧化 cX 中 X 关于嵌入函数 c 的像的记号 $c(X)$ 相同. 设 λ 是无限基数. 拓扑空间 X 称为具有 λ **胞腔度**, 如果 X 的胞腔度 $c(X)$ 不超过 λ. 这些基数函数刻画了一些众所周知的拓扑性质. 如, 空间 X 是第一可数空间当且仅当 $\chi(X) = \omega$; 空间 X 是第二可数空间当且仅当 $w(X) = \omega$; 空间 X 是可分空间当且仅当 $d(X) = \omega$; 空间 X 满足可数链条件当且仅当 $c(X) = \omega$.

　　先证明 3 个积空间的基数不等式.

引理 5.0.1 设 $\{X_s\}_{s\in S}$ 是空间族. 若 $|S| \leqslant \lambda$ 且对于每一 $s \in S$ 有 $w(X_s) \leqslant \lambda$, 则 $w(\prod_{s\in S} X_s) \leqslant \lambda$.

证明 对于每一 $s \in S$, 设 $\mathscr{B}_s$ 是空间 X_s 的基且 $|\mathscr{B}_s| \leqslant \lambda$. 显然, $\{p_s^{-1}(B_s) : B_s \in \mathscr{B}_s, s \in S\}$ 是乘积空间 $\prod_{s\in S} X_s$ 的子基, 其有限交的全体所构成的集族 $\mathscr{B}$ 是 $\prod_{s\in S} X_s$ 的基. 由于 $|\mathscr{B}| \leqslant \lambda$, 所以 $w(\prod_{s\in S} X_s) \leqslant \lambda$. □

由此, 对于非空积空间的权有公式 $w(X^Y) = \max\{|Y|, w(X)\}$ (练习 5.1.1). 类似地, 可以证明下述引理.

引理 5.0.2 设 $\{X_s\}_{s\in S}$ 是空间族. 若 $|S| \leqslant \lambda$ 且对于每一 $s \in S$ 有 $\chi(X_s) \leqslant \lambda$, 则 $\chi(\prod_{s\in S} X_s) \leqslant \lambda$. □

引理 5.0.3 (Hewitt-Marczewski-Pondiczery 定理[114, 181, 232]) 设 $\{X_s\}_{s\in S}$ 是空间族. 若 $|S| \leqslant 2^\lambda$ 且对于每一 $s \in S$ 有 $d(X_s) \leqslant \lambda$, 则 $d(\prod_{s\in S} X_s) \leqslant \lambda$.

证明 不妨设 $|S| = 2^\lambda$. 让 $D(\lambda)$ 表示一个具有离散拓扑的基数为 λ 的空间. 对于每一 $s \in S$, 设空间 X_s 非空, 让 D_s 是 X_s 的稠密子集, $|D_s| \leqslant \lambda$ 且 f_s 是从 $D(\lambda)$ 到 D_s 的任意满函数. 定义积函数 $f = \prod_{s\in S} f_s : \prod_{s\in S} D(\lambda) \to \prod_{s\in S} D_s$ 为 $f((x_s)) = (f(x_s))$. 显然, f 是从积空间 $D(\lambda)^{2^\lambda}$ 到 $\prod_{s\in S} D_s$ 的连续满射. 为完成定理的证明, 只需证明 $d(D(\lambda)^{2^\lambda}) \leqslant \lambda$.

记 T 为由二点组成的离散空间的 λ 次积空间, 则 $|T| = 2^\lambda$ 且 $w(T) \leqslant \lambda$. 让 $\mathscr{B}$ 是空间 T 的基且 $|\mathscr{B}| \leqslant \lambda$. 再让 $\mathscr{C}$ 是由 $\mathscr{B}$ 中所有互不相交的有限子集形成的族, 则 $|\mathscr{C}| \leqslant \lambda$. 称函数 $g : T \to D(\lambda)$ 有性质 C, 如果存在 $\mathscr{C}$ 的元 $\{U_i\}_{i\leqslant n}$ 使得 g 在每一 U_i 和 $T \setminus \bigcup_{i\leqslant n} U_i$ 上取常值. 令 $D = \{g \in D(\lambda)^T : g$ 具有性质 $C\}$, 则 $|D| \leqslant \lambda$. 下面证明 D 是 $D(\lambda)^{2^\lambda}$ 的稠密子集. 显然, $D(\lambda)^{2^\lambda} = \prod_{t\in T} Y_t$, 其中每一 $Y_t = D(\lambda)$. 若 V 是空间 $\prod_{t\in T} Y_t$ 的非空开集, 则存在 T 的由互不相同点组成的有限子集 $\{t_i\}_{i\leqslant k}$ 和 $D(\lambda)$ 的有限子集 $\{y_i\}_{i\leqslant k}$ 使得 $\bigcap_{i\leqslant k} p_{t_i}^{-1}(y_i) \subseteq V$. 由于 T 是 T_2 空间, 存在 $\{U_i\}_{i\leqslant k} \in \mathscr{C}$ 使得每一 $t_i \in U_i$. 定义 $g : T \to D(\lambda)$ 满足当 $t \in U_i$ 时有 $g(t) = y_i$, 当 $t \in T \setminus \bigcup_{i\leqslant k} U_i$ 时有 $g(t) = y_1$, 则 $g \in D \cap V$. 因而 D 是 $D(\lambda)^{2^\lambda}$ 的稠密子集. 故 $d(D(\lambda)^{2^\lambda}) \leqslant \lambda$. □

推论 5.0.4 设 $\{X_s\}_{s\in S}$ 是空间族. 若对于每一 $s \in S$ 有 $d(X_s) \leqslant \lambda$, 则 $c(\prod_{s\in S} X_s) \leqslant \lambda$.

证明 设 $\{U_t\}_{t\in T}$ 是积空间 $\prod_{s\in S} X_s$ 的互不相交的非空开集族. 不妨设每一 U_t 是 $\prod_{s\in S} X_s$ 的基本开集, 于是存在 S 的有限子集 S_t 和每一空间 X_s 的开集 W_s^t 使得当 $s \in S \setminus S_t$ 时 $W_s^t = X_s$ 且 $U_t = \prod_{s\in S} W_s^t$.

若 $|T| > \lambda$, 不妨设 $|T| \leqslant 2^\lambda$. 让 $S_0 = \bigcup_{t\in T} S_t$, 则 $|S_0| \leqslant 2^\lambda$. 由引理 5.0.3, $d(\prod_{s\in S_0} X_s) \leqslant \lambda$. 由于每一 $U_t = \prod_{s\in S_0} W_s^t \times \prod_{s\in S \setminus S_0} X_s$, 所以 $\{\prod_{s\in S_0} W_s^t\}_{t\in T}$ 是空间 $\prod_{s\in S_0} X_s$ 的互不相交的非空开集族, 于是 $|T| \leqslant \lambda$, 矛盾. □

对于可数链条件有下述更一般的命题: 积空间 $\prod_{s\in S} X_s$ 满足可数链条件当且

仅当对于 S 的每一有限子集 S_0, 积空间 $\prod_{s \in S_0} X_s$ 满足可数链条件[66, 115].

除非特别说明, 本章各节所讨论空间均满足完全正则且 T_1 分离性质, 值域空间总是指具有通常度量 ρ 的实数空间 $\mathbb{R}$, 并记 $C(X, \mathbb{R})$ 为 $C(X)$. α 总是指定义域空间 X 的遗传闭的紧网络, 简记为 $\{X, \alpha\}$. 不失一般性, 可以设 X 是无限集且 α 关于有限并封闭.

5.1 网络权、稠密度与胞腔度

回忆 α 网络的概念 (见定理 4.5.7 前). 空间 X 的非空子集族 β 称为 X 的 α 网络, 若对于每一 $A \in \alpha$ 和 A 在 X 中的邻域 U, 存在 β 的有限子集 β' 使得 $A \subseteq \bigcup \beta' \subseteq U$. 空间 X 的网络权定义为

$$nw(X) = \omega + \min\{|\beta| : \beta \text{ 是 } X \text{ 的网络}\}.$$

空间 X 的 α 网络权定义为

$$\alpha nw(X) = \omega + \min\{|\beta| : \beta \text{ 是 } X \text{ 的 } \alpha \text{ 网络}\}.$$

如果 α 由 X 的所有非空紧子集组成, 则 X 的 α 网络称为 X 的 k 网络 (定义 3.3.11), 而 X 的 α 网络权也称为 X 的 k 网络权, 记为 $knw(X)$. 如果空间 X 的 k 网络权等于 ω, 则 X 称为 $\aleph_0$ 空间 (见推论 3.6.7 前). 类似地, 如果 α 是由 X 的所有非空有限子集组成, 则 X 的 α 网络就是 X 的网络 (定义 2.3.6), 于是 X 的 α 网络权等于 X 的网络权. 如果空间 X 的网络权等于 ω, 则 X 称为 cosmic 空间[197].

显然, 对于每一 $\{X, \alpha\}$,

$$d(X) \leqslant nw(X) \leqslant \alpha nw(X) \leqslant knw(X) \leqslant w(X).$$

定理 5.1.1 对于每一 $\{X, \alpha\}$, $nw(C_\alpha(X)) = \alpha nw(X)$.

证明 设 β 是空间 X 的关于有限交封闭的 α 网络且 $|\beta| = \alpha nw(X)$. 再设 $\mathscr{V}$ 是实数空间 $\mathbb{R}$ 的可数基. 若 $f \in [A, V]$, 其中 $A \in \alpha$, $V \in \mathscr{V}$, 则 $A \subseteq f^{-1}(V)$, 于是存在 β 的有限子集 $\{B_i\}_{i \leqslant n}$ 使得 $A \subseteq \bigcup_{i \leqslant n} B_i \subseteq f^{-1}(V)$, 从而 $f \in \bigcap_{i \leqslant n} [B_i, V] \subseteq [A, V]$. 这表明集族 $\{[B, V] : B \in \beta, V \in \mathscr{V}\}$ 的元的有限交全体的族是空间 $C_\alpha(X)$ 的网络. 故 $nw(C_\alpha(X)) \leqslant \alpha nw(X)$.

对于相反的不等式, 让 $\mathscr{F}$ 是空间 $C_\alpha(X)$ 的网络且 $|\mathscr{F}| = nw(C_\alpha(X))$. 对于每一 $F \in \mathscr{F}$, 定义 $F^* = \{x \in X : \text{对于每一} f \in F \text{ 有 } f(x) > 0\}$. 再让 $\mathscr{F}^* = \{F^* : F \in \mathscr{F}\}$, 那么 $\mathscr{F}^*$ 是 X 的 α 网络. 事实上, 若 $A \in \alpha$ 且 U 是 A 在 X 中的开邻域, 由引理 4.5.5, 存在 $f \in C(X)$ 使得 $f(A) = \{1\}$ 且 $f(X \backslash U) \subseteq \{0\}$.

让 $W = [A, (0, +\infty)]$, 则 W 是 f 在 $C_\alpha(X)$ 中的邻域, 于是存在 $F \in \mathscr{F}$ 使得 $f \in F \subseteq W$, 从而 $A \subseteq F^*$. 若 $F^* \not\subseteq U$, 取 $x \in F^* \backslash U$. 因为 $x \notin U$, 所以 $f(x) = 0$. 又因为 $x \in F^*$ 且 $f \in F$, 所以 $f(x) > 0$, 矛盾. 因而 $F^* \subseteq U$. 故 $\alpha nw(X) \leqslant nw(C_\alpha(X))$. $\qquad\square$

由定理 5.1.1, 对于空间 X 有 $nw(C_p(X)) = nw(X)$. 这一关系也可以从定理 5.1.1 的第一部分证明了 $nw(C_p(X)) \leqslant nw(X)$ 后, 由下列更简单的方式导出: 由推论 4.5.14 前的说明, X 可以嵌入 $C_p C_p(X)$, 于是 $nw(X) \leqslant nw(C_p C_p(X)) \leqslant nw(C_p(X))$. 故 $nw(C_p(X)) = nw(X)$.

由于 $\alpha nw(X) \leqslant w(X)$, 所以有下述推论.

推论 5.1.2   对于每一 $\{X, \alpha\}$, $nw(C_\alpha(X)) \leqslant w(X)$. $\qquad\square$

推论 5.1.3[197]   设 X 是空间, 则

(1) $C_k(X)$ 是 cosmic 空间当且仅当 X 是 $\aleph_0$ 空间;

(2) $C_p(X)$ 是 cosmic 空间当且仅当 X 是 cosmic 空间. $\qquad\square$

下面讨论空间的稠密度和胞腔度. 空间 X 的弱权定义为

$$ww(X) = \omega + \min\{w(Y) : \text{存在从 } X \text{ 到空间 } Y \text{ 的连续双射}\}.$$

一些俄罗斯学者把弱权称为 i 权, 并记为 $iw(X)$[21]. 空间 X 的 α 权定义为

$$w_\alpha(X) = \sup\{w(A) : A \in \alpha\}.$$

显然, 对于空间 X, $c(X) \leqslant d(X)$, $ww(X) \leqslant w(X)$. 下述引理把定理 2.2.8 推广到高基数.

推论 5.1.4   设 X 是度量空间且 α 是空间 X 的遗传闭的紧网络, 则

$$w(X) = knw(X) = \alpha nw(X) = nw(X) = d(X) = c(X).$$

证明   显然, $c(X) \leqslant d(X) \leqslant nw(X) \leqslant \alpha nw(X) \leqslant knw(X) \leqslant w(X)$, 所以只需证明 $w(X) \leqslant c(X)$. 由 Bing-Nagata-Smirnov 度量化定理 (定理 2.3.3), 设 $\mathscr{B} = \bigcup_{n \in \mathbb{N}} \mathscr{B}_n$ 是度量空间 X 的 σ 离散基, 其中每一 $\mathscr{B}_n$ 是 X 的离散开集族. 设 $c(X) = \lambda$, 则每一 $|\mathscr{B}_n| \leqslant \lambda$. 故 $w(X) \leqslant c(X)$. $\qquad\square$

空间 X 的子集 Y 称为 X 的 **C 嵌入**的子空间, 若 Y 上的每一连续实值函数有到 X 的扩张. 显然, 正规空间的闭子空间, 完全正则空间的紧子空间都是 C 嵌入的子空间 (引理 4.5.5).

引理 5.1.5   设 A 是空间 X 的 C 嵌入的子空间. 若 $j : A \to X$ 是包含函数, 则诱导函数 $j^* : C(X) \to C(A)$ 是满射.

证明 若 $g \in C(A)$, 由于 A 是空间 X 的 C 嵌入的子空间, 存在 $f \in C(X)$ 使得 $f|_A = g$. 因为对于每一 $x \in A$ 有 $j^*(f)(x) = f(j(x)) = f(x) = g(x)$, 所以 $j^*(f) = g$. 故 j^* 是满射. □

定理 5.1.6[221] 对于每一 $\{X, \alpha\}$, $w_\alpha(X) \leqslant c(C_\alpha(X)) \leqslant d(C_\alpha(X)) = ww(X)$.

证明 显然, $c(C_\alpha(X)) \leqslant d(C_\alpha(X))$.

(6.1) $d(C_\alpha(X)) = ww(X)$.

因为 $C_p(X) \preceq C_\alpha(X) \preceq C_k(X)$, 于是 $d(C_p(X)) \leqslant d(C_\alpha(X)) \leqslant d(C_k(X))$, 所以只需证明 $d(C_k(X)) \leqslant ww(X) \leqslant d(C_p(X))$.

设 $\phi : X \to Y$ 是连续的双射, 其中 $w(Y) = ww(X)$. 由练习 4.5.4, 诱导函数 $\phi^* : C_k(Y) \to C_k(X)$ 是几乎满的, 于是

$$d(C_k(X)) \leqslant d(C_k(Y)) \leqslant nw(C_k(Y)) \leqslant w(Y) = ww(X).$$

下面证明 $ww(X) \leqslant d(C_p(X))$. 设 D 是 $C_p(X)$ 的无限稠密子集且 $|D| = d(C_p(X))$, 则 D 分离 X 中的点. 事实上, 对于 X 中不同的点 x, y, 存在 $g \in C(X, [-1, 1])$ 使得 $g(x) = -1$ 且 $g(y) = 1$. 令 $V = [x, (-\infty, 0)] \cap [y, (0, +\infty)]$, 则 V 是 $C_p(X)$ 的非空开集, 于是存在 $f \in D \cap V$, 从而 $f(x) \neq f(y)$. 故 D 分离 X 中的点. 让 $\Delta_D : X \to \mathbb{R}^D$ 是对角函数 (见定理 4.5.2 前), 即对于每一 $x \in X$ 和 $f \in D$ 有 $\Delta_D(x)(f) = f(x)$. 由练习 4.5.2, Δ_D 是连续的单射. 再由引理 5.0.1, $w(\mathbb{R}^D) = |D|$. 因而 $ww(X) \leqslant w(\Delta_D(X)) \leqslant w(\mathbb{R}^D) = |D| = d(C_p(X))$.

(6.2) $w_\alpha(X) \leqslant c(C_\alpha(X))$.

设 $A \in \alpha$. 因为 A 是紧的, 所以 A 上的连续双射是同胚, 因而 $ww(A) = w(A)$. 又因为 α 是遗传闭的, 由推论 4.4.5, $C_\alpha(A)$ 是可度量化的, 于是 $c(C_\alpha(A)) = d(C_\alpha(A))$. 让 $j : A \to X$ 是包含函数, 由定理 4.5.7(1) 和引理 5.1.5, 诱导函数 $j^* : C_\alpha(X) \to C_\alpha(A)$ 是连续的满射, 所以 $c(C_\alpha(A)) \leqslant c(C_\alpha(X))$. 因而, 由 (6.1), 有 $w(A) = ww(A) = d(C_\alpha(A)) = c(C_\alpha(A)) \leqslant c(C_\alpha(X))$. 由于 A 的任意性, 所以 $w_\alpha(X) \leqslant c(C_\alpha(X))$. □

推论 5.1.7 对于空间 X, 下述条件相互等价:

(1) $C_k(X)$ 是可分的.

(2) $C_p(X)$ 是可分的.

(3) X 有一较粗的可分度量拓扑. □

由推论 5.0.4, 积空间 $\mathbb{R}^X$ 满足可数链条件. 又由于 $C_p(X)$ 是 $\mathbb{R}^X$ 的稠密子集, 于是有下述推论.

推论 5.1.8 $C_p(X)$ 满足可数链条件. □

下一推论表明 $C_k(X)$ 未必满足可数链条件.

推论 5.1.9 如果 $C_k(X)$ 满足可数链条件, 则 X 的每一紧子集可度量化. □

下面介绍一个拓扑群的性质与胞腔度有关. 设 G 是一个拓扑群, λ 是一个无限基数. G 称为 λ-narrow, 如果对于 G 中单位元的每一邻域 U, 存在 G 的子集 S 使得 $G = SU$ 且 $|S| \leqslant \lambda$. 由于 $C_p(X)$ 是满足可数链条件的拓扑群 (定理 4.3.11), 所以 $C_p(X)$ 总是 $\aleph_0$-narrow. 下面介绍 $C_k(X)$ 是 $\aleph_0$-narrow 的等价条件.

引理 5.1.10   若拓扑群 G 是 λ-narrow, 那么 $w(G) \leqslant \lambda\chi(G)$.

证明   设 $\mathscr{B}$ 是 G 中单位元的开邻域基且满足 $|\mathscr{B}| \leqslant \chi(G)$. 由于 G 是 λ-narrow, 所以对任意的 $V \in \mathscr{B}$, 存在 $A_V \subseteq G$ 满足 $A_V V = G$ 且 $|A_V| \leqslant \lambda$. 记 $\gamma = \{xV : x \in A_V, V \in \mathscr{B}\}$. 显然, $|\gamma| \leqslant \lambda\chi(G)$. 下面验证 γ 是 G 的基. 任给开集 $U \subseteq G$ 和 $x \in U$, 那么存在 $V \in \mathscr{B}$ 使得 $xV \subseteq U$. 取 $V_1 \in \mathscr{B}$ 满足 $V_1^{-1}V_1 \subseteq V$. 由于 $A_{V_1}V_1 = G$, 存在 $a \in A_{V_1}$ 满足 $x \in aV_1$, 即 $a \in xV_1^{-1}$, 所以 $x \in aV_1 \subseteq xV_1^{-1}V_1 \subseteq xV \subseteq U$. 故 $w(G) \leqslant \lambda\chi(G)$.   □

引理 5.1.11[16] T_1 的拓扑群 G 是 λ-narrow 当且仅当 G 拓扑同构于具有 λ 胞腔度的一个拓扑群的子群.

证明   充分性. 设 G 拓扑同构于具有 λ 胞腔度的拓扑群 H 的子群. 由于拓扑群的 λ-narrow 性质具有关于子群的遗传性, 因此只需证明具有 λ 胞腔度的拓扑群 H 是 λ-narrow. 设 U 是 H 中单位元的任意开邻域, 存在单位元的对称开邻域 V 使得 $V^2 \subseteq U$. 由 Zorn 引理, 设 A 是 H 的满足下述条件的极大子集: 对于 A 中不同的点 x, y 有 $xV \cap yV = \varnothing$. 显然, $\{aV : a \in A\}$ 是 H 中互不相交的开集族, 于是 $|A| \leqslant \lambda$. 若 $x \in H$, 由 A 的极大性, 存在 $a \in A$ 使得 $xV \cap aV \neq \varnothing$, 从而 $x \in aVV^{-1} = aV^2 \subseteq aU$. 因此 $AU = H$. 故 H 是 λ-narrow.

必要性. 假设 T_1 的拓扑群 G 是 λ-narrow, 由推论 5.0.4, 只需证明 G 拓扑同构于一族权不超过 λ 的拓扑群乘积群的子群. 设群 G 的单位元为 e.

(11.1) 存在 e 的开邻域基 $\mathscr{B}$ 满足: 若 $V \in \mathscr{B}$, 则存在 e 处的开邻域列 $\{V_i\}_{i \in \mathbb{N}}$ 使得任给 $x \in V$ 存在 $i \in \mathbb{N}$ 有 $V_i x \subseteq V$.

若 U 是 e 的开邻域, 由于 G 是拓扑群, 则存在 e 的开邻域列 $\{U_i\}_{i \in \mathbb{N}}$ 满足: $U_1^2 \subseteq U$ 且 $U_{i+1}^2 \subseteq U_i$, $i \in \mathbb{N}$. 令 $V_U = \bigcup_{i \in \mathbb{N}} V_i$, 其中每一 $V_i = U_1 U_2 \ldots U_i$. 容易验证 $\mathscr{B} = \{V_U : U$ 是 e 的开邻域$\}$ 是满足 (11.1) 的集族.

(11.2) 对 e 的任意开邻域 U, 存在 e 的开邻域族 $\{V_\alpha\}_{\alpha < \lambda}$ 满足: 任给 $x \in G$, 存在 V_α 使得 $xV_\alpha x^{-1} \subseteq U$.

因为 G 是拓扑群, 所以存在 e 的对称邻域 V 使得 $V^3 \subseteq U$. 由于 G 是 λ-narrow, 所以存在 G 的子集 A 满足: $|A| \leqslant \lambda$ 且 $AV = G$. 若 $a \in A$, 由于从 G 到 G 的函数 $x \mapsto a^{-1}xa$ 是连续的, 则存在 e 的开邻域 V_a 使得 $a^{-1}V_a a \subseteq V$. 下面验证 $\{V_a\}_{a \in A}$ 就是所要找的. 事实上, 若 $x \in G$, 由于 $AV = G$, 于是存在 $a \in A$ 使得 $x^{-1} \in aV$, 所以 $xV_a x^{-1} \subseteq V^{-1}a^{-1}V_a aV \subseteq V^3 \subseteq U$.

(11.3) 对 e 的任意开邻域 U, 存在权不超过 λ 的拓扑群 H_U 和连续满同态

$\pi_U : G \to H_U$ 使得 $\pi_U^{-1}(V) \subseteq U$, 其中 V 是 H_U 中单位元的某邻域.

设 $\mathscr{B}$ 是满足 (11.1) 的集族. 取 $U_1 \in \mathscr{B}$ 满足 $U_1^2 \subseteq U$. 记 $\gamma_1 = \{U_1\}$. 下面用归纳法构造递增的集列 $\{\gamma_i\}_{i \in \mathbb{N}}$, 使得下述条件成立:

(i) 任给 $W_1, W_2 \in \gamma_i$, 存在 $W \in \gamma_{i+1}$ 满足 $W \subseteq W_1 \cap W_2$;

(ii) 任给 $W \in \gamma_i$, 存在 $W_1, W_2 \in \gamma_{i+1}$ 满足 $W_1^2 \subseteq W$ 且 $W_2^{-1} \subseteq W$;

(iii) 任给 $W \in \gamma_i$ 和 $x \in W$, 存在 $W_1 \in \gamma_{i+1}$ 满足 $W_1 x \subseteq W$;

(iv) 任给 $W \in \gamma_i$, 存在 $\delta \subseteq \gamma_{i+1}$ 满足 $|\delta| \leqslant \lambda$ 且任给 $x \in G$, 存在 $V \in \delta$ 使得 $xVx^{-1} \subseteq W$;

(v) 任给 $i \in \mathbb{N}$, $\gamma_i \subseteq \mathscr{B}$ 且 $|\gamma_i| \leqslant \lambda$.

假设已经构造递增的集列 $\{\gamma_i\}_{i \leqslant n}$ 满足 (i)-(v). 首先, 由于 $\mathscr{B}$ 是 e 处的邻域基, 容易找到 $\mathscr{B}_1 \subseteq \mathscr{B}$ 满足 $|\mathscr{B}_1| \leqslant \lambda$ 且任给 $W_1, W_2 \in \gamma_n$ 有 $W \in \mathscr{B}_1$ 使得 $W \subseteq W_1 \cap W_2$. 因为 G 是拓扑群, 所以对任意 $W \in \gamma_n$ 存在 $U_W, V_W \in \mathscr{B}$ 满足 $U_W^2 \subseteq W$ 且 $V_W^{-1} \subseteq W$. 记 $\mathscr{B}_2 = \{U_W, V_W : W \in \gamma_n\}$. 因为 $\mathscr{B}$ 满足 (11.1), 所以对于每一 $W \in \gamma_n$ 可以找到可数集族 $\eta_W \subseteq \mathscr{B}$ 满足: 任给 $x \in W$ 有 $W_x \in \eta_W$ 使得 $W_x x \subseteq W$. 记 $\mathscr{B}_3 = \bigcup_{W \in \gamma_n} \eta_W$. 又由 (11.2), 任给 $W \in \gamma_n$ 存在 $\delta_W \subseteq \mathscr{B}$ 满足 $|\delta_W| \leqslant \lambda$ 且任给 $x \in G$ 有 $V \in \delta_W$ 使得 $xVx^{-1} \subseteq W$. 记 $\mathscr{B}_4 = \bigcup_{W \in \gamma_n} \delta_W$. 令 $\gamma_{n+1} = \gamma_n \cup \bigcup_{i < 5} \mathscr{B}_i$. 这样就构造了 $\{\gamma_i\}_{i \leqslant n+1}$ 满足 (i)-(v).

记 $\gamma = \bigcup_{i \in \mathbb{N}} \gamma_i$, 并令 $H = \bigcap \gamma$. 这时, H 是 G 的一个正规子群. 事实上, 由上述条件 (ii), 任给 $V \in \gamma$ 存在 $V_1, V_2 \in \gamma$ 满足 $V_1^2 \subseteq V$ 且 $V_2^{-1} \subseteq V$, 所以有 $HH \subseteq H$ 且 $H^{-1} \subseteq H$, 因此 H 是一个子群. 由上述条件 (iv), H 是一个正规子群. 记 H_U 为 G 关于 H 的代数商群 G/H, $\pi_U : G \to H_U$ 为自然同态. 令 $\beta = \{\pi_U(V) : V \in \gamma\}$. 容易验证 β 满足下述条件:

(GB1) 若 $B_1, B_2 \in \beta$, 则存在 $B \in \beta$ 使得 $B \subseteq B_1 \cap B_2$;

(GB2) 若 $B \in \beta$, 则存在 $B_1 \in \beta$ 使得 $B_1^2 \subseteq B$;

(GB3) 若 $B \in \beta$, 则存在 $B_1 \in \beta$ 使得 $B_1^{-1} \subseteq B$;

(GB4) 若 $B \in \beta$ 且 $x \in B$, 则存在 $B_1 \in \beta$ 使得 $B_1 x \subseteq B$;

(GB5) 若 $x \in H_U$ 且 $B \in \beta$, 则存在 $B_1 \in \beta$ 使得 $xB_1 x^{-1} \subseteq B$.

由引理 4.2.2, 由 β 能在 H_U 上生成一个群拓扑且 β 是 H_U 中单位元的邻域基. 因为 $|\gamma| \leqslant \lambda$, 所以 $\chi(H_U) \leqslant \lambda$. 由于 π_U 是同态, 于是 π_U 是连续的. 又因为 G 是 λ-narrow, 所以 H_U 作为 G 的连续同态像也是 λ-narrow. 由引理 5.1.10, $w(H_U) \leqslant \lambda$. 再因为 $\pi_U^{-1}(\pi_U(U_1)) = U_1 H \subseteq U_1^2 \subseteq U$, 故 (11.3) 得证.

设 ξ 是 G 中 e 处的开邻域基. 由于 G 是 T_1 空间, 所以 $\bigcap \xi = \{e\}$. 对 $U \in \xi$, 设 H_U 和 π_U 满足 (11.3). 容易验证 (练习 5.1.6): 对角函数 $\Delta_{\{\pi_U : U \in \xi\}} : G \to \prod_{U \in \xi} H_U$ 是一个拓扑同构嵌入映射. $\quad\square$

引理 5.1.12　设 α 和 β 分别是空间 X 和 Y 的遗传闭的紧网络. 若 $p \in C(X, Y)$, 则诱导函数 $p^* : C_\beta(Y) \to C_\alpha(X)$ 是同态.

证明　由定理 4.3.11, $C_\alpha(X)$ 和 $C_\beta(Y)$ 都是拓扑群. 对于每一 $f, g \in C_\beta(Y)$ 和 $x \in X$, $p^*(f+g)(x) = (f+g)(p(x)) = f(p(x)) + g(p(x)) = p^*(f)(x) + p^*(g)(x) = (p^*(f) + p^*(g))(x)$, 所以 $p^*(f+g) = p^*(f) + p^*(g)$. 故 p^* 是同态.　□

定理 5.1.13　空间 $C_\alpha(X)$ 是 λ-narrow 当且仅当 $w_\alpha(X) \leqslant \lambda$.

证明　设空间 $C_\alpha(X)$ 是 λ-narrow. 如果 $A \in \alpha$ 且 $j : A \to X$ 是包含函数, 由引理 5.1.5 和引理 5.1.12, 诱导函数 $j^* : C_\alpha(X) \to C_\alpha(A)$ 是同态满射, 于是 $C_\alpha(A)$ 同构于拓扑群 $C_\alpha(X)$ 的子群. 由引理 5.1.11, $C_\alpha(A)$ 是 λ-narrow 群. 因为 A 是 X 的紧子集, 所以 $C_\alpha(A)$ 是可度量化的 (推论 4.4.5). 再由定理 5.1.6 和引理 5.1.10, $w(A) = w_\alpha(A) \leqslant d(C_\alpha(A)) \leqslant \lambda$. 故 $w_\alpha(X) \leqslant \lambda$.

反之, 设 $w_\alpha(X) \leqslant \lambda$ 且让 $Y = \bigoplus \alpha$. 如果 $p : Y \to X$ 是自然映射 (见引理 1.6.7 前), 由定理 4.5.6(1) 和引理 5.1.12, 诱导函数 $p^* : C_\alpha(X) \to C_\alpha(Y)$ 是单同态, 所以 $C_\alpha(X)$ 同态于 $C_\alpha(Y)$ 的子群. 由引理 5.1.11, 只需证明 $c(C_\alpha(Y)) \leqslant \lambda$. 由定理 4.5.16, $C_\alpha(Y)$ 同胚于 $\prod_{A \in \alpha} C_\alpha(A)$. 对于每一 $A \in \alpha$, 由定理 5.1.6, $d(C_\alpha(A)) = ww(A) = w(A) \leqslant \lambda$. 再由推论 5.0.4, $c(\prod_{A \in \alpha} C_\alpha(A)) \leqslant \lambda$, 所以 $c(C_\alpha(Y)) \leqslant \lambda$.　□

由定理 3.4.1, 有下述推论.

推论 5.1.14　对于空间 X, 下述条件相互等价:

(1) $C_k(X)$ 是 $\aleph_0$-narrow.

(2) X 的每一紧子空间是可度量化的.

(3) X 是可度量化空间的紧覆盖映像.　□

J.C. Ferrando[76] 讨论了 $C_k(X)$ 的紧子集可度量化的条件, 证明对于 k 空间 X, $C_k(X)$ 的每一紧子空间是可度量化的当且仅当 X 满足 DCCC 条件, 即 X 的每一离散开集族至多是可数的[285].

练　习

5.1.1　证明: 对于非空积空间 X^Y, $w(X^Y) = \max\{|Y|, w(X)\}$.

5.1.2　设 D 是空间 X 的稠密子集, 则 $c(D) = c(X)$.

5.1.3　若 X 是 T_2 的紧空间, 则 $w(X) = nw(X) = ww(X)$ (定理 2.3.7 的推广).

5.1.4　证明: X 是 $\aleph_0$ 空间当且仅当 $C_k(X)$ 是 $\aleph_0$ 空间[197].

5.1.5　证明: $C_p(X)$ 的仿紧性, Lindelöf 性, 局部 Lindelöf 性是相互等价的.

5.1.6　证明: 在引理 5.1.11 必要性证明中定义的对角函数 $\Delta_{\{\pi_U : U \in \xi\}} : G \to \prod_{U \in \xi} H_U$ 是一个拓扑同构嵌入映射.

5.2 伪特征、特征

空间 X 的伪特征定义为[①]

$$\psi(X) = \sup\{\psi(X,x) : x \in X\},$$

其中 X 在点 x 处的伪特征

$$\psi(X,x) = \omega + \min\Big\{|\mathscr{G}| : \mathscr{G} \text{ 是 } X \text{ 的开集族且 } \bigcap\mathscr{G} = \{x\}\Big\}.$$

空间 X 的对角线数定义为

$$\Delta(X) = \omega + \min\Big\{|\mathscr{G}| : \mathscr{G} \text{ 是 } X^2 \text{ 的开集族且 } \bigcap\mathscr{G} \text{ 等于 } X^2 \text{ 的对角线 } \Delta\Big\}.$$

空间 X 的弱 α 覆盖数定义为

$$w\alpha c(X) = \omega + \min\Big\{|\beta| : \beta \subseteq \alpha \text{ 且 } \bigcup\beta \text{ 稠于 } X\Big\}.$$

若 $wkc(X) = \omega$, 则称空间 X 是几乎 σ 紧空间.

显然, $w\alpha c(X) \leqslant d(X)$. 空间 X 具有点 G_δ 性质当且仅当 $\psi(X) = \omega$; 空间 X 具有 G_δ 对角线当且仅当 $\Delta(X) = \omega$.

引理 5.2.1 若 G 是拓扑群, 则 $\Delta(G) = \psi(G)$.

证明 易验证: 对于无限基数 λ, $\Delta(G) = \lambda$ 当且仅当存在 G 的开覆盖族 $\{\mathscr{U}_s\}_{s \in S}$ 使得 $|S| = \lambda$ 且对每一 $x \in G$ 有 $\bigcap_{s \in S} \text{st}(x, \mathscr{U}_s) = \{x\}$ (练习 5.2.1). 由此, $\psi(G) \leqslant \Delta(G)$. 下面证明 $\Delta(G) \leqslant \psi(G)$. 设 $\{B_s\}_{s \in S}$ 是 G 的开集族且 $\bigcap_{s \in S} B_s = \{e\}$, 其中 e 是群 G 的单位元. 由于 $f(x,y) = xy$ 是从 $G \times G$ 到 G 的连续映射, 且 $f(e,e) = e$, 对于每一 $s \in S$, 存在 G 中 e 处的对称的开邻域 C_s 使得 $C_s^2 \subseteq B_s$. 令 $\mathscr{U}_s = \{xC_s : x \in G\}$, 则 $\mathscr{U}_s$ 是 G 的开覆盖. 对于每一 $a \in G$, 若 $b \in G \setminus \{a\}$, 则 $a^{-1}b \neq e$, 于是存在 $s \in S$ 使得 $a^{-1}b \notin B_s$. 如果 $b \in \text{st}(a, \mathscr{U}_s)$, 则存在 $x \in G$ 使得 $a, b \in xC_s$, 那么 $a^{-1}b \in a^{-1}xC_s \subseteq C_s^{-1}C_s = C_s^2 \subseteq B_s$, 矛盾. 这表明 $b \notin \text{st}(a, \mathscr{U}_s)$, 从而 $\bigcap_{s \in S} \text{st}(a, \mathscr{U}_s) = \{a\}$. 故 $\Delta(G) \leqslant \psi(G)$. □

与引理 5.0.1 类似的方法, 可以证明下述引理 (练习 5.2.2).

引理 5.2.2 设 $\{X_s\}_{s \in S}$ 是空间族且 $|S| \leqslant \lambda$. 若对于每一 $s \in S$ 有 $\psi(X_s) \leqslant \lambda$, 则 $\psi(\prod_{s \in S} X_s) \leqslant \lambda$. □

定理 5.2.3 对于每一 $\{X, \alpha\}$, $\psi(C_\alpha(X)) = \Delta(C_\alpha(X)) = w\alpha c(X)$.

[①] 对于正整数集 $\mathbb{N}$, $\psi(\mathbb{N})$ 也表示 Mrówka 空间 (例 3.4.16), 但是从上下文中易区别它与伪特征的不同含义.

证明   由引理 5.2.1, 仅要证明 $\psi(C_\alpha(X)) = w\alpha c(X)$. 设 $f_0 : X \to \mathbb{R}$ 是 X 上的零函数. 记 $\{f_0\} = \bigcap\{[A_s, V_s] : s \in S\}$, 其中每一 $A_s \in \alpha$, V_s 是 $\mathbb{R}$ 中 0 处的开邻域且 $|S| \leqslant \psi(C_\alpha(X))$. 设 $\beta = \{A_s : s \in S\}$. 若存在 $x \in X \setminus \overline{\bigcup \beta}$, 则存在 $f \in C(X)$ 使得 $f(x) = 1$ 且 $f(\overline{\bigcup \beta}) = \{0\}$. 那么对于每一 $s \in S$ 有 $f \in [A_s, V_s]$, 于是 $f = f_0$, 这与 $f(x) = 1$ 相矛盾. 因而 $\overline{\bigcup \beta} = X$. 故 $w\alpha c(X) \leqslant \psi(C_\alpha(X))$.

另一方面, 设 $\beta \subseteq \alpha$, $\bigcup \beta$ 稠于 X 且 $|\beta| = w\alpha c(X)$. 让 $Y = \bigoplus \beta$ 且 $p : Y \to X$ 是自然函数, 则 p 是几乎满的. 由 α 诱导的空间 Y 上的拓扑和网络仍记为 α. 由定理 4.5.6(1) 和定理 4.5.7(1), 诱导函数 $p^* : C_\alpha(X) \to C_\alpha(Y)$ 是连续的单射, 从而 $\psi(C_\alpha(X)) \leqslant \psi(C_\alpha(Y))$. 再由定理 4.5.16, $C_\alpha(Y)$ 同胚于 $\prod_{A \in \beta} C_\alpha(A)$. 由推论 4.4.5, 每一 $C_\alpha(A)$ 是可度量化的. 又由引理 5.2.2, $\psi(\prod_{A \in \beta} C_\alpha(A)) \leqslant |\beta|$. 故 $\psi(C_\alpha(X)) \leqslant w\alpha c(X)$. □

空间 X 称为次可度量化的, 若 X 上存在较粗的可度量拓扑, 即存在连续双射 $f : X \to M$ 使得 M 是可度量化空间. 若空间 X 是几乎 σ 紧空间, 即 $wkc(X) = \omega$, 则存在 X 的紧子集列 $\{C_n\}$ 使得 $X = \overline{\bigcup_{n \in \mathbb{N}} C_n}$. 令 $Y = \bigoplus_{n \in \mathbb{N}} C_n$, 那么 $C_k(Y)$ 同胚于可度量化空间 $\prod_{n \in \mathbb{N}} C_k(C_n)$. 由定理 5.2.3 的证明, $p^* : C_k(X) \to C_k(Y)$ 是连续的单射, 所以 $C_k(X)$ 是次可度量化空间. 由此, 有下述两个推论.

推论 5.2.4[190]   对于空间 X, 下述条件相互等价:

(1) $C_k(X)$ 具有点 G_δ 性质.

(2) $C_k(X)$ 的每一紧子集是 G_δ 集.

(3) $C_k(X)$ 具有 G_δ 对角线.

(4) $C_k(X)$ 是次可度量化空间.

(5) X 是几乎 σ 紧空间. □

推论 5.2.5   对于空间 X, 下述条件相互等价:

(1) $C_p(X)$ 具有点 G_δ 性质.

(2) $C_p(X)$ 的每一紧子集是 G_δ 集.

(3) $C_p(X)$ 具有 G_δ 对角线.

(4) $C_p(X)$ 是次可度量化空间.

(5) $C_p(X)$ 具有较粗的可分度量拓扑.

(6) X 是可分空间. □

推论 5.2.5 的 (5), (6) 和推论 5.1.7 的 (2), (3) 之间的关系是点态收敛拓扑中的一种对偶性质. 有时也称阐述函数空间与底空间之间对偶性质的定理为对偶定理. 下面建立推论 5.2.4 的 (4), (5) 的一个类似的对偶定理 (推论 5.2.7), 即利用 Stone-Weierstrass 定理 (定理 4.6.4) 和 Ascoli 定理 (定理 4.6.11) 刻画 $C_k(X)$ 的几乎 σ 紧性.

定理 5.2.6[185]   若 X 是次可度量化空间, 则 $C_k(X)$ 是几乎 σ 紧空间.

证明 由于 X 是次可度量化空间, 存在度量空间 M 和连续双射 $\varphi : X \to M$. 由练习 4.5.4 和推论 4.5.8(2), 诱导函数 $\varphi^* : C_k(M) \to C_k(X)$ 是几乎满的连续函数. 如果 $C_k(M)$ 是几乎 σ 紧空间, 则 $C_k(M)$ 也是几乎 σ 紧空间. 因此, 只需对度量空间 (X, d) 证明命题成立.

因为度量空间是仿紧空间, 由单位分解定理 (定理 1.4.15), 对于每一 $n \in \mathbb{N}$, X 的开覆盖 $\{B(x, 1/2n) : x \in X\}$ 具有从属于它的局部有限的单位分解 $F_n \subseteq C(X, \mathbb{I})$. 即 F_n 满足:

(6.1) 对于每一 $f \in F_n$, 直径 $d(f^{-1}((0,1])) < 1/n$ (从属性质);

(6.2) $\{f^{-1}((0,1]) : f \in F_n\}$ 是 X 的局部有限覆盖 (局部有限性质);

(6.3) 对于每一 $x \in X$, $\sum_{f \in F_n} f(x) = 1$ (单位分解性质).

设 h 是从 X 映到 $\{1\}$ 的常值函数. 对于每一 $n \in \mathbb{N}$, 定义

$$F_n' = \{rf : r \in [-1,1], f \in F_n \cup \{h\}\}.$$

则

(6.4) F_n' 是均匀连续的.

设 $x \in X$, $t \in \mathbb{R}$ 且 $\varepsilon > 0$. 让 $V = (t-\varepsilon, t+\varepsilon) \subset \mathbb{R}$. 要证明存在 x 的邻域 U 和 t 的邻域 W 使得当 $g \in F_n'$ 且 $g(x) \in W$ 时有 $g(U) \subseteq V$. 由局部有限性质 (6.2), 存在 x 的邻域 U_0 和 F_n 的有限子集 F 使得对于每一 $f \in F_n \setminus F$, $U_0 \cap f^{-1}((0,1]) = \varnothing$. 对于每一 $f \in F$, 存在 x 的邻域 U_f 使得 $f(U_f) \subseteq (f(x) - \varepsilon/2, f(x) + \varepsilon/2)$. 令 $U = U_0 \cap \bigcap_{f \in F} U_f$, $W = (t - \varepsilon/2, t + \varepsilon/2)$. 显然, U, W 分别是 x 和 t 的邻域. 对于每一 $f \in F$ 和 $r \in [-1, 1]$, 如果 $rf(x) \in W$, 则对于每一 $u \in U$ 有 $|rf(u) - t| \leqslant |r||f(u) - f(x)| + |rf(x) - t| < \varepsilon$, 于是 $rf(U) \subseteq V$. 对于每一 $f \in (F_n \cup \{h\}) \setminus F$ 和 $r \in [-1, 1]$, 由于 rf 在 U 上取常值, 于是当 $rf(x) \in W$ 时有 $rf(U) \subseteq V$. 故 F_n' 是均匀连续的.

对于每一 $n \in \mathbb{N}$, 置

$$G_n = \left\{ f_1 f_2 \cdots f_k : f_j \in \bigcup_{i \leqslant n} F_i' \text{ 且 } j \leqslant k \leqslant n \right\},$$

$$H_n = \{ f_1 + f_2 + \cdots + f_k : f_j \in G_n \text{ 且 } j \leqslant k \leqslant n \}.$$

因为 $\bigcup_{i \leqslant n} F_i'$ 是均匀连续的, 于是 G_n 是均匀连续的, 从而 H_n 是均匀连续的 (练习 5.2.3). 又因为 H_n 是点态有界的, 由引理 4.6.6 和 Ascoli 定理 (定理 4.6.11), H_n 在 $C_k(X)$ 中有紧的闭包. 定义 $H = \bigcup_{n \in \mathbb{N}} H_n$.

(6.5) H 是 $C(X)$ 的酉代数.

设 $f, g \in H$, 于是存在 $m, n \in \mathbb{N}$ 使得 $f \in H_m$, $g \in H_n$. 让

$$f = f_1 + f_2 + \cdots + f_k, \quad g = g_1 + g_2 + \cdots + g_j,$$

其中每一 $f_i \in G_m$, $g_i \in G_n$. 因为每一 f_i 和 g_i 是 $\bigcup_{i \leqslant m+n} F_i'$ 中不超过 $m+n$ 个元的积, 于是 $f + g \in H_{m+n} \subseteq H$. 类似的论证表明 $fg \in H_{mn} \subseteq H$. 其次, 让 $r \in \mathbb{R}$ 且 $f \in H_m$, 则存在 $n \in \mathbb{N}$ 使得 $|r| < n$, 那么 $nf \in H_{m+n}$, 于是 $rf = (r/n)nf \in H_{m+n} \subseteq H$. 显然, $h \in H$. 故 H 是 $C(X)$ 的酉代数.

(6.6) H 分离 X 中的点.

设 $x, y \in X$ 且 $x \neq y$, 则存在 $n \in \mathbb{N}$ 使得 $d(x,y) > 1/n$. 由单位分解性质 (6.3), 存在 $f \in F_n$ 使得 $f(x) \neq 0$. 再由从属性质 (6.1), $f(y) = 0$. 故 H 分离 X 中的点.

由 Stone-Weierstrass 定理 (定理 4.6.4), H 是 $C_k(X)$ 的稠密子集. 故 $C_k(X)$ 是几乎 σ 紧空间. □

推论 5.2.7　若 X 是 k 空间, 则 $C_k(X)$ 是几乎 σ 紧空间当且仅当 X 是次可度量化空间.

证明　充分性来自定理 5.2.6. 如果 $C_k(X)$ 是几乎 σ 紧空间, 由推论 5.2.4, $C_k C_k(X)$ 是次可度量化空间. 因为 X 是 k 空间, 由推论 4.5.15, 对角函数 $\Delta : X \to C_k C_k(X)$ 是嵌入. 故 X 是次可度量化空间. □

推论 5.2.4 表明空间 $C_k(X)$ 是次可度量化空间当且仅当 X 是几乎 σ 紧空间, 所以在 k 空间条件下, 推论 5.2.7 是推论 5.2.4 的对偶形式.

推论 5.2.8　空间 $C_\alpha(X)$ 是可分的次可度量化空间当且仅当 X 是可分的次可度量化空间.

证明　由于具有 G_δ 对角线的 (T_2) 紧空间是可度量化空间 (练习 5.2.4), 所以在具有 G_δ 对角线的空间中几乎 σ 紧性与可分性是等价的. 而次可度量化空间具有 G_δ 对角线, 所以必要性来自推论 5.1.7 和推论 5.2.4, 充分性来自推论 5.2.5 和定理 5.2.6. □

推论 5.2.5 可用于建立 cosmic 空间的映射性质.

定理 5.2.9　如果 X 是 cosmic 空间, 则存在可分度量空间 M_1, M_2 和连续的双射 $\varphi_1 : M_1 \to X$ 和 $\varphi_2 : X \to M_2$.

证明　让 M_1 是集合 X 具有以 X 的可数闭网络作为子基生成的拓扑空间, 则 M_1 是可分度量空间且恒等函数 $\varphi_1 : M_1 \to X$ 是连续双射. 由推论 5.1.3, $C_p(X)$ 是 cosmic 空间, 于是 $C_p(X)$ 是可分空间. 再由推论 5.2.5, $C_p C_p(X)$ 是次可度量化的. 又由定理 4.5.2, 对角函数 $\Delta : X \to C_p C_p(X)$ 是嵌入, 所以存在可分度量空间 M_2 和连续双射 $\varphi_2 : X \to M_2$. □

由此, 若 X 是 cosmic 空间, 则 X 既具有较精的可分度量拓扑又具有较粗的可分度量拓扑.

本节后一部分刻画函数空间的特征. 空间 X 的子集族 β 称为 X 的 α **覆盖**, 若 α 的每一元含于 β 的某个元中, 即 α 部分加细 β. 空间 X 的 α-Arens 数定义为

$$\alpha a(X) = \omega + \min\{|\beta| : \alpha \text{ 的子集 } \beta \text{ 是 } X \text{ 的 } \alpha \text{ 覆盖}\}.$$

当 α 是 X 的所有非空紧子集时, α 覆盖称为 k **覆盖**[191]. 空间 X 称为半紧空间, 如果 $ka(X) = \omega$, 即存在 X 的紧子集列 $\{C_n\}$ 使得对于 X 的每一紧子集 K 有 $n \in \mathbb{N}$ 满足 $K \subseteq C_n$. 当 α 是 X 的所有非空的有限子集时, X 的 α 覆盖称为 X 的 ω **覆盖**[94], 这时 $\alpha a(X) = |X|$.

空间 X 的非空开集族 $\mathscr{V}$ 称为点 $x \in X$ 的局部 π **基**, 如果对于 x 的每一邻域 U 存在 $V \in \mathscr{V}$ 使得 $V \subseteq U$. X 在点 x 处的 π **特征**定义为

$$\pi\chi(X, x) = \omega + \min\{|\mathscr{V}| : \mathscr{V} \text{ 是 } x \text{ 的局部 } \pi \text{ 基}\}.$$

空间 X 的 π **特征**定义为

$$\pi\chi(X) = \sup\{\pi\chi(X, x) : x \in X\}.$$

引理 5.2.10 设 G 是拓扑群, 则 $\pi\chi(G) = \chi(G)$.

证明 显然, $\pi\chi(G) \leqslant \chi(G)$. 设 $\mathscr{B}$ 是拓扑群 G 在单位元 e 处的局部 π 基. 让 U 是 e 在 G 中的任一开邻域. 由于 $f(x, y) = xy^{-1}$ 是从 $G \times G$ 到 G 的连续函数, 且 $f(e, e) = e$, 存在 e 在 G 中的开邻域 V 和 $B \in \mathscr{B}$ 使得 $VV^{-1} \subseteq U$ 且 $B \subseteq V$, 于是 $e \in BB^{-1} \subseteq VV^{-1} \subseteq U$. 这表明 $\{BB^{-1} : B \in \mathscr{B}\}$ 是 e 处的局部基. 故 $\chi(G) \leqslant \pi\chi(G)$. $\square$

定理 5.2.11 对于每一 $\{X, \alpha\}$, $\chi(C_\alpha(X)) = \pi\chi(C_\alpha(X)) = \alpha a(X)$.

证明 由引理 5.2.10, 只需证明 $\chi(C_\alpha(X)) = \alpha a(X)$. 设 $\{[A_s, V_s] : s \in S\}$ 是 X 上的零函数 f_0 在 $C_\alpha(X)$ 中的局部基, 其中每一 $A_s \in \alpha$, V_s 是 $\mathbb{R}$ 中 0 处的开邻域且 $|S| \leqslant \chi(C_\alpha(X))$. 若 $|S| < \alpha a(X)$, 则 $\{A_s\}_{s \in S}$ 不是 X 的 α 覆盖, 于是存在 $A \in \alpha$ 使得对于每一 $s \in S$ 有 $A \not\subseteq A_s$. 因为 $[A, (-1, 1)]$ 是 f_0 的邻域, 所以存在 $s \in S$ 使得 $[A_s, V_s] \subseteq [A, (-1, 1)]$. 设 $a \in A \setminus A_s$. 选取 $f \in C(X)$ 使得 $f(a) = 1$ 且 $f(A_s) = \{0\}$, 则 $f \in [A_s, V_s] \setminus [A, (-1, 1)]$, 矛盾. 故 $\alpha a(X) \leqslant |S| \leqslant \chi(C_\alpha(X))$.

另一方面, 设 $\{A_s\}_{s \in S} \subseteq \alpha$ 是 X 的 α 覆盖且 $|S| = \alpha a(X)$. 让 $Y = \bigoplus_{s \in S} A_s$, $p : Y \to X$ 是自然映射. 让 β 是空间 Y 上关于网络族 $\{\alpha|_{A_s} : s \in S\}$ 的拓扑和网络. 由练习 4.5.5 (或定理 4.5.6 和定理 4.5.7 的证明), 诱导函数 $p^* : C_\alpha(X) \to C_\beta(Y)$ 是嵌入. 由定理 4.5.16, $C_\beta(Y)$ 同胚于 $\prod_{s \in S} C_\alpha(A_s)$. 再由推论 4.4.5, 每一 $C_\alpha(A_s)$ 是可度量化的. 又由引理 5.0.2, $\chi(C_\alpha(X)) \leqslant \chi(C_\beta(Y)) = \chi(\prod_{s \in S} C_\alpha(A_s)) \leqslant |S| = \alpha a(X)$. $\square$

下述结果包含定理 5.2.11 的一个可数情形. 空间 X 的点 x 称为 q 点, 若存在 x 在 X 中的邻域列 $\{U_n\}$ 使得当 $x_n \in U_n$ 时序列 $\{x_n\}$ 在 X 中有聚点. 这 $\{U_n\}$ 称为点 x 的 q **序列**. 若空间 X 的每一点都是 q 点, 则称 X 是 q **空间**[196]. 显然, 可数紧空间, Čech 完全空间和第一可数空间都是 q 空间.

由 Birkhoff-Kakutani 度量化定理 (推论 4.2.6), 第一可数的 T_0 拓扑群是可度量化的. 对于函数空间可获得更为精细的刻画.

定理 5.2.12[189]   对于每一 $\{X, \alpha\}$, 下述条件相互等价:

(1) $C_\alpha(X)$ 是 q 空间.

(2) $C_\alpha(X)$ 是第一可数空间.

(3) $C_\alpha(X)$ 是可度量化空间.

(4) $\alpha a(X) = \omega$.

证明   显然, $(3) \Rightarrow (2) \Rightarrow (1)$.

$(1) \Rightarrow (4)$. 设 $C_\alpha(X)$ 是 q 空间. 让 X 上零函数 f_0 在 $C_\alpha(X)$ 中的 q 序列是 $\{B_n\}$. 不妨设每一 $B_n = [A_n, V_n]$ 是基本子基中的元, 其中 V_n 是 $\mathbb{R}$ 中 0 处的开邻域. 若存在 $x \in X \setminus \bigcup_{n \in \mathbb{N}} A_n$, 那么对于每一 $n \in \mathbb{N}$, 存在 $g_n \in C(X)$ 使得 $g_n(A_n) = \{0\}$ 且 $g_n(x) = n$, 从而 $g_n \in B_n$ 且序列 $\{g_n\}$ 在 $C_\alpha(X)$ 中没有聚点, 矛盾. 因此, $X = \bigcup_{n \in \mathbb{N}} A_n$. 由定理 5.2.3, $\psi(C_\alpha(X)) = \omega$. 不失一般性, 设 $\bigcap_{n \in \mathbb{N}} B_n = \{f_0\}$ 且 $\overline{B}_{n+1} \subseteq B_n$. 这时, $\{B_n\}_{n \in \mathbb{N}}$ 是 f_0 在 $C_\alpha(X)$ 中的局部基 (练习 1.2.5).

下面证明 $\{A_n\}_{n \in \mathbb{N}}$ 是 X 的 α 覆盖. 若不然, 则存在 $A \in \alpha$ 使得对于每一 $n \in \mathbb{N}$, $A \not\subseteq A_n$. 让 $x_n \in A \setminus A_n$, 并选取 $h_n \in C(X)$ 使得 $h_n(A_n) = \{0\}$ 且 $h_n(x_n) = 1$, 于是 $h_n \in B_n \setminus [A, (-1, 1)]$. 这表明 f_0 不是序列 $\{h_n\}$ 的聚点, 矛盾. 因此 $\{A_n\}_{n \in \mathbb{N}}$ 是 X 的 α 覆盖. 故 $\alpha a(X) = \omega$.

$(4) \Rightarrow (3)$. 设 α 的子集 $\{A_n\}_{n \in \mathbb{N}}$ 是 X 的 α 覆盖. 为了证明 $C_\alpha(X)$ 是可度量化空间, 只需证明 $C_\alpha(X)$ 可嵌入某一可度量化空间. 让 $Y = \bigoplus_{n \in \mathbb{N}} A_n$, $p: Y \to X$ 是自然映射. 让 β 是空间 Y 上关于网络族 $\{\beta|_{A_n} : n \in \mathbb{N}\}$ 的拓扑和网络. 由练习 4.5.5, 诱导函数 $p^*: C_\alpha(X) \to C_\beta(Y)$ 是嵌入. 因为每一 $C_\alpha(A_n)$ 是可度量化的, 且由定理 4.5.16, $C_\beta(Y)$ 同胚于 $\prod_{n \in \mathbb{N}} C_\alpha(A_n)$, 所以 $C_\beta(Y)$ 是可度量化空间. 因此 $C_\alpha(X)$ 是可度量化的. $\square$

由定理 5.2.12, $C_p(X)$ 是可度量化空间当且仅当 X 是可数空间; $C_k(X)$ 是可度量化空间当且仅当 X 是半紧空间. 关于紧开拓扑, 定理 5.2.12 中的 $(2) \Leftrightarrow (3) \Leftrightarrow (4)$ 是 Arens[6] 关于函数空间拓扑最经典的度量化定理.

练   习

5.2.1   设 X 是拓扑空间, λ 是无限基数. 证明: $\Delta(X) = \lambda$ 当且仅当存在 X 的开覆盖族 $\{\mathscr{U}_s\}_{s \in S}$ 使得 $|S| = \lambda$ 且对于每一 $x \in X$ 有 $\bigcap_{s \in S} \mathrm{st}(x, \mathscr{U}_s) = \{x\}$.

5.2.2   证明引理 5.2.2.

5.2.3   证明: 定理 5.2.6 中的集族 G_n 和 H_n 都是均匀连续的.

5.2.4   证明: 具有 G_δ 对角线的 (T_2) 紧空间是可度量化空间.

5.2.5 设空间 L 含有非平凡的道路. 若 $C_\alpha(X,L)$ 是第一可数空间, 则存在 α 的可数子集 β 使得 α 中每一元是 β 的某有限子集并的子集[186].

5.2.6 设空间 L 含有非平凡的道路. 证明[186]:

(1) 若 $C_k(X,L)$ 是第一可数空间, 那么 X 是半紧空间且 L 是第一可数空间;

(2) $C_k(X,L)$ 是可度量化空间当且仅当 X 是半紧空间且 L 是可度量化空间;

(3) $C_p(X,L)$ 是第一可数空间当且仅当 X 是可数集且 L 是第一可数空间;

(4) $C_p(X,L)$ 是可度量化空间当且仅当 X 是可数集且 L 是可度量化空间.

5.2.7 对于空间 X, $\psi(X) \leqslant ww(X)$.

5.2.8 若空间 $C_p(X)$ 在单位元处具有可数的 cs^* 网, 则 X 是可数集[243].

5.3 权、弱权

空间 X 的非空的开集族 $\mathscr{B}$ 称为 X 的 π 基, 如果 X 的每一非空开集含有 $\mathscr{B}$ 中的某元. 空间 X 的 π 权定义为

$$\pi w(X) = \omega + \min\{|\mathscr{B}| : \mathscr{B} \text{ 是 } X \text{ 的 } \pi \text{ 基}\}.$$

空间 X 的 α-α 网络权定义为

$$\alpha\alpha nw(X) = \omega + \min\{|\beta| : \alpha \text{ 的子集 } \beta \text{ 是 } X \text{ 的 } \alpha \text{ 网络}\}.$$

显然, 对于空间 X, $d(X) \leqslant \pi w(X) \leqslant w(X)$.

引理 5.3.1 对于每一 $\{X,\alpha\}$, $\alpha\alpha nw(X) = \alpha a(X)\alpha nw(X)$.

证明 由定义, $\alpha nw(X) \leqslant \alpha\alpha nw(X)$. 因为每一 α 网络是 α 覆盖, 所以 $\alpha a(X) \leqslant \alpha\alpha nw(X)$. 因而 $\alpha a(X)\alpha nw(X) \leqslant \alpha\alpha nw(X)$.

另一方面, 令 $\lambda = \alpha a(X)\alpha nw(X)$. 设 α 的子集 β 是 X 的 α 覆盖且 $|\beta| \leqslant \lambda$, γ 是 X 的关于有限并封闭的闭 α 网络且 $|\gamma| \leqslant \lambda$. 显然, $\beta \bigwedge \gamma \subseteq \alpha$. 设 $A \in \alpha$ 且 V 是 A 在 X 中的邻域. 因为 β 是 X 的 α 覆盖, 存在 $B \in \beta$ 使得 $A \subseteq B$. 又因为 γ 是 X 的 α 网络, 存在 $G \in \gamma$ 使得 $A \subseteq G \subseteq V$, 于是 $A \subseteq B \cap G \subseteq V$. 这表明 α 的子集 $\beta \bigwedge \gamma$ 是 X 的 α 网络, 从而 $\alpha\alpha nw(X) \leqslant |\beta \bigwedge \gamma| \leqslant \lambda = \alpha a(X)\alpha nw(X)$. $\square$

引理 5.3.2 若 G 是拓扑群, 则 $\pi w(G) = w(G) = \chi(G)d(G) = \chi(G)nw(G)$.

证明 显然, $\chi(G)d(G) \leqslant \chi(G)nw(G) \leqslant w(G)$. 下面先证明 $w(G) \leqslant \chi(G)d(G)$. 设 $\mathscr{B}$ 是 G 在单位元 e 处的由对称元组成的局部基, D 是 G 的稠密子集. 对于 G 的任一非空开集 W 及 $w \in W$, 由于 $g(x,y) = wxy$ 是从 $G \times G$ 到 G 的连续函数, 且 $g(e,e) = w \in W$, 存在 $B \in \mathscr{B}$ 和 $d \in D$ 使得 $wBB \subseteq W$ 且 $d \in wB$, 于是 $w \in dB^{-1} = dB \subseteq wBB \subseteq W$. 这表明 $\{dB : d \in D, B \in \mathscr{B}\}$ 是 G 的基. 因而 $w(G) \leqslant \chi(G)d(G)$. 故 $w(G) = \chi(G)d(G) = \chi(G)nw(G)$.

再由引理 5.2.10, $\pi w(G) \leqslant w(G) = \chi(G)d(G) \leqslant \pi\chi(G)\pi w(G) = \pi w(G)$. 故 $\pi w(G) = w(G)$. □

定理 5.3.3 对于每一 $\{X, \alpha\}$, $w(C_\alpha(X)) = \pi w(C_\alpha(X)) = \alpha\alpha nw(X)$.

证明 由定理 4.3.11 和引理 5.3.2,

$$w(C_\alpha(X)) = \pi w(C_\alpha(X)) = \chi(C_\alpha(X))nw(C_\alpha(X)).$$

由定理 5.2.11, $\chi(C_\alpha(X)) = \alpha a(X)$. 由定理 5.1.1, $nw(C_\alpha(X)) = \alpha nw(X)$. 再由引理 5.3.1, $w(C_\alpha(X)) = \alpha\alpha nw(X)$. □

由引理 5.3.1, 当 α 由 X 的所有非空的紧子集组成时, $\alpha\alpha nw(X) = \omega$ 当且仅当 X 是半紧的 $\aleph_0$ 空间; 当 α 由空间 X 的所有非空的有限子集组成时, $\alpha\alpha nw(X) = \omega$ 当且仅当 X 是可数的.

推论 5.3.4 对于每一空间 X, 则

(1) $C_k(X)$ 是第二可数空间当且仅当 X 是半紧的 $\aleph_0$ 空间.

(2) $C_p(X)$ 是第二可数空间当且仅当 X 是可数空间. □

在 5.1 节中定义了空间 X 的弱权 $ww(X)$. 定理 5.1.6 表明空间 X 的弱权可用以刻画空间 $C_\alpha(X)$ 的稠密度. 下面将刻画 $C_\alpha(X)$ 的弱权. 先证明两个基数不等式.

引理 5.3.5 对于每一空间 X, 则

(1) $|X| \leqslant 2^{w(X)}$.

(2) $w(X) \leqslant 2^{d(X)}$.

证明 (1) 设 β 是空间 X 的基且 $|\beta| = w(X)$. 对于每一 $x \in X$, 令 $\beta_x = \{B \in \beta : x \in B\}$, 则 β_x 是 X 在 x 处的邻域基. 若 $x, y \in X$ 且 $x \neq y$, 由于 X 是 T_0 空间, 则 $\beta_x \neq \beta_y$. 定义 $\varphi : X \to P(\beta)$ (β 的幂集) 为 $\varphi(x) = \beta_x$, 则 φ 是单射. 因为 $|P(\beta)| = 2^{w(X)}$, 所以 $|X| \leqslant 2^{w(X)}$.

(2) 设 D 是 X 的稠密子集且 $|D| = d(X)$. 令 $\beta = \{\overline{B}^\circ : B \subseteq D\}$. 因为 D 是 X 的稠密子集, 对于 X 的每一开集 U, $U \subseteq \overline{U} = \overline{U \cap D}$. 因为 X 是正则空间, 于是 β 是 X 的基, 所以 $w(X) \leqslant 2^{d(X)}$. □

引入基数的对数的概念. 对于无限基数 λ, 定义

$$\log(\lambda) = \min\{\kappa : \lambda \leqslant 2^\kappa\}.$$

引理 5.3.5 表明: $\log(|X|) \leqslant w(X)$, $\log(w(X)) \leqslant d(X)$.

引理 5.3.6 对于每一空间 X, $\psi(X)\log(nw(X)) \leqslant ww(X)$.

证明 显然, $\psi(X) \leqslant ww(X)$ (练习 5.2.7). 设 $\varphi : X \to Y$ 是连续的双射且 $w(Y) = ww(X)$. 由引理 5.3.5(1), $nw(X) \leqslant |X| = |Y| \leqslant 2^{w(Y)} = 2^{ww(X)}$, 所以 $\log(nw(X)) \leqslant ww(X)$. 故 $\psi(X)\log(nw(X)) \leqslant ww(X)$. □

为了证明关于弱权的主要定理, 还需要引入一个特殊的度量空间: 刺猬空间[74].

设无限集合 S 的基数是 κ. 对于每一 $s \in S$, 让 $\mathbb{I}_s = \mathbb{I} \times \{s\}$. 在集 $\bigcup_{s \in S} \mathbb{I}_s$ 上定义二元关系 R 如下: $(x, s)R(y, t) \Leftrightarrow x = y = 0$, 或 $x = y$ 且 $s = t$. 显然, R 是一个等价关系. 它的全体等价类的集合记为 $J(\kappa)$. 定义 $d : J(\kappa) \times J(\kappa) \to [0, +\infty)$ 满足:

$$d([(x, s)], [(y, t)]) = \begin{cases} |x - y|, & s = t, \\ x + y, & s \neq t. \end{cases}$$

则 d 是 $J(\kappa)$ 上的距离函数. 度量空间 $(J(\kappa), d)$ 称为具有 κ 个刺的刺猬, 简称刺猬空间, 见图 5.3.1.

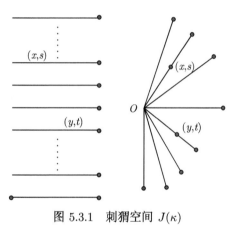

图 5.3.1 刺猬空间 $J(\kappa)$

引理 5.3.7 设 κ 是无限基数, 则

(1) $w(J(\kappa)) = \kappa$.

(2) 每一权为 κ 的度量空间可嵌入权为 κ 的度量空间 $J(\kappa)^\omega$.

(3) 每一权为 2^κ 的度量空间的弱权不超过 κ.

证明 (1) 由于 $\{B_d([(r, s)], q) : s \in S, r, q \in \mathbb{Q}, r \in \mathbb{I}, q > 0\}$ 是 $J(\kappa)$ 的基, 所以 $w(J(\kappa)) \leqslant \kappa$. 又由于 $\{B_d([(1, s)], 1) : s \in S\}$ 是 $J(\kappa)$ 的基数为 κ 的互不相交的开集族, 于是 $w(J(\kappa)) \geqslant \kappa$. 故 $w(J(\kappa)) = \kappa$.

(2) 设 X 是权为 κ 的度量空间. 让 $\mathscr{B} = \bigcup_{n \in \mathbb{N}} \mathscr{B}_n$ 是 X 的基, 其中每一 $\mathscr{B}_n = \{U_s\}_{s \in S_n}$ 是 X 的离散开集族. 让 $S = \bigcup_{n \in \mathbb{N}} S_n$. 不妨设 $|S| = \kappa$. 对于每一 $s \in S$, 定义 $j_s : \mathbb{I} \to J(\kappa)$ 满足每一 $j_s(x) = [(x, s)]$, 则 j_s 是嵌入. 对于每一 $n \in \mathbb{N}$ 和 $s \in S_n$, 因为 X 是度量空间, 存在 $f_s \in C(X, \mathbb{I})$ 使得 $U_s = f_s^{-1}((0, 1])$ (练习 2.2.3). 取定 $s_0 \in S$, 定义 $g_n : X \to J(\kappa)$ 满足:

$$g_n(x) = \begin{cases} j_s(f_s(x)), & x \in U_s, \\ j_{s_0}(0), & x \in X \setminus \bigcup_{s \in S_n} U_s. \end{cases}$$

显然, 当 $x \in \overline{U}_s$ 时仍有 $g_n(x) = j_s(f_s(x))$. 由于 $\{\overline{U}_s\}_{s \in S_n}$ 是 X 的离散闭集族, 于是 g_n 是连续函数. 又由于 $\mathscr{B}$ 是 X 的基, 易验证函数列 $\{g_n\}$ 分离 X 的点与闭集. 由对角引理 (定理 4.5.2), 对角函数 $\Delta : X \to J(\kappa)^\omega$ 是嵌入. 再由引理 5.0.1, $w(J(\kappa)^\omega) = \max\{w(J(\kappa)), \omega\} = \kappa$, 所以 $J(\kappa)^\omega$ 是权为 κ 的度量空间. 故 X 可嵌入权为 κ 的度量空间 $J(\kappa)^\omega$.

(3) 设 X 是权为 2^κ 的度量空间. 由 (2), X 可嵌入刺猬空间 $J(2^\kappa)$ 的可数次积空间 $J(2^\kappa)^\omega$. 视 2^κ 为具有两个点的离散空间的 κ 次积空间. 在集 $\mathbb{I} \times 2^\kappa$ 上定义等价关系 R 如下: $(x,s)R(y,t) \Leftrightarrow x = y = 0$, 或 $x = y$ 且 $s = t$. 令 $K(2^\kappa) = (\mathbb{I} \times 2^\kappa)/R$. 由于存在从 $J(2^\kappa)$ 到 $K(2^\kappa)$ 的自然的连续单射 (练习 5.3.2), 于是存在从 $J(2^\kappa)^\omega$ 到 $K(2^\kappa)^\omega$ 的连续单射, 所以 $ww(X) \leqslant w(K(2^\kappa)^\omega) = \max\{w(K(2^\kappa)), \omega\} = w(2^\kappa) = \kappa$. $\qquad\square$

定理 5.3.8   对于每一 $\{X, \alpha\}$, $ww(C_\alpha(X)) = wac(X) \log(\alpha nw(X))$.

证明   由定理 5.2.3, $\psi(C_\alpha(X)) = wac(X)$; 由定理 5.1.1, $nw(C_\alpha(X)) = \alpha nw(X)$. 又由引理 5.3.6, $\psi(C_\alpha(X)) \log(nw(C_\alpha(X))) \leqslant ww(C_\alpha(X))$, 所以

$$wac(X) \log(\alpha nw(X)) \leqslant ww(C_\alpha(X)).$$

另一方面, 设 $\lambda = wac(X)$, $\kappa = \log(\alpha nw(X))$. 存在 α 的子集 $\{A_t\}_{t \in T}$ 使得 $|T| \leqslant \lambda$ 且 $\bigcup_{t \in T} A_t$ 稠密于 X. 对于每一 $t \in T$, 下面证明 $ww(C_\alpha(A_t)) \leqslant \kappa$. 由于 $A_t \in \alpha$, 所以 $C_\alpha(A_t)$ 是可度量化的, 于是 $w(C_\alpha(A_t)) = d(C_\alpha(A_t))$. 又由定理 4.5.7(1) 和引理 5.1.5, 包含函数 $j : A_t \to X$ 诱导了连续的满射 $j^* : C_\alpha(X) \to C_\alpha(A_t)$, 于是 $d(C_\alpha(A_t)) \leqslant d(C_\alpha(X))$. 再由定理 5.1.1, $d(C_\alpha(X)) \leqslant nw(C_\alpha(X)) = \alpha nw(X) \leqslant 2^\kappa$. 从而可度量化空间 $C_\alpha(A_t)$ 的权不超过 2^κ. 由引理 5.3.7(3), $ww(C_\alpha(A_t)) \leqslant \kappa$.

让 $Y = \bigoplus_{t \in T} A_t$, $p : Y \to X$ 是自然函数. 显然, p 是几乎满的. 让 β 是空间 Y 上网络族 $\{\alpha|_{A_t} : i \in T\}$ 的拓扑和网络. 由定理 4.5.6(1) 和定理 4.5.7(1), 诱导函数 $p^* : C_\alpha(X) \to C_\beta(Y)$ 是连续单射. 再由定理 4.5.16, $C_\alpha(Y)$ 同胚于 $\prod_{t \in T} C_\alpha(A_t)$, 于是

$$ww(C_\alpha(X)) \leqslant ww(C_\beta(Y)) = ww\left(\prod_{t \in T} C_\alpha(A_t)\right)$$
$$\leqslant \sum_{t \in T} ww(C_\alpha(A_t)) \text{ (练习 5.3.3)}$$
$$\leqslant \lambda\kappa = wac(X) \log(\alpha nw(X)).$$

故 $ww(C_\alpha(X)) = wac(X) \log(\alpha nw(X))$. $\qquad\square$

由引理 5.3.5(2), $\alpha nw(X) \leqslant w(X) \leqslant 2^{d(X)}$, 所以 $\log(\alpha nw(X)) \leqslant d(X)$, 从而 $d(X) \log(\alpha nw(X)) = d(X)$. 若 α 是 X 的所有非空有限集组成的族, 则 $wac(X) =$

$d(X)$, 于是由定理 5.3.8, 有下述推论, 它是定理 5.1.6 关于点态收敛拓扑的对偶定理.

推论 5.3.9 对于每一空间 X, $ww(C_p(X)) = d(X)$. □

特别地, $C_p(X)$ 有较粗的可分度量拓扑当且仅当 X 是可分空间 (推论 5.2.5). 定理 5.3.8 的等价命题是

$$ww(C_\alpha(X)) \leqslant \lambda \text{ 当且仅当 } w\alpha c(X) \leqslant \lambda, \ \alpha nw(X) \leqslant 2^\lambda.$$

推论 5.3.10 对于每一空间 X, $C_k(X)$ 有较粗的可分度量拓扑当且仅当 X 是几乎 σ 紧空间且 $knw(X) \leqslant 2^\omega$. □

练 习

5.3.1 证明: $(J(\kappa), d)$ 是完全的度量空间.

5.3.2 证明: 从 $J(2^\kappa)$ 到 $K(2^\kappa)$ 的自然单射是连续的 (引理 5.3.7).

5.3.3 对于积空间 $\prod_{s \in S} X_s$, 证明: $ww(\prod_{s \in S} X_s) \leqslant \sum_{s \in S} ww(X_s)$.

5.3.4 证明: $C_k(S_\omega)$, $C_k(S_2)$ 都是可分度量空间.

5.3.5 证明: $w(\beta\mathbb{N}) = \mathfrak{c}$, $|\beta\mathbb{N}| = 2^\mathfrak{c}$.

5.4 tightness、扇 tightness

空间 X 的 tightness 定义为

$$t(X) = \sup\{t(X, x) : x \in X\},$$

其中 X 在点 x 处的 tightness

$$t(X, x) = \omega + \min\{\lambda : \text{若 } Y \subseteq X, \ x \in \overline{Y},$$
$$\text{则存在 } Z \subseteq Y \text{ 使得 } |Z| \leqslant \lambda \text{ 且 } x \in \overline{Z}\}.$$

若 $t(X) = \omega$, 则称空间 X 具有可数 tightness. 序列空间或遗传可分空间都具有可数 tightness (练习 5.4.1).

空间 X 的 α-Lindelöf 数定义为

$$\alpha L(X) = \omega + \min\{\lambda : X \text{ 的每一开 } \alpha \text{ 覆盖有基数不超过 } \lambda \text{ 的 } \alpha \text{ 子覆盖}\}.$$

如果 α 由 X 的所有单点集组成, 那么 X 的 α-Lindelöf 数称为 X 的 Lindelöf 数, 并且记为 $L(X)$. 显然, X 是 Lindelöf 空间当且仅当 $L(X) = \omega$.

定理 5.4.1[191] 对于每一 $\{X, \alpha\}$, $t(C_\alpha(X)) = \alpha L(X)$.

证明   记 $\lambda = t(C_\alpha(X))$. 让 $\mathscr{U}$ 是空间 X 的开 α 覆盖. 对于每一 $A \in \alpha$, 存在 $U_A \in \mathscr{U}$ 使得 $A \subseteq U_A$. 选取 $f_A \in C(X)$ 使得 $f_A(A) = \{0\}$ 且 $f_A(X \setminus U_A) \subseteq \{1\}$. 令 $F = \{f_A : A \in \alpha\} \subseteq C_\alpha(X)$. 设 $[A, V]$ 是零函数 f_0 在 $C_\alpha(X)$ 中的基本邻域, 则 $f_A \in [A, V]$, 于是 $f_0 \in \overline{F}$. 因而存在 F 的子集 F_1 使得 $|F_1| \leqslant \lambda$ 且 $f_0 \in \overline{F_1}$. 令 $\mathscr{V} = \{U_A : f_A \in F_1\}$. 下面证明 $\mathscr{V}$ 是 $\mathscr{U}$ 的 α 子覆盖. 设 $A \in \alpha$. 让 $W = [A, (-1, 1)]$, 则 W 是 f_0 的邻域, 于是存在 $B \in \alpha$ 使得 $f_B \in W \cap F_1$. 如果 $x \in A$, 则 $f_B(x) < 1$, 于是 $x \notin X \setminus U_B$, 即 $x \in U_B$. 这表明 $A \subseteq U_B$. 因而 $\mathscr{V}$ 是 $\mathscr{U}$ 的 α 子覆盖且 $|\mathscr{V}| \leqslant \lambda$. 故 $\alpha L(X) \leqslant t(C_\alpha(X))$.

下面证明 $t(C_\alpha(X)) \leqslant \alpha L(X)$. 记 $\kappa = \alpha L(X)$. 由定理 4.3.11 和引理 4.2.3, $C_\alpha(X)$ 是齐性空间, 所以只需证明 $t(C_\alpha(X), f_0) \leqslant \kappa$, 其中 f_0 是 X 上的零函数. 设 G 是 $C_\alpha(X)$ 的子集且 $f_0 \in \overline{G}$. 对于每一 $n \in \mathbb{N}$ 和 $A \in \alpha$, 选取 $g_{n,A} \in G \cap [A, (-1/n, 1/n)]$. 让 $W(n, A) = \{x \in X : |g_{n,A}(x)| < 1/n\}$, 则 $A \subseteq W(n, A)$. 这表明集族 $\mathscr{W}_n = \{W(n, A) : A \in \alpha\}$ 是 X 的开 α 覆盖, 于是 $\mathscr{W}_n$ 有基数不超过 κ 的 α 子覆盖 $\mathscr{V}_n$. 定义

$$G' = \{g_{n,A} : n \in \mathbb{N}, A \in \alpha \ \text{且} \ W(n, A) \in \mathscr{V}_n\}.$$

显然, $G' \subseteq G$ 且 $|G'| \leqslant \kappa$. 对于每一 $n \in \mathbb{N}$ 和 $B \in \alpha$, 存在 $A \in \alpha$ 使得 $B \subseteq W(n, A) \in \mathscr{V}_n$, 于是 $g_{n,A} \in [B, (-1/n, 1/n)] \cap G'$. 因此 $f_0 \in \overline{G'}$. 从而 $t(C_\alpha(X), f_0) \leqslant \kappa$. 故 $t(C_\alpha(X)) \leqslant \alpha L(X)$. $\square$

推论 5.4.2[187]   空间 $C_k(X)$ 具有可数 tightness 当且仅当 X 的每一开 k 覆盖有可数 k 子覆盖. $\square$

定理 5.4.3(Arhangel'skiĭ-Pytkeev 定理[15, 236])   对于每一空间 X,

$$t(C_p(X)) = \sup\{L(X^n) : n \in \mathbb{N}\}.$$

证明   设基数 λ 满足: 对于每一 $n \in \mathbb{N}$, $L(X^n) \leqslant \lambda$. 让 $\mathscr{U}$ 是 X 的开 ω 覆盖. 对于每一 $n \in \mathbb{N}$, 让 $\mathscr{U}_n = \{U^n \subseteq X^n : U \in \mathscr{U}\}$. 由于 $\{x_1, x_2, \cdots, x_n\} \subseteq U$ 当且仅当 $(x_1, x_2, \cdots, x_n) \subseteq U^n$, 所以 $\mathscr{U}_n$ 是 X^n 的开覆盖. 设 $\mathscr{U}_n'$ 是 $\mathscr{U}_n$ 的基数不超过 λ 的子覆盖. 显然, $\{U \in \mathscr{U} : \text{存在}\ n \in \mathbb{N}\ \text{使得}\ U^n \in \mathscr{U}_n'\}$ 是 $\mathscr{U}$ 的基数不超过 λ 的 ω 子覆盖. 由定理 5.4.1, $t(C_p(X)) \leqslant \lambda$.

反之, 设 κ 是无限基数, 且 X 的每一开 ω 覆盖有基数不超过 κ 的 ω 子覆盖. 固定 $n \in \mathbb{N}$. 设 $\mathscr{W}$ 是 X^n 的开覆盖, 让 $\mathscr{V} = \{V \in \tau(X) : V^n \ \text{被}\ \mathscr{W}\ \text{的有限个元覆盖}\}$, 则 $\mathscr{V}$ 是 X 的开 ω 覆盖. 事实上, 设 $\{x_1, x_2, \cdots, x_m\} \subseteq X$, 则对于每一 $i_j \in \{1, 2, \cdots, m\}$ 且 $j \leqslant n$, 存在 $W_{i_1 i_2 \cdots i_n} \in \mathscr{W}$ 使得 $(x_{i_1}, x_{i_2}, \cdots, x_{i_n}) \in W_{i_1 i_2 \cdots i_n}$, 于是又存在 $V_{i_j} \in \tau(X)$ 使得 $(x_{i_1}, x_{i_2}, \cdots, x_{i_n}) \in \prod_{j \leqslant n} V_{i_j} \subseteq W_{i_1 i_2 \cdots i_n}$. 对于每一 $k \leqslant m$, 让 $V_k = \bigcap\{V_{i_j} : i_j = k\}$. 令 $V = \bigcup_{k \leqslant m} V_k$, 则 $V \in \tau(X)$, $\{x_1, x_2, \cdots, x_m\} \subseteq V$ 且

$$V^n \subseteq \bigcup_{j \leqslant n} \left\{ \prod V_{i_j} : i_j \in \{1, 2, \cdots, m\}, j \leqslant n \right\}$$

$$\subseteq \bigcup \left\{ W_{i_1 i_2 \cdots i_n} : i_j \in \{1, 2, \cdots, m\}, j \leqslant n \right\}.$$

因此 $\mathscr{V}$ 是 X 的开 ω 覆盖. 从而 $\mathscr{V}$ 有基数不超过 κ 的 ω 子覆盖 $\mathscr{V}'$, 于是 $\{V^n : V \in \mathscr{V}'\}$ 是 X^n 的基数不超过 κ 的开覆盖, 所以 $\mathscr{W}$ 有基数不超过 κ 的子覆盖. 故 $L(X^n) \leqslant \kappa$. □

定理 5.4.3 的特例: $C_p(X)$ 具有可数 tightness 当且仅当对于每一 $n \in \mathbb{N}$, 积空间 X^n 是 Lindelöf 空间.

例 5.4.4 Sorgenfrey 直线[251]: Lindelöf 空间 S 使得 S^2 不是 Lindelöf 空间.

例 3.4.11 已介绍过 Sorgenfrey 直线 S, 并证明 S 是遗传 Lindelöf 空间. 显然, S 是第一可数的可分正则空间. 令 $E = \{(x, y) \in S^2 : x + y = 1\}$, 则 E 是 S^2 不可数的闭离散子空间 (图 5.4.1), 所以 S^2 不是 Lindelöf 空间. 这时 S 不是 cosmic 空间.

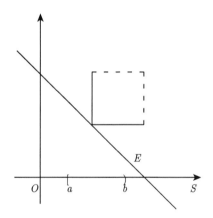

图 5.4.1 Sorgenfrey 直线 S 的积空间

由推论 5.2.5, $C_p(S)$ 具有较粗的可分度量拓扑. 由定理 5.4.3, $C_p(S)$ 不具有可数 tightness. □

定理 5.4.5(Asanov 定理[32]) 对于每一空间 X, $\sup\{t(X^n) : n \in \mathbb{N}\} \leqslant L(C_p(X))$.

证明 设 $\lambda = L(C_p(X))$. 对于每一 $n \in \mathbb{N}$, 要证明 $t(X^n) \leqslant \lambda$. 设 $A \subseteq X^n$ 且 $x = (x_1, x_2, \cdots, x_n) \in \overline{A}$. 选取 X 的开集 $U_1, U_2, \cdots, U_n$ 满足下述条件, 记为 (*): 每一 $x_i \in U_i$, 且如果 $x_i = x_j$, 则 $U_i = U_j$; 如果 $x_i \neq x_j$, 则 $U_i \cap U_j = \varnothing$.

令 $U = \prod_{i \leqslant n} U_i$. 显然, U 是 x 在 X^n 中的开邻域. 由于 $x \in \overline{A \cap U}$, 不妨设 $A \subseteq U$. 置 $F = \{f \in C_p(X) : f(x_i) = 1, \forall i \leqslant n\}$. 对于每一 $y = (y_1, y_2, \cdots, y_n) \in A$,

让 $V_y = \{g \in C_p(X) : g(y_i) > 0, \forall i \leqslant n\}$. 如果 $f \in F$, 令 $\varphi_n = \prod_{i \leqslant n} f_i : X^n \to \mathbb{R}^n$, 其中每一 $f_i = f$, 则 φ_n 连续且 $\varphi_n(x) = (1, 1, \cdots, 1) \in \mathbb{R}^n$. 因为 $x \in \overline{A}$, 所以 $\varphi_n(x) \in \overline{\varphi_n(A)}$, 于是存在 $y = (y_1, y_2, \cdots, y_n) \in A$ 使得对于每一 $i \leqslant n$ 有 $f(y_i) > 0$. 从而 $F \subseteq \bigcup_{y \in A} V_y$.

由于 F 是 $C_p(X)$ 的闭集, 所以 $L(F) \leqslant \lambda$. 从而存在 A 的子集 B 使得 $|B| \leqslant \lambda$ 且 $F \subseteq \bigcup_{y \in B} V_y$. 下面证明 $x \in \overline{B}$. 若不然, 则存在 X 的开集族 $\{U_i'\}_{i \leqslant n}$ 使得每一 $U_i' \subseteq U_i$, $(\prod_{i \leqslant n} U_i') \cap B = \varnothing$ 且满足相应的条件 $(*)$. 由 X 的完全正则性, 存在 $g \in C_p(X)$ 使得 $g \in F$ 且 $g(X \setminus \bigcup_{i \leqslant n} U_i') \subseteq \{0\}$. 取定 $y = (y_1, y_2, \cdots, y_n) \in B$ 使得 $g \in V_y$. 由于 $y \in A \subseteq U$, 所以 $y_i \in U_i$. 又由于 $g(y_i) > 0$ 且当 $x_i \neq x_j$ 时 $U_i \cap U_j = \varnothing$, 所以 $y_i \in U_i'$, 从而 $y \in (\prod_{i \leqslant n} U_i') \cap B$, 矛盾. 因此 $x \in \overline{B}$. 故 $t(X^n) \leqslant \lambda$.
□

Asanov 定理中的小于号可能成立. 如, 让 X 是不可数的离散空间, 那么每一 $t(X^n) = \omega$, 但是 $C_p(X) = \mathbb{R}^X$ 不是 Lindelöf 空间 (推论 6.1.8). 下述例子说明, 即使对第一可数的紧空间, 定理 5.4.3 的对偶命题也是不成立的.

例 5.4.6[22]　　Alexandroff-Urysohn 双箭空间: 第一可数的紧空间 X 使得 $C_p(X)$ 含有不可数的闭离散子空间.

让 $X = \mathbb{I} \times \{0, 1\}$. 例 3.4.11 已介绍过 X 赋予字典序的 Alexandroff-Urysohn 双箭空间, 且这空间是第一可数的紧空间.

对于每一 $s \in \mathbb{I}$, 定义 $f_s : X \to \mathbb{R}$ 如下:

$$f_s(x) = \begin{cases} 0, & x \leqslant (s, 0), \\ 1, & x \geqslant (s, 1). \end{cases}$$

显然, f_s 连续. 置

$$S = \{f_s : 0 < s < 1\},$$
$$U_s = \{f \in C_p(X) : |f(x) - f_s(x)| < 1/2, \, \forall x \in \{(s, 0), (s, 1)\}\}.$$

则 U_s 是 f_s 在 $C_p(X)$ 中的开邻域且 $U_s \cap S = \{f_s\}$. 于是 S 是 $C_p(X)$ 的离散子空间. 在点态收敛拓扑下, S 在 $\mathbb{R}^X$ 中的极限点形如 f_s^- 或 f_s^+, 其中当 $x \leqslant (s, 1)$ 时 $f_s^-(x) = 0$, 当 $x > (s, 1)$ 时 $f_s^-(x) = 1$; 当 $x < (s, 0)$ 时 $f_s^+(x) = 0$, 当 $x \geqslant (s, 0)$ 时 $f_s^+(x) = 1$, 见图 5.4.2.

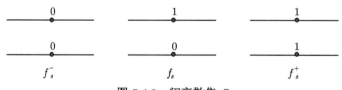

图 5.4.2　闭离散集 S

由于每一 $f_s^-, f_s^+ \notin C_p(X)$, 所以 S 是 $C_p(X)$ 的闭子集. 故 $C_p(X)$ 含有不可数的闭离散子空间. 因此, $C_p(X)$ 不是 Lindelöf 空间. □

空间 X 的扇 tightness[20] 定义为

$$vet(X) = \sup\{vet(X, x) : x \in X\},$$

其中 X 在点 x 处的扇 tightness

$$vet(X, x) = \omega + \min\Big\{\lambda : \text{对于 } X \text{ 的子集列 } \{A_n\} \text{ 和 } x \in \bigcap_{n \in \mathbb{N}} \overline{A_n},$$
$$\text{存在每一 } A_n \text{ 的基数小于 } \lambda \text{ 的子集 } B_n \text{ 使得 } x \in \overline{\bigcup_{n \in \mathbb{N}} B_n}\Big\}.$$

若 $vet(X) = \omega$, 则称空间 X 具有可数扇 tightness.

显然, $t(X) \leqslant vet(X) \leqslant \chi(X)$. 对于序列扇 S_ω, $t(S_\omega) = \aleph_0 < vet(S_\omega)$.

引理 5.4.7[26] T_1 空间 X 是强 Fréchet-Urysohn 空间当且仅当 X 是具有可数扇 tightness 的 Fréchet-Urysohn 空间.

证明   设空间 X 是强 Fréchet-Urysohn 空间. 显然, X 是 Fréchet-Urysohn 空间. 设 $\{A_n\}_{n \in \mathbb{N}}$ 是 X 的子集列且 $x \in \bigcap_{n \in \mathbb{N}} \overline{A_n}$. 对于每一 $n \in \mathbb{N}$, 令 $A_n' = \bigcup_{k \geqslant n} A_k$, 则 $\{A_n'\}_{n \in \mathbb{N}}$ 是 X 的递减的集列且 $x \in \bigcap_{n \in \mathbb{N}} \overline{A_n'}$. 由于 X 是强 Fréchet-Urysohn 空间, 存在序列 $\{x_n\}$ 使得每一 $x_n \in A_n'$ 且 $\{x_n\}$ 收敛于 x. 对于每一 $n \in \mathbb{N}$, 再令 $B_n = \{x_k : k \leqslant n\} \cap A_n$, 则 B_n 是 A_n 的有限子集且 $\bigcup_{n \in \mathbb{N}} B_n = \{x_n : n \in \mathbb{N}\}$, 于是 $x \in \overline{\bigcup_{n \in \mathbb{N}} B_n}$. 从而 X 具有可数扇 tightness.

反之, 设 T_1 空间 X 是具有可数扇 tightness 的 Fréchet-Urysohn 空间. 让 $\{A_n\}_{n \in \mathbb{N}}$ 是 X 的递减的子集列且 $x \in \bigcap_{n \in \mathbb{N}} \overline{A_n}$. 不妨设 $x \notin \bigcap_{n \in \mathbb{N}} A_n$. 再由集列 $\{A_n\}_{n \in \mathbb{N}}$ 的递减性, 不妨设 $x \notin A_1$. 由可数扇 tightness, 存在每一 A_n 的有限子集 B_n 使得 $x \in \overline{\bigcup_{n \in \mathbb{N}} B_n}$. 因为 X 是 Fréchet-Urysohn 空间, 存在 $\bigcup_{n \in \mathbb{N}} B_n$ 中的序列 $\{b_k\}$ 使其收敛于 x. 由于每一 B_n 是 X 的闭集且 $x \notin B_n$, 不妨设 $b_k \in B_{n_k} \subseteq A_{n_k}$ 且 $n_k < n_{k+1}$. 对于每一 $n \in \mathbb{N}$, 取定 $x_n \in A_n$ 使得当 $n_k < n \leqslant n_{k+1}$ 时 $x_n = b_{k+1}$, 则序列 $\{x_n\}$ 收敛于 x. 故 X 是强 Fréchet-Urysohn 空间. □

为了简洁起见, 记 $[C_\alpha(X)]^\omega = C_\alpha^\omega(X)$.

定理 5.4.8   对于每一 $\{X, \alpha\}$, 下述条件相互等价:

(1) $C_\alpha(X)$ 具有可数扇 tightness.

(2) $C_\alpha^\omega(X)$ 具有可数扇 tightness.

(3) 若 $\{\mathscr{U}_n\}$ 是空间 X 的开 α 覆盖列, 则存在每一 $\mathscr{U}_n$ 的有限子集 $\mathscr{U}_n'$ 使得 $\bigcup_{n \in \mathbb{N}} \mathscr{U}_n'$ 是 X 的 α 覆盖.

证明   (1) $\Rightarrow$ (3). 设 $\{\mathscr{U}_n\}$ 是空间 X 的开 α 覆盖列. 对于每一 $n \in \mathbb{N}$, 让

$$A_n = \{f \in C_\alpha(X) : \text{存在 } U \in \mathscr{U}_n \text{ 使得 } f(X \setminus U) \subseteq \{0\}\},$$

则 A_n 是 $C_\alpha(X)$ 的稠密子集. 事实上, 设 $\bigcap_{i\leqslant m}[K_i, V_i]$ 是 $C_\alpha(X)$ 的非空基本开集, 取定 $f \in \bigcap_{i\leqslant m}[K_i, V_i]$. 因为 $\mathscr{U}_n$ 是 X 的 α 覆盖, 存在 $U \in \mathscr{U}_n$ 使得 $\bigcup_{i\leqslant m} K_i \subseteq U$. 由引理 4.5.5, 存在 $g \in C_\alpha(X)$ 满足 $g|_{\bigcup_{i\leqslant m} K_i} = f|_{\bigcup_{i\leqslant m} K_i}$ 且 $g(X \setminus U) \subseteq \{0\}$, 则 $g \in A_n \cap \bigcap_{i\leqslant m}[K_i, V_i]$.

取定 $f_1 \in C_\alpha(X)$ 使得 $f_1(X) = \{1\}$, 则 $f_1 \in \bigcap_{n\in\mathbb{N}} \overline{A_n}$. 由于 $C_\alpha(X)$ 具有可数扇 tightness, 存在每一 A_n 的有限子集 B_n 使得 $f_1 \in \overline{\bigcup_{n\in\mathbb{N}} B_n}$. 对于每一 $n \in \mathbb{N}$, 记 $B_n = \{f_{n,j}\}_{j\leqslant i(n)}$. 对于每一 $j \leqslant i(n)$, 存在 $U_{n,j} \in \mathscr{U}_n$ 使得 $f_{n,j}(X \setminus U_{n,j}) \subseteq \{0\}$. 再记 $\mathscr{U}_n' = \{U_{n,j}\}_{j\leqslant i(n)}$. 下面证明 $\bigcup_{n\in\mathbb{N}} \mathscr{U}_n'$ 是 X 的 α 覆盖. 对于每一 $A \in \alpha$, 因 为 $f_1 \in [A, (0,2)]$, 存在 $n \in \mathbb{N}$, $j \leqslant i(n)$ 使得 $f_{n,j} \in [A, (0,2)]$, 于是 $A \subseteq U_{n,j}$. 故 $\bigcup_{n\in\mathbb{N}} \mathscr{U}_n'$ 是 X 的 α 覆盖.

(3) $\Rightarrow$ (2). 由定理 4.5.18, $C_\alpha^\omega(X,\mathbb{R})$ 同胚于 $C_\alpha(X, \mathbb{R}^\omega)$, 所以只需证明 $C_\alpha(X, \mathbb{R}^\omega)$ 具有可数扇 tightness. 由定理 4.3.11 和引理 4.2.3, $C_\alpha(X, \mathbb{R}^\omega)$ 是齐性空间, 因 而又只需证明 $C_\alpha(X, \mathbb{R}^\omega)$ 在点 f_0 (零函数) 具有可数扇 tightness. 设 $f_0 \in \bigcap_{n\in\mathbb{N}} \overline{A_n}$, 其中每一 A_n 是 $C_\alpha(X, \mathbb{R}^\omega)$ 的子集. 对于每一 $n \in \mathbb{N}$, 置 $\mathscr{U}_n = \{f^{-1}(O_n) : f \in A_n\}$, 其中 $\{O_n\}_{n\in\mathbb{N}}$ 是 $\mathbb{R}^\omega$ 中点 $\mathbf{0} = (0, 0, \cdots)$ 处的可数递减的局部基, 则 $\mathscr{U}_n$ 是 X 的 开 α 覆盖. 事实上, 若 $A \in \alpha$, 则 $f_0 \in [A, O_n]$, 于是存在 $f \in [A, O_n] \cap A_n$, 从而 $A \subseteq f^{-1}(O_n)$. 置 $M = \{n \in \mathbb{N} : X \in \mathscr{U}_n\}$.

若 M 是无限集, 对于 f_0 的任一基本邻域 $[A, V]$, 存在 $m \in M$ 使得 $O_m \subseteq V$. 若 $i \geqslant m$ 且 $i \in M$, 由 $\mathscr{U}_i$ 的构造, 存在 $g_i \in A_i$ 使得 $X = g_i^{-1}(O_i)$, 从而 $g_i(A) \subseteq g_i(X) \subseteq O_i \subseteq O_m \subseteq V$, 于是 $g_i \in [A, V]$. 因而 $C_\alpha(X, \mathbb{R}^\omega)$ 中的序列 $\{g_n\}_{n\in M}$ 收敛 于 f_0. 故命题成立.

若 M 是有限集, 则存在 $n_0 \in \mathbb{N}$ 使得当 $m \geqslant n_0$ 时, 对于每一 $g \in A_m$ 有 $g^{-1}(O_m) \neq X$. 而 $\{\mathscr{U}_m\}_{m\geqslant n_0}$ 是 X 的 开 α 覆盖列, 由假设, 存在每一 $\mathscr{U}_m$ 的有限子集 $\mathscr{U}_m'$ 使得 $\bigcup_{m\geqslant n_0} \mathscr{U}_m'$ 是 X 的 开 α 覆盖. 对于每一 $m \geqslant n_0$, 记 $\mathscr{U}_m' = \{U_{m,j}\}_{j\leqslant i(m)}$, 那么存在 $f_{m,j} \in A_m$ 使得 $U_{m,j} = f_{m,j}^{-1}(O_m)$. 下面证明 $f_0 \in \overline{\{f_{m,j} : m \geqslant n_0, j \leqslant i(m)\}}$.

对于 f_0 的任一基本邻域 $[A, V]$, 让

$$H = \{(m, j) \in \mathbb{N}^2 : m \geqslant n_0, j \leqslant i(m) \text{ 且 } A \subseteq U_{m,j}\}.$$

显然, $H \neq \varnothing$. 若 H 是有限集, 对于每一 $(m, j) \in H$, 因为 $U_{m,j} \neq X$, 取 $x_{m,j} \in X \setminus U_{m,j}$. 由于存在 $K \in \alpha$ 使得 $A \cup \{x_{m,j} : (m, j) \in H\} \subseteq K$, 所以 $\bigcup_{m\geqslant n_0} \mathscr{U}_m'$ 中不 存在元素含有 K, 这与 $\bigcup_{m\geqslant n_0} \mathscr{U}_m'$ 是 X 的 α 覆盖相矛盾. 于是 H 是无限集, 因而 存在 $m \geqslant n_0$, $j \leqslant i(m)$ 使得 $A \subseteq U_{m,j} = f_{m,j}^{-1}(O_m)$ 且 $O_m \subseteq V$, 所以 $f_{m,j} \in [A, V]$. 故 $f_0 \in \overline{\{f_{m,j} : m \geqslant n_0, j \leqslant i(m)\}}$.

由于具有可数扇 tightness 是闭遗传性质, (2) $\Rightarrow$ (1) 是显然的. □

值得一提的是存在空间 X 和 Y 使得 $C_p(X)$ 和 $C_p(Y)$ 都是 Fréchet-Urysohn 空间, 但是 $C_p(X) \times C_p(Y)$ 不具有可数 tightness[271]. 林寿, 刘川和滕辉[167] 证明了定理 5.4.8 关于紧开拓扑的情形.

下面讨论可数扇 tightness 的加强形式: 可数强扇 tightness. 空间 X 称为具有可数强扇 tightness[241], 如果对于 X 的子集列 $\{A_n\}$ 及 $x \in \bigcap_{n \in \mathbb{N}} \overline{A_n}$, 存在 X 的序列 $\{x_n\}$ 使得每一 $x_n \in A_n$ 且 $x \in \overline{\{x_n : n \in \mathbb{N}\}}$.

显然, 第一可数空间具有可数强扇 tightness; 可数强扇 tightness 是可数扇 tightness.

定理 5.4.9 对于每一 $\{X, \alpha\}$, 下述条件相互等价:

(1) $C_\alpha(X)$ 具有可数强扇 tightness.

(2) $C_\alpha^\omega(X)$ 具有可数强扇 tightness.

(3) 若 $\{\mathscr{U}_n\}$ 是 X 的开 α 覆盖列, 则存在 X 的 α 覆盖 $\{U_n\}_{n \in \mathbb{N}}$ 使得每一 $U_n \in \mathscr{U}_n$.

证明 (1) $\Rightarrow$ (3). 设 $\{\mathscr{U}_n\}$ 是空间 X 的开 α 覆盖列. 对于每一 $n \in \mathbb{N}$, 置

$$A_n = \{f \in C_\alpha(X) : \text{存在 } U \in \mathscr{U}_n \text{ 使得 } f(X \setminus U) \subseteq \{0\}\},$$

则 $\overline{A_n} = C_\alpha(X)$ (见定理 5.4.8 中 (1) $\Rightarrow$ (3) 的证明). 令 h 是 X 上取值恒为 1 的常值函数, 则 $h \in \bigcap_{n \in \mathbb{N}} \overline{A_n}$. 由于 $C_\alpha(X)$ 具有可数强扇 tightness, 存在 $f_n \in A_n$ ($\forall n \in \mathbb{N}$) 使得 $h \in \overline{\{f_n : n \in \mathbb{N}\}}$. 又由 A_n 的定义, 存在 $U_n \in \mathscr{U}_n$ 使得 $f_n(X \setminus U_n) \subseteq \{0\}$. 若 $A \in \alpha$, 则 $h \in [A, (0, 2)]$, 于是存在 $m \in \mathbb{N}$ 使得 $f_m \in [A, (0, 2)]$, 所以 $A \subseteq U_m$. 故 $\{U_n\}_{n \in \mathbb{N}}$ 是 X 的 α 覆盖.

(3) $\Rightarrow$ (2). 只需证明 $C_\alpha(X, \mathbb{R}^\omega)$ 在点 f_0 (零函数) 具有可数强扇 tightness. 设 $\{A_n\}$ 是空间 $C_\alpha(X, \mathbb{R}^\omega)$ 的子集列且 $f_0 \in \bigcap_{n \in \mathbb{N}} \overline{A_n}$. 对于每一 $n \in \mathbb{N}$, 置 $\mathscr{U}_n = \{f^{-1}(O_n) : f \in A_n\}$, 其中 $\{O_n\}_{n \in \mathbb{N}}$ 是 $\mathbb{R}^\omega$ 中点 $\mathbf{0} = (0, 0, \cdots)$ 处的可数递减的局部基, 则 $\mathscr{U}_n$ 是 X 的开 α 覆盖. 置 $M = \{n \in \mathbb{N} : X \in \mathscr{U}_n\}$.

若 M 是无限集, 对于 f_0 的任一基本邻域 $[A, V]$, 存在 $m \in M$ 使得 $O_m \subseteq V$. 由 $\mathscr{U}_m$ 的构造, 存在 $g_m \in A_m$ 使得 $X = g_m^{-1}(O_m)$, 从而 $g_m(X) \subseteq O_m$, 于是 $g_m \in [A, V]$. 这表明 $C_\alpha(X)$ 中的序列 $\{g_m\}_{m \in M}$ 收敛于 f_0. 若 M 是有限集, 则存在 $n_0 \in \mathbb{N}$ 使得当 $m \geqslant n_0$ 时, 对于每一 $g \in A_m$ 有 $g^{-1}(O_m) \neq X$. 而 $\{\mathscr{U}_m\}_{m \geqslant n_0}$ 是 X 的开 α 覆盖列, 由假设, 存在 $U_m \in \mathscr{U}_m$ 使得 $\{U_m\}_{m \geqslant n_0}$ 是 X 的 α 覆盖. 这时存在 $f_m \in A_m$ 使得 $U_m = f_m^{-1}(O_m)$. 下面证明 $f_0 \in \overline{\{f_m : m \geqslant n_0\}}$. 对于 f_0 的任一基本邻域 $[A, V]$, 让 $\mathscr{U} = \{U_m : A \subseteq U_m, m \geqslant n_0\}$. 显然, $\mathscr{U} \neq \varnothing$. 若 $\mathscr{U}$ 是有限集, 设 $\mathscr{U} = \{U_{m_j} : j \leqslant k\}$. 对于每一 $j \leqslant k$, 因为 $U_{m_j} \neq X$, 取 $x_{m_j} \in X \setminus U_{m_j}$. 由于存在 $K \in \alpha$ 使得 $A \cup \{x_{m_j} : j \leqslant k\} \subseteq K$, 那么 $\{U_m\}_{m \geqslant n_0}$ 中不存在元素含有 K, 这与 $\{U_m\}_{m \geqslant n_0}$ 是 X 的 α 覆盖相矛盾. 于是 $\mathscr{U}$ 是无限集, 因而存在 $m \geqslant n_0$

使得 $A \subseteq U_m$ 且 $O_m \subseteq V$, 所以 $A \subseteq U_m = f_m^{-1}(O_m)$, 因此 $f_m(A) \subseteq O_m \subseteq V$, 即 $f_m \in [A, V]$. 故 $f_0 \in \overline{\{f_m : m \geqslant n_0\}}$.

由于具有可数强扇 tightness 是闭遗传性质, (2) $\Rightarrow$ (1) 是显然的. □

M. Sakai[241]、林寿和刘川[165] 分别证明了定理 5.4.9 关于点态收敛拓扑, 关于紧开拓扑的情形.

练　习

5.4.1　序列空间或遗传可分空间都具有可数 tightness.

5.4.2　证明: 函数空间 $C_p(X)$ 具有可数 tightness 当且仅当积空间 $C_p^\omega(X)$ 具有可数 tightness.

5.4.3　设 X 是第二可数空间. 证明: $C_k(X)$ 具有可数 tightness.

5.4.4　函数空间 $C_\alpha(X)$ 具有可数强扇 tightness 当且仅当对于 $C_\alpha(X)$ 中递减的集列 $\{A_n\}$ 及 $f \in \bigcap_{n \in \mathbb{N}} \overline{A_n}$, 存在 $f_n \in A_n \ (\forall n \in \mathbb{N})$ 使得 $f \in \overline{\{f_n : n \in \mathbb{N}\}}$.

5.4.5　设 S 是 Sorgenfrey 直线, 证明 $C_p(S)$ 不是正规空间.

5.4.6　设 X 是可数紧的正则空间. 若 X 具有可数 tightness, 则 X 具有可数扇 tightness[26].

5.4.7　证明 $C_p(\omega_1)$ 不是 Lindelöf 空间.

5.5　Fréchet-Urysohn 性质

回忆在 3.1 节中讨论过的两个广义序列性质: Fréchet-Urysohn 性质、强 Fréchet-Urysohn 性质. 空间 X 称为 Fréchet-Urysohn 空间 (定义 3.1.5), 如果 A 是 X 的子集且 $x \in \overline{A}$, 则存在 A 中元组成的序列 $\{x_n\}$ 使得在 X 中 $\{x_n\}$ 收敛于 x. 空间 X 称为强 Fréchet-Urysohn 空间 (定义 2.4.3), 若 $\{A_n\}$ 是 X 中递减的集列且 $x \in \bigcap_{n \in \mathbb{N}} \overline{A_n}$, 则存在 $x_n \in A_n \ (\forall n \in \mathbb{N})$ 使得在 X 中序列 $\{x_n\}$ 收敛于 x. 对于强 Fréchet-Urysohn 空间的定义稍加改变可得到严格 Fréchet-Urysohn 空间的概念. 空间 X 称为严格 Fréchet-Urysohn 空间[94], 若 $\{A_n\}$ 是 X 中的集列且 $x \in \bigcap_{n \in \mathbb{N}} \overline{A_n}$, 则存在 $x_n \in A_n \ (\forall n \in \mathbb{N})$ 使得在 X 中序列 $\{x_n\}$ 收敛于 x.

一些广义序列性质之间的关系如图 5.5.1.

为了刻画函数空间 $C_\alpha(X)$ 的 Fréchet-Urysohn 性质, 引入下述概念. 空间 X 的子集列 $\{C_n\}$ 称为 X 的 **α 序列**, 如果对于每一 $A \in \alpha$, 存在 $m \in \mathbb{N}$ 使得当 $n \geqslant m$ 时有 $A \subseteq C_n$.

定理 5.5.1[189]　空间 $C_\alpha(X)$ 是 Fréchet-Urysohn 空间当且仅当 X 的每一开 α 覆盖含有 α 序列.

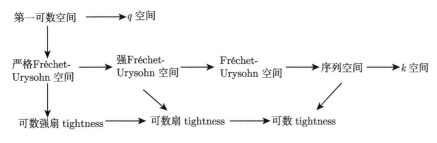

图 5.5.1　广义序列性质

证明　设 $C_\alpha(X)$ 是 Fréchet-Urysohn 空间. 让 $\mathscr{U}$ 是 X 的开 α 覆盖. 对于每一 $A \in \alpha$, 存在 $U_A \in \mathscr{U}$ 使得 $A \subseteq U_A$, 于是存在 $f_A \in C(X)$ 使得 $f_A(A) = \{0\}$ 且 $f_A(X \setminus U_A) \subseteq \{1\}$. 易验证, 零函数 $f_0 \in \overline{\{f_A : A \in \alpha\}}$ (见定理 5.4.1 的证明), 于是存在 α 的子集列 $\{A_n\}_{n \in \mathbb{N}}$ 使得序列 $\{f_{A_n}\}$ 在 $C_\alpha(X)$ 中收敛于 f_0. 下面证明 $\{U_{A_n}\}_{n \in \mathbb{N}}$ 是 X 的 α 序列. 若 $A \in \alpha$, 由于 $f_0 \in [A, (-1,1)]$, 存在 $m \in \mathbb{N}$ 使得当 $n \geqslant m$ 时有 $f_{A_n} \in [A, (-1,1)]$. 如果 $x \in A$, 则 $f_{A_n}(x) < 1$, 于是 $x \notin X \setminus U_{A_n}$, 即 $x \in U_{A_n}$. 因而 $A \subseteq U_{A_n}$. 故 $\mathscr{U}$ 的子集列 $\{U_{A_n}\}$ 是 X 的 α 序列.

反之, 设空间 X 的每一开 α 覆盖含有 α 序列. 让 G 是 $C_\alpha(X)$ 的子集且零函数 $f_0 \in \overline{G}$. 对于每一 $n \in \mathbb{N}$ 和 $A \in \alpha$, 如定理 5.4.1 的证明, 定义

$$g_{n,A} \in G \cap [A, (-1/n, 1/n)], \quad W(n, A) = \{x \in X : |g_{n,A}(x)| < 1/n\},$$

并令 $\mathscr{W}_n = \{W(n, A) : A \in \alpha\}$. 特别地, 每一 $\mathscr{W}_n$ 是 X 的开 α 覆盖. 定义 $\mathscr{U}_n = \bigwedge_{i \leqslant n} \mathscr{W}_i$, 则 $\mathscr{U}_n$ 是 X 的开 α 覆盖. 由推论 4.4.5, 不妨设 $X \notin \alpha$. 因为 $\{X \setminus \{x\}\}_{x \in X}$ 是 X 的开 α 覆盖, 由假设, 存在 X 中的序列 $\{x_n\}$ 使得 $\{X \setminus \{x_n\}\}_{n \in \mathbb{N}}$ 是 X 的 α 序列. 其次, 对于每一 $n \in \mathbb{N}$, 定义 $\mathscr{U}'_n = \{U \setminus \{x_n\} : U \in \mathscr{U}_n\}$. 再令 $\mathscr{V} = \bigcup_{n \in \mathbb{N}} \mathscr{U}'_n$, 则 $\mathscr{V}$ 是 X 的开 α 覆盖. 事实上, 对于每一 $A \in \alpha$, 存在 $n \in \mathbb{N}$ 和 $U \in \mathscr{U}_n$ 使得 $A \subseteq X \setminus \{x_n\}$ 且 $A \subseteq U$, 于是 $A \subseteq U \setminus \{x_n\}$. 从 $\mathscr{V}$ 中可选取 α 序列 $\{V_n\}$.

对于每一 $k \in \mathbb{N}$, 存在 $n_k \in \mathbb{N}$ 和 $U_k \in \mathscr{U}_{n_k}$ 使得 $V_k \subseteq U_k$. 因而对于某一 $A_k \in \alpha$, $V_k \subseteq W(n_k, A_k)$. 若 $\{n_k : k \in \mathbb{N}\}$ 是有限集, 让 $n = \max\{n_k : k \in \mathbb{N}\}$, 则存在 $k \in \mathbb{N}$ 使得 $\{x_i : i \leqslant n\} \subseteq V_k = U_k \setminus \{x_{n_k}\}$, 于是 $n_k > n$, 矛盾. 因此 $\{n_k : k \in \mathbb{N}\}$ 是无限集. 取递增的子序列 $\{n_{k_i}\}$ 且让 $g_i = g_{n_{k_i}, A_{k_i}}$. 对于每一 $A \in \alpha$ 和 $n \in \mathbb{N}$, 存在 $m \in \mathbb{N}$ 使得当 $i \geqslant m$ 时 $A \subseteq V_{k_i}$ 且 $n_{k_i} \geqslant n$, 于是 $A \subseteq V_{k_i} \subseteq W(n_{k_i}, A_{k_i}) = \{x \in X : |g_i(x)| < 1/n_{k_i}\}$. 从而 $g_i \in [A, (-1/n, 1/n)]$. 故序列 $\{g_i\}$ 收敛于 f_0. 因此 $C_\alpha(X)$ 是 Fréchet-Urysohn 空间. $\qquad\square$

对于一般的拓扑空间, Fréchet-Urysohn 性质 $\nRightarrow$ 强 Fréchet-Urysohn 性质 (例 3.1.8) $\nRightarrow$ 严格 Fréchet-Urysohn 性质[223].

在拓扑群, 有下述结果.

引理 5.5.2[222]　　设 G 是 T_2 拓扑群. 若 G 是 Fréchet-Urysohn 空间, 则 G 是强 Fréchet-Urysohn 空间.

证明　不妨设 G 是非离散的, 则 G 的单位元 $e \in \overline{G \setminus \{e\}}$. 因为 G 是 Fréchet-Urysohn 空间, 存在 $G \setminus \{e\}$ 中的序列 $\{a_n\}_{n \in \mathbb{N}}$ 使其收敛于 e. 设 $\{A_n\}_{n \in \mathbb{N}}$ 是 G 中递减的集列, 且 $x \in \bigcap_{n \in \mathbb{N}} \overline{A_n}$. 对于任意 $n \in \mathbb{N}$, 因为 G 是 T_2 的, 存在 e 的对称开邻域 V_n 使得 $a_n \notin V_n^2$. 令 $B_n = x^{-1} A_n$. 显然, $e \in x^{-1} \overline{A_n} = \overline{B_n}$, 于是 $e \in V_n \cap \overline{B_n} \subseteq \overline{V_n \cap B_n}$. 再令 $C_n = a_n(B_n \cap V_n)$. 显然, $a_n \in a_n \overline{B_n \cap V_n} = \overline{C_n}$. 由于 $a_n \notin V_n^2$, 于是 $V_n \cap C_n \subseteq V_n \cap a_n V_n = \varnothing$, 从而 $e \notin \overline{C_n}$.

令 $C = \bigcup_{n \in \mathbb{N}} C_n$. 由 $a_n \in \overline{C_n}$ 且 $\{a_n\}_{n \in \mathbb{N}}$ 收敛于 e, 可得 $e \in \overline{C}$. 因为 G 是 Fréchet-Urysohn 空间, 存在 C 中的序列 $\{c_k\}_{k \in \mathbb{N}}$ 使其收敛于 e. 又 $e \notin \overline{C_n}$, 所以每一 C_n 仅含有序列 $\{c_k\}_{k \in \mathbb{N}}$ 中的有限项. 从而不妨设存在 $\{C_n\}_{n \in \mathbb{N}}$ 的子列 $\{C_{n_k}\}_{k \in \mathbb{N}}$ 使得每一 $c_k \in C_{n_k}$. 由于 $C_{n_k} \subseteq a_{n_k} B_{n_k} = a_{n_k} x^{-1} A_{n_k}$, 存在 $x_{n_k} \in A_{n_k}$ 使得 $c_k = a_{n_k} x^{-1} x_{n_k}$. 因为 G 是拓扑群, 则序列 $\{a_{n_k}^{-1}\}_{k \in \mathbb{N}}$ 收敛于 e, 因而序列 $\{x a_{n_k}^{-1} c_k\}_{k \in \mathbb{N}}$ 收敛于 x, 即序列 $\{x_{n_k}\}_{n \in \mathbb{N}}$ 收敛于 x. 当 $n_{k-1} < n < n_k$ 时, 取 $x_n = x_{n_k}$. 这时, 每一 $x_n \in A_n$ 且序列 $\{x_n\}$ 收敛于 x. 故 G 是强 Fréchet-Urysohn 空间. □

下述定理表明, 在函数空间中有比拓扑群更好的结果.

定理 5.5.3　对于每一 $\{X, \alpha\}$, 下述条件相互等价:

(1) $C_\alpha(X)$ 是严格 Fréchet-Urysohn 空间.

(2) $C_\alpha(X)$ 是强 Fréchet-Urysohn 空间.

(3) $C_\alpha(X)$ 是 Fréchet-Urysohn 空间.

(4) 若 $\{\mathscr{U}_n\}$ 是 X 的开 α 覆盖列, 则存在 X 的 α 序列 $\{U_n\}$ 使得每一 $U_n \in \mathscr{U}_n$.

(5) $C_\alpha^\omega(X)$ 是严格 Fréchet-Urysohn 空间.

证明　显然, $(5) \Rightarrow (1) \Rightarrow (2) \Rightarrow (3)$.

$(3) \Rightarrow (4)$. 设 $C_\alpha(X)$ 是 Fréchet-Urysohn 空间且 $\{\mathscr{U}_n\}$ 是空间 X 的开 α 覆盖序列. 不妨设每一 $\mathscr{U}_{n+1}$ 加细 $\mathscr{U}_n$. 若 $X \in \alpha$, 对于每一 $n \in \mathbb{N}$, 存在 $U_n \in \mathscr{U}_n$ 使得 $X \subseteq U_n$. 这时 $\{U_n\}_{n \in \mathbb{N}}$ 是 X 的 α 序列. 若 $X \notin \alpha$, 则 $\{X \setminus \{x\}\}_{x \in X}$ 是 X 的开 α 覆盖. 由定理 5.5.1, 存在 X 的子集 $\{x_n : n \in \mathbb{N}\}$ 使得 $\{X \setminus \{x_n\}\}_{n \in \mathbb{N}}$ 是 X 的 α 序列. 令 $\mathscr{B}_n = \{U \setminus \{x_n\} : U \in \mathscr{U}_n\}$, $n \in \mathbb{N}$. 则 $\mathscr{B} = \bigcup_{n \in \mathbb{N}} \mathscr{B}_n$ 是 X 的 α 覆盖. 再由定理 5.5.1, $\mathscr{B}$ 含有 α 序列 $\{G_k\}$. 对于每一 $k \in \mathbb{N}$, 存在 $n_k \in \mathbb{N}$ 使得 $G_k \in \mathscr{B}_{n_k}$, 即有 $U_{n_k} \in \mathscr{U}_{n_k}$ 使得 $G_k = U_{n_k} \setminus \{x_{n_k}\}$. 对于每一 $n \in \mathbb{N}$, 因为 $\{x_1, x_2, \cdots, x_n\} \in \alpha$, 所以存在 $k \in \mathbb{N}$ 使得 $\{x_i : i \leqslant n\} \subseteq G_k$. 如果 $n_k \leqslant n$, 那么 $x_{n_k} \in G_k = U_{n_k} \setminus \{x_{n_k}\}$, 矛盾. 于是 $n_k > n$, 从而 $\{n_k : k \in \mathbb{N}\}$ 是无限集, 因此存在 $\{n_k\}$ 的单调上升的子列 $\{n_{k_i}\}$. 对于 $n_{k_i} < n < n_{k_{i+1}}$, 因为 $\mathscr{U}_{n_{k_{i+1}}}$ 加细 $\mathscr{U}_n$, 存

在 $U_n \in \mathcal{U}_n$ 使得 $U_{n_{k_{i+1}}} \subseteq U_n$. 令

$$W_n = \begin{cases} U_{n_{k_i}}, & n = n_{k_i}, \\ U_n, & n \neq n_{k_i}, i \in \mathbb{N}. \end{cases}$$

则 $W_n \in \mathcal{U}_n$. 对于每一 $A \in \alpha$, 存在 $i_0 \in \mathbb{N}$ 使得当 $i \geqslant i_0$ 时有 $A \subseteq U_{n_{k_i}}$, 于是当 $n \geqslant n_{k_{i_0}}$ 时有 $A \subseteq W_n$. 故 $\{W_n\}$ 是 X 的 α 序列.

(4) $\Rightarrow$ (5). 只需证明 $C_\alpha(X, \mathbb{R}^\omega)$ 在点 f_0 (零函数) 具有严格 Fréchet-Urysohn 性质. 设 $\{A_n\}$ 是 $C_\alpha(X, \mathbb{R}^\omega)$ 中的集列且 $f_0 \in \bigcap_{n \in \mathbb{N}} \overline{A_n}$. 对于每一 $n \in \mathbb{N}$, 置

$$\mathcal{U}_n = \{f^{-1}(O_n) : f \in A_n\},$$

其中 $\{O_n\}_{n \in \mathbb{N}}$ 是 $\mathbb{R}^\omega$ 中点 $\mathbf{0} = (0, 0, \cdots)$ 处的可数递减的局部基, 则 $\mathcal{U}_n$ 是 X 的开 α 覆盖. 由假设条件, 存在 $U_n \in \mathcal{U}_n$ $(\forall n \in \mathbb{N})$ 使得 $\{U_n\}$ 是 X 的 α 序列. 取定 $f_n \in A_n$ 使得 $U_n = f_n^{-1}(O_n)$. 下证在 $C_\alpha(X, \mathbb{R}^\omega)$ 中序列 $\{f_n\}$ 收敛于 f_0. 对于 f_0 在 $C_\alpha(X, \mathbb{R}^\omega)$ 中的任意基本邻域 $[A, V]$, 存在 $m \in \mathbb{N}$ 使得 $O_m \subseteq V$, 并且当 $n \geqslant m$ 时有 $A \subseteq U_n$, 这时 $f_n(A) \subseteq f_n(U_n) \subseteq O_n \subseteq O_m \subseteq V$, 从而 $f_n \in [A, V]$. 因此 $\{f_n\}$ 收敛于 f_0. 故 $C_\alpha(X, \mathbb{R}^\omega)$ 是严格 Fréchet-Urysohn 空间. $\square$

定理 5.5.3 中的 (3) $\Rightarrow$ (2) 是间接证明的, 没有使用引理 5.5.2. 由定理 5.5.3, 若 $C_\alpha(X)$ 是 Fréchet-Urysohn 空间, 则 $C_\alpha(X)$ 具有可数强扇 tightness. 下面讨论几个与 Fréchet-Urysohn 性质相关的函数空间的例子.

引理 5.5.4 设 X 是第一可数空间. 若 $C_k(X)$ 是 Fréchet-Urysohn 空间, 则 X 是局部紧空间.

证明 假设空间 X 在某点 x 处不是局部紧的. 让 $\{U_n\}_{n \in \mathbb{N}}$ 是 x 在 X 中的可数局部基. 对于每一 $n \in \mathbb{N}$ 和 X 的非空紧子集 K, 由于 $U_n \not\subseteq K$, 存在 X 的开集 $U(n, K)$ 使得 $\{x\} \cup K \subseteq U(n, K)$ 且 $U_n \not\subseteq U(n, K)$. 让

$$\mathcal{U}_n = \{U(n, K) : K \text{ 是 } X \text{ 的非空紧子集}\}.$$

则 $\mathcal{U}_n$ 是 X 的开 k 覆盖. 由定理 5.5.3, 存在 X 的非空紧子集列 $\{K_n\}$ 使得 $\{U(n, K_n)\}$ 是 X 的 k 序列. 对于每一 $n \in \mathbb{N}$, 取 $x_n \in U_n \setminus U(n, K_n)$. 显然, 序列 $\{x_n\}$ 收敛于 x. 令 $A = \{x\} \cup \{x_n : n \in \mathbb{N}\}$, 则 A 是 X 的紧子集且每一 $U(n, K_n) \not\supseteq A$, 矛盾. 故 X 是局部紧空间. $\square$

由此, $C_k(\mathbb{P})$ 不是 Fréchet-Urysohn 空间, 从而 $C_k(\mathbb{N}^\omega)$ 不是 Fréchet-Urysohn 空间 (定理 2.6.9). 由定理 5.5.1 和引理 5.5.4, 产生下述问题.

问题 5.5.5[187] (1) 设 $C_k(X)$ 是 Fréchet-Urysohn 空间. 若 X 是 k 空间, X 是否是半紧空间?

(2) 设 $C_p(X)$ 是 Fréchet-Urysohn 空间. 若 X 是第一可数空间, X 是否是可数集?

例 5.5.6[22, 188] $C_p(\mathbb{I})$ 具有可数 tightness, 但不是序列空间.

由定理 5.4.3, $C_p(\mathbb{I})$ 具有可数 tightness. 下面证明 $C_p(\mathbb{I})$ 不是序列空间. 设 $\{r_n : n \in \mathbb{N}\}$ 是 $\mathbb{I}$ 的稠密子集. 让 $\{U_n : n \in \mathbb{N}\}$ 是 $\mathbb{I}$ 的满足下述条件的拓扑基:

(6.1) 每一 $m(\overline{U}_n) < 1/2$, 其中 m 是 $\mathbb{I}$ 的 Lebesgue 测度;

(6.1) 对于 $\mathbb{I}$ 的每一有限子集 F, 存在 $n \in \mathbb{N}$ 使得 $F \subseteq U_n$.

选取 $f_n \in C_p(\mathbb{I}, \mathbb{I})$ 满足:

(6.3) $\displaystyle\int_0^1 f_n(x)dx \geqslant 1/2$;

(6.4) $f_n(U_n \cup \{r_k : k \leqslant n\}) = \{0\}$.

让 $Z = \{f_n : n \in \mathbb{N}\}$, f_0 是 $\mathbb{I}$ 上的零函数. 如果 $f \in C_p(\mathbb{I})$ 是 Z 的聚点, 那么对于每一 $n \in \mathbb{N}$ 有 $f(r_n) = 0$, 于是 $f = f_0$, 因而 Z 不是 $C_p(\mathbb{I})$ 的闭集. 如果 $C_p(\mathbb{I})$ 是序列空间, 则存在 Z 中的序列 $\{g_n\}$ 收敛于 f_0. 由于每一 $\displaystyle\int_0^1 g_n(x)dx \geqslant 1/2$, 从 Lebesgue 控制收敛定理, $\displaystyle\int_0^1 f_0(x)dx \geqslant 1/2$, 矛盾. 故 $C_p(\mathbb{I})$ 不是序列空间.

第 6 章中将进一步说明 $C_p(\mathbb{I})$ 具有可数扇 tightness, 但没有可数强扇 tightness (见定理 6.3.5 和引理 6.3.9).   □

推论 5.5.7   若 $C_p(X)$ 是 Fréchet-Urysohn 空间, 则 $\text{Ind}(X) = 0$.

证明   因为 $C_p(X)$ 是 Fréchet-Urysohn 空间, 由定理 5.4.3, X 是 Lindelöf 空间. 再由推论 2.1.11, 只需证明 $\text{ind}(X) = 0$. 对于每一 $x \in X$ 及 x 在 X 中的邻域 U, 存在 $f \in C_p(X, \mathbb{I})$ 使得 $f(x) = 1$ 且 $f(X \setminus U) \subseteq \{0\}$. 因为 $C_p(X)$ 是 Fréchet-Urysohn 空间, 所以 $C_p(f(X))$ 也是 Fréchet-Urysohn 空间 (练习 5.5.3). 由例 5.5.6, $f(X) \neq [0,1]$, 即存在 $y \in [0,1) \setminus f(X)$, 于是 $x \in f^{-1}((y,1]) \subseteq U$ 且 $f^{-1}((y,1]) = f^{-1}([y,1])$ 是 X 的开闭集. 从而 $\text{ind}(X) = 0$. 故 $\text{Ind}(X) = 0$.   □

例 5.5.8[188] $C_p([0,\omega_1])$ 是严格 Fréchet-Urysohn 空间.

证明   设 X 是序空间 $[0,\omega_1]$, 且 $\{\mathscr{U}_n\}$ 是 X 的开 ω 覆盖的序列. 取 $U_1 \in \mathscr{U}_1$ 使得 $\omega_1 \in U_1$, 则 $X \setminus U_1$ 是可数集. 记 $X \setminus U_1 = \{x_{1i} : i \in \mathbb{N}\}$. 取 $U_2 \in \mathscr{U}_2$ 使得 $\{\omega_1, x_{11}\} \subseteq U_2$, 则 $X \setminus U_2$ 是可数集. 记 $X \setminus U_2 = \{x_{2i} : i \in \mathbb{N}\}$. 再取 $U_3 \in \mathscr{U}_3$ 使得 $\{\omega_1, x_{11}, x_{12}, x_{21}\} \subseteq U_3$. 继续上述过程, 对于每一 $n \in \mathbb{N}$, 可选取 $U_n \in \mathscr{U}_n$ 使得 $X \setminus U_n = \{x_{ni} : i \in \mathbb{N}\}$ 且 $\{\omega_1\} \cup \{x_{ji} : j + i \leqslant n+1\} \subseteq U_{n+1}$. 下面证明 $\{U_n\}_{n \in \mathbb{N}}$ 是 X 的 ω 序列. 这只需证明对于每一 $x \in X$, 存在 $m \in \mathbb{N}$ 使得当 $n \geqslant m$ 时有 $x \in U_n$. 不妨设 $x \notin \bigcap_{n \in \mathbb{N}} U_n$. 令 $j = \min\{n \in \mathbb{N} : x \notin U_n\}$. 由于 $X \setminus U_j = \{x_{ji} : i \in \mathbb{N}\}$, 则存在 $i \in \mathbb{N}$ 使得 $x = x_{ji}$, 于是当 $n \geqslant j + i$ 时有 $x \in U_n$. 因此 $\{U_n\}_{n \in \mathbb{N}}$ 是 X 的 ω

序列. 由定理 5.5.3, $C_p([0,\omega_1])$ 是严格 Fréchet-Urysohn 空间.

由推论 5.2.5, $C_p([0,\omega_1])$ 不具有点 G_δ 性质.   □

空间 X 称为广义可数的[188], 若存在 X 的有限子集 F 使得对于 F 在 X 中的每一邻域 U, $X \setminus U$ 是可数集. 例 5.5.8 的证明表明: 若空间 X 是广义可数的, 则 $C_p(X)$ 是严格 Fréchet-Urysohn 空间.

下述定理是关于函数空间最优美的结果之一.

定理 5.5.9(Pytkeev 定理[238])   对于每一 $\{X,\alpha\}$, 下述条件相互等价:

(1) $C_\alpha(X)$ 是 Fréchet-Urysohn 空间.

(2) $C_\alpha(X)$ 是序列空间.

(3) $C_\alpha(X)$ 是 k 空间.   □

图 5.5.2 归结了函数空间 $C_\alpha(X)$ 的广义序列性质之间的基本关系.

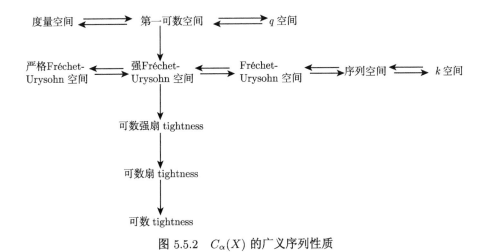

图 5.5.2 $C_\alpha(X)$ 的广义序列性质

练   习

5.5.1   设 $C_p(X)$ 是 Lindelöf 空间. 证明:

(1) 若 Y 是 X 的 C 嵌入子空间, 则 $C_p(Y)$ 是 Lindelöf 空间.

(2) X 的离散开集族是可数的.

5.5.2   设 $C_\alpha(X)$ 是 Fréchet-Urysohn 空间. 若 Y 是 X 的闭集, 则 $C_\alpha(Y)$ 是 Fréchet-Urysohn 空间.

5.5.3   设 $f : X \to Y$ 是连续的满射. 若 $C_p(X)$ 是 Fréchet-Urysohn 空间, 则 $C_p(Y)$ 是 Fréchet-Urysohn 空间.

5.5.4   若 C 是 Cantor 三分集, 则 $C_p(C)$ 不是 Fréchet-Urysohn 空间.

5.5.5   若 ωD 是离散空间 D 的一点紧化, 则 $C_p(\omega D)$ 是 Fréchet-Urysohn 空间.

5.5.6　若 M_0 是 Mrówka 空间 $\psi(\mathbb{N})$ 的一点紧化, 则 $C_p(M_0)$ 是 Fréchet-Urysohn 空间.

5.5.7　若 $C_\alpha(X)$ 是 Lašnev 空间, 则 $\alpha a(X) = \omega$.

5.6　完　全　性

本节先介绍一致空间的完全性, 其次讨论函数空间的一致完全性, 而后讨论函数空间的完全度量性, 最后再讨论函数空间的 Baire 空间性质.

回忆度量空间中的完全性 (定义 2.5.1). 设 (X, d) 是度量空间. X 中的序列 $\{x_n\}$ 称为 Cauchy 序列, 若对于任意的 $\varepsilon > 0$, 存在 $k \in \mathbb{N}$ 使得当 $n, m \geqslant k$ 时有 $d(x_n, x_m) < \varepsilon$. X 称为完全度量空间, 若 X 中的每一 Cauchy 序列是收敛序列. 度量空间完全性的刻画主要有 Cantor 定理 (定理 2.5.3) 和 Kuratowski 定理 (推论 2.5.4).

下面介绍一致空间的完全性. 设 (X, μ) 是一致空间. $\mathscr{F}$ 是 X 的子集族, 称 $\mathscr{F}$ 含有任意小集, 如果对于每一 $U \in \mu$ 存在 $F \in \mathscr{F}$ 使得 $F \times F \subseteq U$. 由于 X 是 T_2 空间, 于是 $\bigcap \mu = \Delta$ (引理 4.1.7), 所以 $\bigcap \mathscr{F}$ 至多含有一个点. 一致空间 (X, μ) 称为完全的, 如果 $\mathscr{F}$ 是 X 的具有有限交性质的闭集族且含有任意小集, 则 $\bigcap \mathscr{F} \neq \varnothing$. 一致空间的完全性简称为**一致完全性**.

度量空间的完全性是通过 Cauchy 序列定义的. 一致完全性也可通过类似的 Cauchy 网刻画. 设 $\{x_d\}_{d \in D}$ 是一致空间 (X, μ) 的网, 称 $\{x_d\}_{d \in D}$ 是 Cauchy 网, 如果对于每一 $U \in \mu$ 存在 $d_0 \in D$ 使得当 $d_1, d_2 \geqslant d_0$ 时有 $(x_{d_1}, x_{d_2}) \in U$. 这等价于对于每一 $U \in \mu$ 存在 $d_0 \in D$ 使得当 $d \geqslant d_0$ 时有 $(x_{d_0}, x_d) \in U$.

引理 5.6.1　一致空间 (X, μ) 是完全的当且仅当 (X, μ) 的每一 Cauchy 网是收敛的.

证明　设 $\{x_d\}_{d \in D}$ 是一致完全空间 (X, μ) 的 Cauchy 网. 对于每一 $d \in D$, 令 $F_d = \overline{\{x_t : t \in D, t \geqslant d\}}$. 则 $\{F_d\}_{d \in D}$ 是 X 的具有有限交性质的闭集族且含有任意小集. 事实上, 对于每一 $U \in \mu$, 存在 μ 中的闭元 $V \subseteq U$. 由于 $\{x_d\}_{d \in D}$ 是 Cauchy 网, 存在 $d_0 \in D$ 使得当 $d_1, d_2 \geqslant d_0$ 时有 $(x_{d_1}, x_{d_2}) \in V$, 于是 $F_{d_0} \times F_{d_0} = \overline{\{(x_{d_1}, x_{d_2}) : d_1, d_2 \in D, d_1, d_2 \geqslant d_0\}} \subseteq V \subseteq U$. 进而知存在 $x \in \bigcap_{d \in D} F_d$. 下面证明网 $\{x_d\}_{d \in D}$ 收敛于 x. 对于 x 在 X 中的邻域 W, 存在 $U, M \in \mu$ 使得 $U[x] \subseteq W$, 且 $M \circ M \subseteq U$. 又存在 $d_0 \in D$ 使得当 $d_1, d_2 \geqslant d_0$ 时有 $(x_{d_1}, x_{d_2}) \in M$. 由于 $x \in F_{d_0}$, 存在 $d_1 \geqslant d_0$ 使得 $x_{d_1} \in M[x]$, 于是当 $d_2 \geqslant d_0$ 时有 $(x, x_{d_2}) \in M \circ M \subseteq U$, 从而 $x_{d_2} \in U[x] \subseteq W$. 故 $\{x_d\}_{d \in D}$ 收敛于 x.

反之, 设一致空间 (X, μ) 的每一 Cauchy 网是收敛的. 再设 $\mathscr{F}$ 是 X 的具有有限交性质的闭集族且含有任意小集. 不妨设 $\mathscr{F} = \{F_d\}_{d \in D}$ 关于有限交封闭. 对于 $d_1, d_2 \in D$, 定义 $d_1 \leqslant d_2$ 当且仅当 $F_{d_2} \subseteq F_{d_1}$, 并且取定 $x_d \in F_d$, 则 $\{x_d\}_{d \in D}$

是一致空间 (X, μ) 的 Cauchy 网. 事实上, 对于每一 $U \in \mu$, 存在 $d_0 \in D$ 使得 $F_{d_0} \times F_{d_0} \subseteq U$, 当 $d \geqslant d_0$ 时 $(x_{d_0}, x_d) \in F_{d_0} \times F_{d_0} \subseteq U$. 设 x 是网 $\{x_d\}_{d \in D}$ 的极限, 下面证明 $x \in \bigcap \mathscr{F}$. 对于每一 $d_0 \in D$ 及 x 在 X 中的邻域 O, 存在 $d \geqslant d_0$ 使得 $x_d \in O \cap F_d \subseteq O \cap F_{d_0}$, 所以 $O \cap F_{d_0} \neq \varnothing$. 从而 $x \in \overline{F}_{d_0} = F_{d_0}$. 因此 $x \in \bigcap \mathscr{F}$. 故 (X, μ) 是完全的. □

接着讨论函数空间的完全性. 由定理 4.4.2, 若 μ 是 $\mathbb{R}$ 上相容的一致, 则 $C_\alpha(X) = C_{\alpha, \mu}(X)$, 即 $C_\alpha(X)$ 的拓扑是 α 上关于 μ 的一致收敛拓扑. $C_\alpha(X)$ 的完全性是关于这一致结构的完全性. 由于 $\{\hat{M}(A) : A \in \alpha \ \text{且} \ M \in \mu\}$ 是 $C_\alpha(X)$ 上这一致结构的基, 其中

$$\hat{M}(A) = \{(f, g) \in C(X) \times C(X) : (f(x), g(x)) \in M, \forall x \in A\},$$

所以对于 $C_\alpha(X)$ 的网 $\{f_d\}_{d \in D}$, $\{f_d\}_{d \in D}$ 是 Cauchy 网当且仅当对于每一 $A \in \alpha$ 和 $M \in \mu$, 存在 $d_0 \in D$ 使得当 $d \geqslant d_0$ 时有 $f_d \in \hat{M}(A)[f_{d_0}]$. 由引理 5.6.1, $C_\alpha(X)$ 是一致完全的当且仅当 $C_\alpha(X)$ 中的每一 Cauchy 网是收敛的.

空间 X 称为 α_R 空间, 若 X 上的每一实值函数 f 在 α 的每一元的限制是连续的, 则 f 是连续的. 如果 α 是空间 X 的所有非空紧子集的族, 那么 α_R 空间就是 k_R 空间; 如果 α 是 X 的所有非空有限子集的族, 那么 α_R 空间就是离散空间 (练习 5.6.1).

定理 5.6.2[279] 空间 $C_\alpha(X)$ 是一致完全的当且仅当 X 是 α_R 空间.

证明 设 $C_\alpha(X)$ 是一致完全的. 让 f 是 X 上的实值函数使得对于每一 $A \in \alpha$, $f|_A$ 是连续的. 设 $f_A \in C(X)$ 是 $f|_A$ 的扩张 (引理 4.5.5). 对于每一 $M \in \mu$, $A \in \alpha$, 当 $B \in \alpha$ 且 $A \subseteq B$ 时, 如果 $x \in A$, 则 $(f_A(x), f_B(x)) = (f(x), f(x)) \in M$, 于是 $f_B \in \hat{M}(A)[f_A]$. 这表明当 α 按包含关系构成定向集时, $\{f_A\}_{A \in \alpha}$ 是 $C_\alpha(X)$ 的 Cauchy 网, 那么 $\{f_A\}_{A \in \alpha}$ 收敛且收敛于 f. 因而 $f \in C_\alpha(X)$. 故 X 是 α_R 空间.

反之, 设 X 是 α_R 空间. 让 $\{f_d\}_{d \in D}$ 是 $C_\alpha(X)$ 中的 Cauchy 网. 如果 $A \in \alpha$, 则 $\{f_d|_A\}_{d \in D}$ 是 $C_\alpha(A) = C_k(A)$ 中的 Cauchy 网. 由于 A 是紧空间且 $\mathbb{R}$ 是完全度量空间, 由推论 4.4.4 和定理 4.4.10, $C_k(A)$ 是完全度量空间, 于是在 $C_k(A)$ 中 $\{f_d|_A\}_{d \in D}$ 收敛于某一 f_A. 置 $f : X \to \mathbb{R}$ 使得如果 $x \in A$, 则 $f(x) = f_A(x)$. 那么 f 是良好定义的且对于每一 $A \in \alpha$, $f|_A = f_A$. 因为 X 是 α_R 空间, f 在 X 上连续. 故 $\{f_d\}_{d \in D}$ 收敛于 f. □

推论 5.6.3 对于空间 X, 有下述成立:

(1) $C_k(X)$ 是一致完全的当且仅当 X 是 k_R 空间.

(2) $C_p(X)$ 是一致完全的当且仅当 X 是离散空间. □

下面进一步讨论函数空间的完全度量性.

引理 5.6.4 设 (X, d) 是度量空间. 若 μ 是由 d 诱导的 X 上的一致结构, 则

(X, μ) 是一致完全的当且仅当 (X, d) 是完全度量空间.

证明　对于每一 $r > 0$, 让 $U_r = \{(x, y) \in X \times X : d(x, y) < r\}$. 易见, $\{U_r\}_{r>0}$ 是一致结构 μ 的基. 对于 X 的子集 F 及 $r > 0$, 显然 $d(F) < r \Rightarrow F \times F \subseteq U_r \Rightarrow d(F) \leqslant r$. 这表明一致空间 (X, μ) 的子集族 $\mathscr{F}$ 含有任意小集当且仅当 $\mathscr{F}$ 含有直径任意小的集. 由 Kuratowski 定理 (推论 2.5.4), (X, μ) 是一致完全的当且仅当 (X, d) 是完全度量空间. □

定理 5.6.5[190]　对于每一 $\{X, \alpha\}$, 下述条件相互等价:

(1) $C_\alpha(X)$ 是完全度量空间.

(2) $C_\alpha(X)$ 是 Čech 完全空间.

(3) X 是 α_R 空间且 $\alpha a(X) = \omega$.

证明　(1) $\Rightarrow$ (3). 由引理 5.6.4、定理 5.6.2 和定理 5.2.12, 若 $C_\alpha(X)$ 是完全度量空间, 则 X 是 α_R 空间且 $\alpha a(X) = \omega$.

(3) $\Rightarrow$ (2). 设 X 是 α_R 空间且 $\alpha a(X) = \omega$. 让 α 的子集 $\{A_n\}_{n\in\mathbb{N}}$ 是 X 的 α 覆盖, 且每一 $A_n \subseteq A_{n+1}$. 先证明 X 关于覆盖 $\{A_n\}_{n\in\mathbb{N}}$ 具有弱拓扑 (定义 1.6.4), 即若 X 的子集 S 满足对于每一 $n \in \mathbb{N}, S \cap A_n$ 是闭的, 则 S 是 X 的闭集. 若 S 不是 X 的闭集, 则存在 $x \in \overline{S} \setminus S$. 不失一般性, 设 $x \in A_1$. 存在连续函数 $f_1 : A_1 \to \mathbb{R}$ 使得 $f_1(S \cap A_1) = \{0\}$ 且 $f_1(x) = 1$. 将 f_1 扩张为 $f_2 : A_2 \to \mathbb{R}$ 使得 $f_2(S \cap A_2) = \{0\}$ (引理 4.5.5). 继续上述过程, 定义函数列 $\{f_n\}$ 使得每一 $f_n : A_n \to \mathbb{R}$ 是连续的, f_{n+1} 是 f_n 的扩张且 $f_n(S \cap A_n) = \{0\}$. 置 $f : X \to \mathbb{R}$ 使得对于每一 $y \in A_n$ 有 $f(y) = f_n(y)$, 则 f 是良好定义的. 因为每一 $A \in \alpha$ 被包含于某一 A_n 中, 所以 f 在 A 上的限制是连续的. 由于 X 是 α_R 空间, 于是 f 是连续的. 然而, $f(x) = 1$ 且 $f(S) = \{0\}$, 所以 f 又不是连续的, 矛盾. 故 S 是 X 的闭集.

让 $Z = \bigoplus_{n\in\mathbb{N}} A_n$, $p : Z \to X$ 是自然映射. 由引理 1.6.7, 则 p 是商映射. 让 β 是网络族 $\{\alpha|_{A_n} : n \in \mathbb{N}\}$ 的拓扑和网络. 再由定理 4.5.7 和定理 4.5.10, 诱导函数 $p^* : C_\alpha(X) \to C_\beta(Z)$ 是闭嵌入. 因为 $C_\beta(Z)$ 同胚于积空间 $\prod_{n\in\mathbb{N}} C_\alpha(A_n)$ (定理 4.5.16) 且每一 $C_\alpha(A_n)$ 是完全度量空间 (定理 4.4.10), 所以 $C_\beta(Z)$ 是完全度量空间 (定理 2.5.5). 因而 $C_\alpha(X)$ 是完全度量空间. 由定理 2.5.10, $C_\alpha(X)$ 是 Čech 完全空间.

(2) $\Rightarrow$ (1). 若 $C_\alpha(X)$ 是 Čech 完全空间, 因为 Čech 完全空间是 q 空间, 由定理 5.2.12, $C_\alpha(X)$ 是度量空间. 再由定理 2.5.10, $C_\alpha(X)$ 是完全度量空间. □

定理 5.6.5 的证明表明: 每一半紧的 k_R 空间是 k 空间.

推论 5.6.6　对于空间 X, 有下述成立:

(1) $C_k(X)$ 是完全度量空间当且仅当 X 是半紧的 k 空间[42].

(2) $C_p(X)$ 是完全度量空间当且仅当 X 是可数的离散空间[180]. □

推论 5.6.7　设 X 是第一可数空间, 则下述条件相互等价:

(1) $C_k(X)$ 是完全度量空间.

(2) $C_k(X)$ 是 Fréchet-Urysohn 空间.

(3) X 是半紧空间.

证明 显然 $(3) \Rightarrow (1) \Rightarrow (2)$. 设 $C_k(X)$ 是 Fréchet-Urysohn 空间, 由定理 5.5.1 和引理 5.5.4, X 是局部紧的 Lindelöf 空间, 于是 X 是半紧空间. $\qquad\square$

可分的完全度量空间称为 Polish 空间. 定理 5.3.3 和定理 5.6.5 的结合可刻画函数空间的 Polish 性质.

推论 5.6.8 空间 $C_\alpha(X)$ 是 Polish 空间当且仅当 X 是 α_R 空间且

$$\alpha\alpha nw(X) = \omega. \qquad\square$$

推论 5.6.9 对于空间 X, 有下述成立:

(1) $C_k(X)$ 是 Polish 空间当且仅当 X 是 cosmic 的半紧的 k 空间.

(2) $C_p(X)$ 是 Polish 空间当且仅当 X 是可数的离散空间. $\qquad\square$

当 X 是 Polish 空间时, $C_k(X)$ 具有什么性质? 这引起不少学者的关注[88, 89, 103, 224, 239, 260]. 空间 X 称为**层空间**[46], 若对于 X 的每一开集 U, 对应 X 的开集列 $\{U_n\}_{n\in\mathbb{N}}$ 满足: (1) $U = \bigcup_{n\in\mathbb{N}} U_n = \bigcup_{n\in\mathbb{N}} \overline{U}_n$; (2) 如果 X 的开集 $V \subseteq U$, 则每一 $V_n \subseteq U_n$. 度量空间的闭映像 (Lašnev 空间) 是层空间[249]; 层空间是具有 G_δ 对称线的仿紧空间[46]. Gartside 和 Reznichenko[89, 239] 证明了对于可分度量空间 X, $C_k(X)$ 是层空间当且仅当 X 是 Polish 空间. 从而, $C_k(\mathbb{P})$ 是层空间, $C_k(\mathbb{Q})$ 不是层空间[224].

本节的最后一部分介绍函数空间的 Baire 空间性质. 连续统假设是指 $2^\omega = \omega_1$, 简记为 CH. 通过 K. Gödel (奥–美, 1906–1978)[97] 和 P.J. Cohen (美, 1934–2007)[63, 64] 的杰出工作, CH 与 ZFC 是相互独立的. 换言之, CH 成立与否在 ZFC 公理系统中是不可判定的, 即在 ZFC 中既不能证明它正确, 也不能证明它不正确. J.C. Oxtoby[230] 借助 CH 证明了存在 Baire 空间 X 使得 X^2 不是 Baire 空间. P.E. Cohen[62] 在 ZFC 中找到了 Baire 空间 X 使得 X^2 不是 Baire 空间. 而 N. Bourbaki[49] 证明了完全度量空间族的积空间是 Baire 空间 (推论 2.5.12). 由定理 4.3.11, 引理 4.2.3 和定理 1.7.7, $C_\alpha(X)$ 是 Baire 空间当且仅当 $C_\alpha(X)$ 自身是第二范畴集. 寻求 $C_\alpha(X)$ 是 Baire 空间的充分且必要条件是较困难的[191]. 下面介绍几个简单的充分条件或必要条件.

对于空间 X 的子集族 α, 称 α 的子集 β 与 α **分离**, 若对于每一 $A \in \alpha$, 存在 $B \in \beta$ 使得 $B \cap A = \varnothing$. 空间 X 的子集族 $\{F_s\}_{s\in S}$ 称为**强离散**的, 如果存在 X 的离散的开集族 $\{G_s\}_{s\in S}$ 使得每一 $F_s \subseteq G_s$.

定理 5.6.10 如果 $C_\alpha(X)$ 是 Baire 空间, 那么 X 中每一与 α 分离的子族含有可数的强离散子集族.

证明   设 α 的子集 β 与 α 分离. 对于每一 $n \in \mathbb{N}$, 令 $G_n = \bigcup\{[B, (n, n+1/2)] : B \in \beta\}$, 则 G_n 是 $C_\alpha(X)$ 的开稠密子集. 事实上, 对于 $C_\alpha(X)$ 的每一非空基本开集 $\bigcap_{i \leqslant k}[A_i, V_i]$, 存在 $B \in \beta$ 使得 $B \cap \bigcup_{i \leqslant k} A_i = \varnothing$. 取 $f \in \bigcap_{i \leqslant k}[A_i, V_i]$, 并定义 $g : B \cup \bigcup_{i \leqslant k} A_i \to \mathbb{R}$ 使得 $g(B) = \{n + 1/4\}$ 且 $g(x) = f(x)$, $x \in \bigcup_{i \leqslant k} A_i$. 由引理 4.5.5, 让 h 是 g 到 X 上的扩张, 则 $h \in [B, (n, n + 1/2)] \cap \bigcap_{i \leqslant k}[A_i, V_i]$. 因为 $C_\alpha(X)$ 是 Baire 空间, 存在 $p \in \bigcap_{n \in \mathbb{N}} G_n$. 对于每一 $n \in \mathbb{N}$, 存在 $B_n \in \beta$ 使得 $p \in [B_n, (n, n + 1/2)]$. 由于每一 $p(B_n) \subseteq (n, n + 1/2)$ 且 $\{(n, n + 1/2)\}_{n \in \mathbb{N}}$ 是 $\mathbb{R}$ 的离散开集族, 所以 β 的子集 $\{B_n\}_{n \in \mathbb{N}}$ 是 X 的强离散子集族. $\qquad\square$

空间 X 称为具有 MOP (Moving Off Property)[101], 如果 X 的每一与全体非空紧子集族分离的子族含有无限的强离散子集族. 定理 5.6.10 表明, 若 $C_k(X)$ 是 Baire 空间, 则空间 X 具有 MOP.

问题 5.6.11[101]   若空间 X 具有 MOP, $C_k(X)$ 是否是 Baire 空间?

利用拓扑对策的理论, 关于问题 5.6.11 有如下部分回答.

(1) 若 X 是 q 空间, 则 $C_k(X)$ 是 Baire 空间当且仅当 X 具有 MOP[101].

(2) 若 X 是第一可数仿紧空间的闭映像, 则 $C_k(X)$ 是 Baire 空间当且仅当 X 具有 MOP[118].

引理 5.6.12   设 α 是空间 X 的遗传闭的紧网络. 若空间 X 的每一与 α 分离的子族含有可数的强离散子集族, 则

(1) X 的每一非空的闭伪紧子集属于 α;

(2) X 的每一 q 点有一个闭邻域属于 α.

证明   (1) 设 Y 是 X 的非空的闭伪紧子集. 令 $\beta = \{\{y\} : y \in Y\}$. 如果 $Y \notin \alpha$, 则对于每一 $A \in \alpha$, 有 $Y \not\subseteq A$, 于是存在 $y \in Y \setminus A$. 这表明 β 是与 α 分离的子族. 由条件, 存在 Y 的可数子集 $\{y_n\}_{n \in \mathbb{N}}$ 及 X 的离散开集族 $\{G_n\}_{n \in \mathbb{N}}$ 使得每一 $y_n \in G_n$. 对于每一 $n \in \mathbb{N}$, 存在连续函数 $f_n : X \to [0, n]$ 使得 $f_n(y_n) = n$, $f_n(X \setminus G_n) \subseteq \{0\}$. 定义 $f : X \to \mathbb{R}$ 为 $f(x) = \sum_{n \in \mathbb{N}} f_n(x)$, $\forall x \in X$. 由集族 $\{G_n\}_{n \in \mathbb{N}}$ 的离散性, f 是连续的. 但是 $f(y_n) = n$, 这与 Y 的伪紧性相矛盾. 故 $Y \in \alpha$.

(2) 设 x 是空间 X 的 q 点. 让 $\{U_n\}_{n \in \mathbb{N}}$ 是 x 在 X 中的可数递减的开邻域列, 使得若序列 $\{x_n\}$ 满足每一 $x_n \in U_n$, 则 $\{x_n\}$ 有聚点. 对于每一 $n \in \mathbb{N}$, 存在 x 的闭邻域 $H_n \subseteq U_n$. 若 (2) 不成立, 则 $H_n \notin \alpha$. 由 (1), H_n 不是伪紧的, 从而 H_n 不是可数紧的, 于是 H_n 含有无限的闭离散子集 D_n. 取定无限集 $\{x_i : i \in \mathbb{N}\} \subseteq D_1$. 令 $\beta = \bigcup_{i \in \mathbb{N}} \beta_i$, 其中每一 $\beta_i = \{\{x_i\} \cup \{d_n : n \leqslant i\} : d_n \in D_n, n \leqslant i\}$. 则 β 与 α 分离. 事实上, 若 $A \in \alpha$, 由 A 的紧性, 则存在 $x_i \notin A$; 同时, 对于每一 $n \leqslant i$, 仍存在 $d_n \in D_n \setminus A$. 这时 $B = \{x_i\} \cup \{d_n : n \leqslant i\} \in \beta$ 且 $B \cap A = \varnothing$. 由条件, 存在 β 的强离散的子集 $\{B_k\}_{k \in \mathbb{N}}$. 设 $B_k \in \beta_{i_k}$. 由于 $x_{i_k} \in B_k$, 所以这些 i_k 是互不相同的, 于是可以不妨设序列 $\{i_k\}_{k \in \mathbb{N}}$ 是严格递增的. 对于每一 $n \in \mathbb{N}$, 取 $c_n \in B_{i_n} \cap D_{i_n}$. 则

$\{c_n : n \in \mathbb{N}\}$ 是 X 的无限闭离散子集, 这与 $c_n \in U_{i_n} \subseteq U_n$ 及 q 性质相矛盾. □

推论 5.6.13 若 $C_\alpha(X)$ 是 Baire 空间, 则 $C_\alpha(X) = C_k(X)$ 且如果 X 是 q 空间, 则 X 是局部紧空间.

讨论各式的 α 分离族引起不少学者的兴趣[41, 50, 101, 118, 242, 258]. 空间 X 称为 o-Malykhin[51], 如果 $\{O_\alpha\}_{\alpha \in \Lambda}$ 是 X 的开集族且 $x \in \overline{\bigcup_{\alpha \in \Lambda} O_\alpha} \setminus \bigcup_{\alpha \in \Lambda} \overline{O_\alpha}$, 则存在 Λ 的无限子集 Λ' 使得对于 x 的每一邻域 V, $\{\alpha \in \Lambda' : O_\alpha \cap V = \varnothing\}$ 是有限的. 空间 X 称为 κ-Fréchet-Urysohn 空间[177], 如果 U 是 X 的开子集且 $x \in \overline{U}$, 则存在 U 中的序列使其收敛于 x. 函数空间具有上述性质可通过底空间的 α 分离族刻画. 如, 空间 $C_k(X)$ 是 o-Malykhin 空间当且仅当 X 的每一与全体非空紧子集族分离的子族含有无限的紧有限的子集族[41]; 空间 $C_k(X)$ 是 κ-Fréchet-Urysohn 空间当且仅当 X 的每一与全体非空紧子集族分离的子族含有无限的强紧有限的子集族[242].

本节最后介绍 $C_k(X)$ 是 Baire 空间的一个简单的充分条件.

定理 5.6.14[190] 如果 X 是仿紧的 q 空间, 则 $C_k(X)$ 是 Baire 空间当且仅当 X 是局部紧空间.

证明 若 $C_k(X)$ 是 Baire 空间, 由推论 5.6.13, X 是局部紧空间. 反之, 设 X 是仿紧的局部紧空间, 则 X 可表为局部紧, σ 紧空间的拓扑和 (练习 5.6.5). 局部紧的 σ 紧空间是半紧的 k 空间. 由推论 4.5.17 和推论 5.6.6, $C_k(X)$ 同胚于完全度量空间族的积空间. 再由推论 2.5.12, 这积空间是 Baire 空间. 故 $C_k(X)$ 是 Baire 空间. □

由定理 5.6.14, $C_k(\mathbb{P})$ 不是 Baire 空间. 序数空间 $[0, \omega_1)$ 是非紧的伪紧空间 (例 1.2.7). 由定理 5.6.10 和引理 5.6.12, $C_k([0, \omega_1))$ 不是 Baire 空间. 然而, $[0, \omega_1)$ 是局部紧空间. 这说明定理 5.6.14 中假设空间 X 的仿紧性不可省略. 定理 5.6.14 中的仿紧性可否可替换为完全正规性 (perfect normality)? 利用集论假设 $\diamondsuit$, Ostaszewski[229] 构造了一个可数紧、局部紧且完全正规的空间 X 使其不是紧空间. 由定理 5.6.10 和引理 5.6.12, $C_k(X)$ 不是 Baire 空间. Tall[258] 讨论了积空间 $[C_k(X)]^\lambda$ 的 Baire 空间性质.

由定理 5.6.10 和引理 5.6.12, 若 $C_p(X)$ 是 Baire 空间, 那么 X 的每一紧子集是有限的, 并且 X 的具有可数局部基的点只能是孤立点. 利用强离散的概念, E.K. van Douwen (荷, 1946–1987)[70], E.G. Pytkeev[237] 和 V.V. Tkachuk[267, 268] 独立地证明了关于 $C_p(X)$ 是 Baire 空间性质的优美结果: 空间 $C_p(X)$ 是 Baire 空间当且仅当 X 的每一有限子集的互不相交序列有强离散的子序列. 这一定理的必要性来自定理 5.6.10, 充分性留到定理 6.4.2 中证明.

练 习

5.6.1 如果 α 是空间 X 的所有非空有限子集的族. 证明: X 是 α_R 空间当且仅当 X

是离散空间.

5.6.2   设 X 是半紧空间, 则下述条件相互等价:

(1) X 是 $\aleph_0$ 空间.

(2) X 是 cosmic 空间.

(3) X 的所有紧子集是可度量化的.

5.6.3   设 X 是局部紧空间, 则下述条件相互等价:

(1) $C_k(X)$ 是完全度量空间.

(2) $C_k(X)$ 具有可数 tightness.

(3) X 是半紧空间.

5.6.4   空间 X 的子集 A 称为 X 的有界集, 如果 X 上的每一实值连续函数在 A 上的限制是有界的. 若 $C_\alpha(X)$ 是 Baire 空间, 那么 X 的每一有界子集具有紧的闭包.

5.6.5   证明: 局部紧仿紧空间是 σ 紧空间的拓扑和.

第 6 章 C_p 理论初步

函数空间中最引人入胜的部分是 $C_p(X, \mathbb{R})$ 拓扑性质的研究. 这些内容简称为 C_p 理论. 在第 4、5 章关于函数空间理论的研究中已获得大量 C_p 理论的结果, 特别是通过 $C_p(X)$ 的性质刻画底空间 X 的一些性质, 如证明了下述 C_p 理论中的一些最基本的对偶定理.

定理 6.0.1   对于完全正则的 T_1 空间 X, 下述基数等式成立:

(1) $w(C_p(X)) = \chi(C_p(X)) = |X|$ (定理 5.2.11 和定理 5.3.3).

(2) $nw(C_p(X)) = nw(X)$ (定理 5.1.1).

(3) $\psi(C_p(X)) = ww(C_p(X)) = d(X)$ (定理 5.2.3 和推论 5.3.9).

(4) $d(C_p(X)) = ww(X)$ (定理 5.1.6).

(5) $t(C_p(X)) = \sup\{L(X^n) : n \in \mathbb{N}\}$ (定理 5.4.3).

(6) $c(C_p(X)) = \omega$ (推论 5.1.8).   □

推论 6.0.2   设 X, Y 都是完全正则的 T_1 空间. 如果空间 $C_p(X)$ 同胚于空间 $C_p(Y)$, 那么

(1) $|X| = |Y|$.

(2) $nw(X) = nw(Y)$.

(3) $d(X) = d(Y)$.

(4) $ww(X) = ww(Y)$.

(5) $\sup\{L(X^n) : n \in \mathbb{N}\} = \sup\{L(Y^n) : n \in \mathbb{N}\}$.   □

性质 P 称为**超拓扑性质**, 如果拓扑空间 X 具有性质 P 且函数空间 $C_p(X)$ 同胚于 $C_p(Y)$, 则拓扑空间 Y 也具有性质 P. 推论 6.0.2 说明: 基数、网络权、稠密度、弱权等都是超拓扑性质.

下例说明一些熟知的拓扑性质可以不是超拓扑性质.

例 6.0.3[22]   函数空间 $C_p(\mathbb{S}_1 \times \mathbb{N})$, $C_p(S_\omega)$ 和 $C_p(S_2)$ 是相互线性同胚的.

空间 $\mathbb{S}_1 \times \mathbb{N}$ 是局部紧的可分度量空间, 且有无限多个非孤立点. 然而, 空间 S_ω 不是 q 空间, 不是强 Fréchet-Urysohn 空间, 且仅有一个非孤立点 (例 3.1.8). 空间 S_ω 是 Fréchet-Urysohn 空间. 然而, 空间 S_2 不是 Fréchet-Urysohn 空间 (例 3.1.7). 例 6.0.3 说明: 局部紧性、权、特征、可度量性、Čech 完全性、第一可数性、第二可数性、Fréchet-Urysohn 空间性质、强 Fréchet-Urysohn 空间等都不是超拓扑性质.

上述定理及超拓扑性质都是基于集开拓扑的一般方法产生的, 难以全面反映

C_p 理论独有的性质. 本章继续第 5 章的讨论, 介绍 C_p 理论中较成熟的另外一些基数函数性质和 Baire 空间性质等. 关于 C_p 理论的详细介绍, 读者可阅读 V. Tkachuk 的著作[270] *A C_p-Theory Problem Book* : *Topological and Function Spaces.*

6.1   诱导函数与投影函数

本节作为介绍 C_p 理论的预备节, 主要扩展诱导函数和投影函数的部分内容, 包含有趣的因子引理.

首先, 继续介绍实值函数空间上诱导函数的一些结果. 在 4.5 节, 诱导函数 f^* 是对连续函数 f 定义的. 若函数 $f : X \to Y$, 可同样定义诱导函数 $f^* : \mathbb{R}^Y \to \mathbb{R}^X$ 为对于每一 $g \in \mathbb{R}^Y$ 有 $f^*(g) = g \circ f$. 定义在 $C(Y)$ 或 $\mathbb{R}^Y$ 上的诱导函数都记为 f^*. 当 $\mathbb{R}^X$ 赋予积空间拓扑时, $C_p(X)$ 是 $\mathbb{R}^X$ 的子空间.

对于非空集合 X, 积空间 $\mathbb{R}^X$ 的拓扑可以通过投影函数方式 (引理 1.1.11 前), 点开拓扑方式 (定义 4.3.1) 或一致结构方式 (定理 4.4.2) 产生. 对于 $f \in \mathbb{R}^X$, f 在 $\mathbb{R}^X$ 中关于一致结构方式的基本开邻域形如

$$\hat{M}_\varepsilon(S)[f] = \big\{ g \in \mathbb{R}^X : |f(x) - g(x)| < \varepsilon, \forall x \in S \big\},$$

其中 S 是 X 的非空有限子集且实数 $\varepsilon > 0$. 设 $S = \{x_1, x_2, \cdots, x_n\}$, 记 $\hat{M}_\varepsilon(S)[f]$ 为 $W(f, S, \varepsilon)$ 或 $W(f, x_1, x_2, \cdots, x_n, \varepsilon)$. 若 X 是拓扑空间且 $f \in C(X)$, $W(f, S, \varepsilon)$ 在 $C(X)$ 上的限制仍记为 $W(f, S, \varepsilon)$.

引理 6.1.1   若函数 $f : X \to Y$, 则 $f^* : \mathbb{R}^Y \to \mathbb{R}^X$ 是连续的, 且当 f 是满函数时 f^* 是闭嵌入.

证明   对于每一 $g \in \mathbb{R}^Y$, 让 $h = f^*(g)$, 且 $W(h, S, \varepsilon)$ 是 h 在 $\mathbb{R}^X$ 中的基本开邻域. 令 $T = f(S)$, 则 $W(g, T, \varepsilon)$ 是 g 在 $\mathbb{R}^Y$ 中的邻域且 $f^*(W(g, T, \varepsilon)) \subseteq W(h, S, \varepsilon)$. 因而 f^* 是连续的.

设 $Y = f(X)$. 若 g_1 和 g_2 是 $\mathbb{R}^Y$ 中不同的元, 则存在 $y \in Y$ 使得 $g_1(y) \neq g_2(y)$. 取定 $x \in f^{-1}(y)$, 那么 $f^*(g_1)(x) = g_1(y) \neq g_2(y) = f^*(g_2)(x)$. 于是, $f^*(g_1) \neq f^*(g_2)$, 即 f^* 是单射. 再设 $g \in \mathbb{R}^Y$ 且 $h = f^*(g)$. 对于 h 在 $\mathbb{R}^X$ 中的基本开邻域 $W(h, S, \varepsilon)$, 由于 $(f^*)^{-1}(W(h, S, \varepsilon) \cap f^*(\mathbb{R}^Y)) \subseteq W(g, f(S), \varepsilon)$, 所以 $(f^*)^{-1} : f^*(\mathbb{R}^Y) \to \mathbb{R}^Y$ 是连续的. 另一方面,

$$f^*(\mathbb{R}^Y) = \big\{ h \in \mathbb{R}^X : \text{若 } f(x_1) = f(x_2), \text{ 则 } h(x_1) = h(x_2) \big\}$$

是 $\mathbb{R}^X$ 的闭子集. 故 f^* 是闭嵌入.   □

定理 6.1.2[22]   设 Y 是完全正则空间, 且 $f : X \to Y$ 和 $g : X \to Z$ 都是满射, 则 $f^*(C(Y)) \subseteq g^*(C(Z))$ 当且仅当存在连续函数 $h : Z \to Y$ 使得 $f = h \circ g$.

证明 充分性. 设存在连续函数 $h: Z \to Y$ 使得 $f = h \circ g$. 若 $s \in f^*(C(Y))$, 则存在 $t \in C(Y)$ 使得 $s = t \circ f$, 那么 $h^*(t) = t \circ h \in C(Z)$. 由于 $g^*(h^*(t)) = h^*(t)(g) = t \circ h \circ g = t \circ f = s$, 所以 $s \in g^*(C(Z))$.

必要性. 设 $f^*(C(Y)) \subseteq g^*(C(Z))$. 先证明断言: 如果 $u \in X$, $A \subseteq X$ 且 $g(u) \in \overline{g(A)}$, 则 $f(u) \in \overline{f(A)}$. 若不然, 则存在 $q \in C(Y)$ 使得 $q(f(u)) = 1$ 且 $q(f(A)) = \{0\}$, 于是 $f^*(q)(u) = 1$ 且 $f^*(q)(A) = \{0\}$. 由假设, 存在 $p \in C(Z)$ 使得 $g^*(p) = f^*(q)$, 从而 $p(g(u)) = g^*(p)(u) = f^*(q)(u) = 1$ 且 $p(g(A)) = g^*(p)(A) = f^*(q)(A) = \{0\}$. 由 p 的连续性, $1 \in p(\overline{g(A)}) \subseteq \overline{p(g(A))} = \{0\}$, 矛盾. 因此, 上述断言成立.

下面证明对于每一 $x \in X$ 有 $g^{-1}(g(x)) \subseteq f^{-1}(f(x))$. 设 $u \in g^{-1}(g(x))$. 让 $A = \{x\}$, 则 $g(u) = g(x) \in g(A)$. 由所证断言, $f(u) \in \overline{f(A)} = \overline{f(\{x\})} = \{f(x)\}$, 即 $f(u) = f(x)$, 从而 $u \in f^{-1}(f(x))$. 因此 $g^{-1}(g(x)) \subseteq f^{-1}(f(x))$. 从而 $f(g^{-1}(g(x))) = \{f(x)\}$. 对于每一 $z \in Z$, 置 $h(z) = f(g^{-1}(z))$, 则函数 $h: Z \to Y$ 是良好定义的. 显然, $h \circ g = f \circ g^{-1} \circ g = f$. 下面证明 h 是连续的.

设 $B \subseteq Z$ 且 $z \in \overline{B}$. 让 $A = g^{-1}(B)$ 且取 $u \in g^{-1}(z)$, 那么 $g(u) = z \in \overline{B} = \overline{g(A)}$, 于是 $f(u) \in \overline{f(A)}$, 从而 $h(z) = h(g(u)) \in \overline{h(g(A))} = \overline{h(B)}$. 因此 $h(\overline{B}) \subseteq \overline{h(B)}$. 故 h 是连续的. □

推论 6.1.3 设 Y 是完全正则的 T_1 空间. 若 $f: X \to Y$ 是满射, 则

(1) f 是连续的当且仅当 $f^*(C(Y)) \subseteq C(X)$.

(2) f 是连续的单射当且仅当 X 是 Urysohn 空间且 $f^*(C(Y))$ 是 $C_p(X)$ 的稠密子集.

(3) f 是同胚的当且仅当 X 是完全正则的 T_1 空间且 $f^*(C(Y)) = C(X)$.

证明 设 $g: X \to Z$ 是恒等函数. 由定理 6.1.2 可得 (1), 这时无须假设 Y 是 T_1 空间.

(2) 设 f 是连续的单射. 易验证, X 是 Urysohn 空间. 让 $h \in C(X)$, 且 $[S, V]$ 是 h 在 $C_p(X)$ 中的基本开邻域. 由于 f 是单射, 存在 $g \in C_p(Y)$ 使得对于每一 $x \in S$ 有 $g(f(x)) = h(x)$, 于是 $f^*(g) \in [S, V]$. 从而 $f^*(C(Y))$ 是 $C_p(X)$ 的稠密子集. 反之, 设 $f^*(C(Y))$ 是 $C_p(X)$ 的稠密子集. 由 (1), f 是连续的. 再由定理 4.5.6(2), f 是单射.

(3) 设 f 是同胚的. 显然, X 是完全正则的 T_1 空间且 $f^*(C(Y)) = C(X)$. 反之, 设 $f^*(C(Y)) = C(X)$. 由 (2), f 是连续的单射. 若 f 不是同胚的, 则存在 X 的闭集 F 使得 $f(F)$ 不是 Y 的闭集. 取 $y \in \overline{f(F)} \setminus f(F)$ 和 $p \in C(X)$ 使得 $p(F) = \{0\}$ 且 $p(x) = 1$, 其中取定 $x \in f^{-1}(y)$. 由于 $f^*(C(Y)) = C(X)$, 存在 $q \in C(Y)$ 使得 $f^*(q) = p$, 则 $q(y) = q(f(x)) = f^*(q)(x) = p(x) = 1$ 且 $q(f(F)) = f^*(q)(F) = p(F) = \{0\}$. 从而 $q(y) \notin \overline{q(f(F))}$. 这与 $y \in \overline{f(F)}$ 及 q 的连续性相矛盾. □

设 $f: X \to Y$ 是满射, 其中 X 是拓扑空间. Y 上使得 f 是连续的最精的完

全正则拓扑称为 Y 上 (由 f 诱导) 的 R 商拓扑或实商拓扑. 从空间 X 到空间 Y 上的函数 f 称为 R 商映射或实商映射, 如果 Y 上的拓扑恰是由 f 诱导的 R 商拓扑, 即 Y 是完全正则空间且 Y 的子集 U 是 Y 的开集当且仅当 $f^{-1}(U)$ 是 X 的开集[19].

显然, 若 $f: X \to Y$ 是商映射且 Y 是完全正则空间, 则 f 是 R 商映射. R 商映射未必是商映射. 考虑从完全正则空间 X 到空间 Y 上的商映射 f, 其中 Y 不是完全正则空间, 但是 Y 中的任意两点可由连续函数分离, 如取 Y 是非完全正则的 Urysohn 空间. 这时 f 关于 Y 上由 f 诱导的 Y 的 R 商拓扑是 R 商映射, 但是 f 不是商映射.

推论 4.5.8 和定理 4.5.10 表明: 当 $f: X \to Y$ 是商映射时, 诱导函数 $f^*: C_p(Y) \to C_p(X)$ 是闭嵌入. R 商映射刻画了诱导函数的闭嵌入性质.

定理 6.1.4 设 Y 是完全正则空间. 若 $f: X \to Y$ 是满函数, 则下述条件相互等价:

(1) f 是 R 商映射.

(2) $C(Y) = \{h \in \mathbb{R}^Y : h \circ f \in C(X)\}$.

(3) $f^*(C_p(Y))$ 是 $C_p(X)$ 的闭集.

(4) f^* 是闭嵌入.

证明 (1) $\Rightarrow$ (2). 设 $f: X \to Y$ 是 R 商映射. 若函数 $h: Y \to \mathbb{R}$ 使得 $h \circ f$ 是连续的, 让 W 是 $\mathbb{R}$ 的开集, 那么 $f^{-1}(h^{-1}(W)) = (h \circ f)^{-1}(W)$ 是 X 的开集. 因为 f 是 $\mathbb{R}$ 商映射, 所以 $h^{-1}(W)$ 是 Y 的开集. 从而 h 是连续的. 故 $C(Y) = \{h \in \mathbb{R}^Y : h \circ f \in C(X)\}$.

(2) $\Rightarrow$ (4). 由推论 4.5.8(1), $f^*: C_p(Y) \to C_p(X)$ 是嵌入. 下面证明 $f^*(C_p(Y))$ 是 $C_p(X)$ 的闭集. 让 $g \in C(X) \setminus f^*(C(Y))$. 先证明: 存在 $x, z \in X$ 使得 $g(x) \neq g(z)$ 且 $f(x) = f(z)$. 若不然, 由定理 4.5.10 的证明, 对于每一 $y \in Y$, $g(f^{-1}(y))$ 是单点集. 定义 $h: Y \to \mathbb{R}$ 使得 $h(y) = g(f^{-1}(y)), \forall y \in Y$. 因为 $g = h \circ f \in C(X)$, 由 (2), 所以 $h \in C(Y)$, 于是 $g \in f^*(C(Y))$. 矛盾. 设 U 和 V 分别是 $\mathbb{R}$ 中 $g(x)$ 和 $g(z)$ 的不相交邻域. 显然, $g \in [x, U] \cap [z, V]$, 且 $[x, U] \cap [z, V]$ 是 $C_p(X)$ 的开集. 如果 $q \in [x, U] \cap [z, V]$, 那么 $q(x) \neq q(z)$. 而 $f(x) = f(z)$, 于是 $q \notin f^*(C(Y))$. 因此 $[x, U] \cap [z, V] \cap f^*(C(Y)) = \varnothing$. 故 $f^*(C_p(Y))$ 是 $C_p(X)$ 的闭集.

(4) $\Rightarrow$ (3) 是显然的. 下面证明 (3) $\Rightarrow$ (2). 设 $f^*(C_p(Y))$ 是 $C_p(X)$ 的闭集. 由于 $C_p(Y)$ 是积空间 $\mathbb{R}^Y$ 的稠密子集 (定理 4.3.6), 又由于 $f^*: \mathbb{R}^Y \to \mathbb{R}^X$ 是嵌入 (引理 6.1.1), 所以 $f^*(C_p(Y))$ 是 $f^*(\mathbb{R}^Y)$ 的稠密子集, 于是在 $C_p(X)$ 中 $f^*(C_p(Y))$ 是 $C(X) \cap f^*(\mathbb{R}^Y)$ 的稠密子集. 因为 $f^*(C_p(Y))$ 是 $C_p(X)$ 的闭集, 所以 $f^*(C(Y)) = C(X) \cap f^*(\mathbb{R}^Y)$. 从而 $C(Y) = \{h \in \mathbb{R}^Y : h \circ f \in C(X)\}$.

(2) $\Rightarrow$ (1). 设 $C(Y) = \{h \in \mathbb{R}^Y : h \circ f \in C(X)\} = \{h \in \mathbb{R}^Y : f^*(h) \in C(X)\}$. 由

引理 6.1.1, $f^*(C(Y)) \subseteq C(X)$. 再由推论 6.1.3(1), f 是连续的. 另一方面, 设 U 是空间 Y 的子集且 $f^{-1}(U)$ 是 X 的开集. 让 $\tilde{Y}$ 是集合 Y 赋予由 f 诱导的 $\mathbb{R}$ 商拓扑且让 $\mathrm{id} : Y \to \tilde{Y}$ 是恒等函数, 则 $\mathrm{id} \circ f$ 是 R 商映射且 $(\mathrm{id} \circ f)^{-1}(\mathrm{id}(U)) = f^{-1}(U)$, 所以 $\mathrm{id}(U)$ 是 $\tilde{Y}$ 的开集. 对于每一 $y \in U$, 存在连续函数 $g : \tilde{Y} \to \mathbb{I}$ 使得 $g(\mathrm{id}(y)) = 0$ 且 $g(\tilde{Y} \setminus \mathrm{id}(U)) \subseteq \{1\}$. 由于 $g \circ \mathrm{id} \circ f : X \to \mathbb{I}$ 连续, 由 (2), 于是 $g \circ \mathrm{id}$ 连续. 让

$$V = (g \circ \mathrm{id})^{-1}([0, 1/2)).$$

则 V 是 Y 的开集且 $y \in V \subseteq U$. 因而 U 是 Y 的开集. 故 f 是 R 商映射. □

由此, 对于完全正则空间 Y 及满函数 $f : X \to Y$, f 是 R 商映射当且仅当对于任意函数 $h : Y \to \mathbb{R}$, 由 $h \circ f$ 的连续性可导出 h 的连续性. 对照引理 4.5.9, 命名 "R 商映射" 是自然的.

其次, 继续介绍在 4.6 节中讨论过的投影函数的进一步性质. 对于积空间 $\prod_{\alpha \in A} X_\alpha$ 及 A 的非空子集 B, 投影函数

$$p_B : \prod_{\alpha \in A} X_\alpha \to \prod_{\alpha \in B} X_\alpha$$

定义为对于每一 $x = (x_\alpha) \in \prod_{\alpha \in A} X_\alpha$ 和 $\alpha \in B$ 有 $p_\alpha(p_B(x)) = x_\alpha$. 现在, 对于积空间 $\mathbb{R}^X$ 及空间 X 的非空子集 Y, 投影函数 $p_Y : \mathbb{R}^X \to \mathbb{R}^Y$ 定义为 $p_Y(f) = f|_Y$, $\forall f \in \mathbb{R}^X$. 这时投影函数也称为限制函数. 定义在 $\mathbb{R}^X$ 的子空间 $C_p(X)$ 上的投影函数仍记为 $p_Y : C_p(X) \to C_p(Y)$. 1988 年 M.D. Lasyth[143] 记 $C_p(Y)$ 的子空间 $p_Y(C_p(X))$ 为 $C_p(Y|X)$, 称为相对函数空间. 下面是关于投影函数及相对函数空间的一些基本性质.

定理 6.1.5 若 Y 是完全正则的 T_1 空间 X 的子空间, 则

(1) p_Y 连续且 $\overline{C_p(Y|X)} = C_p(Y)$.

(2) 若 Y 是 X 的闭子空间, 则 $p_Y : C_p(X) \to C_p(Y|X)$ 是开映射.

(3) 若 Y 是 X 的紧子空间, 则 $C_p(Y|X) = C_p(Y)$.

(4) 若 X 是正规空间且 Y 是 X 的闭子空间, 则 $C_p(Y|X) = C_p(Y)$.

(5) 若 Y 是 X 的稠密子空间, 则 $p_Y : C_p(X) \to C_p(Y|X)$ 是单射.

证明 (1) 显然, p_Y 是连续的. 对于任意的 $g \in C_p(Y)$, 设 $W(g, S, \varepsilon)$ 是 g 在 $C_p(Y)$ 中的基本开邻域. 由 X 的完全正则性, 存在 $f \in C_p(X)$ 使得 $f|_S = g|_S$, 那么 $p_Y(f) \in W(g, S, \varepsilon)$. 因此 $\overline{p_Y(C_p(X))} = C_p(Y)$.

(2) 对于 $C_p(X)$ 的基本开集 $W(f, F, \varepsilon)$, 设 $S = F \cap Y$, $T = F \setminus Y$. 显然,

$$p_Y(W(f, F, \varepsilon)) \subseteq W(p_Y(f), S, \varepsilon) \cap p_Y(C_p(X)).$$

设 $g \in W(p_Y(f), S, \varepsilon) \cap p_Y(C_p(X))$. 选取 $g_1 \in C_p(X)$ 使得 $p_Y(g_1) = g$. 由 X 的完全正则性, 存在 $h \in C_p(X)$ 使得 $h(Y) = \{0\}$ 且 $h(t) = f(t) - g_1(t)$, $\forall t \in T$. 让

$q = h + g_1$, 则 $q \in W(f, F, \varepsilon)$ 且 $p_Y(q) = g$. 因此 $p_Y(W(f, F, \varepsilon)) = W(p_Y(f), S, \varepsilon) \cap p_Y(C_p(X))$.

(3) 和 (4) 如果函数 $g : Y \to \mathbb{R}$ 连续, 则存在连续函数 $f : X \to \mathbb{R}$ 使得 $f|_Y = g$. 这表明 $C_p(Y|X) = C_p(Y)$.

(5) 设 f_1, $f_2 \in C_p(X)$, 由于 Y 是 X 的稠密子集, 若 $f_1|_Y = f_2|_Y$, 则 $f_1 = f_2$. 于是 p_Y 是单射. □

本节最后介绍有趣的因子引理.

设函数 $f : A \to Y$. 对于 $x \in A$, A 的开子集族 $\mathscr{U}$ 称为 f 在 x 处的 $\boldsymbol{\pi}$ 基, 若对于 $f(x)$ 在 Y 中的任一开邻域 W, 有 $x \in \overline{\bigcup\{U \in \mathscr{U} : f(U) \subseteq W\}}$. 显然, 若函数 f 在点 $x \in A$ 连续且 $\mathscr{B}$ 是 x 在 A 中的局部基, 则 $\mathscr{B}$ 是 f 在 x 处的 π 基.

定理 6.1.6(因子引理[17, 18]) 设 A 是积空间 $\prod_{\alpha \in M} X_\alpha$ 的稠密子集, 其中每一 X_α 是具有可数网络的空间. 若函数 $f : A \to Y$ 连续且 Y 是第一可数的正则 T_1 空间, 则存在 M 的可数子集 L 和连续函数 $\varphi : p_L(A) \to Y$ 使得 $f = \varphi \circ p_L$.

证明 令 $X = \prod_{\alpha \in M} X_\alpha$. 首先注意到, 由于每一 X_α 是可分空间, 于是 X 具有可数链条件 (推论 5.0.4), 所以 X 的稠密子集 A 也具有可数链条件 (练习 5.1.2), 从而 A 的开子空间仍具有可数链条件. 设 $\mathscr{B}$ 是积空间 X 的全体非空基本开集组成的 X 的基.

(6.1) 对于每一 $x \in A$, 存在 $\mathscr{B}$ 的可数子集 $\mathscr{U}_x$ 使得 $\mathscr{U}_x|_A$ 是 f 在 x 处的 π 基.

由于 Y 是第一可数空间, 设 $\{W_n\}_{n \in \mathbb{N}}$ 是 $f(x)$ 在 Y 中的可数局部基. 让 $\mathscr{H} = \{f^{-1}(W_n)\}_{n \in \mathbb{N}}$. 对于每一 $n \in \mathbb{N}$, 记 $\{B \in \mathscr{B} : B \cap A \subseteq f^{-1}(W_n)\}$ 的一个极大互不相交集族为 $\mathscr{M}_n$, 则 $\mathscr{M}_n$ 是可数的. 由于 $\mathscr{B}|_A$ 是 A 的基, 所以 $f^{-1}(W_n) \subseteq \mathrm{cl}_A(\bigcup \mathscr{M}_n|_A)$. 让 $\mathscr{U}_x = \bigcup_{n \in \mathbb{N}} \mathscr{M}_n$, 则 $\mathscr{U}_x$ 可数且 $\mathscr{U}_x|_A$ 是 f 在 x 处的 π 基. 事实上, 设 W 是 $f(x)$ 在 Y 中的邻域且 G 是 x 在 A 中的邻域, 则存在 $n \in \mathbb{N}$ 使得 $W_n \subseteq W$, 于是 $x \in f^{-1}(W_n) \cap G$, 从而存在 $B \in \mathscr{M}_n$ 使得 $G \cap B \cap A \neq \varnothing$. 因此 $f(B \cap A) \subseteq f(f^{-1}(W_n)) \subseteq W_n \subseteq W$, 所以

$$x \in \mathrm{cl}_A\Big(\bigcup\{B \cap A : B \in \mathscr{U}_x, f(B \cap A) \subseteq W\}\Big).$$

故 $\mathscr{U}_x|_A$ 是 f 在 x 处的 π 基.

对于 X 的基本开集 $U = \prod_{\alpha \in M} U_\alpha$, 记 $K_U = \{\alpha \in M : U_\alpha \neq X_\alpha\}$, 则 K_U 是 M 的有限子集. 对于每一 $x \in A$, 让 $L_x = \bigcup\{K_U : U \in \mathscr{U}_x\}$, 则 L_x 是 M 的可数子集. 下面归纳定义 M 的递增的可数集列 $\mathscr{L} = \{L_i\}$ 和 A 的递增的可数集列 $\mathscr{A} = \{A_i\}$ 如下.

让 $L_1 = \{\varnothing\}$, $A_1 = \{x_1\}$, 其中 $x_1 \in A$. 设对于 $i \in \mathbb{N}$ 已分别定义 M 和 A 的可数子集 L_i 和 A_i. 令 $L_{i+1} = L_i \cup \bigcup\{L_x : x \in A_i\}$, 则 L_{i+1} 是可数集. 这时积空间 $\prod_{\alpha \in L_{i+1}} X_\alpha$ 具有可数网络, 于是子空间 $p_{L_{i+1}}(A)$ 是可分的, 所以存在 A 的可数

子集 S_{i+1} 使得 $p_{L_{i+1}}(S_{i+1})$ 是 $p_{L_{i+1}}(A)$ 的稠密子集. 置 $A_{i+1} = A_i \cup S_{i+1}$. 则 L_{i+1} 和 A_{i+1} 是所需要的可数子集.

让 $L = \bigcup_{i \in \mathbb{N}} L_i$, $A^* = \bigcup_{i \in \mathbb{N}} A_i$. 则 L 和 A^* 分别是 M 和 A 的可数子集且

(6.2) 若 F 是 L 的有限子集, 则存在 $i \in \mathbb{N}$ 使得 $F \subseteq L_i$.

(6.3) 若 $x \in A^*$, W 是 $f(x)$ 在 Y 中的邻域, 则

$$x \in \mathrm{cl}_X \left(\bigcup \{ B \in \mathscr{B} : f(B \cap A) \subseteq W \text{ 且 } K_B \subseteq L \} \right).$$

事实上, 对于每一 $U \in \mathscr{U}_x$, $K_U \subseteq L_x \subseteq L$. 由 (6.1) 有

$$x \in \mathrm{cl}_A \left(\bigcup \{ U \cap A : U \in \mathscr{U}_x, \, f(U \cap A) \subseteq W \} \right)$$
$$\subseteq \mathrm{cl}_X \left(\bigcup \{ B \in \mathscr{B} : f(B \cap A) \subseteq W \text{ 且 } K_B \subseteq L \} \right).$$

(6.4) $p_L(A^*)$ 是 $p_L(A)$ 的稠密子集, 从而 $A = p_L^{-1}(\overline{p_L(A^*)}) \cap A$.

设 $z \in A$, U 是 z 在 X 中的基本开集且 $K_U \subseteq L$, 下证 $p_L(A^*) \cap p_L(U) \neq \varnothing$. 因为 K_U 是 L 的有限子集, 所以存在自然数 $m \geqslant 2$ 使得 $K_U \subseteq L_m$, 则 $p_{L_m}(S_m)$ 是 $p_{L_m}(A)$ 的稠密子集, 于是 $p_{L_m}(S_m) \cap p_{L_m}(U) \neq \varnothing$. 由于 $S_m \subseteq A_m \subseteq A^*$, 于是 $p_L(A^*) \cap p_L(U) \neq \varnothing$. 故 $p_L(A^*)$ 是 $p_L(A)$ 的稠密子集. 从而, $A \subseteq p_L^{-1}(p_L(A)) \subseteq p_L^{-1}(\overline{p_L(A^*)})$, 于是 $A = p_L^{-1}(\overline{p_L(A^*)}) \cap A$.

(6.5) 如果 X 的基本开集 $U = \prod_{\alpha \in M} U_\alpha$ 和 $V = \prod_{\alpha \in M} V_\alpha$ 满足: 对于每一 $\alpha \in L$ 有 $U_\alpha = V_\alpha$ 且 $p_L(U) \cap p_L(A) \neq \varnothing$, 则

(6.5.1) $\overline{f(U \cap A)} \cap \overline{f(V \cap A)} \neq \varnothing$;

(6.5.2) $f(V \cap A) \subseteq \overline{f(U \cap A)}$.

事实上, 因为 $p_L(U) \cap p_L(A) \neq \varnothing$ 且 $p_L(U)$ 是 $p_L(X)$ 的开集, 则 $p_L(U) \cap p_L(A^*) \neq \varnothing$, 所以存在 $z \in A^*$ 使得对于每一 $\alpha \in L$ 有 $p_\alpha(z) \in U_\alpha$. 如果

$$f(z) \notin \overline{f(U \cap A)} \cap \overline{f(V \cap A)},$$

不妨设 $f(z) \notin \overline{f(U \cap A)}$, 则存在 $f(z)$ 在 Y 中的邻域 W 使得 $W \cap f(U \cap A) = \varnothing$. 令

$$\mathscr{G} = \{ B \in \mathscr{B} : f(B \cap A) \subseteq W \text{ 且 } K_B \subseteq L \}.$$

由 (6.3), $z \in \overline{\bigcup \mathscr{G}}$, 那么 $p_L(z) \in \overline{p_L(\bigcup \mathscr{G})} = \overline{\bigcup \{ p_L(G) : G \in \mathscr{G} \}}$, 于是存在 $G \in \mathscr{G}$ 使得 $p_L(U) \cap p_L(G) \neq \varnothing$. 因为 $K_G \subseteq L$, 所以 $U \cap G \neq \varnothing$, 于是 $U \cap G \cap A \neq \varnothing$ 且

$$\varnothing = W \cap f(U \cap A) \supseteq f(G \cap A) \cap f(U \cap A) \supseteq f(U \cap G \cap A) \neq \varnothing,$$

矛盾. 故 (6.5.1) 成立.

若存在 $y \in f(V \cap A) \setminus \overline{f(U \cap A)}$, 由 Y 的正则性, 存在 y 在 Y 中的邻域 W 使得 $\overline{f(U \cap A)} \cap \overline{W} = \varnothing$. 取定 $x \in V \cap A$ 使得 $f(x) = y$. 由 f 的连续性, 存在 x 在 X 中的基本开邻域 V' 使得 $f(V' \cap A) \subseteq W$. 不妨设 $p_L(V') \subseteq p_L(V)$. 再取 X 中的基本开集 U' 使得 $p_L(U') = p_L(V')$, $p_{M \setminus L}(U') = p_{M \setminus L}(U)$, 那么

$$\overline{f(U' \cap A)} \cap \overline{f(V' \cap A)} \subseteq \overline{f(U \cap A)} \cap \overline{W} = \varnothing.$$

然而, 由 (6.5.1), $\overline{f(U' \cap A)} \cap \overline{f(V' \cap A)} \neq \varnothing$, 矛盾. 这说明 (6.5.2) 成立.

(6.6) 若 $x, x' \in A$ 且 $p_L(x) = p_L(x')$, 则 $f(x) = f(x')$.

事实上, 设 W 和 W' 分别是 $f(x), f(x')$ 在 Y 中的任意邻域. 存在 X 中分别含有 x 和 x' 的基本开集 U 和 U' 使得 $\overline{f(U \cap A)} \subseteq W$ 且 $\overline{f(U' \cap A)} \subseteq W'$. 由于 $p_L(x) = p_L(x')$, 不妨设 $p_L(U) = p_L(U')$, 而 $x \in U \cap A$, 从 (6.5.1) 知 $\overline{f(U \cap A)} \cap \overline{f(U' \cap A)} \neq \varnothing$, 所以 $W \cap W' \neq \varnothing$. 因为 Y 是 T_2 空间, 所以 $f(x) = f(x')$.

定义函数 $\varphi : p_L(A) \to Y$ 如下. 对于每一 $q \in p_L(A)$, 由 (6.6), $f(p_L^{-1}(q) \cap A)$ 是单点集, 定义 $\varphi(q) = f(p_L^{-1}(q) \cap A)$. 显然, $f = \varphi \circ p_L|_A$.

(6.7) $\varphi : p_L(A) \to Y$ 是连续的.

对于每一 $q \in p_L(A)$, 记 $y = \varphi(q)$, 并取定 $x \in A$ 使得 $p_L(x) = q$, 则 $f(x) = y$. 让 W 是 y 在 Y 中的邻域, 则存在 y 在 Y 中的邻域 V 和 x 在 X 中的基本开邻域 U 使得 $\overline{V} \subseteq W$ 且 $f(U \cap A) \subseteq V$. 由于 $q = p_L(x) \in p_L(U)$, 所以 $p_L(U) \cap p_L(A)$ 是 q 在 $p_L(A)$ 中的邻域. 再让 U' 是 X 的基本开集, 满足: $p_L(U') = p_L(U)$, $p_{M \setminus L}(U') = p_{M \setminus L}(X)$. 因为 $x \in U \cap A$, 由 (6.5.2), $f(U' \cap A) \subseteq \overline{f(U \cap A)} \subseteq \overline{V} \subseteq W$. 由 φ 的定义,

$$\varphi(p_L(U) \cap p_L(A)) = f(p_L^{-1}(p_L(U) \cap p_L(A)) \cap A)$$
$$\subseteq f(p_L^{-1}(p_L(U')) \cap A) = f(U' \cap A) \subseteq W.$$

故 φ 是连续的. □

例 4.6.5 是因子引理的推论. 下面再介绍因子引理的几个有趣推论.

推论 6.1.7 若 X 是 Tychonoff 方体 $\mathbb{I}^A$ 的稠密子空间, 则 X 是伪紧空间当且仅当对于 A 的每一可数子集 B 有 $p_B(X) = \mathbb{I}^B$.

证明 首先, 设对于 A 的每一可数子集 B 有 $p_B(X) = \mathbb{I}^B$. 对于每一 $f \in C_p(X)$, 由因子引理, 存在 A 的可数子集 B 和 $\varphi \in C_p(\mathbb{I}^B)$ 使得 $f = \varphi \circ p_B$. 因为 $\mathbb{I}^B$ 是紧空间, $f(X) = \varphi(\mathbb{I}^B)$ 是 $\mathbb{R}$ 的有界子集. 故 X 是伪紧空间.

反之, 设 X 是伪紧空间且 B 是 A 的可数子集. 由于 X 是 $\mathbb{I}^A$ 的稠密子集, 于是伪紧空间 $p_B(X)$ 是 $\mathbb{I}^B$ 的稠密子集. 而 $\mathbb{I}^B$ 是度量空间, 所以 $p_B(X)$ 是紧空间 (定理 2.2.9), 因此 $p_B(X)$ 是 $\mathbb{I}^B$ 的闭子集. 故 $p_B(X) = \mathbb{I}^B$. □

推论 6.1.8 积空间 $\mathbb{N}^{\omega_1}$ 不是正规空间.

证明　对于 $i = 1, 2$, 令

$$F_i = \{(x_\alpha) \in \mathbb{N}^{\omega_1} : |\{\alpha < \omega_1 : x_\alpha = n\}| \leqslant 1, \forall n \in \mathbb{N} \setminus \{i\}\},$$

那么 F_1, F_2 是 $\mathbb{N}^{\omega_1}$ 中不交的闭集. 如果 $\mathbb{N}^{\omega_1}$ 是正规空间, 则存在 $f \in C(\mathbb{N}^{\omega_1})$ 使得 $f(F_i) = \{i\}$. 由因子引理, 存在 ω_1 的可数子集 $L = \{\alpha_n : n \in \mathbb{N}\}$ 和连续函数 $\varphi : p_L(C(\mathbb{N}^{\omega_1})) \to \mathbb{R}$ 使得 $f = \varphi \circ p_L$. 依下述方式选取 $\mathbb{N}^{\omega_1}$ 中的点 $y = (y_\alpha)$ 和 $z = (z_\alpha)$: 若 $\alpha = \alpha_n$, 则 $y_\alpha = z_\alpha = n$; 若 $\alpha \in \omega_1 \setminus L$, 则 $y_\alpha = 1$ 且 $z_\alpha = 2$. 那么 $y \in F_1$, $z \in F_2$ 且 $p_L(y) = p_L(z)$, 于是 $1 = f(y) = \varphi \circ p_L(y) = \varphi \circ p_L(z) = f(z) = 2$, 矛盾. 故积空间 $\mathbb{N}^{\omega_1}$ 不是正规空间. □

若未特别说明, 本章以下各节所论空间均指满足完全正则且 T_1 分离性质的拓扑空间.

练　　习

6.1.1　$C_p(\mathbb{I})$ 可嵌入 $C_p(\mathbb{R})$.

6.1.2　设 X 是伪紧空间, Y 是正则的 Lindelöf 空间. 若 $f : X \to Y$ 是连续的满射, 则 f 是 R 商映射.

6.1.3　设 Y 是完全正则 T_1 空间 X 的子空间. 记 $p_Y : C_p(X) \to C_p(Y)$. (1) 若 p_Y 是单射, 则 Y 是 X 的稠密子集; (2) 若 p_Y 是同胚, 则 $Y = X$; (3) 若 p_Y 是相对开映射, 则 Y 是 X 的闭子空间.

6.1.4　设 X 是完全正则的 T_1 空间. 若存在 $C_p(X)$ 的紧子集 K 使得 K 在 $C_p(X)$ 中具有可数邻域基, 则 X 是可数集.

6.1.5　设 X 是完全正则的 T_1 空间. 若存在 $C_p(X)$ 的紧子集 K 使得 K 是 $C_p(X)$ 中的 G_δ 集, 则 X 是可分空间.

6.2　Monolithic 空间与 stable 空间

本节的目的是介绍 Arhangel'skiĭ[17] 引入的 monolithic 性质与 stable 性质. 它们是 C_p 理论中一组重要的对偶性质.

对于空间 X, 总有 $d(X) \leqslant nw(X)$ 和 $ww(X) \leqslant nw(X)$. 这两个基数不等式中的小于号可能成立, 如对于 Sorgenfrey 直线 S (例 5.4.4), $d(S) = ww(S) = \aleph_0 < nw(S)$. Arhangel'skiĭ 定义的 monolithic 性质和 stable 性质分别反映了空间的每一子空间的稠密度和网络权相等, 空间的每一连续像的弱权等于网络权这些事实.

对于无限基数 λ, 空间 X 称为 λ-monolithic, 如果对于 X 的每一基数不超过 λ 的子集 A 有 $nw(\overline{A}) \leqslant \lambda$. 特别地, X 称为 $\aleph_0$-monolithic 空间, 如果 X 的每一可数子集的闭包具有可数网络. X 称为 monolithic 空间, 如果对于每一无限基数 λ, X 是 λ-monolithic 空间, 即对于 X 的每一子空间 Y 有 $d(Y) = nw(Y)$.

显然, 度量空间, cosmic 空间都是 monolithic 空间 (推论 5.1.4). 易验证, λ-monolithic 性质是遗传性质 (练习 6.2.1).

对于无限基数 λ, 空间 X 称为 λ-stable, 如果 Y 是空间 X 的连续像且 $ww(Y) \leqslant \lambda$, 则 $nw(Y) \leqslant \lambda$. X 称为 stable 空间, 如果对于每一无限基数 λ, X 是 λ-stable 空间, 即对于 X 的每一连续像 Y 有 $ww(Y) = nw(Y)$.

显然, 紧空间, cosmic 空间都是 stable 空间. 但是, monolithic 空间与 stable 空间是互不蕴含的. 一方面, 度量空间未必是 stable 空间. 如, 让 M 是基数为 2^ω (连续统基数) 的离散度量空间, 则 $nw(M) = 2^\omega$. 由引理 5.3.7(3), $ww(M) = \aleph_0$. 故 M 不是 $\aleph_0$-stable 空间. 另一方面, 紧空间未必是 monolithic 空间. 如, 由 Hewitt-Marczewski-Pondiczery 定理 (引理 5.0.3), Tychonoff 方体 $\mathbb{I}^{\omega_1}$ 是可分空间. 若 $\mathbb{I}^{\omega_1}$ 是 $\aleph_0$-monolithic 空间, 则紧空间 $\mathbb{I}^{\omega_1}$ 是 cosmic 空间, 于是 $\mathbb{I}^{\omega_1}$ 具有可数基 (定理 2.3.7). 但是 $w(\mathbb{I}^{\omega_1}) = \aleph_1$ (练习 5.1.1), 矛盾. 故 $\mathbb{I}^{\omega_1}$ 不是 $\aleph_0$-monolithic 空间.

引理 6.2.1   (1) 映射保持 λ-stable 性质.

(2) λ-stable 性质是关于开闭子空间遗传的.

证明   从 λ-stable 空间的定义可直接验证 (1) (练习 6.2.2).

设 X 是 λ-stable 空间, Y 是 X 的非空的开闭子空间. 取定 $y_0 \in Y$, 定义 $f : X \to Y$ 使得 $f|_Y$ 是恒等函数且 $f(X \setminus Y) \subseteq \{y_0\}$, 则 f 是连续的满射. 由 (1), Y 是 λ-stable 空间.   □

下面两个定理说明在 C_p 理论中 λ-monolithic 性质与 λ-stable 性质是对偶性质.

定理 6.2.2[17] $C_p(X)$ 是 λ-monolithic 空间当且仅当 X 是 λ-stable 空间.

证明   必要性. 设 $C_p(X)$ 是 λ-monolithic 空间. 如果 Y 是空间 X 的连续像且 $ww(Y) \leqslant \lambda$, 由推论 4.5.8(1), $C_p(Y)$ 可嵌入 $C_p(X)$, 于是 $C_p(Y)$ 是 λ-monolithic 空间. 又由定理 6.0.1, $d(C_p(Y)) = ww(Y) \leqslant \lambda$ 且 $nw(C_p(Y)) = nw(Y)$, 所以 $nw(Y) \leqslant \lambda$. 故 X 是 λ-stable 空间.

充分性. 设 X 是 λ-stable 空间. 若 $C_p(X)$ 的无限子空间 M 的基数不超过 λ, 定义对角函数 $f = \Delta_M : X \to \mathbb{R}^M$, 即对于每一 $x \in X$ 和 $g \in M$ 有 $p_g(f(x)) = g(x)$. 显然, f 是连续的. 让 $Y = f(X)$, 则 $w(Y) \leqslant |M| \leqslant \lambda$ (引理 5.0.1). 让 $\tilde{Y}$ 是集合 Y 赋予由 f 诱导的 R 商拓扑, $\mathrm{id} : \tilde{Y} \to Y$ 是恒等函数. 若 U 是空间 Y 的开集, 那么 $f^{-1}(U)$ 是 X 的开集, 于是 $(\mathrm{id})^{-1}(U)$ 是 $\tilde{Y}$ 的开集. 故 id 是连续的双射. 从而 $ww(\tilde{Y}) \leqslant w(Y) \leqslant \lambda$. 因为 X 是 λ-stable 空间且 $\tilde{Y}$ 是 X 的连续像, 所以 $nw(\tilde{Y}) \leqslant \lambda$. 由定理 6.0.1, $nw(C_p(\tilde{Y})) = nw(\tilde{Y}) \leqslant \lambda$.

令 $\tilde{f} = (\mathrm{id})^{-1} \circ f : X \to \tilde{Y}$, 则 $\tilde{f}$ 是 R 商映射. 由定理 6.1.4, $C_p(\tilde{Y})$ 同胚于 $C_p(X)$ 的闭子空间 $F = \{h \circ \tilde{f} : h \in C_p(\tilde{Y})\}$. 设 $g \in M$. 由于函数 $p_g \circ \mathrm{id} : \tilde{Y} \to \mathbb{R}$ 是连续的, 于是 $p_g \circ \mathrm{id} \in C_p(\tilde{Y})$, 那么 $g = p_g \circ f = p_g \circ \mathrm{id} \circ \tilde{f} \in F$, 即 $M \subseteq F$. 从而

$\overline{M}$ (关于空间 $C_p(X)$ 的闭包) $\subseteq \overline{F} = F$, 因此 $nw(\overline{M}) \leqslant nw(F) = nw(C_p(\tilde{Y})) \leqslant \lambda$. 故 $C_p(X)$ 是 λ-monolithic 空间. □

定理 6.2.3[17] $C_p(X)$ 是 λ-stable 空间当且仅当 X 是 λ-monolithic 空间.

证明   必要性. 设 $C_p(X)$ 是 λ-stable 空间. 由定理 6.2.2, $C_pC_p(X)$ 是 λ-monolithic 空间. 再由对角引理 (定理 4.5.2), X 可嵌入 $C_pC_p(X)$. 从而 X 是 λ-monolithic 空间.

充分性. 设 M 是 $C_pC_p(X)$ 的基数不超过 λ 的子空间. 对于每一 $f \in M$, 因为 $C_p(X)$ 是 $\mathbb{R}^X$ 的稠密子集且 $f : C_p(X) \to \mathbb{R}$ 连续, 由因子引理 (定理 6.1.6), 存在 X 的可数子集 B_f 和连续函数 $\varphi_f : p_{B_f}(C_p(X)) \to \mathbb{R}$ 使得 $f = \varphi_f \circ p_{B_f}$. 显然, $|B_f| \leqslant \lambda$, 且若 $g_1, g_2 \in C_p(X)$ 满足 $g_1|_{B_f} = g_2|_{B_f}$, 则 $f(g_1) = f(g_2)$. 让 $A = \bigcup\{B_f : f \in M\}$, $F = \overline{A}$, 则 $|A| \leqslant \lambda$. 因为 X 是 λ-monolithic 空间, 所以 $nw(F) \leqslant \lambda$, 从而 $nw(C_p(F)) = nw(F) \leqslant \lambda$.

考虑投影函数 $p_F : C_p(X) \to C_p(F)$, 即 $p_F(g) = g|_F$, $\forall g \in C_p(X)$. 令 $Z = C_p(F|X)$, 则 $nw(C_p(Z)) = nw(Z) \leqslant nw(C_p(F)) \leqslant \lambda$. 因为 F 是 X 的闭子空间, 由定理 6.1.5(2), $p_F : C_p(X) \to Z$ 是开映射. 对于每一 $f \in M$, 由 A 的定义, 存在函数 $h_f : Z \to \mathbb{R}$ 使得 $h_f \circ p_F = f$. 因为 p_F 是 R 商映射, 由定理 6.1.4, h_f 是连续的, 即 $h_f \in C_p(Z)$. 令 $H = \{h \circ p_F : h \in C_p(Z)\}$, 则 $M \subseteq H = p_F^*(C_p(Z))$. 再由定理 6.1.4, $C_p(Z)$ 同胚于 $C_pC_p(X)$ 的闭子集 H, 因而

$$nw(\overline{M}) \leqslant nw(H) = nw(C_p(Z)) \leqslant \lambda.$$

上述证明表明 $C_pC_p(X)$ 是 λ-monolithic 空间. 由定理 6.2.2, $C_p(X)$ 是 λ-stable 空间. □

推论 6.2.4   对于空间 X, 下述条件相互等价:

(1) X 是 monolithic 空间 (或 stable 空间).

(2) $C_p(X)$ 是 stable 空间 (或 monolithic 空间).

(3) $C_pC_p(X)$ 是 monolithic 空间 (或 stable 空间). □

推论 6.2.5   设 X 是紧空间, 则 $C_p(X)$ 的每一紧子集是 Fréchet-Urysohn 空间.

证明   设 F 是 $C_p(X)$ 的紧子集, $A \subseteq F$ 且 $y \in \overline{A}$. 由于 X 是紧空间, 所以每一 X^n ($\forall n \in \mathbb{N}$) 是紧空间. 由定理 6.0.1(5), $C_p(X)$ 具有可数 tightness, 于是存在 A 的可数子集 C 使得 $y \in \overline{C}$. 又由于 X 是紧空间, 所以 X 是 stable 空间. 由推论 6.2.4, $C_p(X)$ 是 monolithic 空间, 从而 $\overline{C}$ 是 cosmic 的紧空间. 再由定理 2.3.7, $\overline{C}$ 是可度量化空间. 因此存在由 C 中点组成的序列收敛于 y. 故 F 是 $C_p(X)$ 的 Fréchet-Urysohn 子空间. □

例 6.2.6   Niemytzki 切圆盘拓扑空间[252]: 非 $\aleph_0$-monolithic 空间.

令 $T = S \cup L$, 其中 $S = \{(x,y) : x,y \in \mathbb{R}, y > 0\}$, $L = \{(x,0) : x \in \mathbb{R}\}$. 在 T 上赋予 Niemytzki **切圆盘拓扑**: 对于每一 $t \in T$, 若 $t \in S$, t 在 T 中的邻域取为 t 在 T 中的欧几里得邻域; 若 $t \in L$, t 在 T 中的邻域基元形如 $\{t\} \cup D$, 其中 D 是 S 中的开圆盘且在点 t 与直线 L 相切, 见图 6.2.1. 集合 T 赋予 Niemytzki **切圆盘拓扑**称为 Niemytzki **切圆盘拓扑空间**. 易验证, T 是完全正则的 T_1 空间.

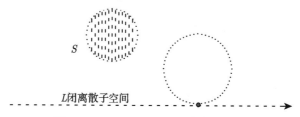

图 6.2.1   Niemytzki 切圆盘拓扑空间

显然, T 是可分空间. 因为 L 是 T 的不可数的闭离散子空间, 所以 T 不是 cosmic 空间. 这表明 T 不是 $\aleph_0$-monolithic 空间. 由于 T 的子空间 S 和 L 都是可度量化空间, 所以 S 和 L 都是 T 的 monolithic 子空间. 这表明两个 monolithic 空间的并未必是 monolithic 空间. □

引理 6.2.7   若空间 X 具有由 monolithic 子空间组成的局部有限闭覆盖, 则 X 是 monolithic 空间.

证明   设 $\{X_\alpha\}_{\alpha \in \Lambda}$ 是空间 X 的局部有限闭覆盖, 其中每一 X_α 是 monolithic 空间. 让 M 是 X 的任一无限子空间. 对于每一 $\alpha \in \Lambda$, 令 $M_\alpha = M \cap X_\alpha$, 则 $nw(\overline{M_\alpha}) \leqslant |M_\alpha| \leqslant |M|$. 若 $M_\alpha \neq \varnothing$, 取定 $x_\alpha \in M_\alpha$. 由于 $\{X_\alpha\}_{\alpha \in \Lambda}$ 是局部有限的, 所以存在 x_α 在 X 中的邻域 U_α 和 Λ 的有限子集 Λ_α 使得当 $\beta \in \Lambda \setminus \Lambda_\alpha$ 时有 $U_\alpha \cap X_\beta = \varnothing$, 从而 $U_\alpha \cap M_\beta = \varnothing$, 因此 $x_\beta \notin U_\alpha$. 于是 $|\{\alpha \in \Lambda : M_\alpha \neq \varnothing\}| \leqslant |M|$. 从而 $nw(\bigcup_{\alpha \in \Lambda} \overline{M_\alpha}) \leqslant |M|$. 因为 $\overline{M} = \bigcup_{\alpha \in \Lambda} \overline{M_\alpha}$, 所以 $nw(\overline{M}) \leqslant |M|$. 故 X 是 monolithic 空间. □

定理 6.2.8   若 $C_p(X)$ 是 stable 空间, 则对于每一基数 κ, 积空间 $C_p(X)^\kappa$ 是 stable 空间.

证明   因为 $C_p(X)$ 是 stable 空间, 由推论 6.2.4, X 是 monolithic 空间. 让 D 是基数 κ 的集合赋予离散拓扑的空间, 则 $\{X \times \{d\}\}_{d \in D}$ 是积空间 $X \times D$ 的局部有限闭覆盖且每一 $X \times \{d\}$ 是 monolithic 空间. 由引理 6.2.7, $X \times D$ 是 monolithic 空间. 再由推论 6.2.4, $C_p(X \times D)$ 是 stable 空间. 又由定理 4.5.16, 积空间 $C_p(X)^\kappa$ 同胚于 $C_p(X \times D)$. 故 $C_p(X)^\kappa$ 是 stable 空间. □

推论 6.2.9   对于每一基数 κ, 积空间 $\mathbb{R}^\kappa$ 是 stable 空间.

证明   取 X 是单点集组成的离散空间, 则 $C_p(X) = \mathbb{R}$ 是 stable 空间, 所以

$\mathbb{R}^\kappa$ 是 stable 空间. □

更进一点, V.V. Tkachuk[269] 和 R. Rojas-Hernández[240] 分别引入单调 monolithic 性质和单调 stable 性质, 并且 R. Rojas-Hernández[240] 证明了空间 $C_p(X)$ 是单调 monolithic 空间当且仅当 X 是单调 stable 空间; $C_p(X)$ 是单调 stable 空间当且仅当 X 是单调 monolithic 空间.

练 习

6.2.1 λ-monolithic 性质是遗传性质.

6.2.2 设 $f: X \to Y$ 是连续满射. 若 X 是 λ-stable 空间, 则 Y 是 λ-stable 空间.

6.2.3 序数空间 $[0, \omega_1)$ 是 stable 空间.

6.2.4 每一伪紧空间是 $\aleph_0$-stable 空间.

6.2.5 若 X 是紧空间, 则 $C_p(X)$ 的每一可分的紧子集是可度量化的.

6.2.6 积空间 $\mathbb{R}^{\omega_1}$ 不是 monolithic 空间.

6.2.7 设 T 是 Niemytzki 切圆盘拓扑空间. 证明: $C_p(T)$ 不是正规空间.

6.3 Hurewicz 空间

本节介绍 C_p 理论中的 Hurewicz 空间性质. 这是一种介于 σ 紧性质与 Lindelöf 性质之间的拓扑性质. 由定理 5.4.3, 函数空间的 tightness 与底空间的 Lindelöf 性质密切相关. 本节将进一步说明函数空间的可数扇 tightness、可数强扇 tightness 分别与底空间的 Hurewicz 性质, 性质 C'' 密切相关.

空间 X 称为 P 空间[95], 若 X 的每一 G_δ 集是 X 的开集. X 是 P 空间当且仅当 X 的每一 F_σ 集是 X 的闭集. 这 P 空间不同于在广义度量空间理论中用于刻画与度量空间之积空间是正规空间的 P 空间[212], 后一 P 空间也称为 Morita 的 P 空间.

引理 6.3.1 伪紧 P 空间是有限集.

证明 设 X 是伪紧 P 空间. 若 X 含有可数无限子集 $A = \{x_i : i \in \mathbb{N}\}$, 则 A 的任一可数子集, 作为 X 的 F_σ 集, 是 X 的闭子集, 于是 A 是 X 的可数闭离散子集. 由 X 的正则性, 不妨设存在 X 的互不相交的开集列 $\{V_i\}$ 使得每一 $x_i \in V_i$. 对于每一 $i \in \mathbb{N}$, 存在 X 的开集 U_i 使得 $x_i \in U_i \subseteq \overline{U}_i \subseteq V_i$. 从而存在 $f_i \in C(X, \mathbb{R})$ 使得 $f_i(x_i) = i$, $f_i(X \setminus U_i) = \{0\}$. 定义 $f: X \to \mathbb{R}$ 使得 $f(x) = \sum_{i=1}^\infty f_i(x)$, $\forall x \in X$. 易见 f 是 X 上的无界连续函数. 这与 X 是伪紧空间相矛盾. 故 X 是有限集. □

定理 6.3.2 若 $C_p(X)$ 是 σ 可数紧空间, 则 X 是有限集.

证明 记 $C_p(X) = \bigcup_{i \in \mathbb{N}} Z_i$, 其中每一 Z_i 是 $C_p(X)$ 的可数紧子集. 由引理 6.3.1, 只需证明 X 是伪紧的 P 空间.

若 X 不是伪紧空间, 则存在 X 上的无界函数 $h \in C(X, \mathbb{R})$. 取 X 中的序列 $\{x_i\}$ 使得每一 $|h(x_{i+1})| > |h(x_i)| + 1$. 对于每一 $i \in \mathbb{N}$, 置

$$U_i = \{x \in X : |h(x) - h(x_i)| < 1/2\},$$

则 $x_i \in U_i$. 让 $e_{x_i} : C_p(X) \to \mathbb{R}$ 是赋值函数 (定义见推论 4.5.12 后), 再让 $B_i = \{g(x_i) : g \in Z_i\} = e_{x_i}(Z_i)$. 由 e_{x_i} 的连续性, B_i 是 $\mathbb{R}$ 中的有界集, 于是存在 $r_i \in \mathbb{R} \setminus B_i$. 显然, $\{U_i\}_{i\in\mathbb{N}}$ 是 X 的离散开集列. 由引理 6.3.1 类似的论证, 存在连续函数 $f : X \to \mathbb{R}$ 使得 $f(x_i) = r_i, \forall i \in \mathbb{N}$. 从而 $f \notin \bigcup_{i\in\mathbb{N}} Z_i$, 矛盾. 故 X 是伪紧空间.

若 X 不是 P 空间, 则存在 X 的递增的闭集列 $\{F_i\}$ 和 $z^* \in \overline{\bigcup_{i\in\mathbb{N}} F_i} \setminus \bigcup_{i\in\mathbb{N}} F_i$. 令 $Z = \{f \in C_p(X) : f(z^*) = 0\}$, 则 Z 是 $C_p(X)$ 的闭集, 所以 Z 是 σ 可数紧的. 记 $Z = \bigcup_{i\in\mathbb{N}} Z_{i0}$, 其中每一 Z_{i0} 是 $C_p(X)$ 的可数紧子集.

对于每一 $\varepsilon > 0$ 和 $k \in \mathbb{N}$, 我们断言: 存在 $i_k \in \mathbb{N}$ 使得当 $f \in Z_{k0}$ 时有 $z_f \in F_{i_k}$ 满足 $f(z_f) < \varepsilon$. 若不然, 对于每一 $i \in \mathbb{N}$, 存在 $f_i \in Z_{k0}$ 使得当 $z \in F_i$ 时有 $f_i(z) \geqslant \varepsilon$. 由 Z_{k0} 的可数紧性, 序列 $\{f_i\}$ 存在聚点 $f \in Z_{k0}$. 若 $z \in \bigcup_{i\in\mathbb{N}} F_i$, 则 $f(z) \geqslant \varepsilon$, 于是 $f(z^*) \geqslant \varepsilon$. 另一方面, 由于 $f \in Z_{k0} \subseteq Z$, 所以 $f(z^*) = 0$, 矛盾. 断言得证.

下面继续假设 X 不是 P 空间的证明. 对于每一 $k \in \mathbb{N}$, 取 $\varepsilon = 1/2^k$, 则存在 $i_k \in \mathbb{N}$ 满足上述断言的要求. 由完全正则性, 存在 $g_k \in C(X, [0, 1/2^k])$ 使得 $g_k(z^*) = 0$ 且 $g_k(F_{i_k}) = 1/2^k$. 定义 $h : X \to \mathbb{R}$ 使得 $h(x) = \sum_{k=1}^{\infty} g_k(x), \forall x \in X$. 易证 h 连续且 $h(z^*) = 0$, 所以 $h \in Z$. 因此存在 $k \in \mathbb{N}$ 使得 $h \in Z_{k0}$. 由上述断言, 存在 $z_h \in F_{i_k}$ 满足 $h(z_h) < 1/2^k$. 这与 $h(z_h) \geqslant 1/2^k$ 相矛盾. 故 X 是 P 空间. $\square$

空间 X 称为 **Hurewicz** 空间[119, 145], 若 $\{\mathscr{U}_n\}$ 是 X 的开覆盖序列, 则存在 X 的覆盖 $\bigcup_{n\in\mathbb{N}} \mathscr{B}_n$ 使得每一 $\mathscr{B}_n$ 是 $\mathscr{U}_n$ 的有限子集. Hurewicz 空间也称为 **Menger** 空间[244]. 显然, σ 紧空间是 Hurewicz 空间; Hurewicz 空间是 Lindelöf 空间. 空间 X 称为解析空间[284], 若 X 是无理数空间 $\mathbb{P}$ 的连续像. 这解析空间不同于复分析中的解析空间. Polish 空间 (即可分的完全度量空间) 和有理数空间 $\mathbb{Q}$ 都是解析空间 (见练习 2.6.2 和练习 2.6.3). J. Calbrix 证明了下述结果[22].

引理 6.3.3   Hurewicz 的解析空间是 σ 紧空间. $\square$

引理 6.3.4   空间 X 是紧空间当且仅当 X^ω 是 Hurewicz 空间.

证明   显然, 紧空间的可数次积空间是 Hurewicz 空间. 设 X^ω 是 Hurewicz 空间. 显然, X 是 Lindelöf 空间. 为了证明 X 是紧空间, 只需证明 X 是可数紧空间. 若不然, 不妨设 X 含有闭子空间 $\mathbb{N}$. 于是 X^ω 的闭子空间 $\mathbb{N}^\omega$ 是 Hurewicz 空间. 但是 $\mathbb{N}^\omega$ 同胚于无理数空间 $\mathbb{P}$ (定理 2.6.9), 于是 $\mathbb{P}$ 是 Hurewicz 空间, 这与引理 6.3.3 相矛盾. $\square$

定理 6.3.5[20] 空间 $C_p(X)$ 具有可数扇 tightness 当且仅当对于每一 $n \in \mathbb{N}$, X^n 是 Hurewicz 空间.

证明 必要性. 设空间 $C_p(X)$ 具有可数扇 tightness. 对于任意固定的 $n \in \mathbb{N}$, 设 $\{\mathcal{U}_k\}$ 是空间 X^n 的开覆盖列. 对于每一 $k \in \mathbb{N}$, X 的子集族 $\mathcal{V}$ 称为 δ_k 小的, 若对于每一 $\{V_i\}_{i \leqslant n} \subseteq \mathcal{V}$, 存在 $U \in \mathcal{U}_k$ 使得 $\prod_{i \leqslant n} V_i \subseteq U$. 记 Δ_k 是 X 中的所有 δ_k 小的有限开集族的全体. 若 $\mathcal{V} \in \Delta_k$, 让 $F_{\mathcal{V}} = \{f \in C_p(X) : f(X \setminus \bigcup \mathcal{V}) \subseteq \{0\}\}$. 记 $A_k = \bigcup\{F_{\mathcal{V}} : \mathcal{V} \in \Delta_k\}$. 下面先证明 A_k 是 $C_p(X)$ 的稠密子集.

设 $f \in C_p(X)$ 且 $W(f, K, \varepsilon)$ 是 f 在 $C_p(X)$ 中的任一基本邻域. 因为 K 是 X 的非空有限子集, 存在 X 的有限的开集族 $\mathcal{W}$ 使得对于每一 $(y_1, y_2, \cdots, y_n) \in K^n$, 存在 $\mathcal{W}$ 的有限子集 $\{W_i\}_{i \leqslant n}$ 和 $U \in \mathcal{U}_k$ 使得 $(y_1, y_2, \cdots, y_n) \in \prod_{i \leqslant n} W_i \subseteq U$. 于是 $K \subseteq \bigcup \mathcal{W}$. 对于每一 $x \in K$, 令 $V_x = \bigcap\{W \in \mathcal{W} : x \in W\}$. 再令 $\mathcal{V} = \{V_x : x \in K\}$. 显然, $K \subseteq \bigcup \mathcal{V}$. 集族 $\mathcal{V}$ 是 δ_k 小的. 事实上, 任取 $\{x_i\}_{i \leqslant n} \subseteq K$, 存在 $\{W_i\}_{i \leqslant n} \subseteq \mathcal{W}$ 和 $U \in \mathcal{U}_k$ 使得 $(x_1, x_2, \cdots, x_n) \in \prod_{i \leqslant n} W_i \subseteq U$. 因为每一 $V_{x_i} \subseteq W_i$, 所以 $\prod_{i \leqslant n} V_{x_i} \subseteq U$. 现在, 取 $g \in C_p(X)$ 使得 $f|_K = g|_K$ 且 $g(X \setminus \bigcup \mathcal{V}) \subseteq \{0\}$, 则 $g \in F_{\mathcal{V}} \subseteq A_k$, 从而 $W(f, K, \varepsilon) \cap A_k \neq \varnothing$. 因此 $\overline{A_k} = C_p(X)$.

令 $\tilde{f}$ 是 X 上取值恒为 1 的函数, 则 $\tilde{f} \in \bigcap_{k \in \mathbb{N}} \overline{A_k}$. 由于 $C_p(X)$ 具有可数扇 tightness, 则 $\tilde{f} \in \overline{\bigcup_{k \in \mathbb{N}} B_k}$, 其中每一 B_k 是 A_k 的有限子集. 因而存在 Δ_k 的有限子集 Γ_k 使得 $B_k \subseteq \bigcup\{F_{\mathcal{V}} : \mathcal{V} \in \Gamma_k\}$. 设 $\mathcal{V} \in \Gamma_k$. 对于每一 $\xi = (V_1, V_2, \cdots, V_n) \in \mathcal{V}^n$, 选取 $G_\xi \in \mathcal{U}_k$ 使得 $\prod_{i \leqslant n} V_i \subseteq G_\xi$. 因为 Γ_k 是有限的且每一 $\mathcal{V} \in \Gamma_k$ 是有限的, 所以族 $\mathcal{G}_k = \{G_\xi : \xi \in \mathcal{V}^n, \mathcal{V} \in \Gamma_k\}$ 是有限的. 显然, $\mathcal{G}_k \subseteq \mathcal{U}_k$. 为完成必要性的证明, 还要说明 $\bigcup_{k \in \mathbb{N}} \mathcal{G}_k$ 覆盖 X^n.

对于任意的 $(x_1, x_2, \cdots, x_n) \in X^n$, 让 $H = \{h \in C_p(X) : h(x_i) > 0, \forall i \leqslant n\}$. 则 H 是 $\tilde{f}$ 在 $C_p(X)$ 中的开邻域. 因为 $\tilde{f} \in \overline{\bigcup_{k \in \mathbb{N}} B_k}$, 所以存在 $m \in \mathbb{N}$ 使得 $H \cap B_m \neq \varnothing$, 于是存在 $\mathcal{V} \in \Gamma_m$ 使得 $H \cap F_{\mathcal{V}} \neq \varnothing$. 设 $g \in H \cap F_{\mathcal{V}}$. 则对于每一 $i \leqslant n$ 有 $g(x_i) > 0$ 且当 $x \in X \setminus \bigcup \mathcal{V}$ 时有 $g(x) = 0$. 对于每一 $i \leqslant n$, 取 $V_i \in \mathcal{V}$ 使得 $x_i \in V_i$, 则存在 $G_\xi \in \mathcal{G}_m$ 使得 $(x_1, x_2, \cdots, x_n) \in \prod_{i \leqslant n} V_i \subseteq G_\xi$.

充分性. 设对于每一 $n \in \mathbb{N}$, X^n 是 Hurewicz 空间. 固定 $f \in C_p(X)$ 及 $C_p(X)$ 的子集列 $\{A_k\}$ 使得 $f \in \bigcap_{k \in \mathbb{N}} \overline{A_k}$. 对于每一 $n, k \in \mathbb{N}$ 及 $x = (x_1, x_2, \cdots, x_n) \in X^n$, 存在 $g_{x,k} \in W(f, x_1, x_2, \cdots, x_n, 1/n) \cap A_k$. 对于每一 $i \leqslant n$, 因为 $|g_{x,k}(x_i) - f(x_i)| < 1/n$, 由 f 及 $g_{x,k}$ 的连续性, 存在 x_i 的开邻域 O_i 使得当 $y_i \in O_i$ 时有 $|g_{x,k}(y_i) - f(y_i)| < 1/n$. 集合 $U_{x,k} = \prod_{i \leqslant n} O_i$ 是 x 在 X^n 中的邻域. 于是 $\mathcal{U}_{n,k} = \{U_{x,k} : x \in X^n\}$ 覆盖 X^n, 且对于每一 $(y_1, y_2, \cdots, y_n) \in U_{x,k}$ 有 $|g_{x,k}(y_i) - f(y_i)| < 1/n$. 因为 X^n 是 Hurewicz 空间, 存在 X^n 的有限子集列 $\{P_{n,k}\}_{k \geqslant n}$ 使得 $\bigcup_{k \geqslant n} \mathcal{P}_{n,k}$ 覆盖 X^n, 其中每一 $\mathcal{P}_{n,k} = \{U_{x,k} : x \in P_{n,k}\}$. 对于每一自然数 $k \geqslant n$, 令 $B_{n,k} = \{g_{x,k} : x \in P_{n,k}\}$, $B_k = \bigcup_{n \leqslant k} B_{n,k}$, 则 B_k 是 A_k 的有限子集. 下面证明

$f \in \overline{\bigcup_{k \in \mathbb{N}} B_k}$.

事实上, 对于 f 在 $C_p(X)$ 中的任意基本邻域 $W(f, y_1, y_2, \cdots, y_n, \varepsilon)$, 不妨设 $1/n < \varepsilon$, 则存在 $k \geqslant n$ 使得 $(y_1, y_2, \cdots, y_n) \in \bigcup \mathscr{P}_{n,k}$. 于是存在 $x \in P_{n,k}$ 使得 $(y_1, y_2, \cdots, y_n) \in U_{x,k}$. 从而 $g_{x,k} \in B_{n,k}$ 且对于每一 $i \leqslant n$ 有 $|g_{x,k}(y_i) - f(y_i)| < 1/n < \varepsilon$. 因此 $g_{x,k} \in W(f, y_1, y_2, \cdots, y_n, \varepsilon) \cap B_k$. 即 $f \in \overline{\bigcup_{k \in \mathbb{N}} B_k}$. 故 $C_p(X)$ 具有可数扇 tightness.   □

由此, $C_p(\mathbb{P})$ 没有可数扇 tightness. 但是 $C_p(\mathbb{P})$ 具有可数 tightness (定理 5.4.3).

推论 6.3.6   设 X 是解析空间, 则 $C_p(X)$ 具有可数扇 tightness 当且仅当 X 是 σ 紧空间.   □

定理 6.3.7[20] $C_p(X)$ 是 Hurewicz 空间当且仅当 X 是有限集.

证明   若 X 是有限集, 则 $C_p(X) = \mathbb{R}^X$ 是 σ 紧空间, 所以 $C_p(X)$ 是 Hurewicz 空间.

反之, 设 $C_p(X)$ 是 Hurewicz 空间. 先证明 X 是伪紧空间. 若不然, 由定理 6.3.2 的证明, 存在 X 的可数子集 $A = \{x_i : i \in \mathbb{N}\}$ 和离散开集列 $\{U_i\}$ 使得每一 $x_i \in U_i$. 设 f 是 A 上的实值 (连续) 函数. 对于每一 $i \in \mathbb{N}$, 存在 $f_i \in C(X, \mathbb{R})$ 使得 $f_i(x_i) = f(x_i)$ 且 $f_i(X \setminus U_i) = \{0\}$. 定义 $g : X \to \mathbb{R}$ 使得 $g(x) = \sum_{i=1}^{\infty} f_i(x)$, $\forall x \in X$. 则 g 是 X 上的连续函数且 $g|_A = f$. 这表明 A 上的每一实值函数可以扩张为 X 上的连续实值函数, 所以 $\mathbb{R}^A = C_p(A) = C_p(A|X) = p_A(C_p(X))$ 是 $C_p(X)$ 的连续像. 从而 $\mathbb{R}^A$ 是 Hurewicz 空间 (练习 6.3.1). 这与引理 6.3.4 相矛盾. 故 X 是伪紧空间.

如果 X 是无限集, 则存在 X 的可数子集 $\{z_i : i \in \mathbb{N}\}$ 和开集列 $\{V_i\}$ 使得每一 $z_i \in V_i \subseteq X \setminus \{z_k : k < i\}$. 对于每一 $i \in \mathbb{N}$, 存在 $h_i \in C(X, \mathbb{R})$ 使得 $h_i(z_i) = 1$ 且 $h_i(X \setminus V_i) = \{0\}$. 定义函数 $\varphi : X \to \mathbb{R}^{\omega}$ 使得每一 $p_i(\varphi(x)) = h_i(x)$, 其中 $p_i : \mathbb{R}^{\omega} \to \mathbb{R}_i = \mathbb{R}$ 是投影函数, 则 φ 连续且当 $i \neq j \in \mathbb{N}$ 时有 $\varphi(z_j) \neq \varphi(z_i)$, 所以 $\varphi(X)$ 是 $\mathbb{R}^{\omega}$ 的无限子集. 因为 X 是伪紧空间, 于是 $\varphi(X)$ 是紧可度量化空间且 $\varphi : X \to \varphi(X)$ 是 R 商映射 (见习题 6.1.2). 再由定理 6.1.4, $C_p(\varphi(X))$ 可闭嵌入 $C_p(X)$, 从而 $C_p(\varphi(X))$ 是 Hurewicz 空间. 又由 $\varphi(X)$ 是紧可度量化空间及推论 5.6.9, $C_k(\varphi(X))$ 是 Polish 空间, 即可分的完全可度量化空间, 于是 $C_k(\varphi(X))$ 是解析空间, 从而 $C_p(\varphi(X))$ 也是解析空间. 由引理 6.3.3, $C_p(\varphi(X))$ 是 σ 紧空间. 再由定理 6.3.2, $\varphi(X)$ 是有限的, 矛盾. 故 X 是有限集.   □

推论 6.3.8   若 X 是紧度量空间, 则 $C_p(X)$ 是解析空间.

证明   因为 X 是紧度量空间, 如定理 6.3.7 中关于 $\varphi(X)$ 的证明, $C_p(X)$ 是解析空间.   □

定理 6.3.5 表明 $C_p(X)$ 的可数扇 tightness 与每一 X^n 的 Hurewicz 性质之间的联系. 下面定义的性质 C'' 将建立 $C_p(X)$ 的可数强扇 tightness 与每一 X^n 的性质 C'' 之间的联系. 空间 X 称为具有性质 C''[141], 若 $\{\mathscr{U}_n\}$ 是 X 的开覆盖列, 则

存在 X 的覆盖 $\{U_n\}_{n\in\mathbb{N}}$ 使得每一 $U_n \in \mathscr{U}_n$.

上述空间之间的关系如图 6.3.1 所示.

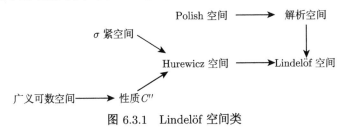

图 6.3.1   Lindelöf 空间类

由引理 6.3.3, 无理数空间 $\mathbb{P}$ 是非 Hurewicz 空间的 Polish 空间. 有理数空间 $\mathbb{Q}$ 是非 Polish 空间的 σ 紧空间, 解析空间且具有性质 C''. 引理 6.3.9 和例 6.3.12 将进一步说明一些不蕴含关系.

引理 6.3.9[241]   单位闭区间 $\mathbb{I}$ 不具有性质 C''.

证明   对于每一 $n \in \mathbb{N}$, 让 $\mathscr{U}_n$ 是 $\mathbb{I}$ 的全体 Lebesgue 测度不超过 $1/2^{n+1}$ 的开集族. 若 $\mathbb{I}$ 具有性质 C'', 则 $\mathbb{I} = \bigcup_{n\in\mathbb{N}} U_n$, 其中每一 $U_n \in \mathscr{U}_n$. 于是 $1 \leqslant \sum_{n\in\mathbb{N}} m(U_n) \leqslant \sum_{n\in\mathbb{N}} 1/2^{n+1} = 1/2$, 矛盾. 故 $\mathbb{I}$ 不具有性质 C''.   □

推论 6.3.10[241]   若空间 X 具有性质 C'', 则 $\mathrm{Ind}(X) = 0$.

证明   因为 X 是 Lindelöf 空间, 由推论 2.1.11, 只需证明 $\mathrm{ind}(X) = 0$. 对于每一 $x \in X$ 及 x 在 X 中的邻域 U, 存在 $f \in C_p(X, \mathbb{I})$ 使得 $f(x) = 1$ 且 $f(X \setminus U) \subseteq \{0\}$. 因为 X 具有性质 C'', 所以 $f(X)$ 也具有性质 C'' (练习 6.3.1). 由引理 6.3.9, $f(X) \neq [0,1]$, 即存在 $y \in [0,1) \setminus f(X)$, 于是 $x \in f^{-1}((y,1]) \subseteq U$ 且 $f^{-1}((y,1])$ 是 X 的开闭集. 故 $\mathrm{ind}(X) = 0$.   □

定理 6.3.11[241]   对于空间 X, 下述条件等价:

(1) $C_p(X)$ 有可数强扇 tightness.

(2) 若 $\{\mathscr{U}_n\}$ 是 X 的开 ω 覆盖列, 则存在 $U_n \in \mathscr{U}_n$ $(\forall n \in \mathbb{N})$ 使得 $\{U_n\}_{n\in\mathbb{N}}$ 是 X 的 ω 覆盖.

(3) 对于每一 $n \in \mathbb{N}$, X^n 具有性质 C''.

证明   定理 5.4.9 已证明 (1) ⇔ (2). 下面证明 (2) ⇔ (3).

(3) ⇒ (2). 设对于每一 $n \in \mathbb{N}$, 积空间 X^n 有性质 C''. 让 $\{\mathscr{U}_n\}$ 是空间 X 的开 ω 覆盖列. 按对角线方式重排集列 $\{\mathscr{U}_n\}_{n\in\mathbb{N}}$ 为 $\{\mathscr{U}_{mn}\}_{m,n\in\mathbb{N}}$. 对于每一 $n, m \in \mathbb{N}$, 令 $\mathscr{V}_{mn} = \{U^m \subseteq X^m : U \in \mathscr{U}_{mn}\}$. 对于每一 $m \in \mathbb{N}$, 由于 $\{x_1, x_2, \cdots, x_m\} \subseteq U$ 当且仅当 $(x_1, x_2, \cdots, x_m) \in U^m$, 所以 $\mathscr{V}_{mn}$ 是 X^m 的开覆盖. 因为 $\{\mathscr{V}_{mn}\}_{n\in\mathbb{N}}$ 是 X^m 的开覆盖列, 由性质 C'', 存在 $U_{mn} \in \mathscr{U}_{mn}$ $(\forall n \in \mathbb{N})$ 使得 $\{U_{mn}^m\}_{n\in\mathbb{N}}$ 是 X^m 的开覆盖. 从而 $\{U_{mn}\}_{m,n\in\mathbb{N}}$ 是 X 的 ω 覆盖. 故存在 $U_n \in \mathscr{U}_n$ $(\forall n \in \mathbb{N})$ 使得 $\{U_n\}_{n\in\mathbb{N}}$ 是 X 的 ω 覆盖.

(2) $\Rightarrow$ (3). 首先, 证明 X 具有性质 C''. 对于 X 的每一开覆盖列 $\{\mathscr{U}_n\}_{n\in\mathbb{N}}$, 重排 $\{\mathscr{U}_n\}_{n\in\mathbb{N}}$ 为 $\{\mathscr{U}_{mn}\}_{m,n\in\mathbb{N}}$. 对于每一 $m\in\mathbb{N}$, 让

$$\mathscr{V}_{m1} = \mathscr{U}_{m1};$$

$$\mathscr{V}_{m2} = \{U\cup V : U\in\mathscr{U}_{m2}, V\in\mathscr{U}_{m3}\};$$

$$\mathscr{V}_{m3} = \{U\cup V\cup W : U\in\mathscr{U}_{m4}, V\in\mathscr{U}_{m5}, W\in\mathscr{U}_{m6}\}, \cdots.$$

这时, 若 $A = \{x_1, x_2, \cdots, x_n\}$ 是 X 的有限子集, 则存在 $V\in\mathscr{V}_{mn}$ 使得 $A\subseteq V$, 所以 $\mathscr{V}_m = \bigcup_{n\in\mathbb{N}}\mathscr{V}_{mn}$ 是 X 的开 ω 覆盖. 由条件 (2), 存在 $V_m\in\mathscr{V}_m$ ($\forall m\in\mathbb{N}$) 使得 $\{V_m\}_{m\in\mathbb{N}}$ 是 X 的 ω 覆盖. 故存在 $U_n\in\mathscr{U}_n$ ($\forall n\in\mathbb{N}$) 使得 $\{U_n\}_{n\in\mathbb{N}}$ 是 X 的覆盖. 因此 X 具有性质 C''.

其次, 证明 X^2 具有性质 C''. 设 $\{\mathscr{G}_n\}$ 是 X^2 的开 ω 覆盖列. 对于每一 $n\in\mathbb{N}$, 置

$$\mathscr{H}_n = \{H\in\tau(X) : \text{存在 } G\in\mathscr{G}_n \text{ 使得 } H^2\subseteq G\}.$$

则 $\mathscr{H}_n$ 是 X 的开 ω 覆盖. 事实上, 设 $\{x_1, x_2, \cdots, x_m\}\subseteq X$, 令 $F = \{(x_i, x_j)\in X^2 : i, j\leqslant m\}$. 则存在 $G\in\mathscr{G}_n$ 使得 $F\subseteq G$. 对于每一 $i, j\leqslant m$, 存在 X 的开集 V_{ij} 和 U_{ij} 使得 $(x_i, x_j)\in V_{ij}\times U_{ij}\subseteq G$. 令 $H = \bigcup_{i\leqslant m}(\bigcap_{j\leqslant m}V_{ij})\cap(\bigcap_{j\leqslant m}U_{ij})$. 则 H 是 X 的开集, $\{x_1, x_2, \cdots, x_m\}\subseteq H$ 且 $H^2\subseteq G$. 由条件 (2), 存在 $H_n\in\mathscr{H}_n$ ($\forall n\in\mathbb{N}$) 使得 $\{H_n\}_{n\in\mathbb{N}}$ 是 X 的 ω 覆盖. 于是 $\{H_n^2\}_{n\in\mathbb{N}}$ 是 X^2 的 ω 覆盖. 对于每一 $n\in\mathbb{N}$, 选取 $G_n\in\mathscr{G}_n$ 使得 $H_n^2\subseteq G_n$. 则 $\{G_n\}_{n\in\mathbb{N}}$ 是 X^2 的 ω 覆盖. 因此 X^2 具有性质 C''.

对于每一 $n\in\mathbb{N}$, 由上述所证, 积空间 X^{2^n} 具有性质 C''. 由于 X^n 可闭嵌入 X^{2^n} 且性质 C'' 是闭遗传性质, 所以 X^n 具有性质 C''. $\qquad\square$

由引理 6.3.9, 定理 6.3.11 和定理 6.3.5, $C_p(\mathbb{I})$ 没有可数强扇 tightness, 但是 $C_p(\mathbb{I})$ 具有可数扇 tightness.

例 6.3.12　Fortissimo 空间[252]: 广义可数的非 σ 紧空间.

对于不可数集 X, 取定 p 为 X 的一个特殊点. 在 X 上赋予 Fortissimo 拓扑: 对于 X 的子集 F, F 是 X 的闭集当且仅当或者 $p\in F$, 或者 F 是可数集. 具有 Fortissimo 拓扑的集 X 称为 Fortissimo 空间, 记为 $X(p)$. 显然, $X(p)$ 是正则的 Lindelöf 空间.

易验证, $X(p)$ 是广义可数空间 (定义见例 5.5.8 后). 设 K 是 $X(p)$ 的紧子集且 $p\in K$. 若 K 是无限集, 取 $K\setminus\{p\}$ 的无限子集 $\{x_n : n\in\mathbb{N}\}$, 那么 K 的开覆盖

$$\{X(p)\setminus\{x_n : n\in\mathbb{N}\}\}\bigcup\{\{x_n\} : n\in\mathbb{N}\}$$

不含有有限子覆盖, 矛盾. 从而 $X(p)$ 的紧子集是有限集. 故 $X(p)$ 不是 σ 紧空间.

由例 5.5.8 后的说明, $C_p(X(p))$ 是 Fréchet-Urysohn 空间. □

练　习

6.3.1　Hurewicz 空间性质或性质 C'' 具有: (1) 闭遗传性质; (2) 可数闭和定理成立; (3) 连续函数保持.

6.3.2　设 X 是 Lindelöf 的 P 空间. 证明: $C_p(X)$ 具有可数 tightness.

6.3.3　每一 (T_1) P 空间的可数子集是闭离散子集.

6.3.4　若函数空间 $C_p(X, \mathbb{I})$ 是 σ 紧空间, 则 X 是离散空间.

6.3.5　对于空间 X, 下述条件相互等价: (1) X 是 P 空间; (2) $C_p(X, \mathbb{I})$ 是可数紧空间; (3) $C_p(X, \mathbb{I})$ 是 σ 可数紧空间.

6.3.6　设 X 是紧空间. 若函数空间 $C_p(X^\omega)$ 同胚于 $C_p(Y^\omega)$, 则 Y 是紧空间.

6.3.7　若函数空间 $C_p(X)$ 是局部伪紧空间, 则 X 是有限集.

6.4　Baire 空间

本节介绍 C_p 理论中的 Baire 空间性质和函数空间 $C_p(X)$ 含有积空间 $\mathbb{R}^X$ 的 G_δ 集和 F_σ 集性质. 这是 5.6 节中讨论 $C_\alpha(X)$ 完全性的继续. 先证明著名的 van Douwen-Pytkeev-Tkachuk 定理.

引理 6.4.1　设 J 是 $\mathbb{R}$ 的闭区间, $f \in C(X, J)$. 若 A, F 分别是空间 X 的闭集和有限集, $\varepsilon > 0$, 且 $h \in J^F$ 满足对于每一 $x \in F \cap A$ 有 $|h(x) - f(x)| < \varepsilon$, 则存在 $g \in C(X, J)$ 使得 $g|_F = h$ 且对于每一 $x \in A$ 有 $|g(x) - f(x)| < \varepsilon$.

证明　选取空间 X 的互不相交的开集族 $\{U_x\}_{x \in F}$ 使得对于每一 $x \in F$ 有 $x \in U_x$ 且当 $x \in F \backslash A$ 时有 $U_x \subseteq X \backslash A$. 对于每一 $x \in F$, 让 J_x 是以 0 和 $h(x) - f(x)$ 为端点的闭区间, 并且取 $\varphi_x \in C(X, J_x)$ 使得

$$\varphi_x(x) = h(x) - f(x), \quad \varphi_x(X \setminus U_x) = \{0\}.$$

令 $\theta = f + \sum_{x \in F} \varphi_x$, 则 $\theta \in C(X)$. 下面通过 θ 的截断函数来构造所需的函数 g. 记 $J = [a, b]$. 对于每一 $x \in X$, 定义

$$g(x) = \begin{cases} b, & \theta(x) > b, \\ \theta(x), & \theta(x) \in [a, b], \\ a, & \theta(x) < a. \end{cases}$$

则 $g : X \to J$ 是所要寻找的函数. □

定理 6.4.2 (van Douwen-Pytkeev-Tkachuk 定理[70, 237, 267, 268])　$C_p(X)$ 是 Baire 空间当且仅当 X 的每一有限子集的互不相交序列有强离散的子序列.

证明   必要性来自定理 5.6.10. 下面证明充分性. 由于 $C_p(X)$ 是齐性空间及定理 1.7.7, 只需证明 $C_p(X)$ 是第二范畴空间.

设 $\mathscr{U}$ 是积空间 $\mathbb{R}^X$ 的所有形如 $W(f, F, \varepsilon)$ 的基本开集的族, 其中

$$W(f, F, \varepsilon) = \{g \in \mathbb{R}^X : |f(x) - g(x)| < \varepsilon, \forall x \in F\},$$

这里 $f \in \mathbb{R}^X$, F 是 X 的非空有限子集且 $\varepsilon > 0$. 注意到, 若 $g \in \mathbb{R}^X$ 使得 $g|_F = f|_F$, 则 $g \in W(f, F, \varepsilon)$. 对于每一 $U = W(f, F, \varepsilon) \in \mathscr{U}$, 定义

$$S(U) = F, \quad b(U) = \sup\{|g(x)| : g \in U \text{ 且 } x \in F\}.$$

这时 $0 \leqslant b(U) < +\infty$.

设 $\{F_n\}$ 是空间 $C_p(X)$ 的无处稠密集的序列. 我们要证明 $C_p(X) \neq \bigcup_{n \in \mathbb{N}} F_n$.

因为 $C_p(X)$ 是 $\mathbb{R}^X$ 的稠密子集, 所以每一 F_n 是 $\mathbb{R}^X$ 的无处稠密集. 不妨设每一 $F_n \subseteq F_{n+1}$.

用归纳方法定义如下 3 个序列: X 的有限子集的递增序列 $\{S_n\}$, 正数的递增序列 $\{b_n\}$ 和 $\mathscr{U}$ 的有限子集的集列 $\{\mathscr{U}_n\}$ 满足: 对于每一 $n \in \mathbb{N}$, 有

(2.1) 若 $U \in \mathscr{U}_n$, 则存在 $U' \in \mathscr{U}_{n+1}$ 使得 $U' \subseteq U$.

(2.2) $U \cap F_n = \varnothing$, $\forall U \in \mathscr{U}_n$.

(2.3) $S(U) \subseteq S_n$, $\forall U \in \mathscr{U}_n$.

(2.4) $b(U) \leqslant b_n$, $\forall U \in \mathscr{U}_n$.

(2.5) 若 $f \in [-b_n, b_n]^X$, 则存在 $U \in \mathscr{U}_{n+1}$ 使得 $U \subseteq W(f, S_n, 1/n)$.

因为 F_1 是 $\mathbb{R}^X$ 的无处稠密集, 取 $U \in \mathscr{U}$ 使得 $U \cap F_1 = \varnothing$ (练习 1.7.5). 让

$$S_1 = S(U), b_1 = b(U) \text{ 且 } \mathscr{U}_1 = \{U\}.$$

假设已构造 S_n, b_n 和 $\mathscr{U}_n$ 满足上述性质 (2.1)–(2.5). 让 $Z = [-b_n, b_n]^X$, 则 Z 是积空间 $\mathbb{R}^X$ 的紧子空间, 于是存在 Z 的有限子集 $\{f_i\}_{i \leqslant k}$ 使得 $Z \subseteq \bigcup_{i \leqslant k} W(f_i, S_n, 1/2n)$. 令

$$\mathscr{H} = \mathscr{U}_n \bigcup \{W(f_i, S_n, 1/2n) : i \leqslant k\}.$$

若 $H \in \mathscr{H}$, 则存在 $U_H \in \mathscr{U}$ 使得 $U_H \subseteq H \setminus F_{n+1}$ (利用 F_{n+1} 的无处稠密性). 定义

$$S_{n+1} = S_n \cup \bigcup \{S(U_H) : H \in \mathscr{H}\},$$

$$b_{n+1} = b_n + \max\{b(U_H) : H \in \mathscr{H}\},$$

$$\mathscr{U}_{n+1} = \{U_H : H \in \mathscr{H}\}.$$

显然, 它们满足上述性质 (2.1)–(2.4). 若 $f \in [-b_n, b_n]^X$, 则存在 $i \leqslant k$ 使得 $f \in W(f_i, S_n, 1/2n) = H$, 于是 $U_H \in \mathscr{U}_{n+1}$. 若 $g \in U_H$ 且 $x \in S_n$, 那么

$$|f(x) - g(x)| \leqslant |f(x) - f_i(x)| + |f_i(x) - g(x)| < 1/2n + 1/2n = 1/n.$$

于是 $U_H \subseteq W(f, S_n, 1/n)$. 因而性质 (2.5) 关于 $\mathscr{U}_{n+1}$ 成立.

由充分性的假设, X 的有限子集的互不相交的序列 $\{S_{n+1} \setminus S_n\}$ 有强离散的子序列 $\{S_{n_{k+1}} \setminus S_{n_k}\}$, 其中不妨设每一 $n_{k+1} \geqslant \max\{n_k + 2, 2k + 1\}$. 依下述方式重排所得到的序列的项: 对于每一 $k \in \mathbb{N}$, 置

$$T_{2k-1} = S_{n_k}, \quad T_{2k} = S_{n_k+1};$$
$$M_{2k-1} = b_{n_k}, \quad M_{2k} = b_{n_k+1};$$
$$\mathscr{V}_{2k-1} = \mathscr{U}_{n_k}, \quad \mathscr{V}_{2k} = \mathscr{U}_{n_k+1}.$$

则新序列满足下述条件: 对于每一 $n \in \mathbb{N}$, 有

(2.6) $V \cap F_n = \varnothing$, $\forall V \in \mathscr{V}_n$.

(2.7) $S(V) \subseteq T_n$, $\forall V \in \mathscr{V}_n$.

(2.8) $f(S(V)) \subseteq [-M_n, M_n]$, $\forall f \in V \in \mathscr{V}_n$.

(2.9) 若 $f \in [-M_n, M_n]^X$, 则存在 $V \in \mathscr{V}_{n+1}$ 使得 $V \subseteq W(f, T_n, 1/n)$.

事实上, 不妨设 $n = 2k$. 让 $V \in \mathscr{V}_n$, 则 $V \in \mathscr{V}_{2k} = \mathscr{U}_{n_k+1}$. 由于 $n_k \geqslant 2k-1$, 所以 $n \leqslant n_k + 1$, 于是 $F_n \subseteq F_{n_k+1}$, 从而 $V \cap F_n = \varnothing$. 同时, $S(V) \subseteq S_{n_k+1} = T_{2k} = T_n$. 若 $f \in V \in \mathscr{V}_n$, 则

$$f(S(V)) \subseteq [-b_{n_k+1}, b_{n_k+1}] = [-M_{2k}, M_{2k}] = [-M_n, M_n].$$

若 $f \in [-M_n, M_n]^X$, 由 (2.5), 则存在 $U \in \mathscr{U}_{n_k+2} = \mathscr{V}_{n+1}$ 使得

$$U \subseteq W(f, S_{n_k+1}, 1/(n_k + 1)).$$

因为 $n = 2k \leqslant n_k + 1$, 所以 $T_n = S_{2k} \subseteq S_{n_k+1}$ 且 $1/(n_k + 1) \leqslant 1/2k = 1/n$, 于是 $U \subseteq W(f, T_n, 1/n)$.

设 $\{W_{2k}\}$ 是 X 的离散开集列使得对于每一 $k \in \mathbb{N}$, 有

(2.10) $T_{2k} \setminus T_{2k-1} \subseteq W_{2k}$.

(2.11) $T_{2k-1} \cap W_{2k} = \varnothing$.

定义

(2.12) $D_{2k} = X \setminus \bigcup_{i>k} W_{2i}$.

则 $\{D_{2k}\}$ 是 X 的递增的覆盖且每一 $T_{2k} \subseteq D_{2k}$. 下面再由归纳方法定义 4 个附加的序列: 正偶数的递增序列 $\{j_n\}$, $\mathscr{U}$ 的序列 $\{V_n\}$, $C_p(X)$ 的序列 $\{f_n\}$ 和正数的序列 $\{\varepsilon_n\}$ 满足: 对于每一 $n \in \mathbb{N}$, 有

(2.13) $2\varepsilon_{n+1} \leqslant \varepsilon_n$.

(2.14) $W(f_n, T_{j_n}, 3\varepsilon_n) \subseteq V_n \in \mathscr{V}_{j_n}$.

(2.15) $f_n \in [-M_{j_n}, M_{j_n}]^X$.

(2.16) $|f_{n+1}(x) - f_n(x)| < \varepsilon_n$, $\forall x \in D_{j_n}$.

先让 $j_1 = 2$, $V_1 \in \mathscr{V}_2$, 且 $f \in V_1$. 由 (2.8), $f(S(V_1)) \subseteq [-M_2, M_2]$. 再由引理 6.4.1 (或引理 4.5.5), 存在 $f_1 \in C_p(X, [-M_2, M_2])$ 使得对于每一 $x \in S(V_1)$ 有 $f_1(x) = f(x)$. 显然, $f_1 \in V_1$. 由 (2.7), $S(V_1) \subseteq T_2$, 所以存在 $\varepsilon_1 > 0$ 使得 $W(f_1, T_2, 3\varepsilon_1) \subseteq V_1$. 假设已构造 j_n, V_n, f_n 和 ε_n 满足性质 (2.13)–(2.16). 取定偶数 $j_{n+1} > \max\{j_n, 1 + 1/\varepsilon_n\}$. 由 (2.15), (2.9), (2.1) 及 $j_{n+1} - j_n \geqslant 2$, 存在 $V_{n+1} \in \mathscr{V}_{j_{n+1}}$ 使得 $V_{n+1} \subseteq W(f_n, T_{j_{n+1}-1}, 1/(j_{n+1}-1))$. 取定 $f \in V_{n+1}$. 由 (2.10) 和 (2.12), $T_{j_{n+1}} \setminus T_{j_{n+1}-1} \subseteq W_{j_{n+1}} \subseteq X \setminus D_{j_{n+1}-2} \subseteq X \setminus D_{j_n}$. 再由 (2.7), $S(V_{n+1}) \subseteq T_{j_{n+1}}$, 所以 $S(V_{n+1}) \cap D_{j_n} \subseteq T_{j_{n+1}} \cap D_{j_n} \subseteq T_{j_{n+1}-1}$. 又由 (2.8) 和 (2.15), $f(S(V_{n+1})) \subseteq [-M_{j_{n+1}}, M_{j_{n+1}}]$ 且 $f_n \in [-M_{j_n}, M_{j_n}]^X$. 因而在引理 6.4.1 中, 若取 $A = D_{j_n}$, $F = S(V_{n+1})$, $\varepsilon = 1/(j_{n+1}-1)$, 及 $h = f|_F$, 那么存在 $f_{n+1} \in C_p(X, [-M_{j_{n+1}}, M_{j_{n+1}}])$ 使得对于每一 $x \in S(V_{n+1})$ 有 $f_{n+1}(x) = f(x)$, 且对于每一 $x \in D_{j_n}$ 有 $|f_{n+1}(x) - f_n(x)| < 1/(j_{n+1}-1) < \varepsilon_n$. 从而 $f_{n+1} \in V_{n+1}$, 于是存在正数 $\varepsilon_{n+1} \leqslant \varepsilon_n/2$ 使得 $W(f_{n+1}, T_{j_{n+1}}, 3\varepsilon_{n+1}) \subseteq V_{n+1}$. 因此, 关于 $n+1$ 条件 (2.13)–(2.16) 成立.

条件 (2.16) 可修改为

(2.17) 当 $m, n \geqslant k$ 且 $x \in D_{j_k}$ 时有 $|f_m(x) - f_n(x)| < 2\varepsilon_k$.

事实上, 不妨设 $m > n$, 由 (2.16) 和 (2.13), 有

$$
\begin{aligned}
|f_m(x) - f_n(x)| &\leqslant |f_m(x) - f_{m-1}(x)| + \cdots + |f_{n+1}(x) - f_n(x)| \\
&< \varepsilon_{m-1} + \cdots + \varepsilon_{n+1} + \varepsilon_n \\
&\leqslant \varepsilon_n/2^{m-n-1} + \cdots + \varepsilon_n/2 + \varepsilon_n \\
&< 2\varepsilon_n \leqslant 2\varepsilon_k.
\end{aligned}
$$

下面开始所需函数 $f \in C_p(X) \setminus \bigcup_{n \in \mathbb{N}} F_n$ 的构造. 由 (2.17), 对于每一 $k \in \mathbb{N}$, 在 D_{j_k} 上 $\{f_n\}_{n \in \mathbb{N}}$ 是一致收敛的序列. 因而, 在 X 上序列 $\{f_n\}$ 点态收敛于某一 $f \in \mathbb{R}^X$ 且 $f|_{D_{j_k}}$ 是连续的. 由于集族 $\{W_{2k}\}_{k \in \mathbb{N}}$ 的离散性, 所以 $f \in C_p(X)$. 若 $n \in \mathbb{N}$ 且 $x \in T_{j_n}$, 由 (2.11) 及 (2.12), 则 $T_{j_n} \subseteq D_{j_n}$. 如果 $m > n$, 由 (2.17), $|f_m(x) - f_n(x)| < 2\varepsilon_n$. 这表明 $|f(x) - f_n(x)| \leqslant 2\varepsilon_n < 3\varepsilon_n$. 由 (2.14), $f \in W(f_n, T_{j_n}, 3\varepsilon_n) \subseteq V_n \in \mathscr{V}_{j_n}$. 再由 (2.6), $f \notin F_n$. 从而 $f \notin \bigcup_{n \in \mathbb{N}} F_{j_n} = \bigcup_{n \in \mathbb{N}} F_n$. 故 $C_p(X)$ 是第二范畴的. $\quad\square$

由推论 2.5.12, $\mathbb{R}^X$ 是 Baire 空间. 这一结果也可从定理 6.4.2 导出. 设集 X 赋予离散拓扑, 则空间 X 的每一有限子集的互不相交序列有强离散的子序列. 由定理 6.4.2, $C_p(X) = \mathbb{R}^X$ 是 Baire 空间.

推论 6.4.3　设 $C_p(X)$ 是 Baire 空间. 若 Y 是 X 的子空间, 则 $C_p(Y)$ 是 Baire 空间.

证明 由于定理 6.4.2 中的充分性条件是遗传性质, 所以若 Y 是 X 的子空间, 则 $C_p(Y)$ 是 Baire 空间. □

问题 6.4.4[180] 如果对于空间 X 的每一可数子空间 Y, $C_p(Y)$ 是 Baire 空间, $\mathbb{R}^X$ 是否是 Baire 空间?

推论 6.4.5 若 $\{C_p(X_\lambda)\}_{\lambda \in \Lambda}$ 是 Baire 空间族, 则 $\prod_{\lambda \in \Lambda} C_p(X_\lambda)$ 是 Baire 空间.

证明 因为每一 $C_p(X_\lambda)$ 是 Baire 空间, 所以每一空间 X_λ 满足定理 6.4.2 的充分性条件. 易验证, $\bigoplus_{\lambda \in \Lambda} X_\lambda$ 也满足定理 6.4.2 的充分性条件, 从而 $C_p(\bigoplus_{\lambda \in \Lambda} X_\lambda)$ 是 Baire 空间. 由推论 4.5.17, 积空间 $\prod_{\lambda \in \Lambda} C_p(X_\lambda)$ 同胚于函数空间 $C_p(\bigoplus_{\lambda \in \Lambda} X_\lambda)$. 故 $\prod_{\lambda \in \Lambda} C_p(X_\lambda)$ 是 Baire 空间. □

下面利用完全性介绍函数空间 $C_p(X)$ 含有 $\mathbb{R}^X$ 的 G_δ 集的特征. $C_p(X)$ 总是 $\mathbb{R}^X$ 的稠密子集, 研究表明当 $C_p(X)$ 含有 $\mathbb{R}^X$ 中 (稠密) 的 G_δ 集时空间 X 具有特殊的性质.

定理 6.4.6[69] 空间 $C_p(X)$ 含有 $\mathbb{R}^X$ 中稠密的 G_δ 集当且仅当 X 是离散空间, 从而 $C_p(X) = \mathbb{R}^X$.

证明 若 X 是离散空间, 则 $C_p(X) = \mathbb{R}^X$ 是 $\mathbb{R}^X$ 中稠密的 G_δ 集. 若 X 不是离散空间, 则存在函数 $f \in \mathbb{R}^X \setminus C_p(X)$. 定义函数 $\theta_f : \mathbb{R}^X \to \mathbb{R}^X$ 使得对于每一 $g \in \mathbb{R}^X$ 有 $\theta_f(g) = f + g$. 则 θ_f 是同胚且 $\theta_f(C_p(X)) \subseteq \mathbb{R}^X \setminus C_p(X)$. 若 $C_p(X)$ 含有 $\mathbb{R}^X$ 中稠密的 G_δ 集, 则 $\mathbb{R}^X \setminus C_p(X)$ 也含有 $\mathbb{R}^X$ 中稠密的 G_δ 集. 于是 $\mathbb{R}^X$ 中存在可数个开稠密子集之交集是空集, 这与 $\mathbb{R}^X$ 是 Baire 空间相矛盾. 故 $C_p(X)$ 不可能含有 $\mathbb{R}^X$ 中稠密的 G_δ 集. □

推论 6.4.7 若空间 $C_p(X)$ 含有稠密的 Čech 完全子空间, 则 X 是可数的离散空间.

证明 设 Z 是空间 $C_p(X)$ 中稠密的 Čech 完全子空间, 则 Z 是 $\mathbb{R}^X$ 中稠密的 Čech 完全子空间. 对于 $\mathbb{R}^X$ 的任一 T_2 紧化 Y, 则 Y 也是 Z 的 T_2 紧化, 于是 Z 是 Y 的 G_δ 集, 从而 Z 也是 $\mathbb{R}^X$ 的 G_δ 集. 由于定理 6.4.6, X 是离散空间, 因此 $C_p(X) = \mathbb{R}^X$.

由于 $C_p(X)$ 是齐性空间, 不妨设 X 上的零函数 $f_0 \in Z$. 又由于 Z 是 q 空间, 于是存在 $C_p(X)$ 中 f_0 的基本开邻域列 $\{W(f_0, A_n, \varepsilon_n)\}$ 使得 $\{W(f_0, A_n, \varepsilon_n) \cap Z\}$ 是 f_0 在 Z 中的 q 序列. 若存在 $x \in X \setminus \bigcup_{n \in \mathbb{N}} A_n$, 那么对于每一 $n \in \mathbb{N}$, 因为 Z 是 $C_p(X)$ 的稠密子集, 存在 $g_n \in [x, (n, +\infty)] \cap W(f_0, A_n, \varepsilon_n) \cap Z$. 则序列 $\{g_n\}$ 在 Z 中没有聚点, 矛盾. 因此 $X = \bigcup_{n \in \mathbb{N}} A_n$. 故 X 是可数空间. □

定理 6.4.8[180] 空间 $C_p(X)$ 含有 $\mathbb{R}^X$ 中非空的 G_δ 集当且仅当 X 是可数空间与离散空间的拓扑和.

证明 设 $f \in \bigcap_{n \in \mathbb{N}} W_n \subseteq C_p(X)$, 其中每一

$$W_n = \{g \in \mathbb{R}^X : |g(x) - f(x)| < \varepsilon_n, \forall x \in X_n\},$$

这里, X_n 是 X 的非空有限子集且 $\varepsilon_n > 0$. 令 $Y = \bigcup_{n \in \mathbb{N}} X_n$, $Z = X \setminus Y$. 则 Y 是可数集. 下面证明 Z 是 X 的既开且闭的离散子空间. 注意到, 如果对于 $g \in \mathbb{R}^X$ 有 $g|_Y = f|_Y$, 则 $g \in C_p(X)$.

首先, Y 含有 X 中的所有聚点. 若存在 X 的聚点 $x \in Z$, 定义 $g : X \to \mathbb{R}$ 使得 $g(x) = f(x) + 1$ 且 $g(y) = f(y), \forall y \in X \setminus \{x\}$. 由于 $g|_Y = f|_Y$, 所以 g 是连续的. 又由于 $X \setminus \{x\}$ 是 Hausdorff 空间 X 的稠密子集, 于是 $f = g$, 矛盾. 因而 Z 是 X 的开离散子空间.

其次, Z 是 X 的闭集. 设 Z 在 X 中有聚点 $x \in Y$. 定义 $h : X \to \mathbb{R}$ 使得当 $y \in Y$ 时 $h(y) = f(y)$; 当 $y \in Z$ 时 $h(y) = f(x) + 1$. 由于 $h|_Y = f|_Y$, 所以 h 是连续的. 又由于 x 是 Z 的聚点且 h 在 Z 上取常值, 于是 $h(x) = f(x) + 1$, 矛盾. 从而 Z 是 X 的闭子集. 故 Z 是 X 的既开且闭的离散子空间.

总之, X 是可数空间 Y 与离散空间 Z 的拓扑和.

反之, 设 X 是 Y 与 Z 的拓扑和, 其中 Y 是可数的且 Z 是离散的. 则 $C_p(X)$ 同胚于 $C_p(Y) \times \mathbb{R}^Z \subseteq \mathbb{R}^X$. 设 $f \in C_p(Y)$, 因为 $\mathbb{R}^Y$ 是可度量化的, 所以 f 是 $\mathbb{R}^Y$ 中的 G_δ 集. 因而 $\{f\} \times \mathbb{R}^Z$ 是 $\mathbb{R}^X$ 中非空的 G_δ 集且含于 $C_p(Y) \times \mathbb{R}^Z$ 中. □

下面讨论 $C_p(X)$ 含有 $\mathbb{R}^X$ 的 F_σ 子集时底空间 X 的性质.

定理 6.4.9[69]   如果 $C_p(X)$ 是 $\mathbb{R}^X$ 的 F_σ 子集, 则 X 是离散空间.

证明   设 $C_p(X) = \bigcup_{n \in \mathbb{N}} F_n$, 其中每一 F_n 是 $\mathbb{R}^X$ 的闭子集. 若 X 不是离散空间, 让 x_0 是 X 的非孤立点. 用归纳法构造 $\mathbb{I}^X$ 的序列 $\{f_n\}$ 及 x_0 的开邻域列 $\{U_n\}$ 使得对于每一 $n \in \mathbb{N}$, 有

(9.1) $f_n \leqslant f_{n+1}$.

(9.2) $U_n \supseteq \overline{U}_{n+1}$.

(9.3) $f_n(x_0) = 1$.

(9.4) $f_n|_{U_n \setminus \{x_0\}} \equiv 1 - 2^{-n}$.

(9.5) $f_n|_{X \setminus \{x_0\}}$ 是连续的.

(9.6) $f_{n+1}|_{X \setminus U_n} = f_n|_{X \setminus U_n}$.

(9.7) 若 $f \in \mathbb{R}^X$ 满足 $f|_{(X \setminus U_n) \cup \{x_0\}} = f_n|_{(X \setminus U_n) \cup \{x_0\}}$, 则 $f \notin F_n$.

记 $F_0 = \varnothing$. 先定义 $f_0 : X \to \mathbb{I}$ 使得 $f_0(x_0) = 1$ 且 $f_0(X \setminus \{x_0\}) = \{0\}$. 令 $U_0 = X$. 假设对于 $0 \leqslant i \leqslant n$ 已构造满足条件的 f_i 和 U_i. 由完全正则性, 存在 $g \in C(X, [0, 2^{-n}])$ 满足 $g(x_0) = 2^{-n}$ 且 $g(X \setminus U_n) \subseteq \{0\}$, 见图 6.4.1. 定义 $f_{n+1} : X \to \mathbb{I}$ 使得

$$f_{n+1}(x) = \begin{cases} 1, & x = x_0, \\ f_n(x) + \min\{2^{-(n+1)}, g(x)\}, & x \neq x_0. \end{cases}$$

由于集 $V = g^{-1}((2^{-(n+1)}, 2^{-(n-1)}))$ 是 x_0 的邻域且 $\overline{V} \subseteq U_n$, 所以

$$f_{n+1}|_{V \setminus \{x_0\}} \equiv 1 - 2^{-n} + 2^{-(n+1)} = 1 - 2^{-(n+1)}.$$

因为 x_0 是 X 的非孤立点, 于是 f_{n+1} 在 x_0 不连续, 从而 $f_{n+1} \notin F_{n+1}$. 又因为 F_{n+1} 是 $\mathbb{R}^X$ 的闭集, 所以存在 X 的有限子集 A 和 $\varepsilon > 0$ 使得 $W(f_{n+1}, A, \varepsilon) \cap F_{n+1} = \varnothing$. 如果 $f \in \mathbb{R}^X$ 且 $f|_A = f_{n+1}|_A$, 那么 $f \notin F_{n+1}$. 因此 $U_{n+1} = (V \setminus A) \cup \{x_0\}$ 是所求的 x_0 的邻域. 归纳法完成.

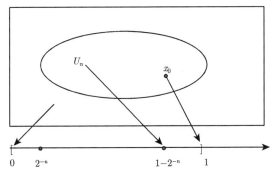

图 6.4.1　归纳法构造 f_n 及 U_n

由 (9.1), 存在 $f = \lim_{n \to \infty} f_n$. 由 (9.6) 和 (9.2), 对于每一 $n \in \mathbb{N}$, 有

$$f|_{(X \setminus U_n) \cup \{x_0\}} = f_n|_{(X \setminus U_n) \cup \{x_0\}}.$$

再由 (9.7), $f \notin \bigcup_{n \in \mathbb{N}} F_n$. 然而, f 是连续的. 事实上, 如果 $x \in X \setminus \bigcap_{n \in \mathbb{N}} U_n$, 由 (9.2), 存在 $n \in \mathbb{N}$ 使得 $x \notin \overline{U}_n$. 由 (9.6) 和 (9.5), f 在 x 连续. 如果 $x \in \bigcap_{n \in \mathbb{N}} U_n$, 那么每一 U_n 是 x 的邻域, 且由 (9.3) 和 (9.4), $f_n(U_n) \subseteq \{1 - 2^{-n}, 1\}$. 由 (9.1), $f(U_n) \subseteq [1 - 2^{-n}, 1]$. 这表明 $f(x) = 1$. 从而 f 在 x 连续. 因此 $f \in C_p(X) \setminus \bigcup_{n \in \mathbb{N}} F_n$, 矛盾. 故 X 是离散空间. $\qquad\qquad\square$

练　习

6.4.1　设 X 是 Michael 空间 (例 1.3.14). 证明: $C_p(X)$ 是 Baire 空间.

6.4.2　证明: $C_p(X)$ 是 Baire 空间当且仅当对于 X 的每一可数子集 A, $C_p(A|X)$ 是 Baire 空间.

6.4.3　若 $C_p(X)$ 是 Baire 空间, 则 $C_p(X, \mathbb{I})$ 也是 Baire 空间.

6.4.4　证明: X 是 P 空间当且仅当若 A 是 $C_p(X)$ 的可数子集, 则 $\mathrm{cl}_{\mathbb{R}^X} A \subseteq C_p(X)$.

参 考 文 献

[1] Alexandroff P S. Sur les ensembles de la première classe et les ensembles abstraits. C R Acad Paris, 1924, 178: 185-187.

[2] Alexandroff P S. Über die metrisation der im kleinen kompakten topologischen Räume. Math Ann, 1924, 92(3-4): 294-301.

[3] Alexandroff P S. Über stetige Abbildungen kompakter Räume. Math Ann, 1927, 96(1): 555-571.

[4] Alexandroff P S, Urysohn P S. Une condition nécessaire et suffisante pour qu'une classe (L) soit une classe (B). C R Acad Paris, 1923, 177: 1274-1276.

[5] Alexandroff P S, Urysohn P S. Mémoire sur les espaces topologiques compacts. Verh Koninkl Akad Wetensch, 1929, 14: 1-96.

[6] Arens R. A topology for spaces of transformations. Ann Math, 1946, 47(3): 480-495.

[7] Arens R. Note on convergence in topology. Math Mag, 1950, 23: 229-234.

[8] Arens R, Dugundji J. Topologies for function spaces. Pacific J Math, 1951, 1(1): 5-31.

[9] Arhangel'skiĭ A V. An addition theorem for the weight of sets lying in bicompacts (in Russian). Dokl Akad Nauk SSSR, 1959, 126(2): 239-241.

[10] Arhangel'skiĭ A V. On mappings of metric spaces (in Russian). Dokl Akad Nauk SSSR, 1962, 145(2): 245-247.

[11] Arhangel'skiĭ A V. On open and almost open mappings of topological spaces (in Russian). Dokl Akad Nauk SSSR, 1962, 147: 999-1002.

[12] Arhangel'skiĭ A V. Some types of factor mappings, and the relations between classes of topological spaces (in Russian). Dokl Akad Nauk SSSR, 1963, 153: 743-746.

[13] Arhangel'skiĭ A V. Bicompact sets and the topology of spaces (in Russian). Trudy Moskov Mat Obsch, 1965, 13: 3-55 (English translation: Trans Moscow Math Soc, 1965, 13: 1-62).

[14] Arhangel'skiĭ A V. Mappings and spaces (in Russian). Uspechi Mat Nauk, 1966, 21(4): 133-184.

[15] Arhangel'skiĭ A V. On some topological spaces that arise in functional analysis (in Russian). Uspechi Mat Nauk, 1976, 31(5): 17-32.

[16] Arhangel'skiĭ A V. Classes of topological groups. Russian Math Surveys, 1981, 36(3): 151-174.

[17] Arhangel'skiĭ A V. Factorization theorems and function spaces: stability and mono-lithicity. Soviet Math Dokl, 1982, 26: 177-181.

[18] Arhangel'skiĭ A V. Continuous mappings, factorization theorems, and spaces of functions. Trud Moskovsk Mat Obshch, 1984, 47: 3-21.

[19] Arhangel'skiĭ A V. Function spaces in the topology of pointwise convergence. Part I: General Topology: function spaces and dimension. Moscow: Moscow State Univ, 1985: 3-66, 132.

[20] Arhangel'skiĭ A V. Hurewicz spaces, analytic sets, and fan tightness of function spaces. Soviet Math Dokl, 1986, 33(2): 396-399.

[21] Arhangel'skiĭ A V. A survey of C_p-theory. Questions Answers in General Topology, 1987, 5: 1-109.

[22] Arhangel'skiĭ A V. Topological Function Spaces. Dordrecht: Kluwer Academic Publishers, 1992.

[23] Arhangel'skiĭ A V. General Topology III. Encyclopaedia of Mathematical Sciences, 51. Berlin: Springer-Verlag, 1995.

[24] Arhangel'skiĭ A V. On spread and condensations. Proc Amer Math Soc, 1996, 124(11): 3519-3527.

[25] Arhangel'skiĭ A V. Some observations on C_p-theory and bibliography. Topology Appl, 1998, 89(3): 203-221.

[26] Arhangel'skiĭ A V, Bella A. Countable fan-tightness versus countable tightness. Comment Math Univ Carolinae, 1996, 37(3): 565-576.

[27] Arhangel'skiĭ A V, Franklin S P. Ordinal invariants for topological spaces. Michigan Math J, 1968, 15(3): 313-320.

[28] Arhangel'skiĭ A V, Ponomarev V I. Fundamentals of General Topology: Problems and Exercises (in Russian). Moscow: Hayka, 1974 (英译本: Jain V K, 译. Mathematics and Its Applications, 13. Dordrecht: Kluwer Academic Publishers, 1984).

[29] Arhangel'skiĭ A V, Pontryagin L S. General Topology I. Encyclopaedia of Mathematical Sciences, 17. Berlin: Springer-Verlag, 1990.

[30] Arhangel'skiĭ A V, Tkachenko M. Topological Groups and Related Structures. Paris: Atlantis Press and World Sci, 2008.

[31] Arhangel'skiĭ A V, Tkachuk V V. Function Spaces and Topological Invariants (in Russian). Moscow: Moscow University Press, 1985.

[32] Asanov M O. About the space of continuous functions. Colloq Math Soc János Bolyai, 1983, 41: 31-34.

[33] Ascoli G. Le curve limiti di una varietà data di curve. Atti della R Accad Dei Lincei Memorie della Cl Sci Fis Mat Nat, 1883-1884, 18(3): 521-586.

[34] Aull C E, Lowen R. Handbook of the History of General Topology, 1. Dordrecht: Kluwer Academic Publishers, 1997.

[35] Aull C E, Lowen R. Handbook of the History of General Topology, 2. Dordrecht: Kluwer Academic Publishers, 1998.

[36] Aull C E, Lowen R. Handbook of the History of General Topology, 3. Dordrecht: Kluwer Academic Publishers, 2001.

[37] Atsuji M. Normality of product spaces I// Morita K, et al., eds. Topics in General Topology. Amsterdam: Elsevier Science Publishers B V, 1989: 81-119.

[38] Bagley R W, Yang J S. On k-spaces and function spaces. Proc Amer Math Soc, 1966, 17(3): 703-705.

[39] Baire R. Sur la représentation des fonctions discontinues (deuxième partie). Acta Math, 1909, 32(1): 97-176.

[40] Banakh T, Bogachev V, Kolesnikov A. k^*-metrizable spaces and their applications. J Math Sci, 2008, 155(4): 475-522.

[41] Bareche A. The o-Malykhin property for spaces $C_k(X)$. Topology Appl, 2013, 160(1): 143-148.

[42] Beckenstein E, Narici L, Suffel C. Topological Algebras. Notes de Mat, 60. New York: North-Holland, 1977.

[43] Bing R H. Metrization of topological spaces. Canad J Math, 1951, 3(2): 175-186.

[44] Birkhoff G. A note on topological groups. Comp Math, 1936, 3: 427-430.

[45] Boone J R, Siwiec F. Sequentially quotient mappings. Czech Math J, 1976, 26(2): 174-182.

[46] Borges C R. On metrizability of topological spaces. Canad J Math, 1968, 20(4): 795-804.

[47] Bouchair A, Kelaiaia S. Comparison of some set open topologies on $C(X,Y)$. Topology Appl, 2014, 178: 352-359.

[48] Bourbaki N. General Topology, Part 1. Paris: Hermann, 1966.

[49] Bourbaki N. General Topology, Part 2. Paris: Hermann, 1966.

[50] Bouziad A. Coincidence of the upper Kuratowski topology with the co-compact topology on compact sets, and the Prohorov property. Topology Appl, 2002, 120(3): 283-299.

[51] Bouziad A, Troallic J P. Left and right uniform structures on functionally balanced groups. Topology Appl, 2006, 153(13): 2351-2361.

[52] Burke D K. Covering properties// Kunen K, et al., eds. Handbook of Set-theoretic Topology. Amsterdam: Elsevier Science Publishers B V, 1984: 347-422.

[53] Burke D K, Engelking R, Lutzer D J. Hereditarily closure-preserving collections and metrization. Proc Amer Math Soc, 1975, 51(2): 483-488.

[54] Burke D K, Michael E. On a theorem of V. V. Filippov. Israel J Math, 1972, 11: 394-397.

[55] Burke D K, Michael E. On certain point-countable covers. Pacific J Math, 1976, 64(1): 79-92.

[56] Caserta A, Di Maio G, Kočinac Lj D R. Bornologies, selection principles and function spaces. Topology Appl, 2012, 159(7): 1847-1852.

[57] Chen H P. Weak neighborhoods and Michael-Nagami's question. Houston J Math,

1999, 25(2): 297-309.

[58] Čech E. On bicompact spaces. Ann Math, 1937, 38(4): 823-844.

[59] Coban M M. Mappings of metric spaces. Soviet Math Dokl, 1969, 10: 258-260.

[60] Clapp M H, Shiflett R C. A necessary and sufficient condition for the equivalence of the topologies of uniform and compact convergence. Can Math Bull, 1979, 22(4): 467-470.

[61] Cohen D E. Spaces with weak topology. Quart J Math Oxford, 1954, 5(1): 77-80.

[62] Cohen P E. Products of Baire spaces. Proc Amer Math Soc, 1976, 55(1): 119-124.

[63] Cohen P J. The independence of the continuum hypothesis, I. Proc Nat Acad Sci USA, 1963, 50: 1143-1148.

[64] Cohen P J. The independence of the continuum hypothesis, II. Proc Nat Acad Sci USA, 1964, 51: 105-110.

[65] Dowker C H. Topology of metric complexes. Amer J Math, 1952, 74(3): 555-577.

[66] 戴牧民. 集论拓扑学引论. 桂林: 广西师范大学出版社, 2003.

[67] Dieudonné J. Une généralisation des espaces compacts. J Math Pures Appl, 1944, 23(9): 65-76.

[68] Dieudonné J. Review of Hewitt's paper. Math Reviews, 1949, 10: 126-127.

[69] Dijkstra J J, Grilliot T, van Mill J, et al. Function spaces of low Borel complecxity. Proc Amer Math Soc, 1985, 94(4): 703-710.

[70] van Douwen E K. Collected Papers, V I// van Mill ed. Amsterdam: North Holland, 1994.

[71] Dugundji J. Topology. Boston: Allyn and Bacon Inc, 1966.

[72] Engelking R. On closed images of the spaces of irrationals. Proc Amer Math Soc, 1969, 21(3): 583-586.

[73] Engelking R. Dimension Theory. Amsterdam: North-Holland, 1978.

[74] Engelking R. General Topology (revised and completed edition). Berlin: Heldermann Verlag, 1989.

[75] Filippov V V. Preservation of the order of a base under a perfect mapping. Soviet Math Dokl, 1968, 9: 1005-1007.

[76] Ferrando J C. Some uniformities on X related to topological properties of $C(X)$. Topology Appl, 2014, 172: 41-46.

[77] Filippov V V. Quotient spaces and multiplicity of a base (in Russian). Mat Sb, 1969, 80(4): 521-532.

[78] Foged L. A characterization of closed images of metric spaces. Proc Amer Math Soc, 1985, 95(3): 487-490.

[79] Fox R. On topologies for function spaces. Bull Amer Math Soc, 1945, 51(1): 429-432.

[80] Franklin S P. Spaces in which sequences suffice. Fund Math, 1965, 57: 107-115.

[81] Fréchet M M. Sur quelques points du calcul fonctionnel. Rend del Circ Mat di Palermo,

1906, 22(1): 1-72.

[82] Gale D. Compact sets of functions and function rings. Proc Amer Math Soc, 1950, 1(3): 303-308.

[83] 高国士. 拓扑空间论. 现代数学基础丛书, 67. 北京: 科学出版社, 2000.

[84] 高国士. 拓扑空间论. 2 版. 现代数学基础丛书, 123. 北京: 科学出版社, 2008.

[85] Gao Z M. $\aleph$-space is invariant under perfect mappings. Questions Answers in General Topology, 1987, 5(2): 271-279.

[86] Gao Z M. The closed images of metric spaces and Fréchet $\aleph$-spaces. Questions Answers in General Topology, 1987, 5(2): 281-291.

[87] Garg P, Kundu S. The compact-G_δ-open topology on $C(X)$. Topology Appl, 2012, 159(8): 2082-2089.

[88] Gartside P M, Feng Z Q. More stratifiable function spaces. Topology Appl, 2007, 154(12): 2457-2461.

[89] Gartside P M, Reznichenko E A. Near metric properties of function spaces. Fund Math, 2000, 164(2): 97-114.

[90] 葛英. F_σ 子集不保持 T_1 仿紧性. 苏州大学学报 (自然科学版), 1997, 13(4): 8-9.

[91] Ge Y. Mappings in Ponomarev-systems. Topology Proc, 2005, 29(1): 141-153.

[92] Ge Y. Compact-covering mappings in Ponomarev-systems. Adv Math (China), 2007, 36(4): 447-452.

[93] Gerlits J. Some properties of $C(X)$, II. Topology Appl, 1983, 15(3): 255-262.

[94] Gerlits J, Nagy Z. Some properties of $C(X)$, I. Topology Appl, 1982, 14(2): 151-161.

[95] Gillman L, Henriksen M. Concerning rings of continuous functions. Trans Amer Math Soc, 1954, 77: 340-362.

[96] Gillman L, Jerison M. Rings of Continuous Functions. Princeton: Van Nostrand, 1960 (Graduate Texts in Math, 43. Berline: Springer-Verlag, 1976. 北京: 世界图书出版公司, 1992 重印).

[97] Gödel K. The consistency of the axiom of choice and of the generalized continuum hypothesis. Proc Nat Acad Sci USA, 1938, 24: 556-557.

[98] Good C, Tree I J. Continuing horrors of topology without choice. Topology Appl, 1995, 63: 79-90.

[99] Good C, Tree I J, Watson W S. On Stone's theorem and the axiom of choice. Proc Amer Math Soc, 1998, 126(4): 1211-1218.

[100] Gruenhage G. Generalized metric spaces// Kunen K, et al., eds. Handbook of Set-theoretic Topology. Amsterdam: North-Holland, 1984: 423-501.

[101] Gruenhage G, Ma D K. Baireness of $C_k(X)$ for locally compact X. Topology Appl, 1997, 80(1-2): 131-139.

[102] Gruenhage G, Michael E A, Tanaka Y. Spaces determined by point-countable covers. Pacific J Math, 1984, 113(2): 303-332.

[103]　Gruenhage G, Tamano K. If X is σ-compact Polish, then $C_k(X)$ has a σ-closure-preserving base. Topology Appl, 2005, 151(1-3): 99-106.

[104]　郭宝霖. 绝对邻域收缩核理论. 北京: 科学出版社, 2009.

[105]　郭喜凤, 胡晶. 关于函数空间上三个特殊拓扑满足第一可数公理的条件. 数学的实践与认识, 2002, 32(1): 150-152.

[106]　Guthrie J A. A characterization of $\aleph_0$-spaces. General Topology Appl, 1971, 1(2): 105-110.

[107]　Hájek O. Note on quotient maps. Comment Math University Carolinae, 1966, 7: 319-323.

[108]　Hanai S. On closed mapping, II. Proc Japan Acad, 1956, 32: 388-391.

[109]　Hanai S. On open mappings II. Proc Japan Acad, 1961, 37(5): 233-238.

[110]　Hanai S. Inverse images of closed mappings I. Proc Japan Acad, 1961, 37: 298-301.

[111]　Hausdorff F. Grundzüge der Mengenlehre. Leipzig, 1914.

[112]　Heath R W. Screenability, pointwise paracompactness, and metrization of Moore spaces. Canad J Math, 1964, 16: 763-770.

[113]　Henriksen M, Isbell J R. Some properties of compactifications. Duke Math J, 1958, 25(1): 83-105.

[114]　Hewitt E. A remark on density characters. Bull Amer Math Soc, 1946, 52: 641-643.

[115]　Hodel R E. Cardinal functions I// Kunen K, et al., eds. Handbook of Set-theoretic Topology. Amsterdam: North-Holland, 1984: 1-61.

[116]　Hoshina T. Normality of product spaces II// Morita K, et al., eds. Topics in General Topology. Amsterdam: Elsevier Science Publishers B V, 1989: 121-160.

[117]　胡作玄, 邓明立. 20 世纪数学思想. 济南: 山东教育出版社, 1999.

[118]　Hughes G. The Baire property in the compact-open topology of Lašnev spaces. Topology Appl, 2016, 202: 318-324.

[119]　Hurewicz W. Über folgen stetiger funktionen. Fund Math, 1927, 9: 193-204.

[120]　Ikeda Y. σ-strong networks, and quotient compact images of metric spaces. Questions Answers in General Topology, 1999, 17: 269-279.

[121]　Ikeda Y, Liu C, Tanaka Y. Quotient compact images of metric spaces, and related matters. Topology Appl, 2002, 122(1-2): 237-252.

[122]　Ikeda Y, Tanaka Y. Spaces having star-countable k-networks. Topology Proc, 1993, 18: 107-132.

[123]　Jayanthan A J, Kannan V. Spaces every quotient of which is metrizable. Proc Amer Math Soc, 1988, 103(1): 294-298.

[124]　蒋继光. 一般拓扑学专题选讲. 成都: 四川教育出版社, 1991.

[125]　江守礼, 冯自勤. 函数空间不变余度量性质的一个推广. 数学学报 (中文版), 2006, 49(6): 1225-1230.

[126]　Jindal V, Kundu S. Topological and functional analytic properties of the compact-

G_δ-open topology on $C(X)$. Topology Appl, 2014, 174: 1-13.

[127] Jones F B. Concerning normal and completely normal spaces. Bull Amer Math Soc, 1937, 43: 671-677.

[128] Jones F B. R. L. Moore's axiom l' and metrization. Proc Amer Math Soc, 1958, 9: 487.

[129] Kelley J L. The Tychonoff product theorem implies the Axiom of Choice. Fund Math, 1950, 37: 75-76.

[130] Kelley J L. General Topology. New York: Van Nostrand, 1955 (Graduate Texts Math, 27. Berlin: Springer-Verlag, 1975. 北京: 世界图书出版公司, 2001 重印. 中译本: 吴从炘, 吴让泉, 译. 一般拓扑学. 北京: 科学出版社, 1982).

[131] Katětov M. On the dimension of non-separable spaces I (in Russian). Czech Math J, 1952, 2: 333-368.

[132] Kakutani S. Über die metrization der topologischen gruppen. Proc Imp Acad Tokyo, 1936, 12(4): 82-84.

[133] Kline M. Mathematical Thought from Ancient to Modern Times. New York: Oxford University Press, 1972 (中译本: 北京大学数学系数学史翻译组, 译. 申又枨, 冷生明, 校. 古今数学思想, 第四册. 上海: 上海科学技术出版社, 1981).

[134] 儿玉之宏, 永见启应. 位相空间论 (日文). 东京: 岩波书店, 1974 (中译本: 方嘉琳, 译. 拓扑空间论. 北京: 科学出版社, 1984).

[135] Kundu S, Garg P. The Pseudocompact-open topology on $C(X)$. Topology Proc, 2006, 30: 279-299.

[136] Kundu S, Pandey V. The metrizability and completeness of the σ-compact-open topology on $C^*(X)$. Topology Appl, 2012, 159(3): 593-602.

[137] Kundu S, Pandey V. Countability properties of the σ-compact-open topology on $C^*(X)$. Topology Proc, 2013, 41: 153-165.

[138] Kunen K, Vaughan J E. Handbook of Set-theoretic Topology. Amsterdam: Elsevier Science Publishers B V, 1984.

[139] Kuratowski K. Sur les espaces completes. Fund Math, 1930, 15: 301-309.

[140] Kuratowski K. Topologie, I. Warszawa-Lwów: Z Subwencji Fundus zu Kultury Norodowej, 1933.

[141] Kuratowski K. Topology, I. New York: Academic Press, 1966.

[142] Lašnev N. Closed images of metric spaces (in Russian). Dokl Akad Nauk SSSR, 1966, 170(3): 505-507.

[143] Lasyth M D. On relative function spaces (in Russian). Vestnik Moskov Univ Mat, 1988, (6): 29-31.

[144] Leja F. Sur la notion du groupe abstrait topologique. Fund Math, 1927, 9: 37-44.

[145] Lelek A. Some covering properties of spaces. Fund Math, 1969, 64(2): 209-218.

[146] Li P Y, Xie L H, Mou L, Xue C T. Some Topics in Paratopological and Semitopological

Groups. Shenyang: Northeastern University Press, 2014.

[147] Li Z Q. Cauchy convergence topologies on the space of continuous functions. Topology Appl, 2014, 161(1): 321-329.

[148] 林福财. 拓扑代数与广义度量空间. 厦门: 厦门大学出版社, 2012.

[149] 林寿. 闭映射不能保持 T_1 仿紧性及紧式仿紧性. 苏州大学学报 (自然科学版), 1988, 4(2): 184-187.

[150] Lin S. Mapping theorems on ℵ-spaces. Topology Appl, 1988, 30: 159-164.

[151] Lin S. On a generalization of Michael's theorem. Northeast Math J, 1988, 4: 162-168.

[152] Lin S. On the quotient compact images of metric spaces. Adv Math (China), 1992, 21: 93-96.

[153] Lin S. The sequence-covering s-images of metric spaces. Northeast Math J, 1993, 9: 81-85.

[154] Lin S. Cardinal functions on $C(X)$ with the epi-topology. Kobe J Math, 1994, 11(2): 221-224.

[155] 林寿. 广义度量空间与映射. 北京: 科学出版社, 1995.

[156] 林寿. Michael-Nagami 问题的注记. 数学年刊 A 辑, 1996, 17(1): 9-12.

[157] 林寿. 关于序列覆盖 s 映射. 数学进展, 1996, 25(6): 548-551.

[158] 林寿. 局部凸空间的正规性. 系统科学与数学, 1998, 18(1): 23-26.

[159] 林寿. 点可数覆盖与序列覆盖映射. 杭州: 浙江大学, 2000.

[160] 林寿. 点可数覆盖与序列覆盖映射. 北京: 科学出版社, 2002.

[161] 林寿. 度量空间与函数空间的拓扑. 北京: 科学出版社, 2004.

[162] 林寿. 广义度量空间与映射. 2 版. 北京: 科学出版社, 2007.

[163] 林寿. 点可数覆盖与序列覆盖映射. 2 版. 北京: 科学出版社, 2015.

[164] Lin S, Li Z W, Li J J, et al. On ss-mappings. Northeast Math J, 1993, 9: 521-524.

[165] 林寿, 刘川. $C_k(X)$ 的可数强扇密度. 广西大学学报 (自然科学版), 1993, 18(1): 32-34.

[166] 林寿, 刘川. 关于 Jameson 的一个定理. 苏州大学学报 (自然科学版), 1994, 10(4): 327-329.

[167] 林寿, 刘川, 滕辉. $C_k(X)$ 的扇密度和强 Fréchet 性质. 数学进展, 1994, 23: 234-237.

[168] Lin S, Tanaka Y. Point-countable k-networks, closed maps, and related results. Topology Appl, 1994, 59(1): 79-86.

[169] 林寿, 燕鹏飞. 关于序列覆盖紧映射. 数学学报, 2001, 44(1): 175-182.

[170] Lin S, Yan P F. Sequence-covering maps of metric spaces. Topology Appl, 2001, 109(3): 301-314.

[171] Lin S, Yan P F. Notes on cfp-covers. Comment Math Univ Carolinae, 2003, 44: 295-306.

[172] 林寿, 燕鹏飞, 刘川. k 网与 Michael 的两个问题. 数学进展, 1999, 28(2): 143-150.

[173] Lin S, Yun Z Q. Generalized Metric Spaces and Mappings. Atlantis Studies in Mathematics, 6. Paris: Atlantis Press, 2016.

[174]   Lin S, Yun Z Q. Generalized Metric Spaces and Mappings. Bejing: Science Press, 2017.

[175]   刘川, 戴牧民. 度量空间的紧覆盖 s 像. 数学学报, 1996, 39(1): 41-44.

[176]   刘川, 林寿, 滕辉. 函数空间 $C_p(Y|X)$ 的一些基数函数. 淮北煤师院学报, 1997, 18(4): 1-4.

[177]   Liu C, Ludwig L D. κ-Fréchet-Urysohn spaces. Houston J Math, 2005, 31: 391-401.

[178]   刘秀珍, 李祖泉. 函数空间 $C_p(X)$ 的双径向性. 佳木斯工学院学报, 1992, 10(3): 178-180.

[179]   Lutzer D J. Semimetrizable and stratifiable spaces. General Topology Appl, 1971, 1(1): 43-48.

[180]   Lutzer D J, McCoy R A. Category in function spaces, I. Pacific J Math, 1980, 90(1): 145-168.

[181]   Marczewski E. Séparabilité et multiplication cartésienne des espaces topologiques. Fund Math, 1947, 34(1): 127-143.

[182]   Martin H W. Weak bases and metrization. Trans Amer Math Soc, 1976, 222: 337-344.

[183]   McAuley L F. A relation between perfect separability, completeness, and normality in semimetric spaces. Pacific J Math, 1956, 6(2): 315-326.

[184]   McCoy R A. Characterization of pseudocompactness by the topology of uniform convergence on function spaces. J Austral Math Soc A, 1978, 26(2): 251-256.

[185]   McCoy R A. Submetrizable spaces and almost σ-compact function spaces. Proc Amer Math Soc, 1978, 71(1): 138-142.

[186]   McCoy R A. Countability properties of function spaces. Rocky Mountain J Math, 1980, 10: 717-730.

[187]   McCoy R A. Function spaces which are k-spaces. Topology Proc, 1980, 5(5): 139-146.

[188]   McCoy R A. k-space function spaces. Internat J Math Math Sci, 1980, 3(4): 701-711.

[189]   McCoy R A, Ntantu I. Countability properties of function spaces with set-open topologies. Topology Proc, 1985, 10(2): 329-345.

[190]   McCoy R A, Ntantu I. Completeness properties of function spaces. Topology Appl, 1986, 22(2): 191-206.

[191]   McCoy R A, Ntantu I. Topological Properties of Spaces of Continuous Functions. Lecture Notes in Math, 1315. Berlin: Springer-Verlag, 1988.

[192]   Michael E A. A note on paracompact spaces. Proc Amer Math Soc, 1953, 4: 831-838.

[193]   Michael E A. Another note on paracompact spaces. Proc Amer Math Soc, 1957, 8: 822-828.

[194]   Michael E A. Yet another note on paracompact spaces. Proc Amer Math Soc, 1959, 10(2): 309-314.

[195]   Michael E A. The product of a normal space and a metric space need not be normal. Bull Amer Math Soc, 1963, 69: 375-376.

[196]   Michael E A. A note on closed maps and compact sets. Israel J Math, 1964, 2: 173-176.

[197]   Michael E A. $\aleph_0$-spaces. J Math Mech, 1966, 15(6): 983-1002.

[198]   Michael E A. A note on k-spaces and k_R-spaces. Topology Conference Ariz State University, 1967: 247-249.

[199]   Michael E A. Bi-quotient maps and Cartesian products of quotient maps. Ann Inst Fourier (Greenoble), 1968, 18: 287-302.

[200]   Michael E A. On representing spaces as images of metrizable and related spaces. General Topology Appl, 1971, 1: 329-343.

[201]   Michael E A. A quintuple quotient quest. General Topology Appl, 1972, 2: 91-138.

[202]   Michael E A. $\aleph_0'$-spaces and a function space theorem of R. Pol. Indiana Univ Math J, 1977, 26(2): 299-306.

[203]   Michael E A, Nagami K. Compact-covering images of metric spaces. Proc Amer Math Soc, 1973, 37(1): 260-266.

[204]   Michael E A, Stone A H. Quotients of the space of irrationals. Pacific J Math, 1969, 28(3): 629-633.

[205]   van Mill J. The Infinite-Dimensional Topology of Function Spaces. Amsterdam: North-Holland, 2001.

[206]   van Mill J, Reed G M. Open Problems in Topology. Amsterdam: Elsevier Science Publishers B V, 1990.

[207]   Miščenko A. Spaces with a pointwise denumerable basis (in Russian). Dokl Akad Nauk SSSR, 1962, 145(6): 1224-1227.

[208]   Moore E H, Smith H L. A general theory of limits. Amer J Math, 1922, 44: 102-121.

[209]   Moore R L. On the foundations of plane analysis situs. Trans Amer Math Soc, 1916, 17: 131-164.

[210]   Morita K. A condition for the metrizability of topological spaces and for n-dimensionality. Sci Rep Tokyo Kyoiku Daigaku Sec, 1955, A5(114): 33-36.

[211]   Morita K. On closed mappings. Proc Japan Acad, 1956, 32(8): 539-543.

[212]   Morita K. Products of normal spaces with metric spaces. Math Ann, 1964, 154(4): 365-382.

[213]   Morita K, Hanai S. Closed mappings and metric spaces. Proc Japan Acad, 1956, 32: 10-14.

[214]   Morita K, Nagata J. Topics in General Topology. Amsterdam: Elsevier Science Publishers B V, 1989.

[215]   Mrówka S G. On completely regular spaces. Fund Math, 1954, 41: 105-106.

[216]   Nadler Jr S B. Continuum Theory: An Introduction. New York: Marcel Dekker Inc, 1992.

[217]   Nagata J. On lattices of functions on topological spaces and of functions on uniform spaces. Osaka Math J, 1949, 1(2): 166-181.

[218]   Nagata J. On a necessary and sufficient condition of metrizability. J Inst Polyt Osaka

City Univ, 1950, 1: 93-100.

[219]   Nagata J. Metrization I// Morita K, et al., eds. Topics in General Topology. Amsterdam: Elsevier Science Publishers B V, 1989: 245-273.

[220]   Nagata J. Generalized metric spaces I// Morita K, et al., eds. Topics in General Topology. Amsterdam: Elsevier Science Publishers B V, 1989: 315-366.

[221]   Noble N. The density character of function spaces. Proc Amer Math Soc, 1974, 42(1): 228-233.

[222]   Nyikos P J. Metrizability and the Fréchet-Urysohn property in topological groups. Proc Amer Math Soc, 1981, 83: 793-801.

[223]   Nyikos P J. The Cantor tree and the Fréchet-Urysohn property// Papers on General Topology and Related Category Theory and Topological Algebra (New York, 1985/1987), Ann New York Acad Sci, 552. New York: New York Acad Sci, 1989: 109-123.

[224]   Nyikos P J. Non-stratifiability of $C_k(X)$ for a class of separable metrizable X. Topology Appl, 2007, 154(7): 1489-1492.

[225]   O'Meara P. On paracompactness in function spaces with the compact-open topology. Proc Amer Math Soc, 1971, 29(1): 183-189.

[226]   Osipov A V. The set-open topology. Topology Proc, 2011, 37: 205-217.

[227]   Osipov A V. Topological-algebraic properties of function spaces with set-open topologies. Topology Appl, 2012, 159(3): 800-805.

[228]   Osipov A V. The C-compact-open topology on function spaces. Topology Appl, 2012, 159(13): 3059-3066.

[229]   Ostaszewski A. On countably compact, perfectly normal spaces. J Lond Math Soc, 1976, 14: 505-516.

[230]   Oxtoby J C. Cartesian products of Baire spaces. Fund Math, 1961, 49: 157-166.

[231]   Oxtoby J C. Measure and Category. 2nd ed. Berlin: Springer-Verlag, 1980.

[232]   Pondiczery E S. Power problems in abstract spaces. Duke Math J, 1944, 11(4): 835-837.

[233]   Ponomarev V I. Axioms of countability and continuous mappings (in Russian). Bull Acad Pol Sci, Sér Sci Math Astron Phys, 1960, 8: 127-134.

[234]   Przymusiński T C. Products of normal spaces// Kunen K, et al., eds. Handbook of Set-theoretic Topology. Amsterdam: North-Holland, 1984: 781-826.

[235]   蒲保明, 蒋继光, 胡淑礼. 拓扑学. 北京: 高等教育出版社, 1985.

[236]   Pytkeev E G. On the tightness of spaces of continuous functions. Russian Math Surveys, 1982, 37(1): 176-177.

[237]   Pytkeev E G. The Baire property of spaces of continuous functions (in Russian). Math Zametki, 1985, 38(5): 726-740, 797.

[238]   Pytkeev E G. On a property of Fréchet-Urysohn spaces of continuous functions. Proc

Steklov Institute of Math, 1993, 193(3): 173-178.

[239] Reznichenko E A. Stratifiability of $C_k(X)$ for a class of separable metrizable X. Topology Appl, 2008, 155(17): 2060-2062.

[240] Rojas-Hernández R. On monotone stability. Topology Appl, 2014, 165: 50-57.

[241] Sakai M. Property C'' and function spaces. Proc Amer Math Soc, 1988, 104(3): 917-919.

[242] Sakai M. κ-Fréchet-Urysohn property of $C_k(X)$. Topology Appl, 2007, 154(7): 1516-1520.

[243] Sakai M. Function spaces with a countable cs^*-network at a point. Topology Appl, 2008, 156: 117-123.

[244] Sakai M, Scheepers M. The combinatorics of open covers// Hart K P, van Mill J, Simon, P eds. Recent Progress in General Topology III. Paris: Atlantis Press, 2014: 731-778.

[245] Schreier O. Abstrakte kontinuierliche gruppen. Abh Math Sem Univ Hamburg, 1925, 4(1): 15-32.

[246] 数学百科全书编辑委员会. 数学百科全书, 第一至五卷. 北京: 科学出版社, 1994-2000.

[247] Siwiec F. Sequence-covering and countably bi-quotient mappings. General Topology Appl, 1971, 1: 143-154.

[248] Siwiec F. On defining a space by a weak base. Pacific J Math, 1974, 52(1): 233-245.

[249] Slaughter Jr F G. The closed image of a metrizable space is M_1. Proc Amer Math Soc, 1973, 37(1): 309-314.

[250] Smirnov Ju. On metrization of topological spaces (in Russian). Uspechi Mat Nauk, 1951, 6(6): 100-111.

[251] Sorgenfrey R H. On the topological product of paracompact spaces. Bull Amer Math Soc, 1947, 53: 631-632.

[252] Steen L A, Seebach Jr J A. Counterexamples in Topology. 2nd ed. New York: Springer-Verlag, 1978 (New York: Dover Publications Inc, 1995).

[253] Stone A H. Paracompactness and product spaces. Bull Amer Math Soc, 1948, 54: 977-982.

[254] Stone A H. Metrizability of decomposition spaces. Proc Amer Math Soc, 1956, 7(4): 690-700.

[255] Stone A H. Non-separable Borel sets. Rozprawy Mat, 1962, 28: 40.

[256] Stone M H. Applications of the theory of Boolean rings to general topology. Trans Amer Math Soc, 1937, 41(3): 375-481.

[257] Stone M H. The generalized Weierstrass approximation theorem. Math Mag, 1948, 21: 167-183, 237-254.

[258] Tall F D. Some observations on the Baireness of $C_k(X)$ for a locally compact space X. Topology Appl, 2016, 213: 212-219.

[259]   Tamano K. Generalized metric spaces II// Morita K, et al., eds. Topics in General Topology. Amsterdam: Elsevier Science Publishers B V, 1989: 367-409.

[260]   Tamano K. A base, a quasi-base, and a monotone normality operator for $C_k(\mathbb{P})$. Topology Proc, 2008, 32: 277-290.

[261]   Tanaka Y. Point-countable covers and k-networks. Topology Proc, 1987, 12: 327-349.

[262]   Tanaka Y. Metrization II// Morita K, et al., eds. Topics in General Topology. Amsterdam: Elsevier Science Publishers B V, 1989: 275-314.

[263]   Tanaka Y. Symmetric spaces, g-developable spaces and g-metrizable spaces. Math Japonica, 1991, 36(1): 71-84.

[264]   Teng H, Lin S, Liu C. The barrelled property of function spaces $C_p(Y|X)$ and $C_k(Y|X)$. Topology Proc, 1992, 17: 277-286.

[265]   滕辉, 林寿, 刘川. 函数空间的遗传稠密度和遗传 Lindelöf 度. 科学通报, 1993, 38(1): 1-4.

[266]   Tietze H. Beiträge zur allgemeinen topologie I. Math Ann, 1923, 88(3-4): 290-312.

[267]   Tkachuk V V. Characterization of the Baire property in $C_p(X)$ by the properties of the space X// Research Papers in Topology: Cardinal Invariants and Mappings of Topological Spaces, Izhevsk, 1984: 76-77.

[268]   Tkachuk V V. Characterization of the Baire property in $C_p(X)$ by the properties of the space X// Research Papers in Topology: Maps and Extensions of Topological Spaces, Ustinov, 1985: 21-27.

[269]   Tkachuk V V. Monolithic spaces and D-spaces revisited. Topology Appl, 2009, 156(4): 840-846.

[270]   Tkachuk V V. A C_p-Theory Problem Book: Topological and Function Spaces. New York: Springer, 2011.

[271]   Todorčeivić S. Some applications of S and L combinatorics. Ann New York Acad Sci, 1993, 705: 130-167.

[272]   Tukey J W. Convergence and Uniformity in Topology. Ann Math Studies, 2. Princeton: Princeton University Press, 1940.

[273]   Tychonoff A N. Ein Fixpunktsatz. Math Ann, 1935, 111(1): 767-776.

[274]   Urysohn P. Über die Mächtigkeit der zusammenhängenden Mengen. Math Ann, 1925, 94: 262-295.

[275]   Urysohn P. Zum metrisations problem. Math Ann, 1925, 94(1): 309-315.

[276]   Vaiïnšteïn I A. On closed mappings of metric spaces (in Russian). Dokl Akad Nauk SSSR, 1947, 57: 319-321.

[277]   汪林, 杨富春. 拓扑空间中的反例. 现代数学基础丛书, 66. 北京: 科学出版社, 2000.

[278]   王世强, 杨守廉. 独立于 ZFC 的数学问题. 北京: 北京师范大学出版社, 1992.

[279]   Warner S. The topology of compact convergence on continuous function spaces. Duke Math J, 1958, 25: 265-282.

[280] 魏玉荣. 度量空间的 P 覆盖像与 submeso 紧空间的闭逆像. 苏州: 苏州大学, 2010.

[281] Weil A. Sur les groupes topologiques et les groupes mesurés. C R Acad Pairs, 1936, 202: 1147-1149.

[282] Weil A. Sur les Espaces à Structure Uniforme et sur la Topologie Générale. Pairs: Publ Math University Strasbourg, 1937.

[283] Whitehead J H C. Note on a theorem due to Borsuk. Bull Amer Math Soc, 1948, 54: 1125-1132.

[284] Whyburn G T. Analytic Topology. New York: American Mathematical Society colloquium Publications, 1942.

[285] Wiscamb M R. The discrete countable chain condition. Proc Amer Math Soc, 1969, 23(3): 608-612.

[286] 熊金城. 点集拓扑讲义. 北京: 人民教育出版社, 1981 (4 版, 北京: 高等教育出版社, 2011).

[287] 燕鹏飞. 度量空间的紧映像. 数学研究, 1997, 30(2): 185-187, 198.

[288] Yan P F, Lin S. Point-countable k-networks, cs^*-networks and α_4-spaces. Topology Proc, 1999, 24: 345-354.

[289] 燕鹏飞, 林寿. 度量空间的紧覆盖 s 映射. 数学学报, 1999, 42(2): 241-244.

[290] 杨忠强, 杨寒彪. 度量空间的拓扑学. 北京: 科学出版社, 2017.

[291] Yasuia Y. Generalized paracompactness// Morita K, et al., eds. Topics in General Topology. Amsterdam: Elsevier Science Publishers B V, 1989: 161-202.

[292] Yun Z Q. On point-countable closed k-network. Questions Answers in General Topology, 1989, 7: 139-140.

[293] Zermelo E. Beweis, dass jede Menge wohlgeordnet werden kann. Math Ann, 1904, 59: 514-516.

[294] 张德学. 一般拓扑学基础. 大学数学科学丛书, 31. 北京: 科学出版社, 2012.

[295] Zhang J. On compact-covering and sequence-covering images of metric spaces. Mat Vesnik, 2012, 64(2): 97-107.

[296] 朱金才. Weierstrass 逼近定理与 Ascoli 定理的推广. 宁德师专学报 (自然科学版), 2003, 15(1): 1-4.

[297] 朱俊. 关于 M_1-空间映像的一个注记. 苏州大学学报 (自然科学版), 1983, (1): 67-70.

[298] Zorn M. A remark on method in transfinite algebra. Bull Amer Math Soc, 1935, 41: 667-670.

索　引